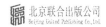

后浪

种子学

郭华仁 著

北京联合出版公司
Beijing United Publishing Co.,Ltd.

序

多数种子可耐干燥而不失生命力，得以逃避恶劣的环境，在繁殖过程中又通过遗传特性的排列组合，增加后代变异，以适应新的环境。在植物界，相对于苔藓类与蕨类植物，裸子与被子植物之所以能更为扩散，凭借的利器就是种子。

为了繁衍后代，种子在成熟期间会蓄积养分，提供幼苗初期生长所需。这个特性让人类学会播种，从而发展出以农业为根基的文明。现在占全球耕地面积约45%的禾谷类、约16%的油料类、约16%的豆类以及约3%的蔬菜类等，这些作物大多用种子来播种生产，除了蔬菜，这些作物也常以种子的形态供人类食用。

以上所提两个方向就是本书撰写的着眼处。

作者1974年在台湾大学农艺学研究所硕士班选读陈炯崧教授的种子学，开始接触到种子科技。修习博士学位时有较长的时间将科兹洛斯基（Kozlowski）的《种子学》（*Seed Biology*）上、中、下三册读过一遍，也钻研了不少第一手学术论文，因此任职台湾大学之初就得以接棒讲授种子学概论。

种子学兼顾学术与实用，作者三十多年的研究领域涵盖种子发芽、休眠、寿命、生态与种子清理、检查，后来又及于品种权、种源权、基因改造种子管理等相关议题。《种子学》的写作始于1996年，不过正式撰稿则在2009年再次休假时展开，因工作的关系，作者直到退休前两年才较能专注，终于在今年5月将书稿委交台湾大学出版中心编辑出版。

种子学领域浩瀚，非一人所能尽。本书只能以讲授内容作为骨架，然后多方涉猎文献予以增添。近年来分子生物学方面的论文较多，因非作者所长，也因篇幅与时间的限制，仅选择若干重要的研究成果加以介绍，各方遗珠就另待高明。早期撰写时，作者并没有考虑到出版时引用的问题，未能即时记录文献，虽然正式撰稿时尽量搜寻，仍有部分出处无法找到。即使如此，所参考著作仍有444笔之多，提供读者做进一步的探讨。

生物本就多样，许多学说的形成都是先由少数物种甚或品种通过试验而得，再扩及其他品种或物种，在这样的观念探索过程中，学者逐渐对生物界的秩序加以归类。然而再怎样归类，例外总是会出现，此现象在种子科学上更为普遍，在阅读本书时宜加注意。也由于种子科技的研究对象植物涵盖甚广，为了便于阅读，六百多种植物在正文都使用俗名，其拉丁学名则以对照表的形式附于书后。植物名称在单引号之内者为品种名称，少数微生物或动物则直接将拉丁学名书于文中。

科技书籍颇多外来专有名词，首次出现时会附加原文，其后出现则省略之。有些外文名词，特别是机构名称习惯上会用缩写，也是首次出现时挂上原文，其后就以缩写代之，需要时请参考缩略词对照表。正文所附的图表大抵来自期刊或专书，为方便阅读，图表的出处统一附于书末。由于原始图片取得不易，因此多半由 PDP 档案或者通过扫描复制，制版时容有不清晰之处，还请多包涵。至于书中难免有错谬之处，自是作者无所辞的责任。

感谢以下诸君与单位无偿提供图片档案：台湾大学的冯丁树教授、黄玲珑教授，"中央"研究院的简万能博士与沈书甄小姐，屏东科技大学的杨胜任教授与彭淑贞讲师，"科技部"周玲勤副研究员，乌拉圭潘帕（Pampa）联邦大学的克里斯蒂安-卡萨格兰德·德纳丁（Cristiane Casagrande Denardin）教授，英国伦敦大学的格哈德·勒伯纳（Gerhard Leubner）教授，美国华盛顿州立大学的琳达·乔克-斯科特（Linda Chalker-Scott）副教授，以及"中央"研究院植物暨微生物研究所、国际农业和生物科学中心（CAB International）、生物学家联盟（The company of Biologists Ltd）、约翰威利出版公司（John Wiley and Sons）、自然出版集团（Nature Publishing Group）、牛津大学出版社（Oxford University Press）、试验生物学协会（Society for Experimental Biology）等。感谢陈函君小姐协助绘图，罗振洋先生协助处理版权事宜，台湾大学出版中心的曾双秀小姐与蔡忠颖先生协助本书的出版。台湾大学图书馆电子期刊资源还算不少，大大减少了撰写时所花费的时间，也一并致谢。

最后作者要多谢师长、同人、农业界先进以及研究生的提携、指导与切磋。已故双亲的养育，以及爱妻淑媛的扶持，让我得以安心地工作，在此致上最深的感恩。

郭华仁

2015 年 9 月 10 日

目　录

第1章 种子的构造

种子由胚（embryo）、胚乳（endosperm）及种被（testa，或称种皮，seed coat）三部分构成，此乃植物学的定义。但农学、生态学或者一般的所谓种子可以涵盖颖果（caryopses）、瘦果（achene）、谷粒（grain）等，这些统称为散播单位（dispersal unit）。马铃薯以块茎进行无性繁殖，中文称为种薯，有别于马铃薯的种子。英文称马铃薯种薯为 seed，为了避免混淆，种薯常以 seed potato 表示，其种子则称为 true seed。

第一节　种子的定义

种子植物经过营养生长期之后，在适当的时机或者环境下，顶端分生组织分化形成花芽，是为生殖生长之始。雌蕊基部膨大的部分称为子房（ovary），子房由一个或多个大孢子叶（megasporophyll）向内包围而成，大孢子叶又称为心皮（carpel），心皮内含有一个或一个以上的胚珠（ovule）。被子植物的胚珠包藏于子房之内，裸子植物的胚珠则裸露于外，并没有被果实包裹着（图1-1），而是生长于球果之中，或仅有种鳞（seed scale）保护着。

胚珠的表皮为珠被（integument），珠被将大孢子囊（megasporangium）包围着，大孢子囊之内为雌配子体（megagametophyte 或 female gametophyte），或称胚囊（embryo sac）。胚珠由珠柄（funiculus）连接到子房内的胎座（placenta）。

大孢子囊也称为珠心（nucellus），在胚珠的中心位置，为双倍体的母体组织。发育时珠心可能增大，但也可能仅为 1～3 个细胞层。珠心的作用可能是将养分传导到雌配子体。种子成熟后珠心细胞或消失，或剩下若干层细胞，少数发育成储藏养分的组织，即外胚乳（perisperm）。

珠心由一个或两个细胞层所包围，这个细胞层即珠被。珠被发育时由大孢子囊基部开始细胞分裂，向尖端进行，最后在尖端留有一孔，称为珠孔（micropyle），这是花粉两个精核进入胚囊的入口，也是发芽时胚根的突出口，那时就称为发芽孔。珠被基部，即外珠被与内珠被相合处称为合点（chalaza，图1-2），位于珠孔的相对处。珠柄与珠被相连处称为珠脊（raphe），

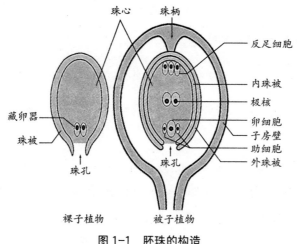

图 1-1　胚珠的构造

即成熟种子的种脊。维管束由子房经珠柄而止于合点，为养分、水分之供给途径。

大多数被子植物在珠心之内由一个大孢子母细胞（megasporocyte）经减数分裂产生 4 个单倍体细胞，其中仅有一个具有生命力，再经过三次有丝分裂，形成 8 个单倍体核，即雌配子体（图 1-1）。这 8 个核各有 4 个分在细胞的两端，然后每端各有 1 个核回到细胞的中间部位，成为 2 个极核（polar nucleus）。胚囊接近珠孔处有 1 个卵细胞，卵细胞的两侧又各有 1 个助细胞（synergid）。与卵细胞相对的远端有反足细胞群（antipodal cells），反足细胞的数量常为 3 个，向日葵有 2 个，菊属有 7 个，月见草属无之，而禾草类有超过 100 个（Meyer，2005）。

受精作用之后精核与卵细胞结合发育成为胚（N+N），另一个精核与两个极核结合发育成胚乳（2N+N）。珠被发育成种被。种子发育成熟之后，珠柄与胎座断裂分离，在种被上留下略呈隆起或凹陷状的痕迹，称为种脐（hilum）。基本上种子由胚、胚乳和种被三大部分构成（图 1-2），但许多种子成熟时胚乳已经不见或仅剩痕迹。

种子不同部位的遗传组成可能不同。被子植物在卵受精之时，另外一个精核与胚珠内两个极核结合而成三倍体的胚乳核（endosperm nucleus），因此胚乳的基本遗传结构是 2N（母本）+ 1N（父本）。胚乳的主要功能是储藏养分，提供为胚生长之用。胚是卵与精核结合而成的，因此其遗传组成分别由父本及母本各取得一半（N+N）。种被来自珠被，由于珠被是母体组织，因此种被的遗传组成和母体细胞相同（2N），不会表现出花粉带来的父本特征。

被子植物种子的三个部位不但在来源与遗传组成上截然不同，种子成熟后，其结构、成分

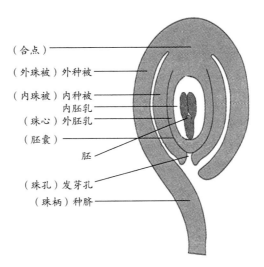

（合点）————————

（外珠被）外种被————

（内珠被）内种被————
内胚乳——
（珠心）外胚乳——
（胚囊）——

胚——

（珠孔）发芽孔————
（珠柄）种脐————

图 1-2　胚珠发育成种子示意图

与大小也互异，其中尤以胚乳与胚的相对大小在物种间差异甚大。裸子植物是在珠心之内发育出雌配子体，雌配子体非常微小，下端为原叶体，顶端则生有两个或多个藏卵器（archegonium），与游离核受精而形成胚。原叶体部分将来发育成养分储藏组织，有时也称为胚乳，但是仅为半倍体，而非被子植物的三倍体。

　　被子植物的种子之外有果皮（pericarp），果皮是由子房壁发育而成的。种子成熟经自然脱落或人为简单处理后，常可与果皮分离。然而有许多一果含一粒种子者，种子在成熟脱落之后，或经简单的处理后，仍与果皮共存。由于这些种子的自然传播或人为种植，皆以整粒果实为之，因此在一般或农业用语上仍常称之为种子，不过在植物学上是果实，因此以"种实"统称或许比较妥当。研究论文也常以种子涵盖各类种实，比较严谨的做法需要在注释上说明，阅读时则应留意文字中"种子"的含义。

　　植物学上的一果一粒种子的果实习称为种子者颇多，禾谷类作物如小麦，种子成熟时果皮与种被受挤压融合，两皮无法区分，是为颖果。水稻、大麦、薏苡等成熟脱落时，颖果之外尚附着有内外颖、护颖等母体结构。禾谷类种实常称为谷粒。

　　莴苣、向日葵的成熟果实，其种被和果皮虽没有融合，但种被甚薄而可以与果皮分开，不过分离的过程较复杂，而且显得不需要，因此仍以整个果实作为散播单位，称为瘦果。举例而言，咬食西瓜子时，吐弃的硬壳是种被，而吃向日葵子时，吐弃的硬壳则是果皮。

　　蓼科的酸模及荞麦，其瘦果在成熟时通常与花被（perianth）一齐掉落，因此整个散播单位有时直接称为 perianth。藜科的甜菜种子（果实）成熟时，花被木质化，连接两个或多个瘦果成一团，英文称为种子球（seed ball），俗称的甜菜种子常含两个或多个瘦果，因此发芽或种植时，一粒种子常长出两本或多本甜菜幼苗。不过种子球一词也常用来指称外加物质于种子使成球形以利播种的产品。

莎草属、苋菜种子成熟时，其外包有一个薄膜囊，称为胞果（utricle），豆科的天蓝苜蓿种子也包有一个荚囊，成熟后与种子一起自然脱落。

果皮特化为翅状而借以散播者称为翅果（samara，pterocarpus fruit，图 1-3），翅果通常由果皮或其他部位发育成翅状物将种子包围。杨胜任、陈心怡（2004）将台湾 29 科 50 属 108 种植物的翅果分成十大类，分别是：（1）假翅果（如阿里山千金榆）；（2）翅状胞果（如皱叶酸模）；（3）聚合翅果（如鹅掌楸属）；（4）分离翅果（如台湾三角槭）；（5）顶生翅果（如光蜡树）；（6）环生翅果（如台湾赤杨）；（7）具翅荚果（如小叶鱼藤）；（8）具翅蒴果（如台湾栾树）；（9）具翅瘦果（如假吐金菊）；（10）聚合蓇葖翅果（如梧桐）等。有些种子由种皮特化成翅状，称为具翅种子（详见第四节）。

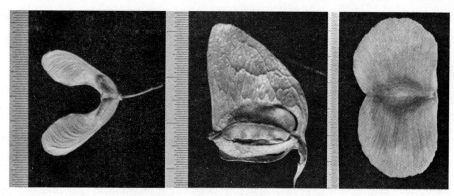

图 1-3　翅果
由左而右：分离翅果（双翅果的台湾三角槭）、具翅蒴果（台湾秋海棠）、翅状胞果（马尼拉榄仁）

第二节　胚珠形态与种子形态

种子由胚珠经过受精作用发育而成，种子的形态相当多样，不过常与所来自的胚珠有关，因此要了解种子的形态，宜先认识胚珠的形态。依照胚珠的形状，以及胚珠在子房中生长的位置，可以有各种类型。胚珠形态归类的主要根据是珠孔与合点的相对位置，以及珠柄的长度，一般可分为倒生、直生、曲生、横生、弯生与卷生（图 1-4）。

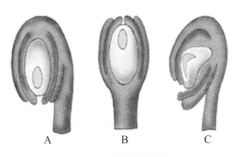

图 1-4　胚珠的形态

A：倒生　B：直生　C：曲生

（一）倒生胚珠（anatropous embryo）

这是被子植物最普遍的胚珠型，有 204 科（约 80%）的植物属之，特别是合瓣花亚纲植物为然（David，1966）。此型的特征是胚珠呈直线形，合点在上端，珠孔朝下，接近珠柄与胎座的接合处，该接合处将来发育成种皮上的种脐。珠柄甚长，与珠被接合甚密，成隆起状的珠脊。由倒生胚珠发育成的种子，发芽孔与种脐相近，合点与种脐相对，两者之间以种脊相连。

（二）直生胚珠（orthotropous embryo）

此型的胚珠为直线形，珠柄甚短，珠孔朝上，合点在基部，而珠柄、合点、珠心与珠孔同在一条直线上，在裸子植物较为普遍。被子植物仅约 20 科有之，如天南星科、半日花科、大风子科、胡桃科、茨藻科、胡椒科、蓼科、山龙眼科、荨麻科等。直生种子的种脐与发芽孔相对，而不见合点与种脊。

在倒生胚珠与直生胚珠两种形态之间，有许多种可能的珠型，较显著者有如下三种。

（三）曲生胚珠（amphitropous embryo）

胚珠甚为弯曲成拱状。珠柄较长，珠孔向一侧，合点在另一侧，如泽泻科、花蔺科有之，但有学者将此种珠型并于弯生胚珠之下。

（四）横生胚珠（hemianatropus embryo）

胚珠呈直线状，与珠柄的角度约在 90 度，毛茛科有之。

（五）弯生胚珠（campylotropus embryo）

胚珠略呈弯曲，珠柄甚短，珠孔向一侧或微向下，合点在基部，十字花科植物如芸薹属、芥属以及石竹科的女娄草属、麦仙翁属等有之。弯生种子的发芽孔、合点与种脐略为接近，而种脐居发芽孔与合点之间。豆科植物的胚珠弯曲，因而被列入弯生胚珠，但由于成熟的种脊常甚为发达，因此亦有人将豆科列为倒生型。

此外尚有各种中间形态，如直立弯生、直立拱生、侧立弯生、侧立拱生、横立弯生、横立拱生等。

（六）卷生胚珠（circinotropous embryo）

胚珠呈直线状，珠柄甚长，围着整个胚珠，并将胚珠倒转 180 度，使得珠孔朝上，仙人掌科、蓝雪科等有之。

第三节　种子内部结构的归类

自从约瑟夫·盖特纳（Joseph Gaertner）在 18 世纪后期出版了两卷本专书 *De Fructibus et Seminibus Plantarum*，对于种子的比较形态学做详细的描述之后，有关这方面的研究大抵都局限于较少数的科属。然而 A. C. M. 马丁（A. C. M. Martin）以徒手切片的技术，对 1,287 属的植物种子进行内部形态的比较研究，在 1946 年依种子构造提出其归类（图 1-5）。他根据胚与胚乳的相对大小以及胚的大小、形态与位置，将种子的内部结构分为三大基本形态，即基部型、周边型和轴心型。基部型再分成四类，轴心型再分成七类。

种子内部构造有分类学上的意义，某一科植物的种子可能以某种类型为主。实际上例外的情形也常见，例如伞形科中，比较多的是线条胚，如胡萝卜，有些胚属于不全胚，如雷公根，若干为饭匙胚，如茴芹。

一、基部型胚（basal embryo）

基部型的胚通常较小，而且局限于种子的底边，种子通常为中到大型，可分为四类。

（一）不全胚（rudimentary embryo）

不全胚的胚小，圆形到卵形，子叶很小，但有时亦稍大而近似小的线条亚型。单子叶植物的红根属及延龄草属为不全胚，双子叶植物则可以在冬青科、五加科、木兰科、罂粟科和毛茛科发现，但罂粟科和毛茛科有些属则较接近线条亚型。

（二）底盘胚（broad embryo）

底盘胚的胚位于种子的基部，略较不全胚者宽广，单子叶的谷精草科、灯芯草科、薹草科和葱草科有之。双子叶植物的睡莲科和三白草科亦可见到底盘胚，但胚部常不若单子叶植物同类型者那么宽。

（三）头状胚（capitate embryo）

头状胚仅见于单子叶植物，胚位于种子基部，具有类似颈部的头状结构，莎草科者属之，

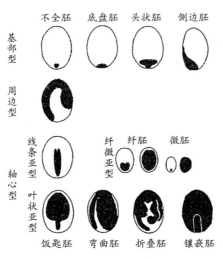

图 1-5　种子内部构造的归类

但本科内的若干属则为底盘胚或线条亚型，薯蓣属和紫露草属者亦类似头状型。

（四）侧边胚（lateral embryo）

侧边胚为禾本科特有，胚位于基部而偏向一侧。胚的相对大小变异甚大，大可占整个种子的 1/2（如珍珠粟）。具有较大胚部者如芒刺格拉马草，其胚的长度可接近种子的长度，短者如阿肯色泥草的胚，仅约为种子长度的 1/10。

二、周边型胚（peripheral embryo）

周边型胚的胚面积常占种子的 1/4～3/4，胚伸长弯曲，而一边紧接种皮，胚乳（大多是外胚乳）部分被弯曲的胚包围着。本型仅见于双子叶植物，番杏科、苋科、石竹科、商陆科、紫茉莉科等皆属之。蓼科及仙人掌科亦可列为本型，但例外较多。

三、轴心型胚（axile embryo）

轴心型胚位于种子中央，可再分为三个亚型。

（一）线条亚型（linear embryo）

线条亚型的胚细长，其长度有底盘胚者的数倍之长。线条亚型的胚或直线或弯曲或卷曲，子叶没有扩充，胚若弯曲，也不与种皮接触，此与周边型胚者显著不同。本型在裸子植物、双子叶及单子叶植物皆有之，种子通常不很小。裸子植物大多数皆为线条亚型胚，如红豆杉科、银杏科、苏铁科、松科等都是直立的线条胚。单子叶植物如石蒜科、鸢尾科、百合科（但猪牙花属例外，接近不全型）、雨久花科、铃兰科、粉条儿菜亚科等的植物也都是线条胚。此外，美人蕉科的黄花美人蕉、姜科的马拉盖椒蔻姜、竹芋科的水竹芋等，其胚亦皆为线条亚型。棕榈科者通常介于线条亚型与底盘胚、不全胚之间。天南星科种子具胚乳者属于线条亚型，但不具胚乳者则非为典型的线条亚型，因此不易归类。

双子叶植物中，报春花科、茄科、越橘科、伞形科等经检查39属中24属为线条亚型，10属为不全胚，5属为饭匙胚。其他如紫金牛科、小二仙草科、第伦桃科、岩高兰科、番荔枝科、黄杨科、檀香科、桑寄生科、马兜铃科、海桐科、瓶子草科、茶藨子科、紫堇科等亦有之。

茄科的胚大多数是弯曲状的线条亚型胚，图1-6显示番茄不同品种中，胚部两片子叶的位置也可能大有不同，不过胚部未紧贴种皮则都一致。

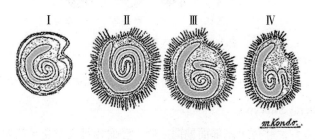

图1-6　番茄胚的形状

Ⅰ：茄子　Ⅱ：'Yellow Plum'番茄　Ⅲ：'Table Queen'番茄
Ⅳ：'Mikado'番茄（单引号内为品种名称。）

（二）纤微亚型（miniature embryo）

纤微亚型胚有纤胚（dwarf embryo）与微胚（micro embryo）两类，胚乳都没有淀粉。纤胚种子长度通常在0.3～2 mm，长度可能与宽度相同。双子叶植物中桔梗科、虎耳草科具有微胚，但微胚不见于单子叶植物。

微胚种子更小，在0.2 mm以下，通常为球形，由50～150个细胞组成。纤胚在单子叶植物中仅见于兰科和水玉簪科，而双子叶植物中则见于水晶兰科与鹿蹄草科。

（三）叶状亚型（foliate embryo）

叶状亚型的胚通常为中型或大型，胚乳非淀粉性，胚部居种子之中，约占种子体积的1/4至全部，子叶扩张。本亚型可再分为四类。

1. 饭匙胚（spatulate embryo）

饭匙胚直立，子叶扩张呈饭匙形，仅见于双子叶植物，主要是菊科、大戟科、木樨科、蔷薇科、荨麻科、马鞭草科、堇菜科、萝藦科、卫矛科、山茱萸科。此外长春花、凤仙花、胡麻、酢浆草、西番莲、蓝英花等属也皆为饭匙胚。

2. 弯曲胚（bent embryo）

弯曲胚的胚似饭匙形，但胚轴曲度甚大，整条胚根甚接近子叶，十字花科、大麻科、漆树科、蝶形花亚科等属之，但蝶形花亚科中的落花生则为镶嵌胚。

3. 折叠胚（folded embryo）

折叠胚的子叶薄而扩张，并折叠包于种皮之内。双子叶植物的锦葵科及旋花科皆为折叠胚，此外，橄榄科、蜡梅科、牻牛儿苗科、透骨草科亦有之。壳斗科的山毛榉属种子亦为折叠胚，十字花科的芸薹属（如甘蓝）与莱服属（如萝卜）亦有折叠胚的倾向。桃金娘科属于折叠胚，但例外较多，无患子科亦然，例如荔枝就是饭匙胚。

4. 镶嵌胚（investing embryo）

镶嵌胚充斥整个种子，胚乳没有或甚少，子叶厚，将短小的胚轴（柄）包围达一半以上，这是因为胚轴与子叶的接点并非一般地落在子叶基部，而是在基部之上。桦木科、苏木科、含羞草亚科、鼠李科属之，茶科、唇形科、壳斗科、胡桃科、刺球果科、沼沫花科、角胡麻科、金莲花科等也皆有之。芸香科本为饭匙胚，但是柑橘属、金柑属、枳壳属等则皆为镶嵌胚，千屈菜科则并非很典型的镶嵌胚。

第四节　种被

种被由珠被发育而成，因此其结构也反映出珠被者。被子植物所有科中约有一半的科其成员都具有两片珠被，分别称为外珠被与内珠被；约 1/4 的科其成员仅有一片珠被，包括爵床科、伞形科、夹竹桃科、桔梗科、旋花科、唇形科、茜草科、玄参科、茄科、马鞭草科等。约 5% 的科，其成员有一片或两片珠被不等，如豆科、紫茉莉科、报春花科、蓼科、毛茛科、蔷薇科、虎耳草科，以及单子叶植物的石蒜科、百合科、兰科等。某些兰科种子的珠被只剩一层细胞，偶亦有没有珠被的胚珠出现，通常出现于寄生性植物，如桑寄生科、檀香科、蛇菰科者。

珠被在受精之际即开始进行细胞分裂，分裂之后再进行细胞增大或者分化。平行分裂（分裂面与珠被平行）的结果增加珠被细胞层数，垂直分裂则增加各层细胞的数量，细胞扩大可以增加珠被的表面积。细胞扩大的方式若为径线面的增长，则可以形成栅状细胞；若为切线面增长，则可以形成管状或漏斗状的细胞；若四面均匀地扩大，则形成圆球状细胞。由于分裂、增大、分化这三种珠被细胞活动的先后次序及强度不同，有些细胞层分化成为厚壁细胞层，种子成熟之后有些细胞层也随之压缩，更有些则被吸收挤压而不见。由于种被的多层细胞在各种植物中有不同的组合方式，因此，种被的结构成为植物科的特征（Corner，1976）。

裸子植物的种被一般可分成3层，即肉质种皮（sarcotesta）、硬质种皮（sclerotesta）以及内肉质种皮（inner sarcotesta，或endotesta），但1~4层者也皆有之（Schmid，1986）。具有两片珠被的被子植物种子，由外珠被发育成为外种被（testa），而由内珠被发育成为内种被（tegmen）；发育中外种被与内种被各有3层，分别称为表外种被（exo-testa）、中外种被（meso-testa）、里外种被（endo-testa），以及表内种被（exo-tegmen）、中内种被（meso-tegmen）、里内种被（endo-tegmen）。这6层分别可能有数层细胞。种被有时候除了内外种被，还包括来自珠心细胞的细胞层。

一般英文教科书常将外种被与内种被合称为testa，这容易引起混淆，两层种被合在一起时，英文宜称为seed coat，中文则种皮可以与种被通用。

一、种被结构的归类

依照成熟种子种被厚壁细胞层的所在，科纳（Corner，1976）将双子叶植物的种子分成7型。

（一）表外种被型（exo-testal）

此型种子其种被的机械（厚壁）层源自外珠被的表层。具有此型种被的植物种类颇多，尤其常见于合花瓣单珠被（即胚珠仅有1层珠被，无内外之分者）的植物（图1-7 A）。秋海棠科、小檗科、豆科、蜜花科、鼠李科及无患子科等皆属于表外种被型种子。

（二）中外种被型（meso-testal）

此型种子其种被的机械层源自外珠被的中层细胞（图1-7 B），具有此型特征的植物有金缕梅科、玉蕊科、桃金娘科、蔷薇科、茶科、葫芦科及芍药科等。

（三）里外种被型（endo-teatal）

由外珠被的里层组织衍生出种被机械层的种子属之，如木兰科、单心木兰科和葡萄科。此层细胞通常为单层，但亦有多层者，而其形状相当多样，例如在肉豆蔻科为栅状细胞，在茶藨子科为立方体细胞，在柳叶菜科为星状细胞，在樟科为纵向拉长的细胞。

十字花科种子亦属此型，其机械层细胞壁一边不增厚，切面呈现U字形。一般以为十字花科与山柑科为很接近的两科，但根据对种被的研究，山柑科种子的机械层在于具纤维细胞的表内种被，因此与十字花科者大为不同。此外，就胚之形状而言，十字花科属于弯曲胚，山柑科则属于线条亚型胚，也可以作为两科不接近的佐证。

这层细胞有时含有晶体，如在牻牛儿苗科、酢浆草科、锦葵科、堇菜科及芸香科可以见到草酸钙的结晶，鸭跖草科、姜科等有硅粒，大戟科则含有碳酸钙。

（四）表内种被型（exo-tegmic）

由内珠被的表层细胞形成机械层的种子属之。表内种被的机械层依其形状可分为两大类：有呈各式各样的纤维状细胞者（有时细胞伸长，形状如栅状细胞），如亚麻科、卫矛科、酢浆草科、楝科、堇菜科、山柑科、金虎尾科、大戟科等；亦有呈厚壁者，如锦葵科、木棉科、藤黄科、金丝桃科、牻牛儿苗科及大戟科等，皆有例子。

此型种子除了表内种被层之外，亦可能同时存在其他机械层，如草原老鹳草的里外种被与表内种被两者皆为机械层。

（五）中内种被型（meso-tegmic）

即由内珠被中层细胞形成机械层者。例子甚少，见诸山柑科、金粟兰科。

（六）里内种被型（endo-tegmic）

由内珠被里层细胞形成机械层者，可在胡椒科、三白草科、南天竹科见到。

（七）种被未分化者

外、内种被都不具有机械层者，常出现于较为进步而具闭果或核果植物的种子，如槭树科、漆树科、山茱萸科、防己科、伞形科等。在其他一些科中也偶尔会有未分化种被者，如卫矛科、楝科、山龙眼科、蔷薇科、芸香科及瑞香科。闭果类者亦可能具有无机械层的种被，如冬青科、橄榄科、使君子科、杜英科、椴科等。

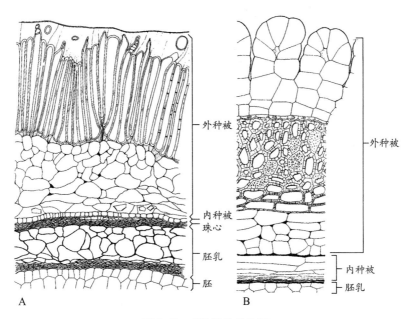

图 1-7　成熟种被的构造

A：莱姆，外珠被表面的栅栏细胞层成为机械层，为表外种被型，内珠被只剩一层薄壁细胞

B：粗根茶梨者为中外种被型，外珠被中层细胞成为机械层

二、特殊化的种被构造

种被细胞的变化大，可分化出各类细胞（Boesewinkel & Bouman，1984）。种被细胞分化的结果或成为表皮细胞层，或成为薄壁细胞层，也可能分化成维管束鞘，或向外生成种被附属物，如翅、毛等。种被细胞也可能分化成管状细胞、木栓细胞或纤维细胞。前节所述的厚壁机械层属之。

种被外边可能出现附属结构，包括肉质种皮、假种皮（aril）、种疣（caruncle）、种阜（strophiole 或 lens），以及各种翅状物、毛状物等。附属结构若为肉质而且富含油脂，或也含有蛋白质等，皆可吸引动物来传播，在种子生态学上都称为油质体（elaiosome）。1 万 ~ 2 万种植物的种子具有油质体，因此被认为是趋同演化（convergent evolution）显著的例子（Lengyel *et al.*，2010）。

肉质种皮指的是外种被外面软状可食的部位，木瓜、苏铁等有之。肉质种皮之下的种被常为坚硬，可防止动物吞食后种子受到伤害。肉质种皮的来源不一，有时仅来自外种被外层，如醋栗科、石榴科是由表皮细胞扩大而成肉质状，包着种子，大戟科的银柴则由整个外种被发展出肉质种皮。外种被外侧有时生有假种皮，称为具假种皮种子（图 1-8）。假种皮通常由种脐、珠柄或珠脊长出，向种子外面生长，全面或部分覆盖种子。龙眼、荔枝、榴梿、山竹的可食部位就是典型的假种皮，其特点是末端没有融合，因此可以由之掀开。苦瓜、肉豆蔻、月桃、南洋红豆杉种子外部也都是假种皮，但猴面包树果实裂开取出的种子，被厚厚的白色组织包围，此组织是果皮。

图 1-8　倒地铃种子
倒地铃种子具有白色的假种皮

大戟科的假种皮常由外珠被尖端长出，特称为种疣（图 1-9 A）。豆科种子长在种脐旁边的种阜（图 1-9 B）大小因品种而异，与种脐一样，在豆科内都可用来做分辨不同种属的参考。

垂叶罗汉松种子的种被外面有一层套被（epimatium）包住种子。在胚胎发育时，紧接着珠被的分化后，套被开始形成于珠被的外围，因此也可以说是裸子植物种子的假种皮。除了罗汉松属植物，其他有类似套被的裸子植物种子有银杏、麻黄属、买麻藤属等（Stoffberg，1991）。

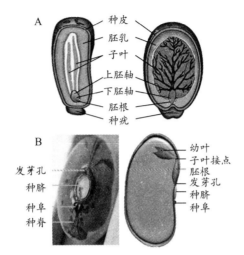

图 1-9　蓖麻（A）与红花菜豆（B）种子的结构

单宁细胞常出现于种被之外层细胞，但有可能出现在种被内层，如亚麻属。单宁细胞中的液泡含有单宁类化合物，单宁（tannin）是可溶于水的多酚物质，据称可以保护种子，避免昆虫、草食动物、微生物的侵害，也可能与种子休眠有关。高粱'台中 3 号'种子的种实呈现褐色，含有单宁，会影响酿造高粱酒的品质，'台中 5 号'种实呈现白色，果皮／种被不含单宁，但在田间种子成熟期易受鸟害。

外种被的表皮细胞也可能分化成黏液细胞（mucilage cell），这类细胞常呈现不均匀的细胞壁，只有外边细胞增厚，遇水即分泌黏液，此特性常出现于十字花科、唇形科、车前科、茄科等。唇形科中的九层塔与做成山粉圆产品的山香草，以及十字花科的荠菜，其种子都可分泌黏液。有些豆科植物的黏液层紧接在表皮角质层（cuticle）之下，有些柿树科种子的黏液细胞出现在内种被层，而梧桐科可能在内外种被都会出现。

这些黏液是复杂的碳水化合物，主要是果胶（pectin），成分可能是聚半乳糖醛酸（polygalac-turonic acid）或鼠李半乳糖醛酸聚糖（rhamnogalacturonan）。这些物质遇水溶成黏液，将种子包裹，可以黏着土粒，增加种子与土壤的接触面积，对于种子散播及发芽甚有助益。黏质在水中的性质介于溶液与悬浮液之间，因此在制药工业上，可以用来促进溶解度低的固体均匀地扩散在液体之中。

种被各层细胞也可能出现结晶细胞，其内可能含有氧化钙（如牻牛儿苗科、酢浆草科、锦葵科、堇菜科、芸香科等）、碳酸钙（如大戟科）或硅粒（如单子叶植物的鸭跖草科、姜科）。

外种被上生有毛者称为具毛种子（haired seed，图1-10），如番茄，而经济价值最高者是棉花。棉花种子的种发遍布整个种被，但许多种子则可能丛生于顶端。由种被所长出的种发常为单细胞，但芸香科月橘以及木橘属的种发则为多细胞。杨柳科的种发源自珠柄，而柽柳科与柳叶菜科者源自珠孔（Boesewinkel & Bouman，1984）。

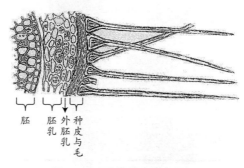

胚　胚乳　外胚乳　种皮与毛

图1-10　番茄种子外表具毛

种被附属有翅、毛等这类种子统称为具翅种子（winged seed，pterospermous seed，图1-11）。种翅形状差异甚大，但大略可分为侧生翅、顶生翅与环生翅三大类。台湾具翅种子约有29科66属106种，如台湾肖楠、台湾二叶松、台湾杉、港口马兜铃、马利筋、蒜香藤、穿山龙、枫香、紫葳、大叶桃花心木、水团花、华八仙、台湾泡桐、刺茄、大头茶、薄叶野山药、台湾百合等属之。夹竹桃科的台湾鳝藤与许多萝藦科的种子，在环生翅上也有种发（杨胜任、薛雅文，2002）。

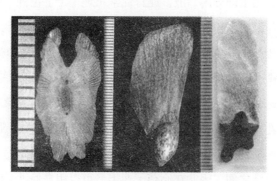

图1-11　具翅种子

由左而右：环生翅（台湾泡桐）、侧生翅（台湾五叶松）、顶生翅（穿山龙）

三、种实表面

在扫描式电子显微镜底下，种实（种壳，或是种被，或是种被外的包覆组织）表面呈现相当复杂而有规则的立体构图（图 1-12）。种实表面的特性可以分四点观察，即细胞的排列、细胞的形状、细胞壁的轮廓以及角质层分泌物。约有 30 科的植物种子在种被上出现气孔，如锦葵科、牻牛儿苗科、木兰科、罂粟科、远志科、石蒜科等。虽然大多数学者认为豆科种子的种被上并没有气孔，但鲁根斯坦和莱斯特尼（Rugenstein & Lersteny，1981）在 45 个羊蹄甲属中发现 8 个种具有气孔。通常气孔出现在外种被，与叶片者相比，其结构较不完整。

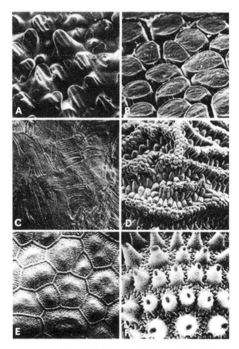

图 1-12　扫描式电子显微镜下的种被表面
A：三叶椒　B：艾氏铁荆　C：总花乌柑　D：黑种草　E：苦楝　F：红女娄菜

笠原（1976）就日本 57 科 219 属 408 种杂草的研究，将种壳表面结构，即横切面及纵切面的特征区分出 40 种形态。其中横切面细胞排列的形态，包括星状形、龟甲形、网目形、鱼鳞形、屋瓦形、齿牙形、流线形、堤防形、拉链形、山脉形、阶梯形、织布形等，不一而足。细胞纵切面的形状也可以分为隆起形、突起形、穴状形、锯齿形、乳头形等。

种被表面微观不但具有种间差异，有时种内不同生态型间也有所不同，作为判断种的特征时需要注意。冈和拉索塔（Gunn & Lasota，1978）发现芒柄花属 4 个种之 3 个，在肉眼下不易区分种被特征，但在扫描式电子显微镜下则有明显的差别。虽然在苦荬菜属、婆婆纳属、月见草属这几个属，种间的变异很大，但许多同属内种间的表面形态皆很类似，无法区分，因此难以作为判断植物种的根据。环境差异大的 6 个马齿苋生态系，其种被在扫描式电子显微镜下的外观也有明显的差别（Matthews & Levins，1986）。

外种被的颜色以褐色以及相近颜色者最为普遍，黑色也常见，其他如红色、绿色、黄色、白色者较少。外种被颜色在种内也可能有相当大的变异，如大豆的种被基本上有黑、褐、黄、绿四类，而西瓜种被颜色在种内的变异更大，包括红色、绿色、古铜色、褐色、黑色、杂斑，以及许多深浅不一的色泽等，不一而足（Mckay，1936）。

第五节　胚乳

胚乳英文为 endosperm，全名为内胚乳，是被子植物特有的组织，由精核与两个极核结合发育而成，因此含有全套母体与半套父体的遗传质。胚乳的最外一层或少数几层的细胞层，称为糊粉层（aleurone layer）。裸子植物的种子包于胚之外部的组织，是由雌配子体（N，半套的母体遗传质）直接发育而成的养分储藏组织，没有经过双重受精的步骤，遗传组成中不含有父本。这个组织有时也称为胚乳，但在植物学上与被子植物的胚乳不同。

裸子植物在胚开始发育时，雌配子体中央部位的细胞亦开始解体，形成一个空腔，位于基部的胚柄伸长，将其上的胚挤入此腔之内。雌配子体在胚发育过程中累积脂质、淀粉及蛋白质，成熟后，这个组织提供将来胚发芽时所需要的养料。

某些双子叶植物的种子在胚发育过程中，逐渐从周边的胚乳吸收养分，因此种子成熟时，胚乳仅剩几层细胞，甚至于全部消失。早期文献称这些种子为无胚乳（exalbuminous）种子，如油菜、甘蓝，以及若干豆类，如豌豆、蚕豆等，这些种子的子叶取代胚乳，承担储藏养分的功能。

种子中胚乳所占的比例较大者称为有胚乳种子（albuminous seed），如大多数的单子叶植物种子，以及部分的双子叶植物种子如蓖麻。豆科中的绛三叶、紫花苜蓿等，种子在成熟时仍维持薄的胚乳，其外层甚至也分化成糊粉层，大豆胚乳则仅剩痕迹。而葫芦巴豆、长角豆、皂荚属等豆类，胚乳却还是主要的养分储藏组织。多数种子的胚乳由活细胞组成，但禾本科的胚乳则仅剩下糊粉层为活细胞，其余皆已无生命活性。

有些植物由珠心细胞发育而成外胚乳（2N），为该等种子主要的养分储藏组织等。胡椒种子的 95% 都是外胚乳，藜麦（图 1-13）、甜菜、丝兰属、石竹属、菖蒲属等也有显著的外胚乳，但大多数物种种子的外胚乳则甚小或没有。有时位于种被和糊粉层之间会有一层透明的折光带，是珠心细胞的残余，薄而无明显的细胞结构，横切面上只是一条无色透明的线。咖啡种子发育初期（开花后 15 个星期）外胚乳相当明显，等到成熟时外胚乳已不见，胚乳成为主要的养分储藏组织（Mendes，1941）。

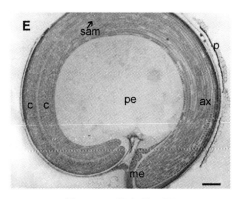

图 1-13　藜麦种子图

周边型胚的藜麦种子具有外胚乳（López-Fernández & Maldonado，2013）。ax：胚根轴
c：子叶　p：果皮　pe：外胚乳　me：发芽孔附近的内胚乳　sam：茎顶分生组织　尺度 200 μm

一、胚乳的归类

胚乳的发育过程因种子而异，一般可分成三大类（Bhatnagar & Johri，1972），即核胚乳（neclear endosperm）、细胞胚乳（cellular endosperm）与沼生目胚乳（helobial endosperm）。核胚乳与细胞胚乳皆出现于单子叶与双子叶植物，沼生目胚乳仅少数的单子叶植物有。

（一）核胚乳

具有此形式的胚乳，其 3N 的原核首先进行游离核分裂，但未产生新细胞壁，整个胚囊内充斥游离的核。这类胚乳要经过多次的核分裂之后，才由边缘往中央逐渐形成细胞壁，将各游离核纳入各细胞内。在葫芦科、豆科、山龙眼科等的物种可以见到核胚乳，小麦、烟草、苹果亦属之，有时候细胞的形成仅限于胚乳的中、上段，而接近合点部位仍维持游离核的状态。在尖子木及沼沫花属，游离核一直维持到胚乳被胚吸收殆尽，都不见有细胞壁的情形。

有时候细胞的形成仅限于胚囊的中、上段，而接近合点的部位仍然维持游离核的状态，形成特殊形状的吸器（haustorium），其功能是从珠心细胞吸收养分。吸器的形状在种间差异甚大，例如同为豆科的决明属者为球状，含羞草属为紧缩状，朱缨花属为螺旋状，而瓜尔豆与排钱树，其吸器最后则形成细胞壁。

（二）细胞胚乳

此形态的种子，胚乳的原核一开始就进行细胞分裂，没有游离核出现，如凤仙花属、半边莲属、木兰属等。此种胚乳也会出现胚乳吸器，但其形状之变化更超过核胚乳者。

此类胚乳在原核分裂后，胚囊分成二室，靠近珠孔者再分裂而成胚乳本体，而靠近合点者形成吸器，称为合点吸器，常见于檀香亚目这类寄生性植物。合点吸器通常为单细胞单核，但亦有单细胞四核或多细胞者，有些吸器分化成多分支的形状。这些高度分叉的吸器有时甚至可以深入种被或果皮。

若吸器靠近珠孔，则称为珠孔吸器。细胞胚乳可以在爵床科、鞣木科、苦苣薹科、茶茱萸科、檀香科、刺莲花科、桑寄生科、玄参科中看到，凤仙花属与半边莲属亦为此型。

（三）沼生目胚乳

沼生目胚乳可以说是前两者的混合，细胞分裂在胚乳周围形成，内部则为游离核，仅出现于少数的单子叶植物，如田葱、狭叶日影兰、波叶延龄草、折叶茨藻、卵叶盐藻、笋石菖等。其特征为胚乳原核位于反足细胞处，即合点的附近。第一次核分裂后，就形成细胞壁，分成两个大小不等的细胞，靠近珠孔者大而靠近合点者小。大者先进行游离核分裂，到后期才形成细胞壁。小者具有吸器的功能，通常也进行游离核分裂。

二、特殊的胚乳

（一）液状胚乳

椰子的胚乳属于核胚乳，特殊的是在果实约 5 cm 长时，胚囊内充满液体，可以说是液状的胚乳［液态合胞体（liquid syncytium），俗称椰子汁］，内含有游离胚及细胞质颗粒，核的倍数由 2N 到 10N，核的大小 10 ~ 90 μm 不等。果实增大后，核的数量亦随之增大。后期游离核集中于合点附近，此时核分裂伴随着细胞分裂，形成所谓椰子肉的细胞胚乳。由于椰子的胚囊甚大，因此细胞胚乳无法充满整个空腔。

（二）刍蚀胚乳

由于胚乳个别细胞的不正常突出，或者种被细胞的向内凸长，若干种子的胚乳表面呈现不规则的侵蚀痕迹，称为刍蚀胚乳（ruminate endosperm，图 1-14）。典型的例子出现于肉豆蔻与番荔枝。番荔枝种子的胚乳，其纵切面左右裂成多条嵴状皱褶，与种子长轴垂直。两条嵴状皱褶之间的褐色组织是个别种被细胞向胚乳方向生长侵蚀所致。除了番荔枝科，类似的结构也见于爵床科、棕榈科、马钱科、肉豆蔻科、西番莲科、蓼科、玄参科等的种子，但种被内生的情况有所不同。除了胚乳，外胚乳或子叶也都可能出现这种不规则的特征，统称为刍蚀种子

（Boesewinkel & Bouman，1984），出现刍蚀种子的植物约有 58 科（Bayer & Appel，1996）。有些种子刍蚀的程度大，连子叶也受到影响而呈现类似的情况，有些在种子成熟时嵴状皱褶胚乳被子叶吸收而不见，仅剩下皱褶的子叶。内生的极致如斐济豆，种子内的各切面都可以看到弯弯曲曲的嵴状皱褶，复杂如迷宫。

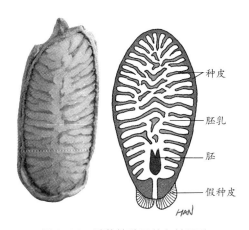

种皮

胚乳

胚

假种皮

图 1-14　番荔枝种子的刍蚀胚乳

第六节　胚

一、胚的构造

典型的胚，包括胚轴及其上的子叶。胚轴由胚芽（plumule）、上胚轴（epicotyl）、下胚轴（hypocotyl）和胚根（radicle）组成。子叶的数量因植物种类而异。大多数的双子叶植物皆有两片大小对称的子叶，但偶会出现两片以上者（如图 3-2 H），或者一片子叶退化者，如菱角（图 4-9）。裸子植物大多也具有两片子叶，但松柏类的子叶则为 2～15 片，大籽果松的子叶可多达 24 片。

豆类（图 1-9）、十字花科、菊科等种子成熟时胚乳几乎不见，两片肥厚的子叶成为养分储藏组织。一般豆类虽然子叶发达，但也有若干种仍具有明显的胚乳，如印度草木樨。藤黄果以及巴西栗种子的胚则下胚轴肥大，充满种子内部，成为养分储藏组织。蓖麻的胚属于直立的线条亚型胚，胚的长度几乎与种子相当，但是两片子叶大而薄，胚乳仍然是主要的养分储藏组织（图 1-9）。

禾本科的胚（图 1-15）在单子叶植物当中相当特殊，因为其分化程度甚为复杂，甚至具有胚盘（scutellum），而为其他植物所无。胚盘呈盾状且具有维管束组织，与胚乳相连接，胚盘接触胚乳的那面有一层负责分泌和吸收的上皮细胞（epithelial cell，图4-14），每个细胞呈圆棍状往胚乳延伸，在发芽时大大地增加与胚乳的接触面，以利养分吸收。

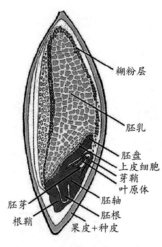

图1-15　禾本科种子示意图

　　胚盘与胚轴连接处称为胚盘节（scutellar node）。胚由此分为上下两半。上半部主要由茎顶生长点，以及1~6个叶原体构成，其外包围着芽鞘（coleoptile），这些结构合称为芽体（acrospire）。正对着胚盘节，相对于胚盘的另一侧，可能长出不具有维管束的小突起，称为上胚叶（epiblast，图3-3 G）。在禾本科植物中，稻、小麦、大麦、燕麦有上胚叶，但玉米没有。

　　芽鞘基部短小的组织称为中胚轴（mesocotyl），胚轴在胚盘节之下者为胚根，胚根之外包围一层组织，即是根鞘（coleorhiza）。下胚轴与胚根的分界点通常不易区别，某些种子在此处有若干个种子根原，发芽时长出一至数条的种子根（seminal root）。下胚轴与芽体通常会呈现折角，角度大小不一，玉米的小而水稻的大（图3-3 G）。

　　在庞大的禾本科植物内，胚的结构因植物分类学上的位置而有不同。里德（Reeder，1957）指出，虎尾草亚科（包括狗牙根等）的胚与黍亚科（玉米、薏苡、小米等）有若干不同之处：（1）虎尾草亚科的胚相对于胚乳显得较小，而黍亚科的胚相对较大；（2）黍亚科的芽鞘与胚盘维管束的连接较为间接，中间存在节间，而虎尾草亚科的芽鞘直接连接胚盘维管束；（3）虎尾草亚科的胚经常出现上胚叶，而黍亚科常不具有上胚叶；（4）黍亚科胚盘下方与根鞘分开，而虎尾草亚科常与根鞘相连；（5）黍亚科的叶始原有较多的维管束，而且上下叶始原的尾端重叠，但虎尾草亚科相反。此外，和田与前田（1981）指出，颖果基部胚乳外缘仅黍亚科出现转送细胞（transfer cell），而虎尾草亚科没有。

巴克沃斯（Barkworth，1982）进一步指出上胚叶的特性与胚之长宽比可用来区分针茅属和落芒草属，用上胚叶的形态可将野燕麦与燕麦区分，馆冈（Tateoka，1964）利用上胚叶的特性与叶耳之有无将稻属分成三个群。

150 年来，学者一直争论禾草胚结构的起源。有学者认为胚盘就是子叶，而上胚叶是另一片已退化的子叶，可作为单子叶由双子叶进化而来的证据，芽鞘则是另一种叶的变形，而根鞘为主根受压抑变形而成。但亦有学者认为芽鞘是胚盘之鞘、腋芽，甚至认为芽鞘即子叶，上胚叶则是芽鞘之外生物（Burger，1998）。至于中胚轴的起源，争论亦多，或认为是一个节间，或认为是节，或认为是下胚轴与胚盘融合而成，或者为子叶之一部分。

二、发育不全胚

大多数的种子皆有发育完全的胚，但部分植物的胚则发育不全，胚小而不具有子叶或顶端分生组织，有些胚即使在种子成熟散播时，仍然未进一步发育，此类种子在单子叶及双子叶植物中皆有。

最简单的胚要算水晶兰，其胚（只能说是原胚）只含有 2 个细胞以及若干胚乳细胞（Olson，1980）。其他植物的种子亦具有 4 个、6 个、10 个或数十个细胞的原胚者。这类植物多见于不全胚（如毛茛科、罂粟科）、底盘胚（如三白草科、葱草科）、纤胚（如水玉簪科、兰科）及微胚（如龙胆科），当中有部分为腐生性（如龙胆科、鹿蹄草科、水玉簪科）或寄生性（如蛇菰科、锁阳科），但亦多可进行光合作用者。

兰科种子的胚（图 1-16）常为椭圆形或卵形，甚小，仅占种子体积的一部分，无胚乳，由种被包着。不少物种胚与种被之间余留相当大的气室。胚的细胞数量从 8 个（裂唇虎舌兰）到 734 个（白及）不等。这些胚虽然结构极为简单，然而细胞已进入分化的最初期，例如橙红嘉德丽亚兰的卵圆形胚，其顶端部位的细胞通常较小，直径为 8~10 μm，而基部细胞则较大（Yam *et al.*，2002）。

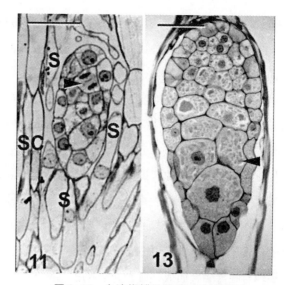

图 1-16　台湾蝴蝶兰的种子纵切图

直线 40 μm。左图为发育中（授粉后 90 天）的胚，还可看到细胞分裂（箭头）
SC：种被　S：胚柄　右图为成熟胚

三、多胚

一粒种子含一个胚，在发芽之后，长出一株幼苗。有些植物则一粒种子可以长出两株或更多的幼苗，这些种子除了含有一个受精而来的胚，尚具有其他来源的胚，称为多胚（polyembryo，Lakshmanan & Ambegaokar，1984）。

多胚的起源甚杂，可能由珠心细胞、珠被细胞直接分化形成多个无性胚，也可能由多精卵发育之胚的顶端细胞或胚柄发育而成多个有性胚，此外助细胞也可能经受精作用而产生多胚。

未经过受精作用，直接由母体细胞分化发育出来的胚，又称为无融合生殖（agamospermy 或 apomixis），其中以由珠心细胞发育而成的多胚最为普遍，称为珠心胚（nucellar embryo）。无融合生殖另一个来源是由未经减数分裂的胚囊直接分化发育出来。无融合生殖至少出现于 40 个植物科 400 个植物种，包括单子叶植物与双子叶植物，但未见于裸子植物。无融合生殖常可在菊科、禾本科与蔷薇科等三科的多年生植物中见到（Bicknella & Koltunow，2004）。无融合生殖特性有若干潜在的实际用途，例如不用重复自交系的杂交而生产杂交一代种子、原本无性繁殖作物可进行无性种子的大量生产等。

漆树科的杧果与芸香科的柑橘常出现多胚。除了柚子，大部分柑橘类种子皆有多胚现象。以金橘为例（Lakshmanan & Ambegaokar，1984），在受精之后，珠孔附近的珠心组织含有若干细胞，核大而细胞质浓。这些细胞经分裂而形成似胚个体，突入胚囊之内，在其中吸收养分发育而成完全胚。这些无性的珠心胚具有胚柄，与受精胚相似，不易区分。每粒种子可以产生的无性胚数量不一，例如金橘约有 20 个，而同为橘子这一种，椪柑一粒种子有 3～5 个（图 1-17），温州蜜柑则可多达 40 个。

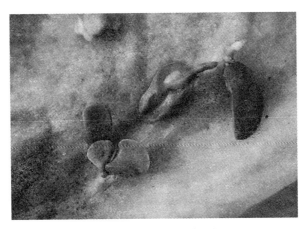

图 1-17　柑橘发芽种子图

柑橘属一粒种子种被内的多胚

　　柑橘一般以营养植条进行无性繁殖，但次数过多，所产生的植株逐渐衰弱，此时若利用无性胚来进行更新，可以得到健壮而与母本遗传组成无异的植株，其主根系又十分发达，也可以提供为优良的砧木。无性胚所长成的植株，由于遗传组成一致，因此数量多时可以提供为实验材料。

　　由于柑橘无性胚与有性胚不易区分，因此必须等到植株相当成熟后才易于辨别。有人利用枳三复叶的特性来做遗传记号，使母株与枳杂交，产生的多胚幼苗若具有三复叶，必是有性的结合胚，其余者皆为与母体相同的无性胚。

　　杧果类植物亦常出现多胚种子，部分品种一个种子内无性胚可高达 50 个，而接合胚则常退化。珠心胚偶尔出现三子叶，甚至多个胚部融合面形成一个根系而数个茎部的幼苗。具含胚之品种一般属于东南亚系统者如土杧果，而印度系统者如爱文杧果、海顿杧果则没有多胚之种子。其他如桃金娘科（如蒲桃属）、仙人掌科（如仙人掌）及兰科（如细叶线柱兰）亦皆有珠心胚的报道。

　　也有有性的多胚，来自受精胚的多胚有不同的起源。郁金香、可可椰子、耳状报春花、空心紫堇皆是由受精胚顶端细胞分裂而成多胚。硬叶兰者由接合子直接分裂成多胚，爵床科的多胚则常由胚柄发育而来。这些由受精卵胚或胚柄起源的多胚，皆为二倍体。但这些多胚中，也可能为半倍体、三倍体与多倍体，因此具有农业上的用途。

学者从 49,903 粒玉米种子发现了 32 个双胚种子，他们认为其来源部分可能是胚原分裂而成，或者是胚囊内两个细胞经受精而形成，其中也有若干的半倍体（Lakshmanan & Ambegaokar，1984）。水稻偶尔也可看到具有双胚的种子芽。

四、嵌合胚

嵌合体是指植物个体或组织具有两种或以上的遗传型质者，其外表表现两种或以上的性状，在观赏植物中用途很大，也可用来进行遗传研究。嵌合体常出现于嫁接植物，但也可能源自种子，源自种子者可称为嵌合胚（chimeral embryo）。巴塔戈利亚（Baattaglia，1945，见 Natesh & Rau，1984）在研究重瓣金光菊时发现精核进入卵细胞之后，不与卵核融合，细胞分裂时，两个核各自进行分裂，导致其胚兼具父源及母源，而发展出嵌合胚。此现象出现在少数植物中，如海岛棉、金光菊以及葱韭兰类的夜星花属与葱兰属等。

嵌合胚虽然出现于胚发芽早期，但其特性可表现于植株，形成嵌合体植物，并且可能遗传到下一代。例如图尔科特和费斯特（Turcotte & Feaster，1967）将海岛棉含深绿色叶片与油腺体的品系与另一品种（叶浅绿色、不含油腺体）杂交后，其后代部分呈深绿色，部分呈浅绿色，有些地方有油腺体，有些地方则没有。

第**2**章 种子的化学成分与物理特性

种子是高等植物延续生命的精巧设计，种子发芽长出下一代，发芽初期采用异营生活，由种子自身所累积的养分来供给生长所需，直到具有光合作用能力的器官出土后，才逐渐转为自营生活。

种子所含有的化学成分甚多，重要的有碳水化合物、蛋白质、脂质（油脂）、核酸等大分子，形成这些大分子的代谢物，如各种糖类、氨基酸、脂肪酸，以及其他有机酸等。此外尚有矿物质、维生素，以及各种二次代谢物与水分。这些成分当中有些是用来作为种子的结构，如细胞壁等，有些则是作为下一代生长或者人类可以吸收的储藏性养分。

第一节　种子储藏养分及其分布

种子主要的储藏性养分有三种，即淀粉（starch）、蛋白质（protein）与脂质（lipid）。此三种成分的比例在不同的科别有相当大的差异（表2-1），例如葫芦科、菊科的淀粉偏低，而禾本科、蓼科者高。

表 2-1　若干科植物种子平均成分百分比（%）

科别 *	脂质	蛋白质	非氮抽出物 ***
十字花科（7）	28.8（22.6~32.4）**	19.8（16.6~29.5）	25.5（18.3~33）
葫芦科（10）	29.0（22.1~36.6）	23.1（16.6~29.5）	12.8（5.5~25.1）
禾本科（20）	3.4（0.2~6.6）	14.9（8~34.9）	57.8（27.6~70.3）
豆科（9）	9.6（0.3~45.4）	29.1（22.9~37.9）	40.3（11.1~57.3）
茄科（5）	16.5（13.1~24）	17.8（8.5~29.6）	20.8（16.1~29.1）
菊科（4）	24.1（18.1~34.3）	20.3（16.2~28.6）	18.6（13.3~28.2）
蓼科（4）	2.9（2.3~4.2）	10.7（7.3~14.6）	59.9（57.2~64.2）

1. * 科后面数字表示不同种或品种的数量。
2. ** 平均数（最小值—最大值）。
3. *** 主要指淀粉、糖类等储藏性碳水化合物。

　　根据主要成分的多寡，可以将作物种子大略分为三类，即禾谷类种子、豆菽类种子与油籽类种子（表2-2）。一般而言，禾本科种子的储藏性淀粉（非氮抽出物）含量高而脂质低，蛋白质大致也不高，约5%～12%，不过鸭茅种子蛋白质含量可达34%。豆科种子含有比较丰富的蛋白质，其次为淀粉，油脂的含量一般不高，如红豆、绿豆等，但落花生、大豆则含有相当高的油脂，油脂高，其淀粉的含量相对地降低，大豆的蛋白质成分又比其他豆类种子高出很多。菊科、十字花科、葫芦科与茄科种子脂质含量高，蛋白质次之，而淀粉较少。在表2-2前12种作物种子间，种子油脂成分与淀粉成分的负相关高达0.9，而油脂成分与种子热量和含水率的正相关各高达0.93与0.89，蛋白质与各成分及热量间相关性较低。

　　枇杷等种子因为储藏特性异于一般种子，因此称为异储型（recalcitrant，详见第6章）种子。这类种子的特点是果实成熟时种子含水率还很高，不过干燥后种子即丧失生命。表2-2列出的三种异储型种子，其干物质也是以淀粉居多，但同为异储型的胡桃属种子则具有高油脂。

表 2-2　种子的主要化学成分（%）

	作物	热量*	水分	蛋白质	脂质	灰分	纤维	非氮抽出物**
禾谷类	水稻（台南5号）	366	12.9	11.4	5.8	1.3	1.0	67.6
	玉米（台南5号）	327	14.9	4.8	3.9	1.3	3.8	71.3
	小米	333	13.3	5.5	1.7	2.1	1.7	75.7
	小麦（台中31号）	317	13.0	12.4	1.5	1.6	2.7	68.8
豆菽类	绿豆	314	11.8	26.3	0.6	3.8	4.0	53.5
	红豆	295	18.6	17.8	0.6	3.0	4.0	56.0
	豌豆（大粒种）	312	12.8	21.2	2.7	3.6	6.7	53.0
	大豆（十石）	374	9.3	35.7	14.9	4.4	5.1	30.6
油籽类	花生（台南6号）	557	6.0	22.6	48.1	2.4	3.4	17.5
	向日葵	511	6.0	20.3	45.2	3.9	9.5	15.1
	油菜	435	7.2	20.1	37.8	4.3	18.7	11.9
	芝麻（黑）	377	5.6	20.0	33.0	6.7	27.1	7.6
异储类	枇杷	172	54.0	2.9	0.4	1.9	1.9	38.9
	波罗蜜	93	75.8	3.3	1.2	0.7	1.4	17.6
	荔枝	172	53.3	3.1	0.4	1.4	3.1	38.7

1. * cal/100g。
2. ** 主要指淀粉、糖类等储藏性碳水化合物。

　　种子成分含量在品种间的差异不小，例如水稻79个品种91份样品中，蛋白质含量在5.2%～11.2%（Bett-Garber *et al.*，2001）。亚克利希（Yaklich，2001）在大豆19个品种发现蛋白质含量在 34.2% ~ 54.5%，油脂的含量在 13.5% ~ 25%。

养分的分布在不同种子之间也有很大的差异，豆科、葫芦科、十字花科胚部的子叶就是其主要的储藏组织，巴西栗的子叶很小，但是下胚轴与胚根膨大，蓄积很多的油脂。象牙果也是以胚轴为储藏性组织，不过所含的是一种碳水化合物，即半乳糖甘露聚糖（galactomannan，表 2-3）。

表 2-3　各类种子的储藏组织与成分

物种	储藏组织	平均成分（% 干重）		
		蛋白质	油脂	非氮抽出物
蜜枣	胚乳	6	9	58　（半乳糖甘露聚糖）
油棕	胚乳	9	49	28
玉米	胚乳	11	5	75　（淀粉）
蓖麻	胚乳	18	64	—
蚕豆	子叶	23	1	56　（淀粉）
西瓜	子叶	38	48	5
棉花	子叶	39	33	15
象牙果	胚根 / 下胚轴	5	1	79　（半乳糖甘露聚糖）
石松	雌配子体	35	48	6

有些种子以胚乳作为蓄积养分的主要部位，禾谷类胚乳主要的蓄积养分是淀粉与少量蛋白质，胚部与糊粉层则储存蛋白质与油脂。数千年来在中东地区当作主食的蜜枣，其胚乳所累积的养分是半乳糖甘露聚糖，蓖麻则是油脂。几内亚胡椒的储藏组织是外胚乳（Achinewhu et al.，1995），整粒种子的成分约一半是碳水化合物，油脂约 20%。

种子的三种主要储藏性养分通常都以颗粒的形状保存在储藏组织或胚部中，分别为淀粉粒（starch grain）、蛋白质体（protein body）及油粒体（oil body）等，不过某些种子的蛋白质则分散在细胞内，如蓖麻胚乳可见到一些蛋白质体塞在密集的油粒中，其胚部也有一些。

莴苣主要的储藏组织虽然是充满了蛋白质体与油粒的子叶，但是在下胚轴与胚根中也会出现，即使在尚未完全退化的胚乳中，也含有蛋白质体与甘露聚糖（mannan）。

禾谷种子如黑麦在胚乳中不见油粒，但见许多大小不等的淀粉粒存在于分散的蛋白质当中。不过胚乳最外面的糊粉层则以蛋白质体及油粒体为主，胚部的胚盘也富于油粒体。

即使在同一个组织中，养分的分布可能也不是均匀的，禾谷种子如水稻的胚乳，在较中心的部位以淀粉为主，蛋白质略少。胚乳外层则蛋白质较多，越接近糊粉层，蛋白质含量越高，淀粉含量相应递减。

第二节 碳水化合物

种子内的碳水化合物可分为寡糖类与多糖类。最普遍的碳水化合物为葡聚糖（glucan），其中包括储藏性多糖如淀粉以及结构性多糖如纤维素（cellulose），次要者有半乳糖甘露聚糖或半纤维素（hemicellulose）等。

寡糖类所占的比例一般皆低，如双糖类的蔗糖、海藻糖（trehalose），三糖类的伞形糖（umbelliferose）、车前糖（planteose）、棉子糖（raffinose），以及四糖类的水苏糖（stachyose）、毛蕊花糖（verbascose）等。

储藏性碳水化合物在种子发芽时为能量的来源以及一些重要成分的碳架构，有些结构性多糖，如胚乳胞壁上的纤维素在发芽过程中经水解后也可以被利用（Boswell，1941）。

一、淀粉

淀粉为葡萄糖的聚合物（图 2-1），依结构之不同分为两种。直链淀粉（amylose）又称为粉质淀粉，其分子呈现长条螺旋状，乃由 100～10,000 个葡萄糖依次接合而成一条无分叉的长分子链，接合的方式是由葡萄糖的第四个碳与其前面另一分子的第一个碳经脱水而结合，即 α-1 → 4 接连。

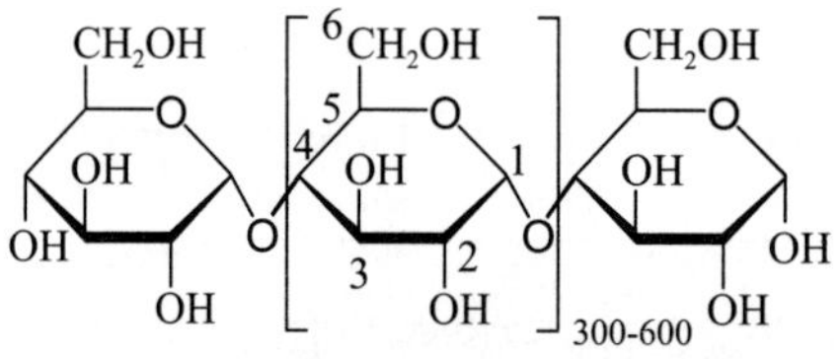

图 2-1 直链淀粉分子结构简图
最左边的葡萄糖分子为非还原端，最右边者为还原端

支链淀粉（amylopectin）又称为蜡质淀粉，具有许多分叉，即在直链淀粉上，由 α-1 → 6 接连方式衍生出支链（图 2-2 A、B）。支链淀粉中 α-1 → 6 接连者约占 5%，其分子量约有直链淀粉的 100～1,000 倍。由于淀粉各个分子之间葡萄糖的数量不尽相同，因此没有所谓固定的分子量，只能测出平均数，例如小麦的直链与支链淀粉的平均分子量分别为 14,000 个与 4,000,000 个。

支链淀粉的分子结构较为复杂，部分分支链高度集中聚成一团（图 2-2 C），其中成对支链交错成为双螺旋状，这样的结构让葡萄糖分子非常紧密团聚地保存在淀粉粒中，可能导致淀粉粒所具有的半结晶体的特性（James *et al.*，2003），两个结晶状区夹着无定形的区域，排列较为松散，为支链衍生处（α-1 → 6 接连），此区可能含有直链淀粉。

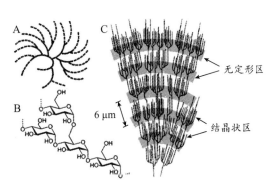

图 2-2　支链淀粉分子构造图
A：示意图　B：分子结构　C：团状结构

　　种子内的淀粉中直链淀粉占 25%～30%，支链淀粉占 70%～75%，但两者的比例依作物、品种而有很大的差异。糯性品种具有蜡质基因，导致其成分以支链淀粉为主，直链淀粉含量甚低，因此黏性高。稻米中的籼米直链淀粉含量常高于 30%，粳米在 18%～22%，黏度最高的糯米，其直链淀粉含量不超过 3%。小麦的直链淀粉为 28%～29%，玉米的直链淀粉约在 28%，糯性玉米者在 1.4%～2.7%，而软质玉米品系的直链淀粉高可达 43%～68%。

　　甜玉米的淀粉含量不高，而且其淀粉与一般的淀粉在结构上不同，其分叉更多，可溶于水，化学性质略近于动物的肝糖，因此称为植物糖原（phytoglycogen）。

　　从营养学的观点，淀粉可分为易分解淀粉、慢分解淀粉以及抗性淀粉（resistant starch）。抗性淀粉在胃与小肠中很难消化，当通过结肠时，经细菌分解产出一些短链脂肪酸，使大肠环境更具酸性，防止某些有害菌的生长。谷物煮熟后放冷，可以增加抗性淀粉的含量。由于直链淀粉无分支，在淀粉粒中易于紧密排列，较容易产生抗性淀粉。一般而言，豆类种子中直链淀粉的百分比都在 33% 以上，可以产生较多的抗性淀粉，特别是豌豆（Eliasson & Gudmundsson，1996）。

二、淀粉粒

　　在种子里，淀粉很紧密地包裹于细胞内的淀粉颗粒之内（图 2-3），淀粉粒［或称淀粉体

（amyloplast）］除了淀粉以外，也可能含有很少量的蛋白质（酶）、油脂与其他碳水化合物。淀粉粒的外观或球形，或角形，或卵形，因作物而有相当大的差异，即使同一种子之内，各种淀粉粒的大小形状亦有所不同，甚至可以说没有两个淀粉粒是完全相同的。淀粉粒不但可以作为分类学上的工具（Czaja，1978），考古学上也逐渐发展鉴定淀粉粒的技术（Henry *et al.*，2009）。

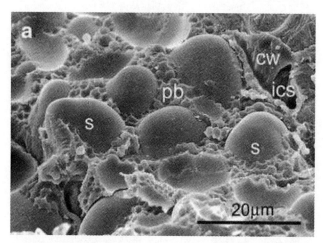

图 2-3　豌豆子叶淀粉粒的扫描式电子显微镜（SEM）图

s：淀粉粒　pb：蛋白质体　cw：细胞壁　ics：细胞间隙

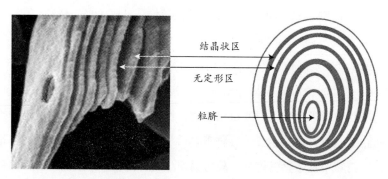

图 2-4　淀粉粒剖面示意图（右）

小麦（左）淀粉粒经酶水解后，显示内部结晶体层结构

　　直链淀粉的含量可以决定淀粉颗粒的形状，含量越高颗粒越圆。淀粉粒内部的淀粉分成结晶体（图 2-4）与非结晶体，两者相错。此结构导致淀粉粒的同心轮，同心轮中心部分称为粒脐（hilum）。结晶体部分主要是支链淀粉，支链淀粉在此处其葡萄糖链呈现双螺旋状。直链淀

粉主要是存在非结晶体的无定形区部分，其葡萄糖链呈现单螺旋状。

就禾谷作物而言，玉米淀粉粒常为角形、多角形或球形，直径在 2 ~ 30 μm，平均为 10 μm，粒脐星形而同心轮不明显。高粱者似玉米而略大，直径在 6 ~ 20 μm，平均为 15 μm。

小麦、大麦与黑麦都具有大小两类淀粉粒。小麦的小淀粉粒直径在 1 ~ 10 μm，呈球形，大淀粉粒直径在 15 ~ 40 μm，球形或凸透镜形。大麦的小淀粉粒难以见到同心轮，直径在 1 ~ 5 μm，球形或纺锤形，大淀粉粒直径在 10 ~ 30 μm，凸镜形、肾形或略成角形。

水稻与燕麦皆为复合淀粉粒。水稻的淀粉粒小而呈角形，直径仅 2 ~ 12 μm，粒脐不可见，但是这些小的淀粉粒都聚结成一个大的复合粒，每个复合粒约含 150 个以内的小淀粉粒。燕麦淀粉粒直径在 2 ~ 10 μm，呈球形，但也可能由约 60 个小淀粉粒聚结成一个凸透镜形的大复合粒。

三、其他碳水化合物

有些种子的储藏性多糖是半纤维素，半纤维素主要的成分为甘露糖（mannose），甘露糖和其他糖类组合而形成长链的甘露聚糖，其存在的主要地方是细胞壁。甘露糖所组成的甘露聚糖长链，若在许多的甘露糖分子第六个碳元素上连接半乳糖（galactose），就形成半乳糖甘露聚糖。豆科、棕榈科、茜草科、旋花科种子的胚乳，皆含有这种多糖。实际上，成熟种子仍具有胚乳者，大多会含有多量的甘露糖，来作为储藏性物质。象牙果、蜜枣、咖啡豆的胚乳或外胚乳，以及羽扇豆子叶的肥厚细胞壁皆有半乳糖甘露聚糖，莴苣种子的胚乳细胞壁亦含有这种碳水化合物。

另一种半纤维素是阿拉伯木聚糖（arabinoxylans），是禾谷种子细胞壁的重要成分，由两类五碳糖合成，即木糖（xylose）聚合链上随机插入阿拉伯糖（arabinose）。阿拉伯木聚糖可以连接若干酚类化合物，有助于抵抗真菌的入侵，抗氧化能力又强，加上阿拉伯木聚糖本身也是膳食纤维，因此有益于人体健康。

第三节　蛋白质

蛋白质基本上是由氨基酸脱水而成的多胜肽（polypeptide，图 2-5）。主要的氨基酸有 22 种，其中的 9 种人体无法自行制造，须由食物摄取，因此称为必需氨基酸。食物中若缺乏某种必需氨基酸，会限制整体蛋白质的利用效率。必需氨基酸包括组氨酸、异亮氨酸、亮氨酸、赖氨酸、甲硫氨酸、苯丙氨酸、苏氨酸、色氨酸、缬氨酸，此外，婴儿还需加上精氨酸（表 2-5）。

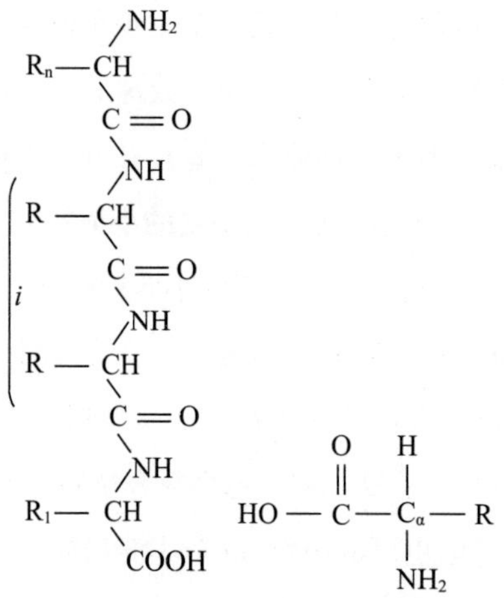

图 2-5　多胜肽化学结构图

多胜肽链由氨基酸脱水而成。氨基酸（右）的中心是碳元素 C α，C α 接上一个氨基（-NH₂）、一个羧基（-COOH）以及一个基团（R）。各类氨基酸有独特的基团。当第一个氨基酸的氨基与下一个氨基酸的羧基接触后脱水而相连（左），第一个氨基酸（R₁）称为羧基端，最后一个氨基酸（Rn）称为氨基端。

一、种子的蛋白质

奥斯本（Osborne，1924）依照种子蛋白质的溶解特性将之分成四大类。这种分类法虽不够周延，但仍沿用至今。

（1）水溶蛋白质（albumin）：可溶于水或稀的中性缓冲液，遇热凝结，这类蛋白质通常为酶。大豆的水溶性蛋白质称为豆球蛋白（legumin）。

（2）盐溶蛋白质（globulin）：不溶于水，但可溶于盐溶液（例如 0.4M 之 NaCl），遇热较不易凝固。盐溶性蛋白质以存在于双子叶植物之种子为主，豆科尤富之，在花生者为花生球蛋白（arachin），在豇豆者为豇豆球蛋白（vignin），在大豆者为大豆球蛋白（glycinin）。燕麦的主要储藏性蛋白质也是盐溶性蛋白质。

（3）碱溶蛋白质（glutelin）：不溶于水，但可溶于稀的碱或酸溶液。碱溶性蛋白质在不同禾谷种子有不同的名称，例如水稻的稻米谷蛋白（oryzenin），其他如玉米谷蛋白（zeanin）、小麦谷蛋白（glutenin）、大麦谷蛋白（hordenin）等。

（4）醇溶蛋白质（prolamin）：可以溶于 70%～90% 的乙醇，但不溶于纯水。醇溶蛋白质仅存在于禾谷与禾草种子当中，在稻则称为稻米醇蛋白（oryzin），其他如玉米醇蛋白（zein）、小麦醇蛋白（gliadin）、大麦醇蛋白（hordein）、燕麦醇蛋白（avenin）等。

表 2-4　种子蛋白质的组成成分

	各类蛋白质占总蛋白质的百分比（%）			
	水溶	盐溶	碱溶	醇溶
玉米	4	2	39	55
高粱	6	10	38	46
小麦	9	5	46	40
玉米（*o2*）*	25	0	39	24
燕麦	11	56	23	9
水稻	5	10	80	5
南瓜		92		
大豆	10	90		
蚕豆	20	60		
豌豆	20 ~ 26	55 ~ 60		

* 含 opaque 2 基因的玉米品种，赖氨酸含量高。

　　这四类蛋白质出现在种子内的比例因植物之不同而有很大的差异，例如碱溶及醇溶蛋白质通常存在于禾谷类种子，在双子叶种子中较少出现（表 2-4）。醇溶蛋白质中赖氨酸含量甚低（表 2-5），直接影响蛋白质的营养质量。禾谷类种子赖氨酸含量依次为燕麦、稻、大麦、小麦、玉米，多少可视为其蛋白质营养质量的排序。

　　豆球蛋白与蚕豆球蛋白（Vicia globulins）的氨基酸成分在一些豆类之间颇为类似，赖氨酸的含量则颇高，而色氨酸、胱氨酸与甲硫氨酸等的含量较低。

　　蛋白质由多个氨基酸组成，氨基酸的个数不同，每个位置又有 20 多个不同氨基酸的选项，排列组合的可能性非常多，因此造成数量极其庞大的各类蛋白质。蛋白质由数团单元所组成，这些单元经分解后，呈酸性或碱性依其氨基酸的组成而定，如碱性氨基酸多则呈碱性。由于蛋白质的分子庞大，其质量以 kilodalton（kDa）作为单位，即 1,000 个道尔顿（dalton）。全蛋白质（holoprotein）经过温和的萃取方法处理，可以分开成两团以上的单元，每个单元由一些胜肽所组成。整个蛋白质的多胜肽可利用电泳分析法（electrophoresis）区分开来，进行品种鉴定。除了氨基酸的数量与排列，蛋白质的三维空间结构也相当复杂（图 2-6）。

　　玉米醇蛋白可分成分子量为 13.5 kDa、21 kDa 与 23 kDa 的 3 个单元，整个由约 30 条的多胜肽链所组成，小麦醇溶蛋白由 4 个单元 46 条以上的多胜肽链组成。小麦谷蛋白质更为复杂，由 15 个单元组成。

　　超高速离心可以将豆类的储藏性蛋白质分成两层，其沉淀系数分别为 11-12S（称为 11S）以及 7-8S（称为 7S）。11S 蛋白质多胜肽之间由双硫键来连接。野豌豆的 11S 蛋白质分子量约为 360 kDa，可分为 6 团分子量各约 24.3 kDa、4 团各约 37.6 kDa 者，以及 2 团各约 32 kDa 的单元，而 7S 蛋白质的各单元性质差异较多。一般而言，7S 蛋白质通常完全不含胱氨酸，因此也没有双硫键的连接，整个分子的重量较 11S 为低，为 140 ~ 200 kDa，含有 3 ~ 5 团单元，各单元分子量在 23 ~ 56 kDa（Bewley & Black，1978）。

表 2-5　大麦与大豆种子蛋白质的氨基酸组成成分

| | 氨基酸在各种蛋白质中的成分 | | | | | |
| | 大麦（g/16gN） | | | | 大豆 | 稻 |
	水溶	盐溶	碱溶	醇溶	（%/protein）	（g/16gN）
丙氨酸（Ala）	7.3	0.7	6.7	2.2	4.5	5.5
精氨酸（Arg）	6.5	11.0	6.0	3.0	7.3	8.3
天冬酰胺（Asp）	12.2	8.5	7.1	1.8	11.9	8.6
半胱氨酸（Cys）	2.1	3.6	1.2	2.1	1.5	2.1
谷氨酸（Glu）	12.9	11.9	19.8	39.6	18.3	17.6
甘氨酸（Gly）	5.7	9.2	4.5	1.5	4.4	4.5
组氨酸（His）*	2.5	1.8	2.5	1.3	2.6	2.3
异亮氨酸（Ile）*	6.2	3.3	5.2	5.4	4.6	4.3
亮氨酸（Leu）*	8.6	6.8	8.7	6.9	7.7	8.1
赖氨酸（Lys）*	6.7	5.3	4.0	0.7	6.3	3.6
甲硫氨酸（Met）*	2.4	1.5	1.9	1.3	1.3	2.1
苯丙氨酸（Phe）*	5.1	2.8	3.6	3.0	4.9	5.2
脯氨酸（Pro）	5.5	3.6	8.7	20.1	5.5	4.6
丝氨酸（Ser）	4.9	4.7	5.0	3.8	5.5	5.3
苏氨酸（Thr）*	4.6	3.3	4.2	2.6	4.1	3.5
色氨酸（Trp）*	1.5	0.8	1.3	0.8	1.4	1.2
酪氨酸（Tyr）	—	—	—	—	3.6	5.3
缬氨酸（Val）*	7.8	5.5	6.6	4.7	4.7	6.1

1. * 者为必需氨基酸。
2. 大麦见 Bewley & Black，1978，大豆见 Wikipedia，稻见 Mossé et al.，1988。
3. Ala: alanine. Arg: arginine. Asp: asparagine. Cys: cysteine. Glu: glutamic acid. Gly: glycine. His: histidine. Ile: isoleucine. Leu: leucine. Lys: lysine. Met: methionine. Phe: phenylalanine. Pro: proline. Ser: serine. Thr: threonine. Trp: tryptophan. Tyr: tyrosine. Val: valine.

种子不同的部位所含的蛋白质可能不同。以小麦为例，糊粉层所含蛋白质之氨基酸组成，就有别于胚乳者。小麦糊粉层的蛋白质，其赖氨酸与精氨酸的含量皆高出胚乳者 3 倍，而谷氨酸的比例则较胚乳者小。就盐溶性蛋白质而言，在水稻、燕麦、小麦等，类似菽豆类的 11S 蛋白质主要存在于胚乳，而类似 7S 者则多出现于胚及胚乳最外缘的糊粉层，水稻糊粉层则富含水

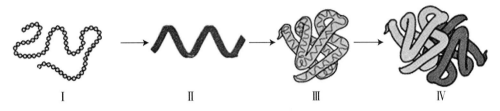

图 2-6　蛋白质结构图

Ⅰ：多胜肽，由 10～100 个氨基酸组成，每个位置的氨基酸是特定的，由 20 多种氨基酸依照遗传密码选定其中一种　Ⅱ：氨基酸之间由氢键互相吸引成螺旋状　Ⅲ：由氢键、双硫键与离子间交感将整条多胜肽长链卷成三维空间结构　Ⅳ：2 条以上多胜肽链形成复杂的蛋白质单元

溶性蛋白质。

禾谷类种子蛋白质的成分与其质量关系相当大。面团水洗去掉淀粉与其他可溶物质后就是面筋（gluten）。面筋含 75%～85% 的蛋白质与 5%～10% 的脂质，还有少量的碳水化合物。面筋主要的蛋白质是醇溶蛋白与谷蛋白，小麦醇溶蛋白与黏性及延展性有关，而面团的强度与弹性有关，两者皆关系着面团的烘焙特性（Wieser，2007）。

蛋白质含量会影响稻米的食味品质，含量高的稻米较硬，口感不佳，有机稻米由于不施化学肥料，通常蛋白质含量略低，食味品质较高。

二、蛋白质体

T. 哈蒂格（T. Hartig）在 1855 年由油籽分离出含有蛋白质的颗粒，命名为糊粉粒（aleurone grain），现代的术语则称该颗粒为蛋白质体，糊粉粒一词只宜用于糊粉层的蛋白质体（图 2-9），不宜指称其他部位者，以免混淆。

蛋白质体也称为蛋白质储泡（protein storage vacuole，或 vacuolar protein body），过去蛋白质体与蛋白质储泡两个名词可通用，不过两者略有所区别，虽然有时还是互用。

蛋白质体指在内质网（endoplasmic reticulum）形成，由胞膜所包围的蛋白质颗粒。蛋白质体直径由 0.1～20 μm 不等，切面的形状由卵形到圆形皆有，颗粒之外包有单层的胞膜，其成分是脂蛋白质（lipoprotein）。在多油脂少淀粉的种子如芜菁者，蛋白质体四周围绕着体积远较为小的油粒体，禾谷类种子胚乳细胞内质网部位所蓄积的蛋白质也在蛋白质体之内（图 2-7）。

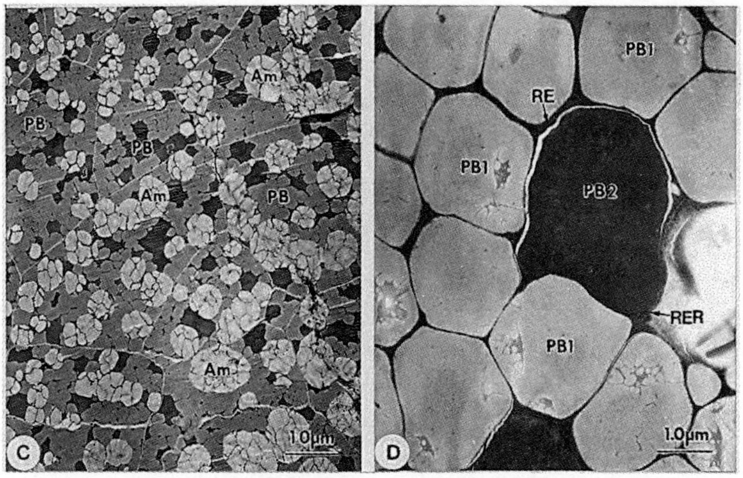

图 2-7　台湾芦竹成熟胚乳细胞

C：淀粉体（Am）与蛋白质体（PB）　D：两种形态的蛋白质体

同一种子之内，亦可能出现不同的蛋白质体，其分布亦可能不均匀，例如玉兰的胚内蛋白质体就不同于外胚乳（主要的储藏组织）者。

禾谷类种子的胚部，特别是胚盘，以及胚乳等皆含有蛋白质体。玉米和水稻的糊粉层含有大小不等的蛋白质体，但接近糊粉层的胚乳细胞仅含有较小的蛋白质体。小麦发育中的胚乳含有蛋白质体，但种子成熟时许多蛋白质体被成长的淀粉颗粒挤碎，使得蛋白质分散于淀粉粒之间，没有被膜所包裹，而其糊粉层的蛋白质体仍然保持完整。

水稻胚乳的蛋白质体以醇溶蛋白质为主，盐溶蛋白质的含量较少。玉米胚乳中最小的蛋白质体主要含玉米醇蛋白，小麦胚乳中最小的蛋白质体则由小麦醇溶蛋白组成。

蛋白质储泡是特殊化的液泡，其蛋白质含有 7S 或 11S 的水溶蛋白质。蛋白质储泡是复合的胞器，其内除了基质，还含有类晶体（crystalloid）或球状体（globoid）。基质是没有具体形状的蛋白质，类晶体则是水溶性的晶体蛋白质（crystalline）所呈现的格状排列。葫芦科子叶细胞的蛋白质储泡具有类晶体，但十字花科与菊科的蛋白质体则无（Lott，1981）。

球状体外观呈球体，其主成分并非蛋白质，而是由植酸盐（phytin）所组成。在棉花、花生、荠菜的种子中，皆可以看到含有球状体的蛋白质储泡。球状体偶尔亦含有蛋白质，但并非储藏性蛋白质，而可能是某些酶，如棉籽的球状体含有磷酸酶（phosphatase），大豆的球状体含有植酸酶（phytase）。

植酸盐是植酸（phytic acid，*myo*-inositol hexaphosphoric acid）与钾、镁、钙结合的盐类，可以说是种子储藏碳水化合物、磷以及各种矿物质的化合物。肌醇（inositol，*myo*-inositol）是维生素 B 群之一，但因动物亦可以合成，因此人体不需经由食物摄取植酸盐。反之，由于植酸会吸收镁、钙、铁、锌、钼等，可能降低这些元素的吸收利用率。谷类饲料目前都会添加植酸酶，将蛋白质体中植酸盐的磷释出，来减少饲料添加磷的需求，而动物排泄物中污染环境的磷也会减少。

除了蛋白质与植酸盐和各类矿物质，蛋白质体还含有少量的碳水化合物、脂质甚或核糖核酸（RNA）。

三、择素、蛋白酶抑制素与 LEA 蛋白质

（一）择素

早在 1888 年就有学者提到蓖麻子的萃取物可以凝结红细胞，随后学者陆续发现各种具有类似作用的凝集素（agglutinin）。凝集素也是一种蛋白质，通常具有选择性，只和某些细胞发生反应。动物体内的抗体，以及普遍存在于植物的择素（lectin），都是凝集素。

英文 lectin 源自拉丁文 *legere*，即选择。择素为具有结合碳水化合物能力的蛋白质或糖蛋白（glycoprotein），由于细胞膜中通常会夹有一些糖蛋白，这些糖蛋白的糖分子暴露于细胞之外，若遇着特殊的择素，两者会结合。择素普遍存在于植物界，而以种子尤多（表 2-6），豆类种子的蛋白质有 1%~10% 为择素，苋菜者有 3%~5%（Murdock & Shade，2002）。

表 2-6　种子中的择素

作物	择素名称	分子量	特定对象糖类
小麦	wheat germ agglutinin（WGA）	36,000	β-D-Glc NAc-（1-→4）-β-D-Glc NAc
大豆	soyin	120,000	α-D-Gal NAc
白凤豆	concannavalin A	104,000	α-D-Mannose
落花生	peanut agglutinin	110,000	β-D-Gal-（1-→3）-D-Gal NAc
雪花莲	galanthus nivalis agglutinin（GNA）	110,000	α-D-Mnnose
蚕豆	favin	53,000	α-D-Mannose
蓖麻	ricin	12,000	α-D-Galactose

* Gal NAc: N-acetyl-D-gallactosamine; Glc NAc: N-acetyl-D-glucosamine.

豆类种子的择素主要存在于子叶蛋白质体内，通常在种子成熟后期，水含量开始降低之前出现于种子。禾本科种子的择素存在于胚，特别是胚根，在胚部其他部位的分布则各种种子有所不同。小麦的择素出现于蛋白质体四周及颗粒之透明（指在电子显微镜之下）部位，亦存在于细胞膜与细胞壁之间，主要是在胚之外表，特别是胚根和根鞘，此外亦可在上胚叶、根冠或胚盘出现（Mishkind *et al.*，1982），黑麦和水稻择素亦出现于鞘叶。

择素普遍存在于植物界，不同植物有不同的择素。择素具有分类学上的关系，例如与小麦同族的黑麦和大麦之胚皆会有相同分子特性的择素，同族其他90种植物亦含有相似的择素。禾本科其他族的水稻，虽其择素的结构与小麦不同，但性质相当接近。不同植物间，同植株不同组织间也有成分结构互异的择素，显示在演化之过程中，为了这些不同的功能而有不同形态的择素出现。

择素在种子中出现，据推测，不外是具有储藏性蛋白质的功能，或者提供种子防御病虫害侵袭的能力。由于择素存在于蛋白质体内，因此其参与储藏性蛋白质的包装或分解过程的可能性，比其本身为储藏性蛋白质的可能性要高些。由于择素能够选择性地认知各种细胞外表的碳水化合物而与之结合，因此可以抑制真菌、细菌的生长。而种子浸水发芽时，亦可以由种子渗漏出择素，因此可能在种子发芽后保护幼苗生长，不受微生物的感染。

抗虫基因改造作物（genetically modified crop）所转植抗虫基因的来源虽以苏力菌为主，但是也有用合成择素的基因者，例如雪花莲凝集素（GNA）。试验过转植择素基因的作物包括水稻、马铃薯、木瓜、甘蔗、葡萄柚、棉花等。

（二）蛋白酶抑制素

蛋白酶抑制素（proteinase inhibitor）也是小分子的蛋白质，常见于禾本科与豆科种子，分子量在20～50 kDa以下，玉米的更小，不到10 kDa。在大麦、小麦等种子内，其含量为可溶性蛋白质的5%～10%，豆子内的含量较低，每千克的种子仅0.25～3.6克（Bewley & Black，1994）。此类蛋白质通常可以抑制动物性蛋白酶的活性，但是在种子内的功能则尚未确定，其功能有三种说法。

第一是此抑制素可以调节蛋白酶的功能，特别是种子发芽分解蛋白质时。例如荞麦的蛋白质体内有某类的蛋白酶与其抑制素结合，若两者分离，蛋白酶就可以进行蛋白质的分解。不过在绿豆中，蛋白酶是在蛋白质体内，但是蛋白酶抑制素却在细胞质中。或许抑制素的作用是，万一蛋白质体提早裂解，所释出的蛋白酶可能会分解细胞中的结构性蛋白质，此时细胞质中的抑制素就可以预防细胞受损。

第二种说法是，当外来的昆虫蚕食种子，种子的蛋白酶抑制素可以抑制肠内的消化酶，妨碍该昆虫的生长及繁殖，或者外侵的微生物释出蛋白酶来侵袭种子时，抑制素也可以具有保护的功能（Murdock & Shade，2002）。

第三种解释则是这类蛋白质只是储藏性蛋白质的一种。

（三）LEA蛋白质

杜雷等（Dure III *et al.*，1981）发现有一类蛋白质在棉花种子胚发育后期大量出现，因此把这些蛋白质称为 LEA 蛋白质，全名是"胚形成后期丰存蛋白质"（late embryogenesis abundant protein）。其后许多研究者发现此种蛋白质不但存在于许多种种子中，在植物胚部以外其他部位，乃至细菌、无脊椎动物或线虫中也都有，使得 LEA 蛋白质这个名词显得不恰当（Tunnacliffe & Wise，2007）。

此类蛋白质与生物体的耐干燥、耐高盐分与耐寒可能有关。LEA 蛋白质可能出现于细胞内各处，但以细胞质与核最多。所在的组织可能因物种、器官、细胞形态而异，在胚部常见于表皮与维管束。

LEA 蛋白质含有较高的甘氨酸或赖氨酸，亲水性很高，而厌水性强者如色氨酸与胱氨酸等则不存在。LEA 蛋白质很稳定，即使热水滚过也不会变性，但不具有酶功能。根据氨基酸序列，一般将 LEA 蛋白质区分成 6 群，主要者有三，其中研究最多的称为脱水素（dehydrin）。

一般认为 LEA 蛋白质可能与生物体的耐脱水有关，因此会在种子发育后期，成熟干燥之前蓄积，在种子发芽幼苗阶段遇到缺水时也会出现。发育中种子开始制造 LEA 蛋白质，可能是受到脱落酸（abscisic acid，ABA）的调控 LEA 基因所致。

第四节　脂质

脂质可分为三大类，即单纯脂质、复合脂质与衍生脂质。单纯脂质乃由脂肪酸与各种醇类结合而成，包括油（oil）、脂肪（fat）、蜡（wax）等。油与脂肪是脂肪酸（fatty acid）与甘油（glycerol）接合而成的，在常温下油为液态，脂肪为固态。蜡是在室温下具有延展性的固体，常由长链脂肪酸与长链脂肪醇接合而成。

依照物理特性可将种子油脂分为 4 类：（1）固态脂肪，常温下呈固态，如可可椰子油及油棕油；（2）软性油，暴露在空气中很容易氧化，产生聚合作用，形成具有弹性的软膜保护层，如桐油、亚麻油，可以加工为油漆之原料；（3）半软性油，氧化作用进行较慢，但长久之后便可形成软膜，如棉籽油、胡麻油、大豆油；（4）非软性油，在室温下不会形成薄膜，如蓖麻油、花生油、橄榄油、芥菜油等。

复合脂质乃单纯脂质加上其他物质而成，例如磷脂（phospholipid）含有一个磷酸根，糖脂（glycolipid）含有碳水化合物，脂蛋白（lipoprotein）则为蛋白质与脂质的结合体。

衍生脂质如萜（terpene）、类固醇（steroid）、类胡萝卜素（carotenoid）、脂溶性维生素，包括维生素 A、维生素 D、维生素 E、维生素 K 等。

种子是人类食用油的最重要来源，主要的油料作物如大豆、油棕、油菜、向日葵、棉籽、落花生等。不过种子油的含量在植物之间差异甚大，而种子油脂存在的部位也因物种而异，包括子叶、胚乳、下胚轴等不一（表2-7）。

表2-7　各种种子的含油量

物种	主要组织	含油量（% d.w.）
澳大利亚核桃	子叶	75～79
巴西栗	下胚轴、胚根	65～68
罂粟	胚乳	40～55
扁桃	子叶	40～55
油棕	胚乳	50
蓖麻	胚乳	35～57
赤松	大配子体	35
向日葵	子叶	32～46
大豆	子叶	17～22
番茄	胚乳	15
蚕豆	子叶	8
玉米	胚	4.7

种子油为重要的资源，先进国家莫不重视。日本侵占台湾后也很积极地研究，调查了60余种台湾植物的种子油分含量（表2-8）及油的特性。

表2-8　台湾产植物的种子油含量（%）

植物	油分	灰分	水分	植物	油分	灰分	水分
石栗	64.5	3.8	7.1	大青	46.2	3.2	6.0
海杧果	64.0	2.0	1.4	樟	44.4	2.2	10.0
黄花夹竹桃	62.6	2.2	3.6	锡兰肉桂	42.0	1.9	9.1
大叶山榄	56.7	2.5	5.0	苦楝	38.5	4.2	8.0
榄仁	53.0	4.8	5.7	锡兰橄榄	38.3	5.0	4.4
油桐	52.5	3.9	8.6	苦茶	38.3	2.5	5.6
麻风树	52.1	3.5	6.9	茶	33.0	2.5	7.7
琼崖海棠	49.3	3.8	12.6	茄冬	23.3	3.7	14.9
莲叶桐	48.0	2.7	1.6				

一、脂肪酸

种子的储藏性脂质是三酰甘油（triacylglyceride，TAG），由三个脂肪酸分子与甘油脱水结合而成。脂肪酸是碳氢化合物，碳的数量为偶数，通常在8～24个。饱和脂肪酸

$[CH_3(CH_2)_nCOOH]$ 不含有双键，不饱和脂肪酸则含有 $1\sim3$ 个双键。

在种子油脂之中，最常见的饱和脂肪酸为棕榈科种子的棕榈酸（palmitic acid，符号 16：0，16 表示碳数，0 表示双键的数量），此外尚有十碳的癸酸（capric acid）、十四碳的肉豆蔻酸（myristic acid）等。美洲榆树种子油主要的成分就是癸酸，约占 61%（表 2-9）。某些豆科种子则含有十八碳的硬脂酸（stearic acid）或二十碳的花生酸（arachidic acid），不过花生酸在落花生油中的含量甚低，仅 1.1%～1.7%。

脂肪酸碳原子较少者熔点较低，碳氢键越长，熔点越高，熔点高者在常温（25℃）下易呈固态，如椰子油及油棕油。脂肪酸双键的数量越多，熔点越低。以不饱和脂肪酸为主的花生油、芝麻油因熔点较低，在常温之下呈液态。

各类油籽大都有一项或两项主要的脂肪酸（表 2-9），例如美洲榆的癸酸、油棕的月桂酸。颇多种子油含有较多的不饱和脂肪酸，例如巴西栗、落花生、玉米、橄榄、芝麻等的主要脂肪酸是油酸（oleic acid，18：1）；棉籽、芝麻、大豆、向日葵等以亚油酸（linoleic acid，18：2）为主，而亚麻以亚麻酸（linolenic acid，18：3）为主。

表 2-9　种子油的脂肪酸组成（%）

植物	8：0	10：0	12：0	14：0	16：0	16：1	18：0	18：1	18：2	18：3	20：0	22：0	22：1	24：0	—
美洲榆树	5.3	<u>61.3</u>	5.9	4.6	2.9			11.0	9.0						
油棕	3.0	3.0	<u>52.0</u>	15.0	7.5		2.5	16.0	1.0						
巴西栗 **			0.2	0.2	13.0	0.2	11.0	<u>39.3</u>	36.1						
落花生 **		5.9	5.8	0.1	4.4		0.7	<u>42.5</u>	20.6	0.14	1.6				
玉米				1.4	10.2	1.5	3.0	<u>49.6</u>	34.3						
橄榄					14.6			<u>75.4</u>	10.0						
棉籽					23.4			31.6	<u>45.0</u>						
芝麻 **					10.0		6	<u>42.0</u>	42.0						
大豆 **					10.6		4.1	23.0	<u>54.5</u>	7.2	0.3				
亚麻 **					5.0		4.0	19.0	14.0	<u>58.0</u>					
向日葵 **							12.0	23.0	<u>65.0</u>						
油菜			0.4	1.5			0.4	14.0	24.0	2.0	0.5	2.0	<u>55</u>	1.8	
蓖麻							0.3	7.0	4.0						<u>88</u>*

1. * 蓖麻酸 ricinoleic acid（18：1，12-OH）；$CH_3(CH_2)_4CH_2CHOHCH_2CH：CH(CH_2)_7COOH$。
2. ** 其他来源。
3. 8：0，辛酸（octanoic acid）；10：0，癸酸（capric acid）；12：0，月桂酸（lauric acid）；14：0，肉豆蔻酸（myristic acid）；16：0，棕榈酸（palmitic acid）；18：0，硬脂酸（stearic acid）；18：1，油酸（oleic acid）；18：2，亚油酸（linoleic acid）；18：3，亚麻酸（linolenic acid）；22：1，芥酸（erucic acid）。

不饱和脂肪酸除了碳原子的数量外，双键的数量以及出现位置也常不同，因此需要注记双键所在的碳原子，以资区分。脂肪酸的碳原子由羧基端（carboxyl terminus，-COOH）开始算起（第一个 C），最后的碳称为甲基端（methyl terminus，-CH₃）或者 ω（omega）端。不过营养学上对于碳原子的标记刚好相反，第一个 C 指的是 ω 端上的碳，向羧基端依次递升（图 2-8）。

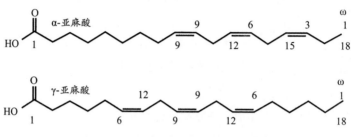

图 2-8　两种次亚麻油酸的化学结构图

上图：α-亚麻酸（Alfa Linolenic Acid; ALA，ω-3），18:3 $^{\triangle 9,\ 12,\ 15}$
下图：γ-亚麻酸（Gamma Linoleic Acid; GLA，ω-6），18:3 $^{\triangle 6,\ 9,\ 12}$

亚麻酸有十八个碳原子、三个双键，但依双键有两种形态，分别称为 α-亚麻酸与 γ-亚麻酸。α-亚麻酸三个双键分别在由羧基端算起的第九、十二、十五碳，因此简写成 18:3 $^{\triangle 9,\ 12,\ 15}$（图 2-8）；若由甲基端算起，首次出现双键的是在第三个碳，属于 omega-3（ω-3）脂肪酸。在一份文献中记录有若干种子油的 α-亚麻酸含量，如芡欧鼠尾草［奇亚籽（chia seed），64%］、紫苏（58%）、亚麻（55%）、亚麻荠（35%~45%）、马齿苋（35%）、油菜（10%）、大豆（8%）。

γ-亚麻酸的三个双键分别在由羧基端算起第六、九、十二碳，因此简写成 18:3 $^{\triangle 6,\ 9,\ 12}$；若由 ω 端算起，首次出现双键的是在第六个碳，因此是属于 omega-6（ω-6）脂肪酸，月见草、红花、大麻、燕麦、大麦等种子有之。亚麻酸有十八个碳原子，两个双键分别在第九、十二碳，其简写为 18:2 $^{\triangle 9,\ 12}$，亦属于 ω-6 脂肪酸。

虽然 ω-3 与 ω-6 脂肪酸都是人体必需脂肪酸，但对人体的健康以 ω-3 好处较大。

特殊的脂肪酸如油菜的芥酸（erucic acid），油成分中高可达 55%，为具有一个双键的二十二碳脂肪酸。蓖麻种子油中的蓖麻酸（ricinoleic acid）高达 88%，由油酸在第七碳接上 -OH 而成。这些特殊的脂肪酸据调查至少有数百种之多，但只出现于特定的科属植物，通常不存在于细胞膜上。芥酸提供优质的工业用润滑油原料，但动物细胞无法加以代谢，会囤积在心脏，具有健康风险，因此食用油菜目前种的都是低或零芥酸品种，称为 canola（Canadian oil，low acid）。

二、油粒体

种子储藏性脂质主要以颗粒状包裹于细胞之内，一般称之为油粒体（oil body），英文中偶亦有学者称之为 spherosome、oleosome，或 lipid-containing vesicle。有人认为这些分歧的术语正反映出学者对于油粒体如何起源于细胞内的看法仍然不一致。

一般油粒体的直径在 0.2 ~ 2.5 μm，因植物而异。油粒体四周是否包膜，至今仍有不同的见解，但是一些证据显示油粒体被单独的一层膜包着，膜的亲水面朝外，厌水面朝内。

油粒体含 90% ~ 95% 的三酰甘油，以及 1% ~ 4% 的蛋白质、甘油二酯、磷脂，这个低磷脂含量的情况支持单层膜的说法。油粒体的蛋白质称为油体蛋白质（oleosin），分子量低而埋在膜层中，普遍存在于各类种子当中。

含油量甚多的种子，其储藏组织的细胞内部充满了油粒体，其他细胞颗粒，如蛋白质体，分散在油粒堆之中。在油含量较少的种子里，例如在禾本科种子糊粉层中，油粒体通常出现在蛋白质体的四周（图 2-9C），以及细胞膜的边缘。

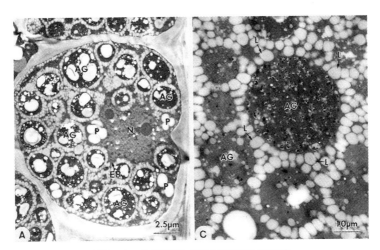

图 2-9　台湾芦竹成熟颖果糊粉层细胞

A：糊粉粒（AG，即蛋白质体）与含淀粉的质体（P）　C：糊粉粒外部围绕着油粒体（L）

第五节　其他成分

一、矿物质

种子蓄积各种无机矿物质，如钙、钾、磷、镁等。无机元素在种子内的含量因作物种类、生育环境而有变异。蛋白质体是重要的矿物质储存所，因为大多数元素皆与植酸盐共存于蛋白质体之内。种子所含之磷平均约有一半以上在植酸盐上，这包括禾谷类的水稻（81%，植酸盐中磷含量占种子总植酸盐量之百分比）、玉米（77%~87%）、大麦（66%~70%）、燕麦（49%~71%）、小麦（38%~84%），以及棉花（82%~83%）与豆类的大豆（70%）、落花生（57%）、菜豆（54%~82%）、豌豆（53%）。种子内矿物质部分也储存于细胞壁以及各种胞器中。

矿物质在种子内的分布通常不均匀，这不但是球状体分布不均匀所致，有时不同细胞的蛋白质体所含有的矿物质亦很不同，例如胡瓜子叶在维管束原细胞通常含有钙，大多数的叶肉细胞则没有。蓖麻种子子叶蛋白质体内的球状体通常不含钙，但下胚轴以及胚根维管束原细胞者则含有钙。番茄种子不论胚或胚乳皆含有钙，而且含有钙的细胞随机地分布在各组织。水稻种子若蓄积重金属，则位置偏重于米糠（胚部与糊粉层），白米（胚乳）中通常较低。

种子中各种矿物质元素的含量，也受到植物生长环境的影响，所以虽然同一基因型作物，年份不同，所采收种子的矿物质含量亦会不同。年份之外，灌溉条件、肥料用量、土壤环境等也会造成成分上的差异。除了钙、钾、镁、磷等主要的元素，锌、铁、钡、铜、钼、铬、硒、钠等也可能出现在种子之内。土壤中若含有重金属如铜、镉等，种子亦会累积这些元素，但其分布却可能不在球状体之内。

二、二次代谢物

淀粉、蛋白质、脂质及其组成小单元之外，种子尚含有各种主要代谢路径中所没出现的化合物，如生物碱（alkaloid）、糖苷（glycoside）、酚（phenol）、单宁、精油（essential oil）、固醇等，种类相当繁多。这些物质有些对部分生物体具有生理上的作用，在剂量达到甚至超过某程度以后，更可能导致生物体中毒甚至死亡。

不过同样的二次代谢物，对某一生物具有毒性，可能对另一生物不但没有毒性，而且可能是营养成分或具有疗效。许多中药皆以种子为材料，即是因为这些种子含有具有生物活性的物质，因此会有药效。即使同样是可能致毒的物质，对某一生物，可能其致毒量很低，而对其他生物则要吸收达到相当高的地步，才可能致毒。

（一）生物碱

生物碱是许多含氮化合物的统称，有名的生物碱如吗啡、尼古丁、奎宁、咖啡因等。豆科种子含有丰富的生物碱，羽扇豆属通常含有喹诺里西啶类生物碱（quinolizidine），例如羽扇豆碱（lupanine），羊食羽扇豆常常中毒。黄野百合则含有吡咯啶类生物碱（pyrrolizidine），即野百合碱（monocrotaline），家禽食之中毒，对人体则会产生肝毒。

茄科植物种子含有莨菪烷（tropane），莨菪及曼陀罗种子含有莨菪碱（hyoscyamine），可以制成农药解毒剂阿托品（atropine）。咖啡种子含有咖啡因，是咪唑啉啶类生物碱（imidazolidine），对中枢神经、呼吸、心脏有刺激作用。此外，蓖麻、槟榔、大麻、莲子、马兜铃等的种子亦含有各类生物碱。

（二）糖苷、精油

糖苷正式名称为苷质，经水解后分成糖类与非糖体，一般认为具有保护作用，免受动物危害。糖类以葡萄糖最常见，但也有其他单糖；非糖体包括固醇、皂素（saponin）等各种二次代谢物。

苦扁桃、杏、桃的种子含有苦杏仁苷（amygdalin），是一种含有氰化物（cyanide）的糖苷，据说有镇咳、去痰、定喘等效果，但口服后可能会释出有毒的氰化物。棉豆以及亚麻的种子则含有百脉根苷（lotaustralin），亦可以经水解释出氰化物。十字花科种子的辛辣味是因为含有糖苷，如青花菜、抱子甘蓝、黑芥菜种子含有芥子苷（sinigrin），白芥子则含有味道较淡的白芥子苷（sinalbin）。

从植物体可以提炼精油，是浓缩的厌水性液体，含有挥发性香气。植物精油的来源虽然以花、叶为主，但种子亦含有各种精油。种子内主要的精油以萜类者为多，如肉豆蔻种子含有莰烯（樟脑精，camphene）与桧烯（sabinene）、山姜种子含桉油醇（eucalyptol）、缩砂种子含龙脑（borneol）和橙花椒醇（nerolidol）、车前草种子含桃叶珊瑚苷（aucubin）、巴豆种子含巴豆酯（phorbol）、续随子种子含环氧续随子醇（epoxylathyrol）等。棉籽油含棉籽酚（gossypol），必须除去后才可食用。种子所含的植物激素如脱落酸、赤霉素（gibberellic acid，GA）等，亦都属于萜类精油。

（三）固醇、类黄酮

固醇是最简单的类固醇（steroid），由十七个碳原子接合成四个碳环（图 2-10）。类固醇遍存于动植物与真菌中，在人体中最有名的就是胆固醇。许多种子含有植固醇（sitosterol），西瓜种子含有菠菜固醇（spinasterol）。毛地黄种子含有毛地黄苷（digitoxin），是固醇糖苷，为有名的强心剂。

类黄酮（flavonoid）是一种多酚化合物，由十五个碳原子与一个氧原子组成三个环，也可以说两个苯环由三个短碳链连接而成，有四类，其中的异黄酮（isoflavone，图 2-10）是种子主要的类黄酮，约有三种，以糖苷的形态存在于豆类种子，即大豆苷（daidzin）、染料木苷（genistin）与黄豆黄苷（glycitin）。

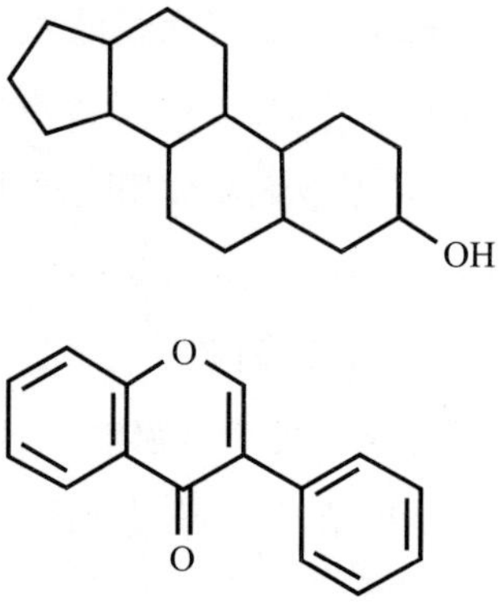

图 2-10　种子二次代谢物的基本结构

上图：固醇　下图：异黄酮

种子异黄酮主要出现于豆科，如绿豆、豇豆、补骨脂与苜蓿芽等，其中尤以大豆种子含量最高。黄豆种子的异黄酮约占总酚量的 70%，以大豆苷与染料木苷为主，浓度为 80～200 mg/100 g，依品种而异（Teekachunhatean *et al.*，2013）。异黄酮是植物性的雌激素，因此大豆被视为功能性食物。

（四）其他

皂素普遍存在于植物体内，其结构兼具厌水（萜）与亲水（糖苷）部位，在水溶液中摇动会产生泡沫，因此称为皂素。皂素对冷血动物特具毒性，对真菌等细胞物亦具有抑制作用。皂素存在于一些种子中，包括棋盘脚、藜麦、辣椒、瘤果黑种草、茶、七叶树等种子有之（Sparg *et al.*，2004）。藜麦种子约含有 0.43% 的皂素。一些豆科植物如大豆、苜蓿、菜豆、豌豆、百脉根等种子皆有之。

多酚（polyphenol）由两个以上的酚结合而成，单宁是多酚的一种。某些高粱品种含有单宁，因此其果皮呈棕褐色，雨季收成时，种子也比较不易因微生物之生长而导致发芽能力降低。许多豆类种子的种被都含有单宁，葡萄种子的单宁含量攸关酿酒的风味。

许多种子含有香豆精（coumarin），如续随子种子所含的七叶树素（aesculetin）与续随子素（euphorbetin），以及枳种子所含的欧前胡素（imperatorin）。牡蒿及补骨脂种子所含的补骨脂素（psoralen），当归属的药用植物种子所含的花椒毒素（xanthotoxin）、当归根素（angelicin）等，也皆属于香豆精。

三、水分

大气湿度通常以相对湿度（relative humidity）来表示。相对湿度是空气与水汽混合体中水汽的含量，一般以水汽的分压除以饱和蒸汽压的百分比来计算。当水气分压达到饱和时，其相对湿度为 100%，称为饱和相对湿度。

在大气中，种子会从空气中吸收水分，种子本身的水分也会向空气中扩散。种子相当潮湿时，本身水分向外扩散释放（脱附作用，desorption）的速率大于从外面环境吸收水分（吸附作用，absorption）的速率，因此种子含水率逐渐下降，直到水分释放及吸收的速率达到平衡时，种子含水率即不再变动，此时称为种子已达到平衡含水率（equilibrium moisture content，图 2-11）。潮湿种子在相同温度、不同相对湿度下所测定出的曲线称为脱附等温线。

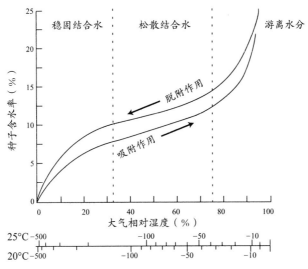

图 2-11　种子平衡含水率（%）的两等温线图

相对湿度坐标之下为大气相对湿度对应的水势（ψ，MPa）

与潮湿种子相反，当相当干燥的种子放在较潮湿的大气中时，吸附作用的速率大于脱附作用的速率，因此种子含水率逐渐上升，含水率达到平衡后就不再增加，虽然此时水分的进出仍在进行。干燥种子在相同温度、不同相对湿度下所测定出的曲线称为吸附等温线。

特定大气相对湿度的环境下，特定的种子却不只有特定的平衡含水率。由于至今仍不完全了解的原因，在相同温度下，同一种子的脱附等温线却较吸附等温线略高，这种歧异称作迟滞现象（hysteresis）。

除了相对湿度，影响种子平衡含水率的因素还有温度，温度分别对大气相对湿度及种子的平衡含水率会有影响。一个维持在标准气压的固定体积及固定温度的系统中，能够含有的饱和水蒸气是一定的。该系统所拥有的实际水蒸气量对饱和水蒸气的比值（×100）即该温度下的大气相对湿度。若这个系统的其他条件都不变，则温度每升高 10°C 时，该系统能够含有的饱和水蒸气量约加倍，其大气相对湿度就约减半，因此高温下种子的平衡含水率较低。另一因素则是种子含油率，在固定的大气相对湿度下，含油率低的种子所达到的平衡含水率较高，反之则较低。表 2-10 列出一些种子在特定状况下所测出来的平衡含水率。

表 2-10　种子在各种相对湿度下的平衡含水率

植物	测定状况	相对湿度（%）																
		10	15	20	25	30	40	45	50	55	60	65	70	75	80	85	90	95
洋葱	^25	4.6		6.8		8.0		9.5			11.2			13.4				
葱	^25	3.4		5.1		0.6		9.4			11.8			14.0				
旱芹	^25	5.8		7.0		7.8		9.0			10.4			12.4				
落花生 *	^25		2.6			4.2		5.6						9.8			13.0	
	30										7.2		7.0	8.0	9.3	11.3	14.3	20.0
	#	3.0		3.9		4.2	5.1		5.9		7.0		8.5		11.1		17.2	
燕麦	#	5.5		7.2		8.8	10.2		11.4		12.5		14.0	15.2	17.0		22.6	
芥菜	^25	1.8		3.2		4.6		6.3			7.8			9.4				
油菜	#	3.1		3.9		4.5	5.2		6.0		6.9		8.0	8.6	9.3		12.1	15.3
甘蓝	^25	3.2	4.6	5.4				6.4			7.6			9.6				
	A	3.4		4.7		5.5	6.3		7.1		8.1		9.7					
芜菁	^25	2.6		4.0		5.1		6.3			7.4			9.0				
辣椒 *	^25	2.8		4.5		6.0		7.8			9.2		11.0	12.0				
西瓜	^25	3.0		4.0		5.1		6.3			7.4			9.0				
胡瓜	^25	2.6		4.3		5.6		7.1			8.4			10.1				
笋瓜	^25	3.0		4.3		5.6		7.4			9.0			10.8				
鸭茅 *	^23									9.8		10.5	11.0	12.0	13.4	14.9		
胡萝卜	^25	4.5		5.9		6.8		7.9			9.2			11.6				
	A	4.2		5.8		7.0	7.9		8.9		10.0		11.9		16.0			
荞麦	^25	6.7			9.1		10.8		12.7		15.0					19.1		24.5
高羊茅 *	^23									10.5		11.9	12.5	13.2	15.0	17.3		
大豆 *	^25		4.3			6.5		7.4			9.3			13.1			18.8	
	#			5.5		6.5	7.1		8.0		9.3		11.5		14.8		18.8	
棉花 *	#	3.7		5.2		6.3	6.9		7.8		9.1		10.1		12.9		19.6	
黄秋葵	^25	3.8		7.2		8.3		10.0			11.2			13.1				
大麦	^25		6.0			8.4		10.0			12.1			14.4			19.5	
莴苣	^25	2.8		4.2		5.1		5.9			7.1			9.6				
	A	3.1		4.2		5.0	5.9		6.7		7.6		9.1					
亚麻 *	^25		4.4			5.6		6.3			7.9			10.0			15.2	
	#	3.3		4.9		5.6	6.1		6.8		7.9		9.3		11.4		15.2	

（续表）

植物	测定状况	相对湿度（%）																
		10	15	20	25	30	40	45	50	55	60	65	70	75	80	85	90	95
百脉根 *	^23												8.3	10.4	13.9	17.2		
羽扇豆	#	4.2		6.2		7.8	9.1		10.5		11.7		13.4	14.5	16.7			
番茄	^25	3.2		5.0		6.3		7.8			9.2			11.1				
紫花苜蓿	A30	4.8		6.4		7.8	9.0		10.0		11.7		14.0		15.0			
稻	D25	4.6		6.5		7.9	9.4		10.8		12.2		13.4		14.8		16.7	
	A25	3.9		5.3		6.8	7.9		9.2		10.4		11.8		13.6		16.6	
菜豆	A	4.2		7.1		8.7	10.3		12.2		14.5		17.9					
欧洲云杉	A	2.5		4.2		5.5	6.7		7.8		9.0		10.4					
豌豆	A	4.0		7.0		8.8	10.2		12.0		13.9		16.2		20.5		28.4	
	#	5.3		7.0		8.6	10.3		11.9		13.5		15.0	15.9	17.1		22.0	26.0
肯塔基蓝草 *	^23									9.7		10.8	11.3	12.7	14.0	14.5		
萝卜	^25	2.6		3.8		5.1		6.8			8.3			10.2				
茄子	^25	3.1		4.9		6.3		8.0			9.8			11.9				
高粱	^25		6.4			8.6		10.5			12.0			15.2			18.8	
菠菜	^25	4.6		6.5		7.8		9.5			11.1			13.2				
小麦	A35	4.0		5.6		7.0	8.3		9.8		11.1		12.8		14.5		19.5	
	D35	5.5		7.2		8.5	9.8		11.0		12.2		13.4		15.1		19.5	
	D25	6.0		8.0		9.3	10.6		12.0		13.2		14.7		16.3		21.5	
蚕豆	A					8.5	10.0		11.5		13.2		15.0		19.7			
	#	4.7		6.8		8.5	10.1		11.6		13.1		14.8	15.9	17.2		22.6	27.2
玉米	A30	4.5		6.3		7.6	8.9		10.1		11.5		13.0		14.9		19.5	
	D30	5.6		7.5		8.9	10.2		11.3		12.6		14.0		15.8		20.0	
	#	6.2		7.9		9.3	10.7		11.9		13.1		14.6	15.5	16.5		20.7	25.0
（甜玉米）*	^25	3.8		5.8		7.0		9.0			10.6			12.8	14.0			

1. ^ 约。
2. 首栏数字为温度（℃）。
3. # 变动温度下（可能是 15～25℃）。
4. A 吸附作用（absorption）。
5. D 脱附作用（desorption）。
6. * 参阅 Justice & Bass（1978）所列的文献，40～43 页。

　　就一般耐干燥的种子而言，其平衡含水率等温线可区分出三段的种子水结合区（图 2-11）。第一段约在相对湿度 10% 以下，在此阶段中，水与蛋白质、脂质、细胞壁等大分子的带电价氨基或羧基离子紧密地附着。第二段在相对湿度 10%～90%，在此阶段，水微弱地附着在分子非离子的带电亲水性部位。第三段约在相对湿度 90% 以上，在此阶段中，种子内的水则宽松地接触大分子的厌水性部位。不过比尤利等（Bewley *et al.*，2012）更详细地区分为五个阶段，第一阶段是相对湿度 10% 的等温线，第二阶段在 10% ~ 83%，第三阶段在 84% ~ 96%，第四阶段在 97% ~ 99%，高过 99% 则为第五阶段。

第六节　种子的物理特性

种子的物理特性包括大小、形状、密度、表面质地、浮力、色泽、弹性、导度等，这些特性与种子散播有相当大的关系。在种子生产上，种子的清理精选常使用各式各样的器材，这些器材不论是简单的、便宜的，或是复杂的、贵的，其设计依据的原理都是种子的物理特性。

一、种子的大小

种子的大小是指一粒种子在空间所占的体积，不过为了测量上的方便，一般用长、宽、厚三个测量单位来表示。种子上有无数的点，任意选择两点连都成一条直线，因此可以连成很多直线，但是，只有特定的一组可以画出最长的直线，该直线长度就是这粒种子的"长"。

把种子的长当作轴心，在轴心线上任意画垂直线，也可以画出无数条，这些垂直线都会连接到种子的两个点，这两个点也就决定该垂直线的长度，最长的垂直线就是种子的"宽"。

把种子的长轴与宽轴看作一个平面，在这个平面上任意画垂直线，也可以画出无数条，这些垂直线都会连接到种子的两个点，这两个点也就决定该垂直线的长度，而最长的垂直线就是种子的"厚"。各式的筛网就是按照种子的长、宽、厚等特性来筛选种子的。

表 2-11　种实的大小（mm）*

植物	长	宽	厚
烟草	0.81	0.56	0.22
稗子	1.59	1.20	0.81
油菜	1.68	1.67	1.61
水稻	6.60	3.58	2.21
大豆	7.10	6.37	5.69
台湾百合	8.30	6.60	0.33
豆薯	10.30	9.10	5.83
苦瓜	12.50	8.92	4.15
棉豆	26.20	15.50	8.50
杧果	87.40	23.10	18.00
椰子	229.00	178.00	152.00

*各仅代表一批种子的实测值。

种子的大小在物种间变化甚大（表 2-11）。世界上最大的种实可能是非洲东部印度洋塞舌尔（Seychelles）群岛上所产的海椰子，海椰子的果实长可约 30 cm，周长约 91 cm，重约 18 kg。反之，兰科植物与一些寄生性植物的种子都很小，兰科种子的长度可由树兰的 6 mm、亮丽坛花兰的 3 mm，到金线莲的 0.05 mm 不等，宽度由华丽石斛兰的 0.9 mm 到天麻属的 0.01 mm 不等（Arditti & Ghani，2000），高止卷瓣兰种子的长、宽各约 0.174 mm 与 0.074 mm。

二、体积与重量

不同的植物种，其种子重量的差异也很大（表 2-12），以兰科种子为例，最重的是东亚太平洋地区的山珊瑚属兰花种子，约 14 ± 17 μg，最轻的则是郁金香兰的种子，约 0.3 ± 0.4 μg（Arditti & Ghani，2000），两者相差超过 40 倍。兰花种子小，但种子数量可以很大，例如绿天鹅兰一个果实含有 400 万粒种子。

表 2-12 种子（1,000 粒）的体积与重量

植物	体积（cm^3）	重量（g）
烟草	0.2	0.08
苋菜	0.8	0.7
芹菜	2	0.4 ~ 0.7
芝麻	8.5	3
水稻	42 ~ 50	15 ~ 40
蕹菜	63	40 ~ 47
黄秋葵	90	45 ~ 60
大豆	175 ~ 280	100 ~ 670
豆薯	250	150 ~ 250
刀豆	1,500 ~ 6,000	400 ~ 800
蚕豆	280 ~ 4,000	181 ~ 2,500
落花生	500	1,000 ~ 3,000

即使在同一个物种，品种间种子重量的差异也相当大，这些变异提供育种时选择交配亲的参考。由半国际热带半干旱地区作物研究所（ICRISAT）所保存的 16,820 份鹰嘴豆种原的广泛调查显示，种子百粒重由 9.5 ~ 63.4 克不等，相差达 6.7 倍（Upadhyaya，2003）。

即使同一植株，在母体上生长的位置不同，种子的重量也可能有所差异。小麦整穗的部位中，以中部下边的小穗所生的种子最重，顶端小穗者最轻，而一个小穗中，以基部算起第二小花所长的种子最重，第一小花者次重，第三、第四小花者依次更轻。豌豆果荚内以中间部位的种子重量最大，向日葵花序上则以外缘的种子较重，中心部位者较轻。

一般而言，同一个品种所生的种子，其重量的差异不大。因此古代的度量衡有以种子当作基准者。例如《说苑》记载："度、量、衡，以粟生之，十粟为一分，十分为一寸，十寸为一尺，十尺为一丈。"即用10粒小米相连所得的长度为1分。而英国15世纪中开始用克拉（carat）来作为钻石、珍珠的重量单位，carat来自拉丁文 *kerátion*，指的是长角豆（俗名carob）的种子。

但是特恩布尔等（Turnbull *et al.*，2006）对此加以探讨，指出长角豆的每粒种子重量不一，其变异系数（23%）与其他63个植物种的平均值（25%）接近。小麦种在816个地区，每穗粒数的差异达1.7倍、每株穗数56倍、每株粒数833倍，每粒重量的差异也有1.04倍（Haper *et al.*，1970）。

不过特恩布尔的报告也提到，目测可以去掉较为极端的种子，因此可以缩小种子间重量的变异。而根据《汉书·律历志》，"以子谷秬黍中者，一黍之广，度之九十分，黄钟之长"，表示作为度量衡的标准时，人类的确懂得排除极端大小的种子。

三、密度、形状与浮力

种子的密度是指单位体积的种子重量，这里有两个意思，或者是指一粒种子重量除以该种子所占的体积，但常是指一个单位容积（如一升种子）所含有的种子重量。大种子因为种子间的空隙较大，因此容积重可能较低，而一批大种子若含有较多的小种子塞在空隙中，容积重就会增大。

一粒种子内不同的部位也可能有不同的密度，例如禾草的种实常是果实加上壳（内外颖），这个壳常比果实还要长，因此整粒种子的重心会略居于种实下方，而不是在正中央。

种子的形状是指该种子在空间分布的状况，圆形的如芥菜种子，其他如针形的、方形的、橄榄形的、金字塔形的、半月形的、碟形的等，不一而足。形状不仅是选种机器所运用的种子特性之一，也是在自动操作当中决定种子容易输送与否的决定因素之一。

种子成熟脱离母体时会因为本身的重量（地心引力）而下降，但是空气也会产生阻力，地心引力远大于空气的阻力，种子就迅速下降。阻力趋近于地心引力，种子下降速度慢，于空中飘浮而逐渐下降，这时若有风，就可将种子送到远处，例如水柳种子遇风吹而飘浮于空中的景色为是。这种飘浮的能力指的就是种子在空气或液体（水或有机溶剂）中下降、停留或浮起的程度，各式风选机就是依据种子与杂质在空中浮力的不同加以清理的。

种子自由落体速度比较难测定，因此实际上进行时是将种子置于直管中，自管子下方送风，风速大于种子地心引力则种子上扬，小于地心引力则种子下降。当风速调整到种子停留于空中而不上升、下降，该风速即该种子的终端速度（terminal velocity），单位是每秒几米（表2-13），种子的终端速度越大，表示种子越难飘浮。

表 2-13　若干作物种子的浮力，以终端速度表示

植物	重量（mg）	密度（kg/m³）	终端速度（m/sec）
芝麻	2.4		4.4
油菜	4.5	1,000	6.7
小米	6.0		7.6
水稻	16.5	1,370	7.2
荞麦	27.6		8.9
小麦	30.2	1,320	7.8
高粱	30.9	1,250	9.7
大麦	37.6	1,020	7.5
绿豆	75.5		12.0
红豆	115.6		12.6
大豆	197.0	1,340	14.0
玉米	321.2	1,260	11.6

种子的终端速度与其重量略有相关，但并非绝对，与其密度则不相关。这是因为决定种子终端速度的因素很多，除了重量与密度，还包括其大小、形状、表面质地，乃至掉落时种子旋转的状况等。

四、表面质地、色泽、弹性与导度

种子的表面可能是光滑的、有棱的、有角的、有边的、有芒的、凹凸不平的、皱皮的、粗糙的、沾粘的等，不一而足。根据表面质地的不同，可以直接区分种子，例如在输送带上种子表面粗糙的不同产生不同的摩擦力，因此造成不同的输送速率；也可以间接区分种子，例如粗糙的种子易沾上铁粉，因此可用磁力分辨。

色泽的不同是由波长、亮度及彩度来决定的，种子的颜色也五花八门，白、红、橙、黄、绿、灰、褐、黑、蓝，以及各种中间颜色皆有。旅人蕉有蓝色的假种皮，剥除之后呈现出黑褐色种被。鸡母珠种脐附近的种被是黑色，其余种被则为鲜红色。史隆血藤小圆饼状种子外观如小型的铜锣烧，两侧种被深褐色，厚度围绕一圈黑色种被。

同一粒种子的不同部位，色泽也可能不同。除了受到遗传的控制以外，成熟度的不同或者微生物的感染都可能改变种子原来的色泽。除了应用在种子精选之外，各种谷豆类食品加工前也常用色泽来挑出不良的种子。

　　弹性原来是指一个物体被压缩或扭曲后恢复原状的能力，这里是指种子撞击到某物体后反弹的程度。硬壳种子撞到地板就会反弹，反之，表面有纤毛的种子掉落在地板上反弹不起来。在设计种子采收机械时，需要考虑所采收种子的弹性，以免因反弹到外头而损失种子。种子弹性太大，与硬板的撞击力也就越大，撞击时越容易受伤，因此机械设计上要缩短种子与硬板间的落差。

第**3**章 种子的发育与充实

　　种子是高等植物生命循环中重要的环节。植物在适当的环境下，或者在某个生长阶段会由营养生长阶段进入生殖生长阶段，但这并不一定表示营养生长的停止。生殖生长始于顶端分生组织由叶芽分化转变成花芽，但是花芽分化之后仍然可以看到茎叶的生长。花芽分化之后到种子成熟散落之间经过若干阶段，这些阶段所经过的时间在不同植物有很大的不同。以松树、苏铁与水稻三种植物为例，花芽分化到开花授粉的期间分别约需 5 个月、5 个月、20 天，由授粉到受精分别约 12 个月、4 个月、不到 1 天，由受精到种子成熟分别约 15 个月、3 个月与 30 天，这足以说明种子形成的高度差异。

第一节　胚与储藏组织的发育

一、裸子植物

　　裸子植物在授粉后，花粉所释出的精核与雌配子体内的卵核结合，经过一段潜伏期，结合子才开始分裂。结合子分裂初期先进行核分裂，在胚囊内形成一些游离核，而各个核的外围尚未形成细胞壁，这是所谓的游离核时期（free nuclei stage）。结合子分裂初期的游离核情形只出现于裸子植物，被子植物则无，这是两类植物主要的不同点之一。游离核的数量因物种而有很大的差异，例如在松柏等针叶木有 4～64 个，银杏约有 256 个，苏铁有 500～1,000 个。不过裸子植物中的美洲红杉（世界爷）、买麻藤等则不具有游离核时期，被子植物的牡丹则可看到游离核时期（Singh & Johri，1972）。

　　游离核时期过后才在各个核的外围形成细胞壁，将核围起而产生原胚（proembryo），原胚继续进行细胞分裂而且分化成胚体与胚柄（suspensor）。在基部的胚柄吸收养分供给胚的发育，因此发育之初胚柄较为发达，但是充实后期就萎缩不见了。

　　胚体为一个到数个的多胚，但是其中仅有一个幸存发育成胚。由于裸子植物不具有双重受精特性，因此单倍体的雌配子体直接在中央形成空腔，来容纳越来越大的胚，雌配子体累积养分，来供将来发芽所需，其功能有如被子植物的胚乳。

二、被子植物

被子植物具有双重受精，受精后分别发育成二倍体的胚与三倍体的胚乳。裸子植物并无双重受精，但是其中的麻黄属植物有之，不过精核只与另一个半倍体核融合，并无三倍体产生（Friedman，1990）。被子植物中也有例外，即兰科、川蔓草科与菱科不具有胚乳（Vijayaraghavan & Prabhakar，1984）。

两个亚门的植物的另一个不同点是除了牡丹，被子植物的受精卵一开始就进行细胞分裂，没有经历游离核时期。

一般而言，被子植物的受精卵先分裂成顶端与基部两个细胞。在双子叶植物，顶端细胞分化成胚体，基部则分化形成胚柄。胚柄的上端细胞将来会分化成为胚根之根冠，称为胚根原（hypophysis）。在单子叶植物，顶端细胞再进行细胞分裂分成两部分，上端者是胚体，另一部分是胚柄，下端的基部细胞不再分裂，直接成为吸收体，作为胚柄的尾细胞。

（一）双子叶植物

豌豆（Marinos，1970）花授粉之后在花冠完全展开时，受精卵已开始进行细胞分裂，此时胚存在于珠孔端。花冠开始萎凋后，可以看到胚柄开始生长，将胚往胚囊推进，同时可看到胚乳的扩充（图 3-1）。其后整个胚珠开始增长，胚的外面充满液状胚乳，等到花冠掉落，胚珠的长度达到最大，胚呈现球形。其后胚开始扩张变宽，渐成圆球形，而胚已呈现心脏形，此时胚柄

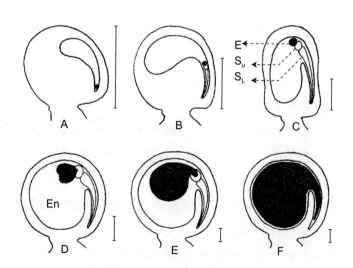

图 3-1　豌豆胚发育示意图

A：受精核开始分裂　B、C：胚柄伸长　D：心形胚阶段　E、F：子叶扩张期。图 C、D 中的代号分别为，E——胚；En——胚乳；S_u——上胚柄；S_L——下胚柄。胚部以黑色标示，直线为 1 mm。

不再伸长，胚开始快速生长分化。此后胚部的子叶开始吸收胚乳养分而生长，一直到胚乳几剩下痕迹为止。

　　苜蓿授粉后第 4 天胚柄已经将胚顶向胚囊另一端，胚柄略较胚为大（图 3-2）。此时胚呈卵形，属于球形期（globular stage）的前期，1 天后胚已呈圆球形，再 1 天后胚顶端趋平，是为球形胚后期。授粉后第 8 天子叶开始分化出来，进入心形期（heart stage）的初期，2 天后子叶已达约 10 μm，属于心形胚后期。授粉后第 12 天下胚轴、胚根已形成，胚进入鱼雷期（torpedo stage），此时期胚芽与胚根的顶端分生组织、下胚轴以及原始形成层都已相当清晰。到了授粉后第 14 天，苜蓿子叶快速生长，胚部弯曲，而胚柄已退化。

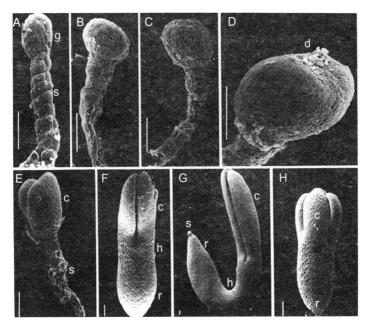

图 3-2　苜蓿接合子胚发育过程的扫描式电子显微镜图

A：球形胚早期　B：球形胚中期　C：球形胚后期　D：心形胚早期　E：心形胚后期　F：鱼雷胚早期　G：子叶生长期　H：具四片子叶之胚（少见）　g：球形胚　s：胚柄　d：心形胚的凹入处　c：子叶　h：下胚轴　r：胚根　直线为 30 μm

（二）禾本科植物

　　在单子叶植物中，禾草胚的发育有两点显得相当特殊，其一是禾草的胚较其他单子叶植物复杂，其二是禾草的成熟胚已经具有数个叶片（Itoh *et al.*，2005）。

　　水稻授粉后数小时内就已完成受精，其后受精卵进行细胞分裂。授粉后第 1 天胚的细胞数量约有 25 个（图 3-3 B），此为球形胚初期，其后细胞迅速分裂。授粉后第 2 天细胞数量约有 150 个，属于球形胚中期。授粉后第 3 天胚体成为圆球状，但外观尚未见到分化，为球形胚后期，实际上胚为椭圆形，细胞数量可达 800 个（图 3-3 D、J），此时期胚体尖端已趋平，胚外围为胚乳，属于细胞胚乳的形态。授粉后第 4 天开始分化形成胚芽顶端分生组织、芽鞘始原（coleoptile primordia）与胚根始原（radicle primordia，图 3-3 E、K）。授粉后第 5 天可以看到第一个叶始原，胚盘开始膨大（图 3-3 F、L），其后的 3～4 天再形成第二与第三个叶始原。授粉后第 7～8 天可看到上胚叶突出，到了授粉后第 10 天，整个胚部的形态已分化完全（图 3-3 G、M）。

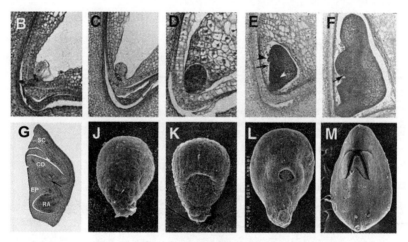

图 3-3　水稻胚发育图

图 B 至图 G 分别为授粉后 1、2、3、4、5、10 天胚的纵切面，图 J 至图 M 分别为授粉后 3、4、5、10 天胚的 SEM。SC：胚盘　CO：芽鞘　RA：胚根　EP：上胚叶

禾本科植物种子的养分储藏结构为胚乳，胚乳的发育过程以小麦为例（Bewley & Black，1978），小花开颖受精后 6 小时就开始进行游离核分裂，不过第 1 天内尚未能见到胚乳细胞。第 2 天时，胚乳细胞壁已开始形成。第 4 天时由于细胞分裂的快速进行，胚乳已略见扩大，其外面有一层分生组织已清晰可见，这个分生组织层可进行横向和纵向的细胞分裂。

横向分裂的结果形成内外两层细胞，往内边形成者都是胚乳细胞，往外边者仍保留分生能力，继续进行细胞分裂，使得胚乳增厚。纵向分裂的结果则扩张分生组织层的面积，使得胚乳加宽，以便容纳越来越多的胚乳细胞。

在胚乳的外围除了分生组织，尚有若干细胞分裂形成厚壁细胞（图 3-4），这些细胞的细胞壁已没有分生能力，然而其附近的分生细胞仍继续分裂扩充，结果在第 16 天以后，渐渐将厚壁细胞包围，形成麦类种子的特征——纵沟（crease）。这条纵沟的外面是母体组织，有维管束与珠柄、合点等，为养分进入种子的主要通道。分生组织层在约第 16 天时停止细胞分裂，最外层细胞即成为糊粉层。此后胚乳细胞不再增加，体积之扩充完全是因为细胞扩大所致。

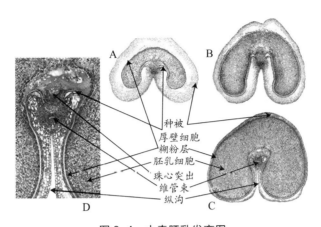

图 3-4　小麦胚乳发育图

分别为授粉后第 8（图 A）、16（图 B）、28（图 C）天，
图 D 由图 C 局部放大

胚乳的细胞分化成四类，分别是胚周边细胞、转运细胞、糊粉细胞与淀粉细胞（Olsen，2001）。胚周边细胞与胚之间有空隙，可以说是胚乳面向胚的表面细胞。胚周边细胞之外的表面细胞若在母体维管束组织附近，就分化成转运细胞（transfer cell）。转运细胞之外，其余就分化成糊粉层细胞，胚乳内部细胞则成为富含淀粉的细胞。糊粉层在玉米、小麦、燕麦与黑麦仅有一个细胞层，大麦有三层，而水稻则一层至数层不等。玉米的糊粉层约有 25 万个细胞，大麦约有 10 万个。

淀粉胚乳细胞数量的估算常将各细胞的细胞核分离出来以后，计算核的数量，也可以将整个胚乳的脱氧核糖核酸（DNA）含量除以平均每个核的 DNA 含量来估算。胚乳细胞数量在水稻可达 23 万～27 万个（Yang *et al.*，2002），小麦 24 万～28 万个（Chojecki *et al.*，1986），大麦 25 万～35 万个（Cochrane，1983），玉米可到 30 万～50 万个（Commuri & Jones，2001）。

第二节　种子的干重累积

种子发育初期，胚与储藏养分组织的发育通常以细胞分裂与分化为主，充实中后期则主要在进行储藏细胞的扩充以及养分的累积。这方面的细胞学、解剖学、生理学、生物化学与分子生物学的研究相当多。

不过在农学试验上，整个种子发育充实过程可以用干重的累积来作为研究的工具。开花授粉之后，种子的干物重逐渐上升。初期重量上升的速度甚缓，经过短暂的滞留期之后，种子干重直线上升。在接近成熟时充实的速度再度降低，直到最后种子的重量不再增加为止，呈现典型的 S 曲线生长模式。

种子的含水量在初期随着干重的增加而增加，不过在充实中期后略为下降。一些作物种子发育之初，含水率高达约 80%，中期以后开始缓慢下降。当种子干重达到最高不再增加时，玉米种子含水率约为 33%，小麦约为 44%，大豆约为 57%（Egli & TeKrony，1997），番茄约为 63%，美国南瓜约为 44%（Demir & Ellis，1992a，b；1993）。种子干重不再增加时，一般称为生理成熟期（physiological maturity），但此时种子可能具有生理上的障碍，还不会发芽，因此生理成熟期的名词有些误导（郭华仁，1985），称为充实成熟期（filling maturity）较为适宜。

充实成熟期之后，种子水分变化可分为两大类，若为浆果类（如西瓜、番茄），直到种子及果实成熟脱离母体时，种子内的含水率仍然偏高，例如番茄仍维持在约 50%；直到果实自然干燥或人为干燥，含水率才急速地下降。

若为干果类（如稻、向日葵），则充实成熟期之后，母体的养分与水分不再能输送进入种子，种子含水率快速下降，最后与大气相对湿度平衡而不再降低。此时种子含水率受到环境相对湿度的影响，一般在 14%～18%，适合收成，可称为采收成熟期（harvest maturity）。

一、种子充实曲线

种子充实曲线的取得需要测定种子的累积干重，第一步是先标定同一日开花授粉的花，数量需足够。然后以天为单位，密集取种子样品并测定其鲜、干重，最后制作授粉后天数的种子干重累积图（图 3-5）。取干重迅速上升的期间，种子干重与充实日数两组数据做直线回归分析，求出直线方程式。然后将此直线延伸，向下可以和横坐标相交，向上和种子最高干重横轴交会。两交会的期间称为直线充实期，或有效充实期（effective filling period），种子干重大部分在此期间累积。此直线的斜率称为直线充实速率（linear filling rate），是有效充实期间每天的"平均"充实速率。之所以强调平均，是因为在此期内每天的充实速率其实都不太一致。授粉日到有效充实期的开始称为滞留期（lag period）。滞留期、有效充实期与直线充实速率可称为种子充实曲线的三大特性。

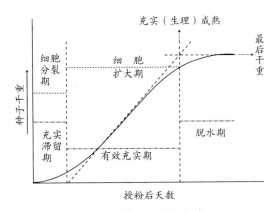

图 3-5　种子的充实曲线

　　滞留期通常是胚与胚乳细胞分裂的旺盛期，这个时期储藏养分的蓄积较不明显。细胞分裂旺盛期过后，胚乳细胞才迅速充实，种子干重显著上升，细胞的大小开始扩张。实际的情况滞留期与充实期会重叠。

　　充实速率与有效充实期限决定一粒种子的干重，在 13 种作物的种子充实特性中（表 3-1），直线充实速率在作物之间变异相当大，相形之下有效充实期变异的幅度稍小，除了豇豆大都在20 ~ 40 天。

表 3-1　种子干重累积特性的种间差异

植物种	最后干重（mg/seed）	有效充实期（days）	直线充实速率（mg/seed/day）
亚麻（2）	8	31	0.2
水稻（4）	23	18	1.3
高粱（2）	31	24	1.4
大麦（11）	39	23	1.8
小麦（14）	40	28	1.5
豇豆（3）	73	8	8.4
大豆（12）	194	28	6.9
豌豆（5）	195	22	10.5
田豌豆（2）	211	25	9.5
自交系玉米（22）	228	31	7.4
杂交种玉米（6）	332	37	8.8
菜豆（4）	345	18	19.8
落花生（1）	500	43	11.6
蚕豆（2）	1,216	39	27.8

* 数据为所调查品种数（括弧）的平均值。

滞留期的长短也因作物而异，例如水稻、小麦一般为 2 ~ 4 天，玉米与高粱则长达 12 天左右。表面上滞留期养分蓄积很缓慢，其长短与种子重量似乎无关，实际上滞留期对种子发育有相当重要的意义，因为此时期关系着胚乳细胞的多寡。

光合作用能否提供足够的光合作用产物与氨基酸（供源，source），当然是影响种子重量最基本的因素，但是就一般农作物的生长条件而言，供源不是种子最后干重的限制因素，限制因素常是积储（sink）过小。滞留期是胚乳细胞分裂重要的阶段，种子发育初期胚乳细胞分裂期间若有足够的养分供应，可以产生较多的胚乳细胞而提高积储的潜能（Brocklehurst，1977）。若这个时期母体提供的养分不足，所形成的细胞数量降低，可能降低小麦种子作为积储的潜能，即使有效充实期母体提供的养分相当充足，种子的重量还是会降低（Jenner，1979）。

二、化学成分的累积

种子充实过程中，氨基酸及蔗糖等养分随着水分从母体带入种子内部，进行合成作用，形成蛋白质、多糖与 / 或脂质，而以颗粒的形态加以储存。禾谷类种子干重的蓄积呈现典型的 S 形曲线，但在豆菽类则在有效充实期的中段，会有短暂一两天的滞留，这些都反映出子叶吸收胚乳储藏性养分（图 3-1）的开始。胚乳可以说是豆类种子储存养分的中继站，发育初期所合成的蛋白质与淀粉在此时又被分解成氨基酸与蔗糖，送到子叶去合成新的蛋白质与淀粉。

发育阶段虽然水分不断进入种子，但水分也会由种子蒸发出去。玉米种子鲜重在接近充实成熟期前达到最高，充实成熟期之后养分与水分不再进入种子，虽然干重维持不变，但水分开始减少，因此鲜重也随之下降（图 3-6）。在禾谷类种子，淀粉的累积曲线大致类似干重而略低，不过蛋白质在充实中期会呈现滞留，接近充实成熟期前又有一波快速累积。

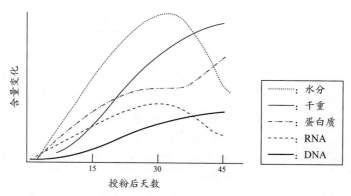

图 3-6　玉米种子充实过程物质累积示意图（各物质单位未列，图形并未代表相对的大小）

由于蛋白质的合成需要通过遗传信息的转录（transcription）与转译（translation），因此种子充实过程不论 DNA 还是 RNA，其含量都会增加。一般细胞只有在准备分裂时才会合成新的 DNA，然而种子充实期虽然不再进行细胞分裂，但仍可看到 DNA 含量的增加（图 3-6），这是为了应付合成庞大数量储藏性蛋白质的工作，因此细胞内会进行 DNA 的胞内复制（endoreplication），导致其 DNA 的倍数可达 2N（子叶）或 3N（胚乳）的 100 倍或更高，增加转录与转译的效能。另外的解释是这些重复复制的 DNA 也具有储藏性的功能，用来提供将来发芽时旺盛的细胞分裂所需要的材料。

油籽类种子淀粉含量虽然相当低，但大豆或者油菜种子（Ching *et al.*，1974）充实初期却仍累积相当多的淀粉，而随着油质含量的增加，淀粉含量降低。这表示油质的初期合成，其原料部分来自淀粉的分解（图 3-7）。

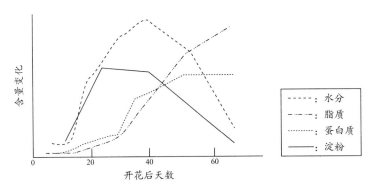

图 3-7　油籽中各成分的累积过程示意图（各物质单位未列）

三、种子充实中养分的供给

植物在生长过程进行光合作用累积了淀粉，并且合成了蛋白质。这些产物在营养生长期间用来产生新的枝条叶片，在生殖生长期间则由叶片、枝条大量地转运，供给种子进行充实。

禾谷类种子的氮源高达 90% 是开花前蓄积于茎叶的，开花后茎叶自行分解蛋白质而老化，将氮源送进种子，多数豆类种子的氮源则有 70% 是开花后根部固氮作用而来。在某些木本植物，花及果实本身光合作用供应种子所需的养分高达 2/3。由于植物通常分化形成花的数量过多，而营养器官所累积的或能产生的养分有其限度，因此经常落花或落果，或者以不稔的方式，来确保所剩下的种子可以得到较充分的发育。

一般光合作用生成的产物以蔗糖、含氮化合物以氨基酸的形态，与其他无机盐一并由韧皮部的筛管输送。氨基酸以谷氨酰胺与天冬酰胺为主，送到种被内之后，可能先进行去氨，分别成为谷氨酸（glutamic acid）与天冬氨酸（aspartic acid），再转化成约18种各类氨基酸之后，才送入种子内部合成蛋白质。

（一）禾谷种子

在禾谷类作物，茎叶养分的累积在授粉时达到最高，这些养分在谷粒充实时转运到种子内，所转运的数量占种子最后干重的15%~20%，其余的干物质则是在充实期间通过光合作用形成的。此时期种子主要的光合作用产物的供源在大麦、小麦是剑叶（与穗最接近的叶）与绿色的穗本身，在水稻、燕麦则是剑叶与其下位的第一个叶片，下位叶将养分向根部与分蘖输送。在玉米是由穗部以上的各叶片来供给，穗部以下的叶片则将光合作用的产物送往根部。

养分进入种子的通道因作物而异，在玉米、高粱等 C_4 型种子，筛管通到小花梗（pedicel，在种实基部之下）就终止了，因此养分送到此处就由筛管释出，经由转运细胞直接送到胚乳基部。转运细胞的特征是细胞壁形成许多内向的小突起，使得细胞膜的面积大为增加，因此是特化用来负责细胞间物质的转移，增加养分传送速度。蔗糖在进入玉米种实基部的小花梗时，花梗的质外体（apoplast，即细胞膜以外的部位）内有蔗糖酶（invertase），会先将蔗糖分解成葡萄糖与果糖，送到胚乳细胞内后两者再合成蔗糖，进一步供淀粉合成之用。

在 C_3 型禾本科植物如小麦、大麦，种子具有纵沟，养分沿着纵沟内的维管束陆续输送，由筛管释出，经过"珠柄+合点"部位，再通过珠心突出（nucellar projection）部位，然后进入胚乳（图3-4）。维管束由小花梗到纵沟并非完全连贯，其中有若干部位中断，但以转运细胞连接。水稻没有纵沟，养分由小花梗的筛管进入果皮筛管，果皮筛管纵贯种子的背部，养分沿着筛管陆续直接进入种子内。

在水稻、大麦、小麦，直接将蔗糖输入种子，在玉米则在谷粒基部的小花梗内先以蔗糖酶将蔗糖分解成葡萄糖与果糖，然后由胚乳细胞主动地吸收此二单糖，再合成蔗糖，才进入淀粉合成的路径。

（二）菽豆种子

豆类作物在开花前，用叶片的光合作用产物来形成更多地上及地下部位器官。豆类种子所累积的养分大多是来自开花后的光合作用，光合作用的产物可能先蓄积在豆荚，再送入种子。开花期若遇恶劣环境而降低光合作用，会严重影响种子充实。

授粉前所累积养分的来源因作物而异，羽扇豆开花后养分仍部分送到根部，果荚及种子发育所需者则由地上茎部转送，所累积的氮素有75%是在授粉后才由根部经固氮作用而来的。但在豇豆则授粉后光合作用的产物不再往地下部输送，底部叶片也逐渐脱落，而将养分都送往果荚及种子，其所累积的氮素有 69% 皆是授粉前就已自土中吸收，而由叶片转运而来的。其他豆类的情况约在羽扇豆与豇豆两者之间。蛋白质含量特高的大豆在充实后期，茎叶蛋白质几乎全部分解，将氮源送往种子，因此成熟时叶片已开始黄化，叶片容易脱落。

成熟后无胚乳的菽豆种子在发育前期，胚自其外围的胚乳（或珠心细胞）吸收养分，子叶养分累积的中后期，其养分则直接来自营养组织，养分由果柄传到果荚是经由筛管传送，然后传到株柄、珠被（种被）。除了筛管外，在养分进入子叶之前，也有转运细胞参与。在豆类，碳水化合物仍以蔗糖（约 85%）的形态运转，进入种子前并未分解，氮素也是以天冬酰胺与谷氨酰胺为主。

种被上的筛管在豌豆只见两条主要通道，在大豆则成网状密布于种被。部分大豆及豌豆品种的果荚在发育前期会暂时将糖类转成淀粉而加以储存，待充实盛期后才分解送往种子。据试验，种子干重由果荚转运的量在羽扇豆、豇豆、豌豆分别为 50%、69% 及 77%。

第三节　淀粉的合成与组装

一、淀粉

双子叶植物种子负责储藏的子叶或胚乳细胞内，存在于细胞质内的蔗糖首先被蔗糖葡萄糖基转移酶（图 3-8 a）水解裂成果糖与尿苷二磷酸葡萄糖（uridine diphosphate glucose，UDPG）两部分。果糖经己糖激酶（图 3-8 b）与磷酸葡萄糖异构酶（图 3-8 e）转化成为带磷酸根的葡萄糖 G-6-P（己糖磷酸的一种）。UDPG 也经 UDPG 焦磷酸酶（图 3-8 c）与葡萄糖磷酸变位酶（图 3-8 d）转化成 G-6-P。G-6-P 通过己糖磷酸在质体膜上面的转运蛋白质（translocator），被淀粉质体吸收进去后，在该质体内再度转回 G-1-P。G-1-P 经 ADPG 焦磷酸化酶（图 3-8 g）的作用，消耗一个 ATP，移去磷酸根，而加入 ADP 成为带有二磷酸腺苷酸（adenosine 5'-diphosphate，ADP）的 ADPG。ADPG 焦磷酸化酶可以说是种子合成淀粉的关键酶。转运蛋白质在将己糖磷酸送入质体的同时将质体内多出来的磷酸根送到细胞质。

禾谷类种子的合成路径较为特殊，这类种子的关键酶 ADPG 焦磷酸化酶约 80%～95% 都存在于细胞质之中（James et al.，2003），可直接在细胞质中形成 ADPG，ADPG 通过质体膜上面的 ADPG 转运蛋白质被淀粉质体吸收进去后直接合成淀粉（图 3-8 虚线部分）。非禾谷类种子则无此路径，绝大多数的 ADPG 焦磷酸化酶都存在于质体中，在质体内制造 ADPG。

合成初期在淀粉体内形成很小的颗粒，作为淀粉合成的引子。ADPG 不断地在该引子颗粒表面，经由淀粉合成酶（图 3-8 h）的作用将 ADP 释出，而将六碳的葡萄糖分子一个一个地由第一个碳接在葡萄糖链非还原端的第四个碳上，以合成淀粉。淀粉合成的引子是什么尚未确定，可能是短链的麦芽寡糖（maltooligosaccharide），或者是小的支链性淀粉（Ball *et al.*，1998）。淀粉合成酶具有五个或更多的同功异构酶（isozyme），其中有一个连接在淀粉粒上的淀粉合成酶可能与直链淀粉分子的伸长有关，其他四个则与支链淀粉分子合成的链长度有关。

　　支链酶是另一个重要的酶（图 3-8 i），可以将一段葡萄糖链在 α-1 → 4 连接处裂解，然后由裂解处葡萄糖第一个碳（还原端）接到主链上的葡萄糖第六个碳上（α-1 → 6 接连），开始了另一条分支，再由淀粉合成酶来作 1 → 4 连接加长。如此淀粉粒逐渐增大而充满整个质体，成为淀粉颗粒。支链酶也有两种异构形态，两者所切接的链长度可能不同。

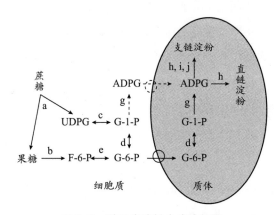

图 3-8　种子内淀粉合成途径图

质体膜上的小圆圈代表不同的转运蛋白质。虚线部分的路径仅见于禾谷类种子。a: sucrose-UDP glucosyltransferase. b: hexokinase. c: UDPG pyrophosphorylase. d: phosphoglucomutase. e: phosphoglucose isomerase. g: ADPG pyrophosphorylase. h: starch synthetase. i: branching enzyme. j: debranching enzyme.

　　去支酶（debranching enzyme，图 3-8 j）也与支链淀粉的合成有关，可能的作用是经由水解作用把支链淀粉上面松散的分支移去，来维持紧密团聚的构造，另一个可能是移去可溶性的淀粉链，提供支链淀粉成长的空间（James *et al.*，2003）。

二、其他多糖

　　水稻胚乳细胞的细胞壁除了纤维素，还含有阿拉伯木聚糖。阿拉伯木聚糖的合成需要转移酶将 UDP-Xyl 与 UDP-Ara 陆续转入聚合物链上。

　　葫芦巴豆、象牙果、蜜枣、咖啡豆的半乳糖甘露聚糖是其主要的储藏性多糖。葫芦巴豆在种子发育初期，在胚附近的胚乳细胞开始，在高氏体内合成半乳糖甘露聚糖，然后分泌穿过细胞膜，累积于细胞壁。随后周边的细胞也开始累积，但糊粉层则没有。

第四节　油脂的合成与组装

与淀粉一样，油脂也是由许多蔗糖经一连串的分解与合成路线形成的，不过油脂合成的方式更为复杂，参与的胞器也较多。

以种子油（三酰甘油，图 3-9）为例，储藏细胞内的蔗糖在细胞质内经糖酵解作用（glycolysis）分为两个带磷酸根的六碳糖（H-6-P），然后进入质体内进一步合成碳原子数不等的脂酰辅酶 A（acyl-CoA），再把各种脂酰辅酶 A 送到内质网。在细胞质内的 H-6-P 进一步分解成带磷酸根的三碳甘油醛（G-3-P），也是送入内质网。在内质网中 G-3-P 与三条脂酰辅酶 A 在去辅酶 A 的同时合成三酰甘油，然后才运送到油粒体储存起来。

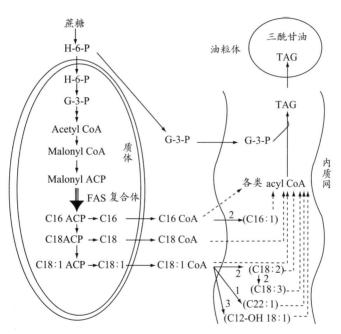

图 3-9　种子三酰甘油合成途径图

参与酶：FAS 复合体、加长酶（图中标示为 1）、去饱和酶（图中标示为 2）、羟化酶（图中标示为 3）

一、脂肪酸合成与油粒体的形成

脂肪酸基本上是偶数的长碳氢链，合成脂肪酸的基本素材是糖酵解作用所产生的带两个碳的 acetyl-CoA（乙酰辅酶 A）。质体内的乙酰辅酶 A 先与一个 CO_2 结合成三碳的 malonyl-CoA（丙二酰辅酶 A），后者再经历一连串过程来合成脂肪酸。这一连串的过程需要脂肪酸合成酶

（fatty acid synthetase，FAS）的复合体，此复合体包括了六个酶以及一个酰基载体蛋白质（acyl carrier protein，ACP）。整个合成过程各阶段的反应物或者形成物，也可以说脂肪酸的各阶段中间产物，就附在此复合体上。

先是 malonyl-CoA 去掉 CoA 而加入 ACP 成为 malonyl-ACP，然后在该复合体的作用下，新的 acetyl-CoA 与 malonyl-ACP 结合产生四碳的 acetoacetyl-ACP，同时释出一个 CO_2。四碳的 acetoacetyl-ACP 再与 malonyl-ACP 结合释出一个 CO_2 及一个 H_2O，而成为六碳的 acyl-ACP。如此循环地进行，每次加入一个 malonyl-ACP，酰链就多出两个碳，直到产生了十六个碳的 acyl-ACP（16:0 的 palmitol-ACP，在其他物种如油棕则是较少的碳元素，如 12:0）。这个产物可能将 ACP 释出，成为十六碳的棕榈酸，但也可能进一步加工。

棕榈酸加工的方式有三，或是加长碳链（如成为 18:0 的 stearoyl-ACP，需要加长酶[elongase]），或是形成不饱和碳键（如成为 18:1 的不饱和的油酸 oleoyl-ACP，需要去饱和酶[desaturase]），或是在某个碳所接的 -H 换成 -OH（如形成蓖麻酸，18:1，12-OH，需要羟化酶[hydroxylase]）。

在质体内所合成的各类脂肪酸 -ACP 脱掉 ACP 成为游离脂肪酸后就进入内质网，在内质网的游离脂肪酸再接上 CoA，然后也可能再以上述的三种方式加工，形成各类加上 CoA 的脂肪酸，如 16:1 的 palmitoleate CoA、18:2 的 linoleate CoA、18:3 的 linolenate CoA 或其他较特殊者如 22:1 的 erucoyl CoA 等。进入内质网的一个 G-3-P 分子与三条脂肪酸 -CoA，经由各类酰基转移酶（acyltransferase）的作用，释出三个 CoA 而形成一分子的三酰甘油。三酰甘油逐渐在内质网的双层膜之间累积，当累积量增大，内质网也就在尾端膨胀成圆球状。此圆球在达到一定程度后，就形成由单层膜包起来的油粒体。

根据电子显微镜的观察，油粒体形成的方式有四种，第一是油粒体完全脱离内质网，如蚕豆与豌豆；第二是脱离而带有一小段的内质网，如西瓜；第三是脱离而带有一大段的内质网，如南瓜与亚麻；第四则是在内质网的空腔内累积种子油而成油粒体，可在西瓜种子看到（Bewley & Black，1978）。

二、种子脂肪酸成分的控制

脂肪酸碳链是每次两个碳，经由同样酶群的作用逐渐地增加，因此必须有控制机制，使得脂肪酸碳链数量不再增加，而且控制的方法在不同植物可能不一样，才会让某种植物有特定的主要脂肪酸成分。

脂肪酸碳链数的增长，需要该脂肪酸连接上 ACP 才能产生作用，因此控制的关键就在于硫酯酶（thioesterase）何时将 ACP 分开。以油棕为例，该种子的硫酯酶特别对于 palmitoyl-ACP 有作用，使得种子油的成分以十六碳的棕榈油酸为主，而油菜对于 18∶1 的 oleoyl-ACP 特别有作用，因此在质体内形成大量的油酸（oleic acid），油酸进入内质网后才继续增长成为 22∶1 的芥酸。

合成三酰甘油的酶（酰基转移酶）的选择性也有所贡献，如可可椰子在替代磷甘油接上第一个脂肪酸时会选 16∶0 的 palmitoyl-CoA，而排斥 18∶0 的 stearoyl-CoA。

植物油种类繁多，各有食品及工业上多方面的利用方式，但是大规模的生产则限于少数几种作物，而某些种子油则存在不利的成分，因此育种专家长期以来就希望能改变种子油的成分。传统的育种已有相当大的贡献，例如育成低芥酸的食用油菜籽，或者选拔出不饱和脂肪酸含量较高的大豆品种等。

第五节　储藏性蛋白质的合成与组装

种子的累积蛋白质在本质上与淀粉、油脂类有很大的不同，后两者是分别由葡萄糖及乙酰辅酶 A 所串连起来的高分子，仅在长度及接法上可能有所不同而能合成出不同的产品。蛋白质虽也是由氨基酸所组成的高分子，但是氨基酸有 23 种之多，因此除了分子链的长度，氨基酸的排列更是有无穷的组合。

淀粉、油脂的合成主要是由一连串的酶来参与作用的，然而酶本身就是蛋白质，因此受到基因的间接控制。储藏性蛋白质的合成虽然也有一些酶参与，但比较不同的是蛋白质的合成需要独特的合成机构，此合成机构在 DNA 遗传密码的控制下，依序选择特定的氨基酸，一个一个地接起来。

一、蛋白质合成与蛋白质粒组装

蛋白质的合成机构包括核糖体、mRNA、tRNA、GTP，以及三种可溶性的多胜肽，所谓启动因子、增长因子及终止因子等。此合成机器把 mRNA 的遗传密码经转译而合成蛋白质，该合成作用是在粗内质网（rough endoplasmic reticulum，RER，由多个核糖体附在 ER 上而成）进行的。

在 mRNA 的分子上具有启动部位，在启动因子作用下，较小的核糖体（40S）与 tRNA（转介 RNA，每个 tRNA 可以结合特定的氨基酸）接上 mRNA 的启动部位。其次较大的核糖酸（60S）再接上，就开始进行蛋白质合成。随之在增长因子作用下，接有特定氨基酸的某 tRNA 就按照（核糖酸— mRNA）复合体上的密码次序，将特定的氨基酸依次接上去，然后移出核糖体。当按照特定的氨基酸次序连接完毕成为多胜肽之后，密码的转译宣告完成，终止因子就开始作用，将合成机构分解。当多胜肽链在粗内质网的空腔形成之后，各个小单位就进一步地折叠，并开始组装成为寡聚合物（oligomer），通常在粗内质网内蛋白质就达到最终的结构。

　　蛋白质可能停留在粗内质网的终端，最后与粗内质网分离成为单独的蛋白质体（图3-10，第一方式），也可能经由内质网的扁囊（cisterna）而进入高氏体内。寡聚合物进入高氏体内后，寡糖链会再加入一些木糖、岩藻糖（fucose），及在最先端加入乙酰葡糖胺（acetyl-glucosamine）。这些蛋白质再经由通道，由高氏体转运到液泡内，然后直接融入液泡（第二方式），或者先在外面聚合然后融入液泡（第三方式）形成蛋白质储泡。蛋白质装入膜管内进入高氏体，将来释出蛋白后空的膜管再度接回粗内质网。第四方式是分离自粗内质网后直接融入液泡，形成蛋白质储泡（Bewley *et al.*，2012，ch. 3）。

　　蛋白质进入液泡后，再经过一些"后熟"的作用，才成为最终的储藏性蛋白质，这包括蛋白质分解酶的局部分解、连接、寡糖链的改变乃至于去除，以及某些蛋白质寡聚合物的形成。例如豆球蛋白质在粗内质网中仅三个单元相聚，要等到进入液泡内，才进一步裂成六个单元。

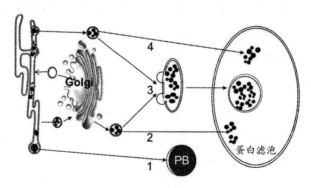

图 3-10　蛋白质体与蛋白质储泡形成图

　　禾谷种子醇溶性蛋白质主要在粗内质网内形成，以第一类方式直接形成蛋白质体，聚集在液泡内者较少。在大麦、小麦、玉米等，醇溶性蛋白质合成后穿过粗内质网的膜进入空腔内，由于该蛋白质具有厌水性，因此在空腔内聚成小颗粒，多个小颗粒再汇集成较大的颗粒，乃至成为蛋白质体。不过小麦粗内质网的膜无法撑着长大的颗粒而会破裂，蛋白质不成颗粒状而散在细胞质中。

　　水稻接近糊粉层的胚乳细胞内，可能有三种形成蛋白质体的方式，大的球形蛋白质体、小的球形蛋白质体，以及在液泡形成、具有晶体蛋白的蛋白质储泡等。较内层的胚乳细胞内则较单纯，仅存在大的球形的蛋白质体。

　　豆类种子以及其他双子叶种子的蛋白质累积方式与禾谷类者不太一样，不论储藏组织是子叶还是胚乳，都以在液泡内所形成的蛋白质储泡为主。以豌豆为例，开花后约 12 天时，子叶细胞内充斥着 1 ~ 2 个液泡，此时液泡内已可以看到蛋白质的累积。此后液泡开始扭曲成为个数多而小的液泡，在第 20 天时在内部已形成小而分离的蛋白质储泡。

在蓖麻发育中的胚乳，也是以同样的方式来形成蛋白质储泡的，不过液泡的扭曲在蛋白质累积前就已发生。大豆种子发育后期，小部分的蛋白质体则是在粗内质网内形成的。

二、蛋白质合成的调控

蛋白质的合成是经由遗传基因的转录与转译而得的，因此其调控与 DNA、RNA 的含量关系相当密切。种子发育期间 DNA 的胞内复制是普遍的现象，除了前述的玉米（图 3-6）外，以豌豆为例，在子叶发育过程，蛋白质合成期间主要在细胞扩充期，而在种子成熟干燥后终止。在蛋白质合成期间，RNA 的含量也是陆续增加的，直到子叶蛋白质含量不再增加时才略为下降。子叶 DNA 的含量在细胞停止分裂后，也仍然不断地增加，直到蛋白质几乎不再累积后才停止。

种子储藏性蛋白质基因的表现，受到时间与空间的调控。在空间上不同种子部位也会有不同的基因表现，在时间上每种蛋白质开始合成的时刻有先后，合成时间的长短也不一。豌豆子叶豌豆球蛋白（vicilin）的基因在开花后 10 ~ 13 天开始转录，第 16 天达到顶峰，到了第 22 天就已完全不见，豆球蛋白则形成较慢，消失也较慢。玉米的玉米醇蛋白所表现的时间颇长，在授粉后 10 ~ 45 天。

储藏性蛋白质的合成与 mRNA 的合成有关，不过这并不表示当 mRNA 经由转录而产生后，一定就立刻进行转译的工作，例如对应大豆各类 7S 蛋白质的 mRNA 在早期就都已转录出来，然而 α 型小单位的合成在先，若干天后 β 型小单位才制造出来，表示 β 型小单位的 mRNA 转录出来后，受到某些转录以后的控制机制的限制，无法马上进行转译。

由于基因工程的进展，改变种子蛋白质成分的技术已出现，也就是将某生物的基因经转基因的方法置于某植物的细胞内，然后将该等细胞培养成为转植植株。分别将菜豆球蛋白（phaseolin）或小麦谷蛋白的基因转植入烟草，菜豆球蛋白的基因大部分只在烟草的子叶表现，而小麦谷蛋白的基因则仅表现在胚乳中。这表示基因内不只是含有蛋白质的氨基酸排列的密码，也有调控该基因何时何地表现的信息。

第六节　种子发育与植物激素

种子发育初步的组织分化（histodifferentiation）期间，胚部组织具有高度的代谢活性，其分裂快速，呼吸作用大增，各类胞器如线粒体（mitochondrion）、叶绿体（chloroplast）等的内部膜结构分化得相当健全。随着细胞分裂，细胞逐渐增大，此时可见液泡开始扩大。随着种子充实的进行，细胞开始累积一些成分于细胞质及胞器内，液状空间的体积逐渐缩小。种子进入充实后期，伴随着种子开始脱水，各类胞器如线粒体、叶绿体、聚核糖体（polysome）等，其内部的膜开始解体，呼吸作用也开始趋缓。一般认为种子充实过程所发生的各项生理活性与植物激素的调控有关。

在成熟干燥的种子内，植物激素的含量通常都很低，然而在发育过程中，主要的激素皆先后大量地出现。发育中的种子可以说是植物激素含量最高的植物组织，这些激素（图 3-11）包括细胞分裂素（cytokinin，CK）、生长素（auxin，即 IAA，indole-3-acetic acid）、赤霉素及脱落酸等。植物激素在种子发育时出现，因此常被推测具有调节种子的生长发育、种子成分的累积、种子成熟时的体质转变、种子发芽能力的控制乃至果实的发育等多方面的功能。不过，某类激素的存在与某生理现象的出现之间纵然具有高度的相关性，也可能只是偶然，并不一定具有因果关系。激素功能的确定，仍需生物化学上确定的证据。

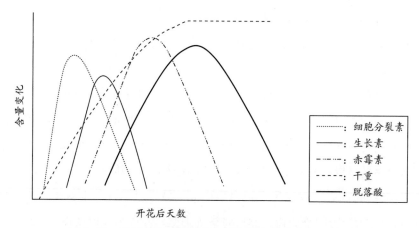

图 3-11　种子发育过程激素相对含量变化的次序示意图
（各种激素浓度单位未定）

一、细胞分裂素

高等植物中第一个被发现的细胞分裂素是由发育中的玉米子实分离出来的，因此就借玉米的属名将之称为玉米素（zeatin）。然而玉米素并非玉米所独有，其他种子也含有玉米素或者玉米素的衍生物等，包括水稻、小麦、烟草、豌豆、羽扇豆、桃子等（Emery & Atkins，2006）。

羽扇豆发育中种子较为特殊，其液状胚乳每克鲜重所含的细胞分裂素竟超过 0.6 μg。

　　细胞分裂素在种子发育之初就出现，其含量达到顶峰后随之降到最低。种子内的细胞分裂素部分来自根部，经长程转运到发育中的种子内，但种子本身也合成细胞分裂素。羽扇豆种子自行合成为主，根部送进来的分量不高。而至少在豇豆，甚至由种子将自身合成的细胞分裂素外送到植株其他部位（Emery & Atkins，2006）。

　　由于细胞分裂素在植物组织中常可以促进细胞的分裂，而分裂素在种子中出现，恰好是发育初期，胚与胚乳正进行细胞分裂之际，因此一般认为分裂素在种子中的作用也在于此。红花菜豆（Lorenzi *et al.*，1978）及羽扇豆（Davey & van Staden，1979）幼胚的胚柄就含有高浓度的细胞分裂素，因此可能直接将细胞分裂素输入早期的胚部，来促进细胞分裂。另一个功能则与养分的输送有关，在双子叶植物种子中，胚乳内的细胞分裂素被认为也可能会促进胚乳内的养分往胚部运送。

　　细胞分裂素的另一个功能是预防老化，例如水稻种子形成与充实期间若提高叶片细胞分裂素含量，可以在短期缺水的情况下延迟叶片老化，再度供水后恢复光合作用，以利种子充实（Peleg *et al.*，2011）。

二、生长素

　　发育中的种子可以自行由色氨酸合成产生 IAA，而不需从母体供应。在种子发育前期，这些生长素常以游离的形式出现，如苹果、豌豆、小麦等，也可能连接其他化合物的形态，如生长素与糖蛋白或聚葡萄糖结合，如未熟的禾谷子实的胚乳内就可看到。豌豆种子发育后期，生长素则与酰胺（amide）结合（Kleczkowski *et al.*，1995）。

　　豌豆种子的发育过程，生长素仅出现一次高峰，最初出现于胚乳，等到胚乳被子叶吸收而萎缩后，才在胚内测到，不过此时胚内生长素的含量已经降低。许多种子皆是同样的情况，不过也有些差异存在，如在苹果种子就有两次高峰，第一次时胚乳仍处于游离核时期，第二次高峰时胚乳已在形成新的细胞。

　　种子发育最早期，胚形成时正在进行组织分化，此时出现的生长素具有重要的调节作用（Bewley *et al.*，2012，ch. 2）。在球形胚初期（2～16 个细胞），生长素由胚柄向胚部集中，其后胚部生长素含量达到最高。而其分布集中在胚的下半部，主要是胚根原，使分化成胚根，形成胚的顶端／基部结构。心形胚初期，大量生长素出现在胚轴两侧的外缘部位，可能与两片子叶的分化有关，因为若没有大量的生长素，容易长出畸形子叶。

　　发育中的草莓果实（假果）需要种子的存在，若在早期就将果实外的种子拔除，果实的生长严重受阻，移去种子后施加生长素，则果实的生长得以大大地恢复，暗示种子中的生长素有促进果实生长的作用。

三、赤霉素

赤霉素的种类相当多，达 80 余种，而其中至少有一半可以在各种种子中发现，包括 GA_1、GA_3、GA_4、GA_7、GA_9、GA_{12}、GA_{13}、GA_{15}、GA_{17}、GA_{19}、GA_{20}、GA_{24}、GA_{25}、GA_{29}、GA_{34}、GA_{38}、GA_{44}、GA_{51}、GA_{53}、GA_{54}、GA_{55}、GA_{57} 等（Bewley & Black，1994），有时在发育中的种子内，这些结构略有不同的赤霉素可以互相转换，而且各有其达到含量顶峰的时间。其中 GA_1、GA_4、GA_9、GA_{17}、GA_{20}、GA_{44} 等更为普遍。不过 GA_{29} 与 GA_{51} 及其衍生物并不具有赤霉素的活性，而且出现的时机常在后期。

各种赤霉素在达到高峰后，部分会与葡萄糖连接，部分则仍不知所终，使得游离赤霉素的含量为之降低。各类赤霉素在种子内的分布不均匀，例如豌豆的种被、子叶及胚轴赤霉素含量各自不同，玉米胚部 GA_1 的含量为胚乳的 40 倍，虽然后者的体积、质量远较胚部大。

赤霉素的出现与种子生长的时间颇为契合，例如矮性豌豆种子胚部生长最旺盛时，具有活性的 GA_9、GA_{20} 等的浓度也达到高峰，GA_{20} 浓度的出现恰好是胚早期发育的时期，而且此时胚柄也可能将之送到胚部。若将胚柄自胚部截离，单独培养胚部，则胚无法继续发育，反之若培养基加入 GA，则截离胚又可生长。用缺乏 GA 的豌豆突变体来进行试验显示，种子容易流产，表示 GA 可能是种子发育所必需的（Swain et al.，1997）。

然而在番茄及阿拉伯芥的缺 GA 突变体，种子仍可以正常地发育，表示 GA 对于种子发育的功能可能因植物而异。若用 GA_1 喂发育中的豌豆种子，种子会将之以糖苷的连接形态保存起来。玉米种子也有类似的现象，表示发育中的种子会预储 GA，在发芽时才释放出来以供所需。

在阿拉伯芥，种子发育时外珠被中存在赤霉素，种被才会正常发育（Kim et al.，2005）。豌豆种子内的赤霉素也有促进果荚生长的作用，在豌豆果荚发育的第 3 天以细针穿入果荚将种子挑毁，果荚无法继续生长。研究显示，豌豆种子可以将赤霉素的前驱物输送到果荚，果荚自行将之合成赤霉素，来促进其本身的生长。

四、脱落酸

脱落酸略与赤霉素相同的时期出现于发育中的种子，达到高峰后，其含量常在种子成熟干燥时（充实成熟期后）迅速地下降。大多数的种子只出现一次高峰，但阿拉伯芥、油菜、棉花与大麦等通常在开花后约 10 天出现高峰，ABA 含量略下降后 16 天左右又出现另一高峰。初期的 ABA 来自果皮、种被等母体以及胚部，后期则全都在胚部形成。

游离的以及连接的 ABA 皆可以在发育中种子的各部位出现，如胚、胚乳、种被等。豆类种子 ABA 的含量高，每千克种子鲜重常含 0.1 ~ 1 mg，大豆更高，可达 2 mg（浓度约 10 μm）。除了 ABA 以外，ABA 代谢物的含量在豆类种子中也很高。

脱落酸对发育中的种子的作用，最主要的是防止种子由胚胎发生的状态直接进入发芽的状态。除了像海茄苳这类所谓"胎生植物"，发育中的种子若进行母体发芽（vivipary），是无法生存的，因为在母体上发芽种子无法得到足够的水分，胚根也会因暴露于空气中而干燥死去。某些如玉米的特定突变体会进行穗上发芽，但这是致死突变，若非特别照顾，会因胚根在空中失水而死去。种子不会进行母体发芽，在发育前期是因为胚芽未成熟，胚芽成熟后则可能是种子外围的渗透压甚低或内部含有 ABA，或是两者一起作用所致。当种子成熟干燥后，则是因为水分已丧失，而不至于发芽。

许多研究显示，对种子的截离胚施用 ABA，可以使得发育中的胚能够忍受干燥，而延长成熟胚忍受干燥的时间，反之，若施用 ABA 合成的抑制剂，则会导致种子在母体上发芽。将未熟种子提前干燥，会降低 ABA 的含量。热带或亚热带地区水稻种子成熟后期常因为下雨而进行穗上发芽，导致种子质量较低。研究显示与穗上发芽有关的数量基因座超过 40 个，是相当复杂的遗传控制（Hori et al.，2012）。

脱落酸的另一项功能可能是调节种子储藏性蛋白质的合成。ABA 可促使蛋白质基因进行转录。发育中的种子不会发芽，若提早摘取，将胚分离出来置于培养基中，常可发现胚会发芽，而且蛋白质不再累积。培养基中若加入 ABA，则可以防止发芽，同时恢复蛋白质的合成。将大豆及菜豆发育中的子叶截取出来培养，若在培养基中加入 ABA，会促进蛋白质的合成。正常种子在脱水前 ABA 含量达到最高时，会合成 LEA 蛋白质，大麦截离的未熟胚若施加 ABA，除了可以提高忍受脱水的能力，也会诱导一些 LEA 蛋白质的合成。

阿拉伯芥对 ABA 不敏感的突变体，成熟种子所含的某些储藏性蛋白质及脂肪酸的量较少，小麦胚中脂肪酸的合成也需要 ABA 的存在。然而番茄缺 ABA 突变体，种子中蛋白质及碳水化合物的累积却没有受到影响，因此 ABA 与蛋白质累积的关系尚不完全清楚。其他与番茄有类似的模糊解释者，尚有豌豆、棉花及大麦等。

第七节　环境因素与种子充实

种子的特性包括每株种子粒数、种子粒重、种子化学成分，以及种子休眠性或活性等，除了受到物种、品种遗传特性的控制外，栽培或生长地点的环境条件等外在因素的影响也很大，诸如温度、日照、水分、土壤养分等。这些因素间又具有复杂的交感作用，因此在叙述某一特定因素的影响时，常会发现不一致的现象。

在主要的谷实类作物当中，决定种子粒数最大的因素在于营养生长是否累积足够的养分来形成花的数量。本节将说明各项因素对种子粒重与化学成分的影响。

一、对粒重的影响

（一）植株

以小麦 6 个品种为例，单粒种子的充实速率由每天 1.16 mg 到 1.32 mg 不等，有效充实期限的范围则由 18 天到 27.5 天不等。在这 6 个品种之间，有效充实期限与直线充实速率皆与种子最后干重有很大的相关性（Sofield *et al.*，1977），显示品种间种子的充实特性可以有很大的不同。

就若干野生植物而言，同一株植物内早期发育充实者可能产生较重的种子，而后期发育者其重量可能会较轻（Cavers & Steel，1984）。

（二）花序上的位置

大豆、玉米等种子在花序上生长的位置不但左右着种子开花充实的次序，对于充实特性也有很大的影响。小麦穗轴中部小穗的种子，充实速率最高，先端者次之，基部小穗最小。同一小穗内，第二粒充实速率最高，基部第一粒次之，基部算起第三粒又次之。因此每小穗基部第一粒的重量常屈居第二（表 3-2）。

水稻穗上端一次支梗的颖果发育较快，通常都会成熟，而穗下端二次支梗的颖果发育速度较迟，淀粉含量较少，较多无法结实者（Ishimaru *et al.*，2003）。

表 3-2　小麦穗内不同位置颖果的干重、胚乳细胞数量与体积

		颖果干重 （mg/grain）	胚乳细胞数量 （no. × 10^3）	颖果体积 （μl/grain）
小穗内	第一粒	51.6	158.9	43.3
	第二粒	55.4	167.6	45.0
	第三粒	46.3	124.2	37.6
	第四粒	27.6	78.5	22.7
	L.s.d.	1.6	15.8	2.5
小穗间	下位小穗	40.6	116.6	36.1
	中间小穗	51.6	158.9	43.3
	上位小穗	41.3	127.1	34.3
	L.s.d.	2.1	9.4	2.0

（三）温度

授粉受精以及种子形成初期若遇到短暂的低温或高温，会导致稔实率下降，减少每株所结种子的数量。不过若种子充实期间条件恢复适宜，则每粒种子的重量可能会增加。

除了极端温度范围不计外，种子充实期间温度高会提高直线充实速率，缩短有效充实期。温度对种子重量的影响，则由此二充实特性分别所受影响的大小而决定，但通常高温会造成种子较轻，如小麦、大麦、稻、高粱与蚕豆等。小麦（品种 'Timgalen'）种子在日夜温度由 15/10°C 上升到 21/16°C 时，充实速率由每天每粒 0.82 mg 增加为 1.77 mg，有效充实期则由 60 天缩短成 30 天，因此种子最终干重变化不大。充实温度由 21/16°C 上升为 30/25°C 时，虽然有效充实期由 30 天缩短为 15 天，但直线充实速率却不再提高，因此种子成熟时重量反而减轻一半（Sofield *et al.*，1977）。

（四）土壤水分

开花期之前若遇干旱，所结的种子数可能会减少。开花期之后缺水所结的种子重量会下降，如大豆、小麦、玉米、高粱、地果三叶草、锥花山蚂蟥、山字草等，以锥花山蚂蟥为例，开花后的干旱导致种子重量由 7.1 mg 降到 4.8 mg（Fenner，1992）。

（五）光照

弱光之下种子充实速率下降，下降的幅度则因品种特性及弱光处理时机而异，短期弱光的出现时机若在充实盛期则影响小。在充实初期，胚乳细胞正在迅速分裂时，若光照不足，则会减少胚乳细胞数量，因此降低充实速率。细胞分裂期间若植株缺水，则其所产生的影响较大，种子充实速率将下降，若在充实盛期则影响比较小。

莴苣在短日的情况下，若每天补充 4 小时的微弱钨丝光（约 21 µmol/m²/s，红光较弱）来造成长日的条件，在此长日下种子的最终重量较大，但光波的影响仅限于种子充实前半期（Contreras *et al.*，2008）。

（六）土壤养分

开花时期植株本身的养分状态可能决定其所结的种子数与种子大小。矿物质养分供应不充足时，常会减轻成熟种子的重量，包括大豆、番茄、苘麻、叙利亚马利筋与锥花山蚂蟥等，其原因可能是植株生长情况不佳所致，但也有种子重量不受影响者，如欧洲千里光（Fenner，1992）。

不过在单一养分（如氮、磷或钾）的试验下，常发现不一样的试验对种子的重量影响有相反的结果。增加氮肥会提升某类种子的重量，降低另外某类种子的重量，这可能是不同植物有不同的最适氮肥量之故。

二、对化学成分的影响

（一）花序上的位置

花序位置也会影响种子的化学成分，例如大豆高节位所生长的种子的含油量较低而蛋白质含量较高，低节位者相反。单就蛋白质而言，低节位种子其蛋白质中含硫氨基酸较多，而高节位的种子者较少（Bennett *et al.*，2003）。长喙婆罗门参是菊科植物，其花序外围所结的瘦果果皮上含有较多的酚类化合物，而内围瘦果者含量较低（Maxwell *et al.*，1994）。

（二）温度

种子发育期间气温会影响成熟种子的化学成分。禾谷类种子在较高的温度下充实，通常成熟种子重量较轻，而蛋白质含量百分比较高，这是因为碳水化合物的累积受到充实期缩短的影响较大，而蛋白质受到的影响较小，导致蛋白质含量百分比提高。

气温也会影响种子脂质中脂肪酸的组成。一般而言，气温低延长有效充实期，会导致脂肪酸的碳链增长或不饱和键增加。例如亚麻、向日葵、可可椰子的种实在低温下成熟，会提高亚麻酸（18:3）/油酸（18:1）的比值（Fenner，1992）。

（三）土壤水分

缺水或土壤盐分高常会导致种子重量下降，不过蛋白质含量受到的影响较小，因此反而导致蛋白质含量百分比的上升，如大豆、红豆、小麦、黑麦草等。玉米在种子充实期若遇干旱，蛋白质浓度可以提升33%，但油脂浓度则下降18%（Fenner，1992）。

（四）土壤养分

土壤中矿物质养分会影响到种子的成分，某养分添加得较多，所结种子含该成分的百分比也提高。蛋白质的氨基酸组成受到肥料施用的影响，氮肥会增加小麦、玉米、棉花等种子谷氨酸、苯丙氨酸的含量，但降低苏氨酸、丝氨酸的含量，添加硫磺会增加大豆、豌豆、小麦等的硫氨基酸含量，如甲硫氨酸、半胱氨酸等。就蛋白质与脂质的成分比而言，多施氮肥会提升蛋白质百分比，降低脂质百分比（Fenner，1992）。

第**4**章 种子的发芽

种子本身的功能在繁衍植物体的生命，而其开端则是发芽（germination）。种子发芽又是作物栽培、芽菜生产、啤酒酿造等实际用途的基础，因此种子发芽可以说是种子学最重要的课题，休眠、寿命、储存、种子检查、种子生态学等，皆与种子的发芽息息相关。

成熟的种子经过复杂的生化生理作用，逐渐长大成为幼苗，这个过程一般称为发芽。然而此过程的阶段颇多，不同的操作、目的，对于到达什么阶段才叫作发芽，就有所歧异，因此在行文、沟通时需要先清楚地定义，避免产生误解。

第一节　发芽的定义

一、依目的来定义发芽

依操作上的定义可分为生物化学上的、生理学上的、种子检查上的以及播种上的发芽，叙述时宜清楚地注明属于何种发芽的定义。

（一）生物化学的定义

就没有休眠的活种子而言，发芽的生物化学定义是指种子吸水后，开始进行生化活动，而且与发芽有关的某生化作用已开始进行时（或有关休眠的某生化作用已经停止时），就表示种子已经开始发芽了。这是最严格的发芽定义，可惜到目前为止，这样的生化作用尚属未知，因此无法作为判断的依据。即使将来该生化作用已经确定，由于无法目测，因此也不容易用来判断一粒种子是否已经发芽。

（二）生理学的定义

在一般的研究报告上，最常采用的是生理学的定义，即，当胚根（或胚芽）突出包覆组织（种被、果皮或其他附属结构如内颖等），而为目测可察觉者，即算该种子已经发芽。然而若干死去的种子，吸水后因为膨胀作用，可能使胚根略为突破包覆组织。为了避免误判，因此在操作上常先规定突出的长度（例如 2 mm 或更长），已突出但尚未达到该长度者不当作发芽种子。在撰写研究报告时，应记载长度的判断依据。

种子生理学者强调胚根（芽）的突出为发芽，其后的幼苗发育不视为发芽。这样的定义在生理学研究上有其必要，然而在农学、生态学上则或许不适用。为避免引起混淆，在研究报告中若采取生理学的定义，可以先在开头声明为狭义的（*sensu stricto*）发芽，其后简称为发芽。本书提到发芽时，常不特别强调狭义或广义的发芽，读者可以根据段落的含义自行判断。

（三）种子检查的定义

在商业贸易上，常需要进行种子检查来确定其发芽质量。种子检查以幼苗生长发育到可以判断为正常或异常苗的阶段，作为一粒种子发芽的定义（参阅第 11 章）。在国际规范上，种子发芽率检查的各步骤都需要在指定的条件规范下进行，因此对同一批种子材料，发芽率测定结果在不同试验单位间相似性较高。

（四）田间萌芽的定义

农民进行田间播种时，其目的在于得到健全的植株，因此，对农民而言，种子有无发芽，应该是指能否萌芽出土，并长出健康的幼苗。针对此目标最直接的试验是将种子埋播于土中，然后根据幼苗出土与否来判断种子是否发芽。幼苗出土可称为种子的萌芽或萌发（emergence），有别于实验室的发芽。

由于田间发芽试验的变因难以控制，因此对同一批种子材料在不同地区进行田间萌芽试验，所得到的结果差异会相当大。

二、细胞分裂与细胞伸长

干燥种子不论死活或有无休眠性，其胚部细胞皆呈现皱缩的状态，吸水后则略为扩张。此扩张的程度尚不足以达到发芽，达到发芽需要胚根（芽）进一步地生长。与植物其他部位一样，胚根（芽）的生长是表象，在细胞的层次包括细胞分裂与（或）细胞伸长。

在发芽生理学的课题上，此两种细胞的活动到底何者为先，或者何者较重要，在过去有若干的研究。就胚根的突出而言，大多以细胞伸长先于细胞分裂，较明显的例子是蚕豆。蚕豆的胚根在播种后 40 小时内细胞的伸长缓慢进行，第 60 小时已长到 1 mm，然而细胞分裂在第 56 小时却尚未显著地发生。其他的作物种子，两者开始进行的时间差距较小，但也多以细胞伸长为先，如玉米、大麦、豌豆等，在糖松则是两个活动同时进行的。此外，即使用药剂来抑制胚根细胞的分裂，胚根仍然突出种被，并且可以继续生长（Bewley & Black，1978）。

细胞分裂可分成四个阶段，一个刚分裂的体细胞含有两股染色体（2C），此时是细胞的生长期，常称为 G1（gap 1）。G1 经过一段时间后 DNA 开始复制，这段时间称为合成期（S）。合成期细胞的 DNA 含量陆续增加，直到全部复制完毕（4C）。此后细胞进入分裂的准备期（G2），当 G2 结束后，四股染色体开始分离为二，是为分裂期（M）。合成期与分裂期通常时间较短，G1 以及 G2 一般而言较长。

由于种子形成的过程中，胚根及胚芽的发育常在较早期就进入静止的状态，因此胚部细胞的分裂阶段停在 2C 或 4C，也曾受到学者的注意。根据过去的研究，大多数植物的成熟干燥胚细胞以停留在 G1 者为主（Vázquez-Ramos & Paz Sánchez，2003）。仅具有 2C 细胞者有洋葱、苦苣、鸭茅、欧洲水青冈、高羊茅、莴苣、石松、沼泽鸭跖草等，有些则两者兼具，如绒毛还阳参、大麦、菜豆、豌豆、菠菜、硬粒小麦、蚕豆与玉米，而似乎没有仅具有 4C 细胞者（Bewley & Black，1978）。成熟台中 65 号水稻种子的胚部细胞，除了 13% 处在合成期（DNA 的量介于 2C 与 4C 之间）之外，以 G1 为主，G2 不多。野生稻 p-10 的胚根则不见 G2 细胞（刘宝玮、扈伯尔，1980）。

三、胚根与胚芽的突出

根据发芽的生理学定义，胚根或胚茎突出包覆组织时就算已发芽。稻、麦、落花生、甜瓜等是胚根一开始伸长就突破外壳，但是蚕豆及其他若干豆类的胚根生长了相当长后才将种被撑破。在油菜、藜麦等种子，其胚根外面由胚乳细胞包围着，胚乳外面才是种被，但由于胚乳细胞层弹性较大，因此当胚根生长后先突破外层的种被，后来种被内的胚乳才被撑开。

哪一个部位先突出因植物而异，一般是胚根先出来，胚芽再跟进。但是稻、稗子放在无氧或缺氧的水中，则芽鞘先伸长，直到叶部伸出水面后，根部才跟着长出来。稻种子在氧气充沛的条件下，实际上也是芽鞘率先突出一点，但其后的伸长较慢，而马上被后来居上的胚根赶过，因此一般以为稻种子的胚根先出来。有些种子则是下胚轴先突出，这可以在凤梨科、棕榈科（Chin & Roberts，1980）、藜科、柳叶菜科、虎耳草科及香蒲科等的部分成员上看到。

某些胚部体积相对微小的种子，如芹菜（Jacobsen，1984）、芫荽、欧洲银莲花、欧洲白蜡树、美国冬青、荚蒾属等，在可见到的胚根突出种壳前，胚部会先在内部生长，因此在观察到"发芽"之前，胚早已开始显著地生长（图 4-1）。

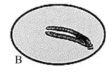

图 4-1　芹菜发芽中种子示意图

A：干种子　B：吸水后第 5 天

第二节　发芽的测量与计算

一、发芽率的测量

虽然发芽是一粒种子的事件，但是发芽试验是用一群种子来进行的，因此试验所得数据代表某一族群的平均观察值。一群种子内个别种子的发芽速率并不一致，都是陆陆续续地完成发芽，因此调查发芽状况有两种方式，一是种子吸水后在某规定的时间终止试验，计数所有的已发芽种子数，并且计算发芽百分率（germination percentage），简称发芽率。

另一种方式更为密集，是每隔一段时间，几个小时、半天、一天或若干天，每次调查已经发芽的种子数，并且将之弃却或移到一旁，直到某规定的时间为止，然后将每个时段的发芽频率标出，或者计算出累积发芽数（频率）。多次详细地调查发芽种子，可以用来计算更详细的信息，包括发芽速率（germination rate）以及发芽整齐度（uniformity of germination）。把发芽速率当作发芽百分率（发芽率）是错误的。

标准的发芽率累积图常趋近 S 形（图 4-2），发芽率的趋势首先缓慢上升，然后上升的速度加快，最后速度又慢下来。用发芽频率来表示，就是少数种子率先发芽，然后大多数的种子陆续发芽，而更少数的种子最后才发芽。许多无休眠的作物种子是属于这类发芽情况，而且通常其发芽频度的分布是偏左（正歪）而非常态的，表示在一群种子中，有更多的种子是较快发芽的，如图 4-2 中的第一批种子。在第二批种子中，有更多的种子较慢发芽，因此发芽频度呈偏右分布。

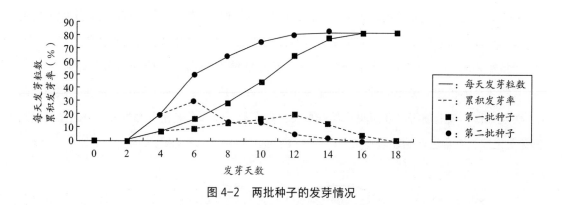

图 4-2　两批种子的发芽情况

图 4-2 两批种子虽然最后发芽率相等，发芽的速度却截然不同。再者是发芽整齐度，最整齐的发芽是所有种子皆在吸润后的某特定时刻全部发芽，但这是不存在的。由发芽频度可以知道，种子的发芽时间是分散的，而分散的程度因种子族群或发芽环境而异。有时一批种子的发

芽频度出现两个高峰，可能是该批种子是两个族群混合而成的，但也可能是发芽试验的中途环境一度短暂改变所致。

二、发芽率的计算

（一）发芽百分率

通常用最终或最高发芽率来表示一批种子的发芽百分率，发芽率（G，%）的计算为：

$$G=100 \times N/S \tag{1}$$

其中 S 是供试种子总数，N 是发芽种子总数。由于发芽试验皆有终了的时刻，此时若还有若干活的种子尚未发芽，这些种子可能在试验终了后才发芽，因此所谓最高（终）发芽率也只是操作上的定义，同一批种子在相同的发芽条件下，也可能因发芽试验期间的长短而有不同的发芽率。

（二）发芽速率

发芽速率是发芽所需时间的倒数，发芽需要时间越长，其发芽速率越低。一族群内各粒种子的发芽速率都不一样，因此一般以族群的平均值来表示，即平均发芽速率（mean germination rate，MGR），可用平均发芽时间（mean germination period，MGP）的倒数来表示：

$$MGR=1/MGP=1/\left[\Sigma（D \times n）/\Sigma n \right] \tag{2}$$

其中 D 是指各次计量发芽种子数量的时间，以种子播种或吸水开始时为基准，而 n 是第 D 次计数时的发芽数量，$\Sigma n=N$。另一个常用的公式是马奎尔（Maguire）所提议的发芽速率指数（germination rate index，GRI）：

$$GRI=\Sigma（n/D） \tag{3}$$

种子族群中发芽早者越多，所计算的发芽速率指数越大。以图 4-2 为例，两批种子的最终发芽率虽都为 82%，但发芽较快的第一批，其 MGP、MGR、GRI 分别为 6.95、0.14、13.41，而较慢的第二批分别为 10.15、0.10、9.32。

但是在 GRI 的计算上容易受到未发芽种子的影响，因此一批发芽百分率较低的种子若可发芽者其发芽得很早，则所得到的 GRI 会偏高。采用校正发芽速率指数（CGRI）可以将发芽率的高低表现在指数上（Hsu *et al.*，1985）：

$$CGRI=\Sigma（n/D）/S \tag{4}$$

发芽速率也可简单地用 $1/T_{50}$ 来表示，即一批种子达到 50% 的发芽率所需时间的长短，做法是将发芽率的累积线用方格纸画出来，然后将达到 50% 的发芽率所需时间（T_{50}）标出即可。

（三）发芽整齐度

发芽整齐度可以说是个别种子发芽集中的程度。当种子族群发芽时间呈常态分布时，发芽整齐度系数（coefficient of uniformity of germination，CUG）乃是发芽所需时间的分布方差（variance）的倒数，方差越大，CUG 越小，代表发芽越不整齐：

$$CUG = \Sigma n / \Sigma \left[(D_m - D)^2 \times n \right] \tag{5}$$

其中 D_m 是各次计数时间的平均值。图 4-2 中第一批种子的 CUG 为 0.093，第二批为 0.069，表示第一批种子的发芽整齐度较高。

本计算方式的缺点是发芽时间常略为偏离常态性，因此不符合方程式（5）的前提。其次，假设有一批种子除了一两粒种子外，发芽的整齐度很高，而这一两粒种子的发芽时间比其他所有种子慢若干天，则所计算出来的方差会显得非常大。例如第一批种子若在第 28 天又发芽一粒，则 CUG 就降到 0.069。

商业种子播种不一定要求百分之百的发芽率，有时候一批还算可以的样品，若使用方程式（5）来估算，可能会得到较低的播种整齐度，而被误认为不宜播种。在实用上，可以计算发芽率由 15% 上升到 85%（或由 25% 上升到 75%）所需的天数来做相对的整齐度表示值。

（四）发芽率的 Richard 模式

前述几个发芽特征的方程式皆属于一组发芽数据的单项计算，不过一些发芽模式可以用同一个方程式来涵盖多个发芽特征。这些模式以 Richard 模式以及 Weibull 模式最广为使用。这些模式都较为复杂，但是以计算机计算则不成问题。

根据 Richard 模式：

$$G_D = G \times \left(1 + e^{b-kD} \right)^{1/(1-m)} \tag{6}$$

其中 G_D 是发芽时间达到 D 时的累积发芽率，G 是最后发芽率，b、k 及 m 皆为常数。发芽率计数结束后，将 G、每个 D，以及其相对的 G_D 代入模式，可计算出三个常数。这三个常数没有生物学上的意义，而且对同一组发芽数据，用 Richard 模式来计算，每次计算所得的常数组合有所不同。不过即使不相同的常数组，通过以下的计算公式，却可以得到相同的数据。

最大发芽速率：

$$dG/dD=k \times A \times (m^{-m/(m-1)}) \tag{7}$$

发芽达到 G_{50}（最高发芽率之半）所需的时间：

$$T_{50}=(b-\ln|1-2^{(m-1)}|)/k \tag{8}$$

发芽累积在线反曲点（inflexion point）的发芽率：

$$G_I=A \times (m^{1/(1-m)}) \tag{9}$$

发芽累积在线反曲点所在的发芽时间：

$$T_I=(b-\ln|m-1|)/k \tag{10}$$

（五）发芽率的 Weibull 模式

经过比较，布朗和梅尔（Brown & Mayer，1988）认为 Weibull 模式不但计算简单，而且比其他模式更便于适配以及比较各种累积发芽曲线：

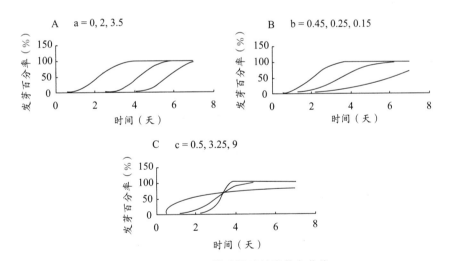

图 4-3　Weibull 模式描述的发芽率曲线

A：只变动第一粒发芽种子发芽时间常数 a　B：只变动发芽速率常数 b
C：只变动第一粒发芽种子发芽形态常数 c

$$G_D=G(1-e^{-[(D-a)b]c}) \tag{11}$$

其中 G、G_D 以及 D 的意义与 Richard 模式者相同，不同的是 a、b、c 三个常数具有发芽上的意义。图 4-3 A 中，a 为第一粒种子发芽所需的时间，a 值越高表示开始发芽的时间越延后。b 与发芽速率有关（为 scale parameter，图 4-3 B）。而 c 是种子发芽率增加的形态（shape parameter），若 3.25 < c < 3.61，则其形态接近常态分布，若 c 较小则呈正偏歪，反之为负偏歪（图 4-3 C）。图 4-3 显示出 Weibull 模式描绘种子发芽曲线的多样性。

第三节　种子苗的形态

幼苗的形态虽然因物种而异，但是通常可以依照子叶的位置分成出土型（epigeal）与入土型（hypogeal）幼苗两大类。若是播种发芽后下胚轴的发育较不显著，而上胚轴一直伸长，则会直接把胚芽顶出土表，而将子叶留在土中，称为入土型幼苗；反之，发芽后若下胚轴伸长，就会把子叶以及胚芽顶出土表，因此称为出土型幼苗（图 4-4）。

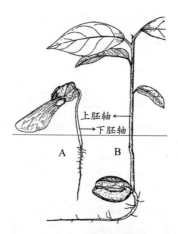

图 4-4　两种幼苗形态
A：曼森梧桐，出土型发芽　B：光亮可乐果，入土型发芽

入土型发芽而且具有胚乳的种子在单子叶植物中较多，如禾本科植物、可可椰子与鸭跖草，双子叶植物较少，如橡胶树。入土型发芽而无胚乳的种子如红豆、多花菜豆、豌豆、蚕豆、杧果、红毛丹等皆为双子叶植物。

出土型发芽而无胚乳者如大豆、菜豆、绿豆、落花生、白芥、莴苣、角瓜等皆为双子叶植物，而有胚乳者有双子叶植物的咖啡、荞麦与蓖麻等，以及单子叶植物的葱类，但少数的葱属物种如熊葱、䅟葱则为入土型发芽。

　　子叶是否为出土型或是入土型，可能是科的特性。以双子叶为例，仅出现入土型发芽的物种有肉豆蔻、睡莲等科。仅出现出土型发芽的物种较多，如五加科、秋海棠科、黄杨科、石竹科、木麻黄科、藜科、菊科、旋花科、景天科、锦葵科、柳叶菜科、胡椒科、蓼科、杨柳科、玄参科、茄科、伞形科、堇菜科等。

　　两者皆有的科也不少，如漆树科、番荔枝科、十字花科、葫芦科、大戟科、壳斗科、胡桃科、樟科、豆科、桑科、杨梅科、桃金娘科、木樨科、罂粟科、鼠李科、蔷薇科、茜草科、芸香科、无患子科、梧桐科、茶科等。

一、入土型幼苗

　　禾本目（Poale）种子的发芽形态相当多样（Tillich，2007），禾本科种子埋于土中发芽，胚根长出后，胚根与胚芽间的中胚轴开始伸长，将胚芽以及其外的芽鞘顶出土表，而种子内的胚盘（子叶）与胚乳就留在土壤中，是为入土型发芽（图 4-5）。禾本科种子的中胚轴的下端含有若干个根原体，将来可以长出种子根，种子根数量因植物而异。当埋土不深时，中胚轴不生长，直接由胚芽外面的芽鞘顶出土，然后幼叶再突破芽鞘而出。

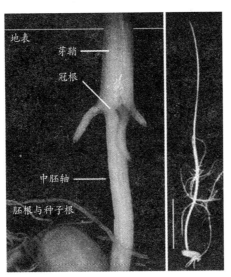

图 4-5　禾本科幼苗的中胚轴

左图为播种于土中的玉米，右图为黑暗中发芽的水稻（直线为中胚轴的长度）

　　以玉米种子为例，假若种子埋得较深，则发芽后胚根长出时，中胚轴也随着伸长，而将根原体、胚芽等顶高，当顶到将出土前，因透过土表的弱光的照射，中胚轴达到土表之下约 1 cm

处即停止生长，然后种子根、芽鞘及胚芽才从浅土处生长。因此中胚轴的长度与埋土的深度成正比，某些玉米品种的种子埋在 50 cm 深时，中胚轴可以伸长达 49 cm，还可以萌芽出土。同样，水稻种子在黑暗下发芽，中胚轴也可以伸长 2 ~ 6 cm，因品种而异。

橡胶树以下胚轴先突破种被而向地生长，接着才长胚根。埋于土中的鸭跖草种子发芽后胚根向下长，子叶基部与下胚轴尖端连接，而且同时往上长，将芽鞘推出土表，但子叶尖端留在土中的种壳内，因此还是属于入土型发芽。

可可椰子（图 4-6）发芽初期被厚壳遮着，无法看到。发芽时单片的子叶尖端开始膨胀发展成球体状的吸器，向外围的胚乳吸收养分，直到胚乳养分殆尽为止。椰子的子叶吸器长得相当大，呈褐色，可以食用，而且颇具滋味，可称为"椰子苹果仁"（coconut apple）。

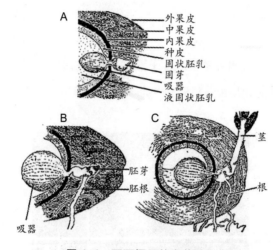

图 4-6　可可椰子的发芽过程

棕榈科种子如油棕、亚历山大椰等在发芽时部分子叶突出种壳，略为肿大，从其上方长出芽鞘，下方长出胚根，由芽鞘再伸出叶，因此发芽时幼苗靠近种子，称为贴近发芽（adjacent germination）。

有些棕榈科种子如丛榈、蒲葵、海椰子、枣椰、大丝葵等，发芽时先由子叶柄（cotyledonary petiole 或 apocole）突出种壳，子叶柄长到一定长度后才由其尖端长出胚根向下生长，而由胚根基部的上方长出幼叶。因此发芽时幼苗与种子间有一段距离，称为分离发芽（remote germination，Meerow，1991）。海椰子的子叶柄首先向下生长，钻入土中 30 ~ 60 cm，然后横向生长约 4 m（有长到 10 m 的个例），之后再长根与出芽。借此，非常重的海椰子种子虽然掉到母体附近，但幼苗能够离开母体，独立生长而避免与母体共争环境资源（Edwards et al.，2002）。

二、出土型幼苗

出土型发芽的幼苗突出的表现通常是由下胚轴形成一个倒钩，由此胚芽钩顶破土而将子叶带出，见光后倒钩才扶正。胡瓜幼苗的下胚轴与胚根连接处长出一个小栓（peg），在子叶出土前恰好将种被卡着，因此子叶得以脱离种被（图 4-7）。在向日葵则是子叶连果皮出土，待子叶生长后将果皮撑开。

图 4-7　胡瓜幼苗的生长

埋于土中的洋葱种子发芽后胚根向下长，子叶基部与下胚轴尖端连接，而且同时往上长，将芽鞘推出土表，种被连着子叶也伸长突出地表，因此属于出土型发芽（图 4-8）。子叶尖端一直留在胚乳内吸收养分。过了一段时间后，胚芽才由胚根及子叶连接处的芽鞘冒出，长出新叶。

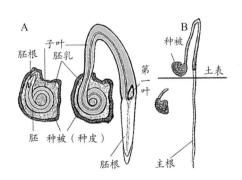

图 4-8　洋葱种子的发芽

三、其他

一些种子兼具出土与入土的子叶，有些种子没有固定的幼苗形态，例如莱姆的种子可能是出土型，也可能是入土型。榴梿种子则因种植于土中的方位而定，发芽孔朝上则成为入土型发芽，朝下则以出土型来发芽，波罗蜜种子深植时为入土型发芽，浅植时为出土型发芽。

菱角种实的可食部位主要是一片子叶，另一片子叶甚小，但仍可见。发芽时（Philomena & Shah，1985）胚根首先突出，进行背地性伸长，其后子叶柄伸出将下胚轴往上推，胚芽由下胚轴与子叶柄之间（图 4-9，圆圈）长出，两旁可见小子叶与子叶鞘，但大子叶仍留在果皮中，发芽后期胚根才开始向地生长。类似的情况也出现在草胡椒属种子上，种子发芽时一片子叶留在种子内，另一片则往地上伸长（Hill，1906）。

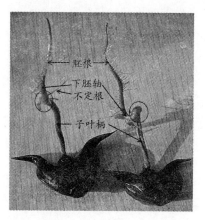

图 4-9　菱角种实的发芽

圆圈部位是子叶柄与下胚轴的交接处

　　兰科种子体积相当小，其发芽形态也相当不同。由于少有储藏养分，因此在天然环境常需感染菌根菌以取得养分，人为发芽则通常用培养基进行无菌培养。胚的分化程度常较低，因此开始发芽时胚部细胞分裂，膨胀成绿色球状，转成绿色的原球体（protocorm，图 4-10 D），原球体向下长出根，接着出现微小的真叶，并逐渐长大。原球体经过一段时间后才长成幼苗。

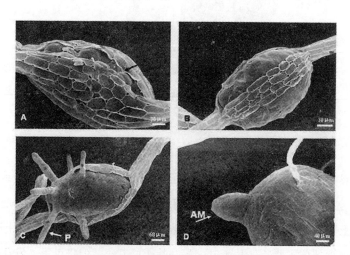

图 4-10　台湾金线莲种子的发芽

A：吸润后种被裂开　B：胚由种被冒出　C：胚部长出突起（P）
D：原球体分化出顶端分生组织（AM）

第四节　温度与种子发芽

温度是种子吸水后能否发芽的决定因素，对于无休眠的种子来讲，温度会影响种子的最高发芽率、发芽速率以及整齐度。

德国学者朱利叶斯·冯·萨克斯（Julius von Sachs）在 1860 年提出著名的温度三要点，即最高温、最适温以及最低温（maximum, optimum and minimum temperatures），不过早期的学者对于温度影响发芽百分率或发芽速率，并未刻意地区分。

发芽适温与幼苗生长的适温常是不相同的，例如白松的发芽适温是 31℃，但幼苗生长适温则大为降低。棉花种子发芽后，胚根与胚茎的生长适温相似，为 33 ～ 36℃，发育后期下胚轴的适温维持不变，但根系者已降到 27℃。露天播种时，白天高温夜晚低温有利于幼苗的生长，但在温室内进行育苗时，降低日温提高夜温反而可以避免幼苗徒长。

一、温度与发芽百分率

种子在某低温或更低温之下完全无法发芽，该温度即为其发芽最低温。随着温度的上升，发芽率逐渐提高。在某更高的温度范围内，发芽百分率达到最高，而且在这段温度范围内彼此没有显著的差异，这个范围是发芽最适温。温度再往上升后，发芽率急速地下降，终于在某高温以上，种子不再能发芽，即其发芽最高温。例如鸭舌草种子的发芽最低与最高温分别为 14℃与 40℃，而发芽最适温在 21 ～ 32℃（图 4-11）。

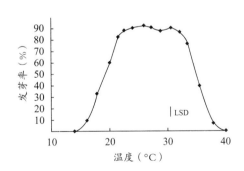

图 4-11　鸭舌草种子在各温度下的发芽百分率（发芽期共 21 天）

最低温、最高温以及最适温的范围因发芽试验期的长短可能会有所不同。若发芽试验的时间不够长，部分种子尚未发芽，则可能导致最低、最高温分别上升及下降，而最适温的范围会变窄，而且常偏移到略低的范围内。

在最低温与最适温之间，部分种子可以发芽，部分种子无法发芽。以图 4-11 为例，温度为 20℃ 时，发芽率达 60% 的意思是只有 60% 的种子可以在 10～20℃ 时发芽，但有 40% 无法发芽。温度 17℃ 时发芽率 30%，表示有 30% 的种子可以在 10～17℃ 时发芽。这种发芽对温度的反应程度，显示各粒种子可以发芽的温度并不一致，而且呈连续性的分布。

物种间种子发芽对温度的反应，即最低温、最高温以及最适温的范围有很大的差别（如表 4-1）。一般而言，温带植物的最低温及最高温皆较低，而热带性者较高。最适温的范围则有些相当宽，有些较窄。

表 4-1　土温（℃）与蔬菜种子发芽

	最低温	最适温	最高温		最低温	最适温	最高温
洋葱	0	26.7	35	甜玉米	10	29.4	40.6
菠菜	0	21	24	番茄	10	26.7	35
莴苣	0	24	24	芦笋	10	24	35
欧防风	0	21	29.4	棉豆	15.6	26.7	29.4
花椰菜	4.4	26.7	35	胡瓜	15.6	35	40.6
芹菜	4.4	21	24	菜豆	15.6	29.4	35
青花菜	4.4	29.4	35	甜椒	15.6	29.4	35
胡萝卜	4.4	26.7	35	黄秋葵	15.6	35	40.6
香芹	4.4	29.4	35	西瓜	18.3	35	40.6
结球甘蓝	4.4	29.4	35	南瓜	18.3	35	40.6
甜菜	4.4	29.4	35	茄子	18.3	29.4	35
豌豆	4.4	24	29.4	甜瓜	18.3	35	40.6
芜菁	10	26.7	40.6				

二、积热与发芽速率

比起发芽率，发芽速率对温度更为敏感。温度与生物的生长速度有一定的量的关系，可以用数学模式来适配、预测。在植物的生长上，有所谓基础温（base temperature，T_b）的假设，认为植物仅在温度高于基础温时才能生长（包括发芽）。例如某种子发芽的基础温为 4℃，则在 6℃ 下经过 1 天，实质上只经历了 2℃，在 12℃ 下实际上就经历了 8℃，而在 2℃ 或 4℃ 下 1 天，对于该种子都一样，等于没有得到任何生长。

由基础温的概念衍生了发芽的积热（thermal time，θ_T）的计算方法（Bierhuizen & Wagenvoort，1974）。所谓发芽积热，就是种子开始吸润后每天温度（T）扣除基础温后所得的温度，累积直到发芽当天（t）为止。发芽积热的单位是度日（degree-day），在恒温下以方程式表示：

$$\theta_T = (T_1 - T_b) + (T_2 - T_b) + \cdots + (T_t - T_b) = (T - T_b)\, t \tag{12}$$

由上式：

$$1/t = (T - T_b)/\theta_T = (-T_b/\theta_{T1}) + T\,(1/\theta_{T1}) \tag{13}$$

即直线方程式：

$$1/t = K_1 + (1/\theta_{T1})\, T \tag{14}$$

也就是说，发芽速率（发芽时间的倒数，即 $1/t$）与温度间呈直线关系，该直线在纵轴的截距是 K_1，发芽积热 θ_{T1} 恰好是斜率的倒数，基础温（永不能发芽的温度，即 t 无限大，或 $1/t=0$ 时）则是 $-K_1/\theta_{T1}$。然而，若发芽温度一直升高超过某个温度以后，发芽速率逐渐下降，此时将发芽速率与温度进行相同的运算，可以发现在高温区两者呈相反的趋势，用直线方程式表示即：

$$1/t = K_2 - (1/\theta_{T2})\, T \tag{15}$$

两条直线经外插法可以相接，相接处为所有温度范围中发芽速率的最高点，也就是发芽速率的最适温（图 4-12）。低于最适温的范围（sub-optimum）可以计算基础温与发芽积热（θ_{T1}），高于最适温的范围（supra-optimum）也有其发芽积热（θ_{T2}）以及最顶温（ceiling temperature，T_c），T_c 恰好是 $K_2 \times \theta_{T2}$。

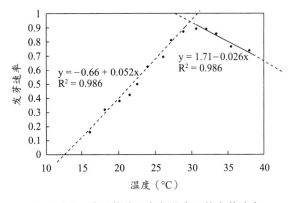

图 4-12　鸭舌草种子在各温度下的发芽速率

发芽百分率的最低温与最高温有其生物学的定义，但发芽速率的基础温与最顶温的意义则仅是数学上的，而非生物学的。一般而言，最顶温常远超过最高温。再以鸭舌草为例（图4-12），当温度在16～29℃，温度与发芽速率成正比，其积热 θ_{T1} 为 1/0.052，即 19.2 度日，基础温度为 0.66/0.052，即 12.7℃。当温度在 30～38℃，温度与发芽速率成反比，其积热 θ_{T2} 为 1/0.026，即 38.5 度日，最顶温为 –1.71/–0.026，即 65.8℃，这显然不具有生物学的意义。两直线经外插法延长交叉于 29.4℃，即其发芽速率的最适温，与发芽百分率的最适温有较宽的范围不同。

第五节　水与种子发芽

成熟干燥的种子在适当的环境下才会发芽，这些环境包括适当的水分以及温度，多数种子也需要氧气，一些种子则需要适当的光照条件。然而所谓"异储型"的种子，例如水茄苳，种子成熟脱落时，仍保有 60%～70% 的水分，因此开始时并不需要外界提供水，不过在发芽的后期，仍然需要供水。

一、水的吸收

供给干燥种子充足的水分，种子会开始吸水，称为吸润作用（imbibition）。除了无法吸水的硬粒种子（hard seed），种子吸水可分为迅速吸水与延迟吸水两型（Kuo，1989）。

迅速吸水型初期吸水快速，是为第一期；其次吸水停滞或者缓慢，是为第二期；到了胚根或胚芽突出而幼苗开始生长，则种子又开始快速吸水，是为第三期（图4-13 A）。此型种子落在水中，马上就有最大的吸水速率，此速率立即迅速地不断下降，数小时内就降得很低，然后持续以低速率来吸水（图4-13 B 之空心圆）。这是因为此型种子的种被大部分是可透水的，因此决定吸水速率的因素是种子与外面水的水势差，所以干种子一接触水就有很大的吸水速率。种被吸水后，其水分虽被内面紧接着的较干燥的组织吸走，但种被的水势却已上升许多，因此与外界的水势差变小，吸水速率就下降。该类型在许多禾谷类、花生、大粒型大豆种子上都可以看到。

早期学者把这三期分别称为吸水期、活化期与发芽期，而将吸水期视为纯物理性的作用，因为死的种子也会吸水。所谓活化期即表示种子进行准备发芽的各项生化作用。但这样的称谓有所误导，例如种子吸水不久尚未进入第二期，就已展开活化的生理、生化作用。

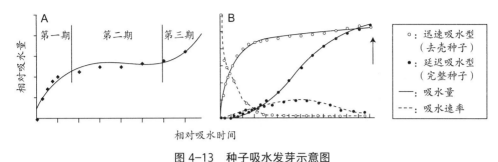

图 4-13　种子吸水发芽示意图

A：种子吸水过程　B：绿豆种子吸水过程

就迅速吸水的种子而言，第一阶段的快速吸水期在较多数的作物种子，大约数小时就已完成，例如油菜籽约 5 小时。第二阶段种子的含水率不再增加，或者持续缓慢地增加（如大麦等禾谷类、芹菜等种子），一直进行到胚根（芽）突出。

第二阶段所经过的时间在不同种子间可能有很大的差异。当种子达到第二阶段的末期时，水分的吸收已经完成，即使不再给水，也可以进入第三阶段的初期。休眠的种子（除了硬粒种子）吸水的过程与无休眠种子无异，可以一直进行到第二阶段，但是进不了第三阶段。

进入第三阶段，也就是发芽以前，种子所含的水要先达到一定的水平。这个水平因植物而异，如稻为 26.5%，玉米为 30.5%，甜菜为 31%，大豆则高达 50%。在土壤中各种作物种子发芽率的高低会因土壤水分而有不同（表 4-2），甘蓝、南瓜最耐少水的状态，在土壤水分接近永久凋萎点时还可以发芽，但莴苣与豌豆则不能。由于种子水分的含量与其化学组成关系密切，因此发芽的最低含水率在不同植物间差异甚大。

绿豆、红豆种子属于延迟吸水型（图 4-13 B 之 •）。此两豆类干燥种子表皮除了种阜，一概无法透水，因此种阜又称为吸水孔，有别于珠孔（又称为发芽孔）。由于种阜面积相当小，因此一开始绿豆种子吸水速率极慢，吸水后种阜附近的种被逐渐膨胀而能透水，因此能吸水的种被面积越来越大，吸水速率也逐渐提高（Kuo & Tarn，1988）。到达最高吸水速率之后，吸水速率逐渐降低。

表皮首先进水之处可能因植物而异，例如十字花科作物甘蓝、芥菜等的种子（属于弯生胚珠），水首先由种脐进入，绿豆（倒生胚珠）种子水先以种阜进入，而旱苗蓼及酸模（直生胚珠）则首先由发芽孔进入（Berggren，1963）。即使是列当属这种微小的种子，在开始吸水的 10 分钟内，水分也是由发芽孔进入的。

表 4-2　土壤水分与种子发芽率的关系

作物	土壤含水率（% 干基）								
	7	8	9	10	11	12	14	16	18
甘蓝	0	84	99	100	97	98	98	96	91
南瓜	0	81	99	99	100	100	100	99	98
甜玉米	2	37	95	96	98	98	94	98	100
番茄	0	32	81	91	98	96	98	100	96
胡瓜	0	0	85	98	100	99	99	100	99
胡萝卜	0	3	66	86	100	87	90	89	90
四季豆	0	0	62	87	93	100	97	96	97
莴苣	0	0	32	71	89	100	100	99	97
豌豆	0	3	21	81	96	97	99	96	100
白芹	0	0	0	0	35	52	76	89	100

二、影响水吸收速率的因素

实际播种时，种子所接触的环境可能是土壤或者其他的介质，这些介质不一定含有许多水，其颗粒也可能大小、粗细不一，因而造成种子吸水的速率不一致。

影响吸水速率的因素有二：第一是种子对水的吸引力，第二是水进入种子的阻力。所谓阻力包括种被（或其他包覆组织）与介质的接触面积，以及包覆组织的渗透性等。温度也会影响种子吸水，低温下水进入种子的速率较高温下为慢。

（一）种子对水的吸引力

所谓对水的吸引力，就是指种子与介质间的水势（water potential，Ψ）差。水势的单位是 -bar，现在常以 MPa（mega-pascal）表示，–1MPa 等于 –10bars。把盐水放入并密封在半透膜做成的袋子内，袋子放于纯水中，袋子就会将外界的水吸入，这是因为纯水的水势最高（通常以 0 表示），而袋子内因为盐水本身具有负的渗透势（osmotic potential，Ψ_π），其水势为负值，因此水就由水势较高的纯水（$\Psi=0$）往水势较低的袋子内渗透。

当膜内所吸的水越来越多，袋子会产生一股压力，称为压力势（pressure potential，Ψ_p，为正值）。此时因为水的不断稀释，袋子内 Ψ_π 渐大（绝对值渐小），而 Ψ_p 又逐渐增加，因此袋内的 Ψ 越来越高，内外的水势差越来越小。到最后 Ψ_π 与 Ψ_p 达到平衡相互抵消，袋子吸水的净量就等于零。

以种子来说，细胞内的水势的组成，除了渗透势与压力势，还加上负的基质势（matric potential，Ψ_m），即 $\Psi=\Psi_\pi+\Psi_p+\Psi_m$。基质势就是固形体吸附水的力量，在种子的内部，细胞壁、淀粉粒、蛋白质体等都有吸附水的能力，这些介质越多，Ψ_m 就越低（负值越大）；而细胞内外的游离盐类、小分子等就构成 Ψ_π，这些可溶性物质越多，Ψ_π 就越低。干燥种子的 Ψ_m 非常之大，Ψ_π 显得不重要，Ψ_p 则可以说不存在。

（二）土壤与种子吸水

除了水势差，土壤的一些性质也与种子的吸水有关。土壤颗粒的大小、形状会影响种子与介质的接触面积，颗粒越粗大，接触面积越小，就越不利于种子吸水。播种时土要打碎，也需略为压土，就是要增加土壤与种子的接触点。再者种子旁边土壤的水被吸收后，土的水势会降低，因此土壤能否不断地供水，也是种子能否吸收足够水分的关键。土中水分经由毛细管与气相的移动而上升，因此若土壤过度紧密，会降低种子的吸水速度。

（三）包覆组织的渗透性

种子与土壤的接触点，除了与土壤性质有关，种子本身的形状与大小也是决定因素。一般小型种子、表皮光滑甚至会产生黏液的，都有较大的接触比例。不过即使在种子与外界充分接触下，也不见得能顺利吸水，因为包覆组织的渗透性有大有小。硬实种子的表皮完全不具有渗透性，因此无法吸收水分；迅速吸水型种子的表面大多具有或大或小的渗透性，因此一开始吸水速度快。

三、水吸收与溶质渗漏

种子浸在水中开始吸水时，同时会将一些溶质释出到水中，这些溶质包括各类的盐离子、游离有机酸、简单的糖类，甚至蛋白质（酶）。渗漏物种类复杂，为了操作上的简便，常以水中的电导度来代表渗漏物质的相对量，电导度测定为种子活势检验主要的方法之一。

在种子浸水的过程中，渗漏物的释出速率与种子的吸水速率甚为雷同。快速吸水者电解质渗漏速率也是由高而迅速下降，即渗漏速率的最高点在开始浸润时；延迟吸水者，其渗漏速率出现高峰（先升而后降）；而硬粒种子浸水时几乎没有明显的渗漏发生（Kuo，1989）。根据此类似的特性，可以用计算机控制的电导度测量仪器来迅速检测单粒种子的吸水形态（Kuo & Wang，1991）。

种子所释出的电解质，有一些存在于包覆组织外表，以及种子细胞膜外的质外体中，但是有一些则存在于共质体（symplast）内，透出细胞膜而再经由质外体释出。所谓质外体即细胞壁、细胞间隙的整个结合体，这是相对于细胞之间由于膜的互相连通所形成的共质体而言的。在种子放入水中前不论是干燥的还是饱水的，质外体中的溶质皆是直接释出，细胞内的溶质，其释出则受到细胞膜的限制。

绿豆一般属于延迟渗漏（或吸水）型，若将绿豆种被剥除，把干燥的胚置于水中，立刻有溶质由胚渗漏到水中，呈现的是快速渗漏型。然而若先将胚在相对湿度 100% 的大气中吸足了水汽，再放入水中，则虽还是可以看出快速渗漏的特性，但是初期的渗漏速率比起干胚而言相当低。

比较能被接受的解释是认为种子干燥时，细胞膜的完密性降低，因此浸水初期随着水迅速进入种子，溶质得以因膜的半透性没有作用而大量逸出。随着吸水时间的增加，膜的完密性迅速恢复，因此电解质的渗漏速率也急速下降。

许多种子在播种前皆先行浸种，以加速种子的吸水过程，使得播种后种子较能整齐地萌芽。不过一些豆类作物不宜浸种，这是因为豆类种子吸润后体积向四方大为增加，特别是长度可伸长达 2 ~ 3 倍。假如种子体积大而且属于立即吸水型，吸水的速度太快，则种子表面的组织快速吸水膨胀而向外拉，但是内部仍然干燥，因此子叶常龟裂而受伤，影响发芽的表现。

田间播种不久后，若遇大雨，大豆种子易腐烂，也是浸润伤害所导致的，播种若干日后再遇雨，因种子已慢慢地膨胀，因此水害可能较小。浸润伤害在大粒型的大豆比较显著，小粒种子则因子叶较薄，因此较不会龟裂。

预防田间浸润伤害的方法，用包衣技术将种子裹在薄膜内，来降低种子吸水速率，不过种子成本也会大幅度升高。可行的方法是选用小型种子，或是育成延迟吸水型的品种。

种原库中极端干燥的种子在取出进行发芽之前，宜先回潮。干燥的种子在接触水分时若吸水速度太快，容易造成表面的细胞受损。

四、水势与发芽速率

种子在纯水中吸润发芽的特性，已在前几节中叙述，并且已说明种子吸水速率与种子及介质之间的水势差的大小有关。在介质的水势较低时，可以预期其吸水速度，乃至发芽速率会受到影响，这个影响可以用数学模式来描述。当然在土中实际状况下水势差的影响力因其他条件，如温度、土壤颗粒或种子的大小及形状等的影响，可以说相当复杂，合适的数学处理方法，还有待发展。

就一粒具有标准的三阶段吸水特性的种子而言，每一个阶段所经历的时间都受到外界水势的影响，水势越低，所需时间越长，不过第二阶段所延迟的时间较第一阶段为可观。然而不论延迟多久，只要种子吸水能使得本身的水势达到某个临界点（临界水势，Ψ_b），就可以发芽，否则就不发芽。

（一）蕴水与发芽速率

种子发芽与水分的关系的量化，其方式可借用积热的概念而称为蕴水（hydrotime）。汉字"蕴"含有累积的意思，与积热一样，其单位包含时间。蕴水（θ_H）的理论也是基于临界水势（Ψ_b）的概念，即外界（介质）水势扣除 Ψ_b 后，每天所经历的介质净水势累蕴达到发芽那一刻（t）所得的值。若假设介质水势不变，以方程式表示即：

$$\theta_H = (\Psi - \Psi_b) t \tag{16}$$

因此，发芽速率与外界水势为直线的关系，该直线的斜率恰好是蕴水的倒数，而基础水势为 $\Psi_b = -k\theta_H$：

$$1/t = (\Psi - \Psi_b) / \theta_H = k_3 + (1/\theta_H) \Psi \tag{17}$$

（二）水温积蕴值与发芽速率

由于温度与水势皆会影响种子发芽速率，因此需要合并考虑，才有助于实际的应用。依照格默森（Gummerson，1986）的提议，在最适温前的范围内，水温积蕴值（hydrothermal time）θ_{HT} 可定义为：

$$\theta_{HT} = (T - T_b)(\Psi - \Psi_b) t \tag{18}$$

这是因为族群中个别种子互相有共同的基础温度，却有不同的基础水势。但此公式有个基本前提，就是基础温度不因水势而变，而且基础水势不因温度而变。事实上 T_b 与 Ψ_b 经常是互相影响的，因此水温积蕴值的合并使用所造成的误差较大。例如绿豆在水势较低时 T_b 会升高，番茄的 T_b 变化小，但是在 20℃ 时 $\Psi_{b(50)}$ 为 –0.6MPa，而温度降到 10℃ 时，$\Psi_{b(50)}$ 也降到 –1.1MPa。就番茄的个案研究而言（Dahal & Bradford，1994），合并模式的处理仍很准确地描述种子在各种温度与水势组合下的发芽速率中值（达到 50% 发芽率所需时间的倒数），但在描述达到其他特定发芽率的速率上，准确度就降低。

第六节　氧气与种子发芽

氧气是许多无休眠种子发芽所必需的第三个条件，缺氧时许多种子发芽率受阻，发芽速度也降低（Corbineau & Côme，1995）。一般认为含油类高的种子需要的氧浓度高于淀粉含量较高的种子（表 4-3）。当水分过多时，种子发芽率常降低，因此土壤中的氧气浓度也常是种子发芽的限制因素。土壤中的氧常不低于19%，但是若土壤表层形成板结就可能低于10%，板结破裂，氧气又可进入土中。土壤水分高到田间容水量时，氧气浓度可能降到1%，淹水时更低。

　　一些种子在完全无氧下也可以发芽，如稻、鸭舌草、稗以及火炬刺桐。鸭舌草（Chen & Kuo，1995）、水线草的种子则需要完全浸于水下才发芽，也就是说氧会抑制其发芽。一些水生植物在低氧下发芽也比在正常氧分压下更好，如铁线草、欧泽泻、蓉草、水蜡烛、菱角及水菰等。

表 4-3　种子发芽对氧的需求

植物	温度（℃）	$O_{2(0)}$ [*]	$O_{2(50)}$ [**]
单子叶			
高粱	25	0.015	0.5
玉米	25	0.25	0.5～1
小麦、大麦	20	0.5	1～3
燕麦	20	0.5	0.8～1
韭葱	20	1	4～5
双子叶			
豌豆	25	0.02	0.9
绿豆	25	0.25	0.5～1
番茄	20	1	3～4
甜瓜	25	1	3～5
大豆	25	2	6
甘蓝	20	3	7

1. * 完全不发芽的氧浓度。
2. ** 发芽达 50% 所需的氧浓度。

　　其他的发芽条件，如温度、水势、光、发芽床等皆会影响种子对氧的需求。虽然低温下水中的氧溶量会增加，不过以百分比来比较，在15℃下，番茄及仙客来种子分别在5%、10%氧浓度下发芽率皆可达到90%以上，若温度升高为25℃，则发芽率分别降到75%、10%。介质水势低落时，向日葵及番茄种子的氧气需求提高。嫌光性种子尾穗苋若连续照白光，则在缺氧下发芽率会更低。

　　在培养皿中进行小种子的发芽试验时特别要注意水的供给，因为给水稍多，可能会因表面张力而在整个种子表面形成水的薄膜，降低进入种子的氧气量。虽然有些种子发芽时对氧需求不大，但幼苗的正常生长还是需要氧。稻种子在无氧的水中可以长出胚芽、叶片，但是幼苗发育畸形，无法形成叶绿素而成为白苗，胚根也长不出，直到叶片长出水面吸收到氧气，才会合成叶绿素进行光合作用，将氧送回到种子，此后胚根才能正常地长出。

第七节　蛋白质的分解与转运

蛋白质的种类繁多，相对地，分解蛋白质的酶也各式各样。分解蛋白质的蛋白酶（proteinase），由其作用的部位分成两大类，其一是由蛋白质长链的内部将蛋白质一切为二，称为内切肽酶（endopeptidase），此酶将蛋白质切成分子量较小的多肽（polypeptide），多肽进一步需要用肽酶（peptidase）来分解成氨基酸。

其二是沿着长链的末端将氨基酸一个一个水解，可谓外切肽酶（exopeptidase）。若由长链的氨基端一个一个切，称为氨肽酶（aminopeptidase）；若由长链的羧基端切，称为羧肽酶（carboxypeptidase）。这两个酶可独自将蛋白质完全分解为氨基酸，不过速度太慢，通常都是内切肽酶做初步的分解后，再由多个外切肽酶接手。

储藏组织中蛋白质分解所产生的氨基酸种类虽多，但是其中许多种类在转运到生长中的胚部之前，可能需先经过转换，通常是转换成谷氨酸或天冬酰胺这两种氨基酸。在棉花及豆类种子，氨基酸主要是以天冬酰胺来转运，在蓖麻主要是以谷氨酸来转运。豌豆则以类丝氨酸为主，谷氨酸次之。不过部分的氨基酸如丙氨酸、天门冬氨酸盐（aspartate）、谷氨酸盐（glutamate）、甘氨酸及丝氨酸等则可能脱掉氨基转化成蔗糖后再转运，所遗留的氨基则用来将其他氨基酸转化成谷氨酸。送到生长部位的谷氨酸或天冬酰胺重新转化成各种氨基酸后，再用来重新合成幼苗生长所需的酶及各类结构性的蛋白质。

禾谷类种子与双子叶种子在蛋白质的分解上虽有相当多的差异，不过也有基本上的相同之处，通常皆是内切肽酶先出现，再者是专门找半胱氨酸含硫处的内切肽酶，接着是各类的外切肽酶，最后则是分解小型多肽的肽酶。

一、禾谷种子

禾谷种子糊粉层细胞在发育时就已合成蛋白酶。发芽时这些酶将储存于糊粉层内的蛋白质水解成氨基酸，再用这些氨基酸来合成新的水解酶，如蛋白酶、淀粉酶等。

糊粉层内侧的胚乳细胞含大量淀粉，也储藏有蛋白质。由总量而言，胚乳内的蛋白质是幼苗生长最主要的蛋白质来源。分解这些蛋白质的酶有两个来源，一是由糊粉层释放而来，另一则是胚乳细胞本身所原有。这些蛋白酶除了分解储藏性蛋白质，还有其他的功能，特别是可以将糖蛋白水解。胚乳细胞壁中葡聚糖与蛋白质接合处，就需要蛋白酶来将蛋白质分离，使得葡聚糖得以进一步水解，来把细胞壁解体。某些胚乳中被蛋白质结合而不活化的酶，如β-淀粉酶，也需蛋白酶来作用，释出具有活性的酶。

胚部的胚轴有少量的储藏性蛋白质，发芽时也有少量的蛋白酶来加以分解。胚盘则含有一些肽酶，可将吸收自胚乳的小型多肽加以水解。

禾谷种子的内切肽酶的种类很多，以玉米为例，种子吸润后的6天内，至少出现过15种不同的内切肽酶，依其出现的先后可分为四群。干燥的种子仅有第一群，本群具有两个金属肽酶，在吸润后就不见，因此不参与玉米醇蛋白的水解。第二群是专门找半胱氨酸处切的内切肽酶，也是专门找半胱氨酸处内切，但主要在分解蛋白质体所含的 γ-玉米醇蛋白，在吸润后第2～3天出现最多。第三群约在第2天后逐渐增多，第5天达最盛期，也是专门找半胱氨酸处内切，但只会分解蛋白质体所含的 α-玉米醇蛋白。第四群的作用与第三群相同，但数量较少，也较慢出现。

相对于玉米胚乳的蛋白质体，小麦的蛋白质未成粒状。而是分散于细胞内，其蛋白质在分解前还会先接受一种还原酶，即硫氧化还原蛋白还原酶（thioredoxin reductase）的作用，还原后的蛋白质更容易接受蛋白酶的水解。胚乳内蛋白质水解所产生的氨基酸，以及若干个氨基酸组成的短链肽皆由胚盘吸收，短链肽在胚盘内因肽酶的作用再分解成氨基酸，游离的氨基酸则转运到生长中的胚部。

种子吸润初期，胚盘吸收氨基酸及短链肽的能力弱，随后胚盘细胞膜中具有携带氨基酸能力的蛋白质携体逐渐增加，吸收能力才逐渐形成。这类携体有多种，例如小麦及大麦至少有四类，两类可吸收各种氨基酸，一类专门吸收脯氨酸，另一类则专门吸收碱性氨基酸。吸收各种不同的短链肽的能力，在不同物种间也有所不同。

二、无胚乳种子

在一些经研究过的有胚乳及无胚乳的双子叶种子当中，蛋白质的分解利用有相当程度的类似。不过有过较完整的研究者不外乎大豆、绿豆、野豌豆、南瓜等。

干燥的种子常具有微弱的金属蛋白酶活性，这些酶应与储藏性蛋白质的分解无关，与分解有关者通常是发芽后才重新合成出来的。首先合成者为蛋白酶A，常是专切SH-基的酸性内切肽酶。此酶针对不溶性的11S（豆球蛋白）及7S（蚕豆球蛋白）来作用，释出短链肽，并使得蛋白质更易受其他蛋白酶的分解。

此后，在蛋白质体里面负责分解的酶包括蛋白酶A、蛋白酶B，以及羧肽酶等。蛋白酶A继续进行分解，特别是将短的碱性肽切除，剩下的更易溶解的蛋白质再由蛋白酶B来分解。蛋白酶 B 也是重新合成的内切肽酶，本身无法直接消化完整的蛋白质。

羧肽酶可能原来就存在于蛋白质体之内，也可能经由重新合成而来，比较偏好酸性（如 pH 5~6）环境，可进一步将蛋白酶 A 的产物分解成氨基酸。在蛋白质体中所产生的游离氨基酸及短链肽释出于细胞质后，由细胞质内的氨基肽酶及肽酶接手，进一步将短链肽完全分解。通常是寄存于干种子内，较偏好细胞质内 pH 6.5~8 的略碱性环境。

绿豆子叶在吸润 12 小时以内，蛋白质体仍完整无缺，管状的内质网很少与核糖体连接。在 12~24 小时，管状内质网减少，连接着核糖体的扁囊内质网增多。第 3~5 天，扁囊内质网上的核糖体内开始合成肽水解酶（peptidohydrolase），并将此酶送入内质网的尖端，尖端扩大后分离出来，而后融入蛋白质体，因而将该内切肽酶送入蛋白质体内作用，此时其他酶，如分解核酸的核糖核酸酶（ribonuclease，RNase），也逐渐进入蛋白质体。当蛋白质大半分解以后，原蛋白质体就成为一个相当大的液泡，各类的水解酶，如酸性磷酸酶（acid phosphatase）、磷酸二酯酶（phosphodiesterase）、分解糖蛋白的甘露糖苷酶（mannosidase）及氨基葡萄糖苷酶（glucosaminidase），以及分解细胞膜中磷脂的磷脂酶 D（phospholipase D）等陆续进入该液泡内（Bewley & Black，1994）。

此后该液泡将细胞质的物质，如线粒体、内质网等吞噬并加以分解，最后导致子叶的解体。

第八节　碳水化合物的分解与转运

储藏组织内所累积的养分，常需要外来的酶来分解，这些酶进入细胞时，细胞壁是一大障碍，因此细胞壁上碳水化合物的水解可以说是养分分解利用的前期作业。再者，某些种子的细胞壁也含有丰富的储藏性碳水化合物，即各类半纤维素。这些物质的分解也是提供胚轴生长的重要素材。当然最重要的碳水化合物首推淀粉，这方面在禾谷种子与若干豆类种子中有相当广泛的研究。

一、细胞壁碳水化合物的分解

早在 19 世纪 90 年代，英国的布朗和莫里斯（Brown & Morris）就用染色的方法，发现大麦种子发芽时，胚乳细胞壁解体的次序。首先是最接近胚盘的胚乳细胞，特别是相对于芽鞘的那一面者开始解体，随之分解的胚乳细胞逐渐扩散到末端。他们也发现，细胞壁必先解体，否则淀粉无法分解。这些发现已得到现代研究方法的证实。

豌豆子叶是由子叶外侧往内侧（两片子叶相向处）分解，绿豆恰好相反，由内侧往外分解，菜豆则是由中间细胞向四方分解。芹菜的胚小而包于胚乳内，发芽时子叶附近的胚乳开始解体，然后向四方扩散，所遗留的空腔由逐渐长大的胚取代（图4-1），最后才见胚根突出种被。

禾谷胚乳细胞壁的主要成分为半纤维素，是呈直链形态的（1→4）-β-阿拉伯木聚糖与支链形态的（1→3，1→4）-β-葡聚糖。纤维素与木质素皆很少见，不过水稻的胚乳细胞壁则含有木质素，与糖蛋白相混。发芽时大麦胚乳所释放出来的总葡萄糖中，可能高达18%是由β-葡聚糖分解而来，所用的酶主要是endo-（1→3，1→4）-β-葡聚糖水解酶（glucanase），此等酶所释出的短链糖类最后还需要葡萄糖苷酶（β-glucosidase）分解成葡萄糖。

其他种子的胚乳或子叶细胞壁可能含有三类，甘露聚糖、木葡聚糖（xyloglucan）与半乳聚糖（galactan），分别由各类水解酶来分解，也是幼苗生长所需单糖的来源。含有显著胚乳的豆类植物，如葫芦巴豆，在胚乳细胞壁上囤积大量的半乳糖甘露聚糖。胚乳细胞也是死细胞，最外围的糊粉层则是例外；另一豆类——长角豆，则所有的胚乳细胞都是活的。

在葫芦巴豆，接近糊粉层的胚乳细胞因细胞壁碳水化合物的水解而开始解体，解体的细胞随后向子叶处延伸，同时子叶得到养分而生长，将胚乳留下的位置填满。半乳糖甘露聚糖经酶水解释出半乳糖与甘露糖，这两者为子叶吸收后，分别被磷酸化，用来合成蔗糖，再转运到胚轴作为生长的原料。

枣椰及其他棕榈科种子胚乳中含有大量的甘露糖，甘露糖囤积于细胞壁上。发芽时胚部形成吸盘，附于胚乳上，释出水解酶将细胞壁分解，再由吸盘吸收转运到胚轴，合成蔗糖供使用。

二、分解淀粉的酶

淀粉分解的主要途径有二，一是经由淀粉酶（amylase）而水解，另一则是由磷酸化酶（phosphorylase）分解。前者产生葡萄糖，需经转化成G-6-P后再合成为蔗糖，后者将淀粉分解为第一个碳原子带磷酸根的葡萄糖（G-1-P，glucose-1-phosphate），直接用来合成蔗糖运送到分生组织。

淀粉酶有两种，一是α-淀粉酶，另一是β-淀粉酶。α-淀粉酶可作用在淀粉（葡萄糖链）上任何α-（1→4）的连接键，进行水解，而将淀粉链分为两个较短的葡萄糖链。较短的葡萄糖链由该酶再一分为二，因而链的长度不断缩短，直到最后将淀粉长链分解成许多的葡萄糖及两个葡萄糖分子所组成的麦芽糖（maltose），麦芽糖由α-葡萄糖苷酶进一步加以分解。

β-淀粉酶则仅能于长链的非还原端作用，每次将第二、三个葡萄糖之间的α-（1→4）连接键水解，产生一个麦芽糖，然后才将长链的最后两个葡萄糖释出，因此速度上远不及 α-淀粉酶，而 α-淀粉酶所切出的许多短葡萄糖链，则皆可以被 β-淀粉酶分解。

蜡质淀粉中除了 α-（1 → 4）以外，还含有形成支链的 α-（1 → 6）连接键，无法为淀粉酶所分解。淀粉酶将蜡质淀粉分解成葡萄糖、麦芽糖后，会残留含有许多支链核心的短糊精（limited dextrin）。短糊精需要去支链酶，如短糊精酶（或所谓的 R 酶），将 α-（1 → 6）键水解，形成葡萄糖短链，再进一步交由淀粉酶分解。

淀粉酶是用水来将碳键分开，而淀粉磷酸化酶则是使用磷酸根，将葡萄糖链非还原端的第一、二个葡萄糖间的碳键分开，释出一个分子的 G-1-P。淀粉磷酸化酶无法分解蜡质淀粉中的 α-（1 → 6）键，也与 β-淀粉酶一样，不能直接分解完整的淀粉粒中的淀粉，而需事先经过其他酶的作用将完整的淀粉粒初步分解后，才开始其工作。

三种分解淀粉的酶在各类种子中的重要性有所不同，淀粉磷酸化酶一般在禾谷类种子的活性很低，不过在多淀粉的豆类种子则有较高的活性。

三、禾谷种子

除了高粱以外，分解胚乳淀粉粒的主要酶——α-淀粉酶，通常不存在于干燥的禾谷种子内，而是发芽后重新合成出来的。α-淀粉酶早期合成的部位因作物种类而异，例如水稻可能是靠胚乳面的胚盘表皮细胞，在高粱是整个胚盘，在大麦则可能是接近胚盘的糊粉层。

这些由胚盘释出的酶在早期为分解淀粉的主要酶，其后，至少在大麦、小麦、黑麦、燕麦及玉米，则以糊粉层所释出的水解酶为主。至于水稻，胚盘所释出者始终很重要，虽然糊粉层本身也会释出酶。这些种子若先将胚部截离，剩下胚乳在吸润后其糊粉层无法形成水解酶，胚乳的养分也就不会分解。

另一个分解淀粉的酶——β-淀粉酶原本就存在于胚乳内。水稻在胚根发育早期，胚盘虽然也会重新合成部分的 β-淀粉酶而且释出，但主要的来源仍是连接于淀粉粒但不具活性的酶，这些酶形成于种子发育期间，在发芽时经由活性化而开始作用。在大麦干燥种子，该酶也是连接在淀粉粒上，在小麦则是连接在胚乳的蛋白质体上，经由蛋白分解酶的作用而释出恢复其活性。

由于 β-淀粉酶分解淀粉的能力有限，因此一些学者认为在淀粉利用上功能不大。这种说法也有其根据，因为有些不具有 β-淀粉酶的黑麦及大麦突变体，种子发芽过程淀粉的分解利用并未受到影响。至于水稻分解蜡质淀粉时所需的去支链酶，也和 β-淀粉酶一样，在种子发育后期合成，干燥后转成不具活性，发芽后再经水解释放出来作用。

在大麦则可看到发芽后种子的糊粉层会重新合成短糊精酶，不过此酶可能来自重新合成与再度活化两者。

　　淀粉分解产生麦芽糖之后，接着由 α-葡萄糖苷酶分解麦芽糖。该酶在干种子内活性很低，发芽时胚轴与糊粉层内该酶的活性才增加，然后由糊粉层释放到胚乳作用。胚乳内淀粉分解后的产物，在小麦、大麦、玉米等是以葡萄糖的形态转运到胚盘外侧的，而玉米与燕麦则也有以麦芽糖转运至胚盘者。在稻与燕麦，胚盘面向胚乳的表皮细胞会伸长成为上皮细胞（图 4-14），来增加吸收养分的面积。胚盘吸收了单糖后就地合成蔗糖，然后将蔗糖转运到发育中的胚轴或幼苗。

图 4-14　水稻的上皮细胞

四、无胚乳种子

　　豌豆、蚕豆、绿豆、红豆等淀粉含量较高的豆类皆没有胚乳，淀粉都囤积于子叶上。豌豆胚根突出种被开始生长后，子叶的淀粉含量才开始分两阶段下降。前一阶段的速度较慢，第 5 天后淀粉含量则快速下降。发芽后 2 天种子磷酸化酶活性迅速上升，5 天后才逐渐下降，而淀粉酶活性要等到第 8 天以后才显著上升，因此豌豆种子中淀粉前一阶段的分解可能由磷酸化酶承担，后一阶段则可能经由淀粉酶加以水解（Juliano & Varner，1969）。

　　淀粉酶水解所产生的麦芽糖可能直接转运到胚轴，因为在豌豆子叶并无葡萄糖苷酶来分解麦芽糖，胚轴则有之。磷酸化酶所产生的 G-1-P 则在子叶中合成蔗糖，再送到胚轴。不论是豌豆还是淀粉含量低的大豆，在胚轴累积的糖类过多时，会暂时性地将之合成为淀粉，以备之后需要量转大时再分解利用。

第九节　脂质的分解利用

淀粉与蛋白质的分解只用到若干类水解酶，脂肪酸的分解则需要一连串的基本代谢酶组合。种子内储藏性脂质的利用分成三个阶段，首先是将三酰甘油中的脂肪酸分离出来，其次是脂肪酸的逐步分解，每次释出一个两碳的乙酰辅酶 A，最终用来合成葡萄糖。这一连串的步骤在几个胞器内分工进行，包括油粒体、乙醛酸循环体（glyoxysome）、线粒体以及细胞质等（图 4-15）。这三个胞器在发芽及幼苗生长过程中，其外形及酶活性上的变化，在蓖麻、落花生等油籽类种子研究得较为透彻。蓖麻胚乳细胞中三个胞器常相邻近，表示三者在脂质分解上密切的程度。

蓖麻、落花生种子发芽过程中，油粒体的形状并无很大的变化，只是随着内容物的慢慢减少，颗粒逐渐缩小。油粒体内蕴藏大量的三酰甘油（TAG），由其中的脂酶（lipase）加以水解，释出甘氨酸（Gly）与三个游离脂肪酸（FFA）。甘氨酸进入细胞质内转化成三碳糖后，或用来合成蔗糖，或作为呼吸作用的材料而消耗。游离脂肪酸则进入乙醛酸循环体进一步分解。在大豆、落花生的子叶中，脂酶的活性也存在于乙醛酸循环体内。

棉花种子子叶内，先在细胞质中合成脂酶，然后将该酶送入油粒体内作用。在玉米、油菜及蓖麻种子，则可以直接在油粒体内发现脂酶的活性，不过蓖麻在干燥种子的油粒体中就具有脂酶，其余两种则是种子吸润后才出现的。

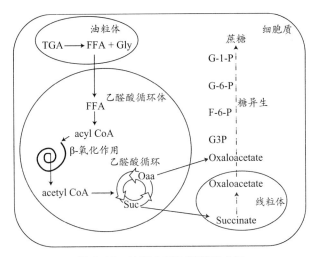

图 4-15　油脂分解与蔗糖形成图

蓖麻干燥种子内的脂酶，可能与脂质的大量分解无关，脂质的分解仍得靠新合成的酶。有时三酰甘油释出两个脂肪酸后，也会直接从油粒体中释出进入乙醛酸循环体，此时也需要乙醛酸循环体中的脂酶来将所剩的甘氨酸加以水解。

游离脂肪酸进入乙醛酸循环体（图 4-15），进一步分解成乙酰辅酶 A，乙酰辅酶 A 再转化成四碳酸（如琥珀酸盐，succinate）。此过程包括 β-氧化作用（β-oxidation）与乙醛酸循环（glyoxylate cycle）两个主要的生化路径，参与的酶种类也颇多，可以说是脂质分解利用的核心部分，显示乙醛酸循环体的重要性。来自游离脂肪酸的四碳酸会进出线粒体，然后在细胞质中合成糖类，即所谓的糖异生（gluconeogenesis）。

一、乙醛酸循环体

在无胚乳的油籽类种子上，子叶在种子发育后期会产生乙醛酸循环体，而且常在种子成熟干燥后仍存在于子叶上。这些干燥的乙醛酸循环体也含有若干酶，不过就脂肪酸的分解而言，并不完整。当然也有部分的乙醛酸循环体是在发芽时新形成的，形成的方法类似于蓖麻胚乳中者。

棉花种子在吸润发芽以后，乙醛酸循环体的体积增大，达 7 倍之多。此胞器的增大，意味着膜的数量增多，也就是脂质及蛋白质的需求增加。膜的脂质主要是磷质与无极性的脂质。合成这两者所需的脂肪酸就来自油粒体内含物的分解，然后再送到乙醛酸循环体来。

除了膜脂质，增大的乙醛酸循环体也需要大量的蛋白质，这些蛋白质包括膜上的蛋白质，以及胞器内的酶。在蓖麻干燥种子含脂质的胚乳当中，并没有乙醛酸循环体，因此所需要的质体以及其内的各种酶，都是发芽后才形成的。发芽时，胚乳细胞的内质网在充分发展以后，尾端部位断裂分出来的膜片段就直接形成一粒乙醛酸循环体。该膜片段所含有的脂质及蛋白质就充作乙醛酸循环体的材料，而且该胞器也不再增大。各类酶也是发芽后才经转录、转译而于细胞质合成的。有些酶事先送入内质网的尾端，随着尾端的断裂直接包在乙醛酸循环体内，有些则在乙醛酸循环体形成后直接送入该胞器内。

西瓜、向日葵等出土型发芽的种子，当子叶露出地面见光后，子叶逐渐转绿，储存养分已减少很多，此时乙醛酸循环体会逐渐转成另一种胞器——过氧化物酶体（peroxisome）。原本的一些分解脂肪的酶会被分解而消失，不过某些一般代谢的酶仍然保留。这种选择性地保留某些酶，可能是由于具有选择性的蛋白酶进入乙醛酸循环体作用的结果。

二、脂肪酸的分解与利用

油粒体所释出来的游离脂肪酸进入乙醛酸循环体后，首先消耗一个 ATP，将脂肪酸与辅酶

A（CoA）结合起来成为脂酰辅酶 A（图 4-15 中的 acyl CoA）。这个带有辅酶 A 的偶数碳饱和脂肪酸通过四个酶一连串的作用，切掉两个碳原子，形成两碳的乙酰辅酶 A，剩下的游离酰基脂肪酸（少了两个碳）再经过同样的酶群，切出形成另一个乙酰辅酶 A，如此重复进行，直到所有的脂肪酸碳链都成为乙酰辅酶 A 为止。这些由相同酶群循环作用的反应，将脂肪酸水解成多个乙酰辅酶 A，就称为 β-氧化作用。每经过一次循环，就释出一个两碳的乙酰辅酶 A，因此十八个碳的油酸需要经过八次的 β-氧化作用，用了九个辅酶 A，才完全分解成九个乙酰辅酶 A。

若种子油为不饱和脂肪酸，含有双键，则需要另外一个酶的作用将该脂肪酸的空间结构加以调整（由 cis 态转为 trans 态），才能为 β-氧化作用所分解。

脂肪酸分解所产生的乙酰辅酶 A 还是在乙醛酸循环体内，与四碳的草酰乙酸盐（oxaloacetate）结合进入乙醛酸循环，经过一系列酶的作用，两次的循环，由两个乙酰辅酶 A 生出一个四碳酸，如琥珀酸盐或苹果酸盐（malate），这两者都是在乙醛酸循环中出现的四碳酸。

琥珀酸盐先进入线粒体，转成草酰乙酸盐后，再将草酰乙酸盐释出进入细胞质。苹果酸盐则直接进入细胞质转化成草酰乙酸盐。细胞质中的草酰乙酸盐进入反向的糖酵解作用，经过一系列酶的作用，先形成 G-1-P，然后合成蔗糖，作为幼苗生长的糖类养分，此即糖异生。因此如同淀粉，合成的素材是糖类，分解的产物也是糖类。

然而并非所有的脂肪酸都转化成为蔗糖，相反地，部分的脂肪酸会用来合成新的种子油，以及作为细胞膜的材料，特别是具有胚乳的油籽类种子的子叶内。

第十节　其他物质的分解利用

除了分解蛋白质所产生的氨基酸，以及分解淀粉或脂质所产生的糖类，发芽中的幼苗还需要一些基本的物质，包括核酸、磷酸根以及一些主要的矿物质如钾、锰、钙等。其中的矿物质元素在幼苗生长后，是由根部自土壤中吸收的，不过发芽期间则由种子自行供给，其来源主要是蛋白质体内的植酸盐。

植酸盐的分解是由植酸酶进行，分解出阳离子、肌醇以及六个磷酸根，其中肌醇可转化作为木质素及其他细胞壁多糖的原料，磷酸根则是细胞结构性磷脂以及核酸的重要成分。磷酸根的来源除了植酸盐以外，尚有蛋白质、脂质与核酸。磷脂、磷蛋白可能是经由酸性磷酸酶进行水解，将磷酸根释出而转运到胚轴。

燕麦种子的植酸盐主要存在于糊粉层蛋白质体中的球状体内，约占种子所有磷酸根的一半，淀粉胚乳中的蛋白质体则甚少有植酸盐。种子吸润后第 2～6 天，胚乳的磷酸根含量，包括磷蛋白、磷脂及核酸，皆快速下降，同时幼苗部分者则快速上升。

干燥的燕麦种子中，糊粉层就已含有足量的植酸酶，不过发芽后此酶的活性仍然持续增加。核酸的磷酸根所占的比例较少，不到 10%，也都是在糊粉层内，核酸本身的含量远不足幼苗发育所需，需要由氨基酸提供氮源，配合碳源及磷酸根来重新合成核酸。

豆类的磷酸根变化与燕麦者很类似。豆子发芽后随着植酸酶、磷酸酶等活性的增加，子叶内的磷酸根含量随之下降，发芽后各种核糖核酸酶、脱氧核糖核酸酶（deoxyribonuclease，DNase）等水解核酸的酶也在子叶中出现，将核酸水解后把核苷酸送到胚轴，胚轴本身则和禾谷种子一样仍须重新合成所需的核酸。

第十一节　养分分解转运的控制

远在百年前科学家（Brown & Morris）就指出大麦种子发芽过程，胚乳细胞分解受到胚部的控制，著名学者哈伯兰德（Haberlandt）也在同年说明糊粉层会释出酶，不过要等到 20 世纪 60 年代，植物激素的研究开始突飞猛进以后，种子养分分解的调控才逐渐明朗。近十年来分子生物学的进展，其作用机制益加清晰（Bewley et al.，2012）。这个领域的研究在双子叶植物较少，而在大麦、小麦等禾谷种子则较为深入完整，其中 GA 如何调节 α-淀粉酶的合成更已成为植物生理学的经典课题（图 4-16）。

一、禾谷种子

大麦是啤酒工业的基本原料，大麦淀粉的分解更是制酒过程的重要步骤，因此淀粉分解的调节会由大麦开始研究，是相当自然的。四方治五郎（1976）于 1958 年开始在日本酿酒协会会刊连续发表五篇报告，开创了此领域的现代研究。他将大麦种子切成两半，无胚的那半吸水后，胚乳消化的速度却慢得多，若将截离的胚与无胚的那半放在一起吸水，则后者的胚乳内 α-淀粉酶的活性增加许多。这个胚部中促进淀粉酶活性的物质具有类似 GA 的功能，而外加的 GA 则可以提升无胚那半胚乳的 α-淀粉酶与蛋白酶的活性。

其后学者开始对胚乳糊粉层进行更深入的研究，终于了解胚部释出 GA 到糊粉层，在糊粉层引发 α-淀粉酶基因的转录及转译，然后 GA 又促进该酶排到胚乳细胞的一连串调节事件。

除了 α-淀粉酶以外，GA 还控制糊粉层细胞一些水解酶的合成，包括分解淀粉酶产物的 α-葡萄糖苷酶、分解蛋白质的蛋白酶与羧肽酶、分解核酸的 RNase 与 DNase、释放磷酸根的酸性磷酸酶，以及分解细胞壁各项成分的内切木聚糖酶（endoxylanase）、阿拉伯呋喃糖酶（arabinofuranosidase）、（1→3）-β-葡聚糖水解酶、（1→3，1→4）-β-葡聚糖水解酶、（1→6）-α-葡聚糖水解酶等。这些酶在糊粉层细胞内形成后，皆释放到内层的胚乳细胞中作用。

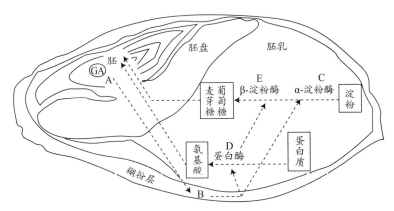

图 4-16 大麦种子中 GA 调控淀粉分解

胚部（A）合成 GA 经胚盘送到糊粉层（B），糊粉层经 GA 作用合成 α-淀粉酶（C）与蛋白酶（D），并释出到胚乳。蛋白酶将胚乳中 β-淀粉酶（E）活化，两种淀粉酶将淀粉分解成葡萄糖、麦芽糖后，通过胚盘送到胚部。蛋白酶也将蛋白质水解成氨基酸送到胚部。

糊粉层之所以能成为 GA 诱导酶合成的最佳研究材料，有其独到的优点：

（1）GA 是种子自行合成的激素；

（2）GA 在糊粉层几乎只有酶调节的功能；

（3）大麦糊粉层易于分离；

（4）糊粉层细胞不进行分裂；

（5）GA 的作用仅针对单一种类的细胞。

不过其研究结果常是由若干特殊品种的试验得到的，不见得可以推衍到其他物种或品种。例如早期此项研究常用到的种子材料是普通大麦某不常见的品种'Himalaya'，然而其他品种种子内 α-淀粉酶的合成较不需要 GA，甚至同样是'Himalaya'品种，不同收获期所得到的大麦种子，对于 GA 的反应也不尽相同。而高粱特定品种的胚乳不需要 GA 的调控，成熟干燥种子本身就具备 α-淀粉酶。

（一）GA 调节糊粉层的合成与释出淀粉酶

当截离的大麦糊粉层培养在加有 Ca^{2+} 的 1 μm 的 GA_3 溶液第 8 个小时以后，α-淀粉酶的活性就开始提升，直到第 1 天为止。该活性主要出现在溶液中，反之留在糊粉层中 α-淀粉酶的活性较为有限。若在培养过程加入 ABA，则约 4 小时以后，酶的活性就不再增加。显然，GA 促进糊粉层细胞中 α-淀粉酶的活性并且将之排到细胞外面，而 ABA 会抑制 GA 的作用（Chrispeels & Varner，1967）。

淀粉酶活性的提升并非细胞内既有酶的活化，而是该酶重新合成出来的。这项假设为菲尔纳和瓦尔纳（Filner & Varner，1967）所证实。他们在糊粉层培养液中除了 GA$_3$ 外，另加入含有同位素氧的重水（H$_2^{18}$O），结果细胞产生了一批分子量略重的 α-淀粉酶，可经由离心技术分离出来。这是因为当糊粉层细胞内蛋白质利用到重水来水解成氨基酸时，部分的氨基酸就带有了 ^{18}O，而这种特殊的氨基酸会进入淀粉酶，表示该酶是在培养过程由氨基酸重新合成出来的。

糊粉层培养第 6 个小时，活性尚未提升时，糊粉粒（蛋白质体）的形状已改变，表示此时蛋白质已经开始水解，其产物可能就是酶重新合成的来源。干燥种子糊粉层的蛋白质储泡内本来就含有蛋白酶，但因为储泡内酸碱度不适，因此蛋白酶不具有活性。GA 进入后将 H$^+$ 离子打入储泡，降低酸碱度，因此蛋白酶开始作用释出氨基酸，供酶的重新合成。

大麦糊粉层在 GA$_3$ 中培养 10 小时后，所重新合成的蛋白质中，高达 70% 皆是 α-淀粉酶。实际上，所合成的 α-淀粉酶是由不同的同工酶所组成，可以用等电点的技术区分出来。

（二）淀粉酶的转录

接下来的问题是，大麦糊粉层培养最初的 6 小时，所谓滞留期，GA 促进 α-淀粉酶的重新合成，是作用在基因转录或转译的哪一阶段？研究的结果显示，在滞留期当中，GA 会提升糊粉层内此酶的 mRNA 的含量，而 GA 促进 mRNA 的合成则会受到 ABA 的抑制。ABA 的作用除了在转录的层次外，也会抑制 α-淀粉酶的转译。

GA 促进各同工酶相对的 mRNA 转录的时机与幅度并不相同，低等电点的 α-淀粉酶的 mRNA 较早出现，形成的量较低，所需要的 GA 浓度也较低，高等电点同工酶的 mRNA 恰好相反。同工酶本身的状况大体上与其 mRNA 类似，不过若改用种子本身，或者糊粉层细胞的原生质体来做试验，前述的关系不一定存在。

至于糊粉层细胞如何感应 GA，仍未充分了解。不过有学者将 GA 固定于溶液中，然后培养糊粉层的原生质体，该原生质体仍可以形成 mRNA 以及酶。由于 GA 不会进入细胞内，因此 GA 可以在细胞膜外表面作用，推测细胞膜上可能含有某种接受 GA 的蛋白质，将 GA 的信息经由某未知的方式传导到细胞核内，启动相关的 mRNA 转录。

GA 促进 α-淀粉酶的合成之所以需要 Ca^{2+}，是因为该酶是一个分子含有一个 Ca^{2+} 的金属性蛋白质，高浓度的 Ca^{2+} 才可以维持 α-淀粉酶的活性与稳定性。由于糊粉层不断地将 α-淀粉酶释出，因此细胞内的 Ca^{2+} 会逐渐减少。此时细胞会自培养液中吸收钙。GA 也会促进细胞膜上转运钙的蛋白质的吸收作用，而 ABA 会抑制细胞对 Ca^{2+} 的吸收。

（三）淀粉酶的释出

糊粉层（或胚盘）细胞在合成 α-淀粉酶后，会将之释出到胚乳细胞内来作用。该酶由合成地方（粗内质网）走到胚乳细胞内，仍有一段相当长的距离。在细胞膜之内，此酶经由粗内质网、高氏体，以及一些由此两胞器衍生出来而接到细胞膜的通道送到细胞膜之外。

淀粉酶释放到细胞膜外之后，仍得通过细胞壁。糊粉层细胞壁有内外之分，外壁含较多的阿拉伯木聚糖，而内壁以（$1 \rightarrow 3$，$1 \rightarrow 4$）-β-葡聚糖为主，两者形成一道胶状的墙。当 α-淀粉酶要通过细胞壁时，内壁的葡聚糖先被消化不见，剩下蛋白质的架构，酶得以穿越。接着外壁的木聚糖也因酶的分解而形成通道，使得酶能顺利通过，然后进入含淀粉的胚乳细胞。

（四）完整种子内淀粉酶的调节

截离的糊粉层中 GA 对 α-淀粉酶的调节作用，与其在完整大麦种子者有相当大的差距。其原因仍未充分了解，不过除了两个系统本身的差异以外，学者所使用的激素为 GA_3，种子本身所作用的则可能是 GA_1，也许是主要原因。

即使是完整的种子，发芽条件不同时，调节作用的时间与幅度仍然不同。例如一般发芽试验将种子放在湿发芽纸上，与大麦种子进行麦芽（malt）的制作以便酿酒时，种子浸于半缺氧状态的水中，两者就有显著的差异。

制作麦芽成功的要点在于大麦种子发芽的精确控制，为了让种子内的淀粉得以分解成糖类，以利发酵，因此需要让大量的种子能整齐地发芽。然而种子正常地发芽生长，又会过度消耗养分，因此也须适当地抑制。

麦芽的制作分成三个阶段：浸水、发芽与烘干。取存活率高于 98%、休眠性低于 4% 的优良种子，先浸泡于 13 ~ 15℃ 的水中 2 ~ 3 天，让种子含水率上升到 34% ~ 45%，但不能更高。为了防止缺氧，浸水期间会将水放干约 15 小时，使得发芽顺利进行，但为了防止根过度生长，因此会用溴化钾、碳酸钠等物质来加以抑制。

当多数种子皆已略微发芽，分解细胞壁的酶已产生后，将种子搬到大的"发芽床"上，在 15 ~ 25℃ 下放置 4 ~ 8 天，依麦芽的用途而异。此时仍需小心地用温度、水分以及化学药剂来控制种子，使 α-淀粉酶等酶大量地产生，而又不会因过度生长而消耗太多的糖类。最后将发芽的种子烘干，初期以 45 ~ 50℃ 将种子干燥到含水率约 10%，然后再以 100℃ 将种子杀青干燥到含水率在 2% ~ 5%，使得种子不再产生酶，发芽停止，并且产生特有的风味、色泽。

干燥的麦芽经磨粉后，再进一步进行发酵等酿酒的步骤。现代的麦芽制作除了上述的过程外，也常先将种子磨皮，并在浸水时加入 GA 或于发芽时喷洒 GA 溶液，使得水解酶的产生更加迅速均匀，缩短制作时间。

大麦干燥种子内类似 GA₃ 物质的活性相当低，在 14℃ 下制作麦芽时，GA 的含量 2 天就上升到最高，第 3 天后其含量迅速下降，约第 4 天以后 GA 的含量维持在低的水平。虽然 GA 的产生比一般发芽状态下更快更多，但是早期 α-淀粉酶的合成反而较慢，也较少，因此要等到第 2 天以后，其活性才慢慢升高。不过因为进行该酶合成的时期较长，因此 α-淀粉酶总活性一直上升，至少维持到第 7 天。

相反地，一般的发芽状态（25℃）下，种子在吸润满 1 天后，GA 含量才开始上升，到第 3 天达到最高后开始下降，到第 5 天时含量已相当低。种子内 α-淀粉酶的活性也是约吸润 1 天后开始上升，不过该酶的合成速率则在第 2 天达到最高峰后，迅速地下降，第 3 天时该酶已不再合成，已合成的酶也逐渐非活性化。α-淀粉酶的活性总量则是在第 3 天达到最高后略微下降，也表示酶的破坏大于合成。

除了温度、氧气，还有种子内其他的因素在影响 α-淀粉酶的产生和活性，其中最可能的是淀粉分解后的产物，即葡萄糖与麦芽糖。截离的糊粉层在培养时若加入高量的糖，则 α-淀粉酶的合成受阻，这可能是由高渗透压引起的。不过在水稻的胚盘，糖本身就有抑制该酶合成的作用。大麦种子吸润第 3 天时，胚乳的糖浓度已相当高，因此可能抑制糊粉层合成 α-淀粉酶。

二、无胚乳种子

在双子叶种子，也是胚轴在控制储藏组织内水解酶活性，不过控制的方式可能相当多，不像禾本科种子那样单纯与清楚。禾本科种子的储藏养分细胞与制造水解酶的细胞分属于不同部位，双子叶种子则常发生于同一个组织，如子叶。当然，一些具有胚乳的豆类，如葫芦巴豆，糊粉层会产生特别的水解酶来消化胚乳细胞中的半乳糖甘露聚糖。

绿豆种子吸润后的 3 天内，种子蛋白质含量逐渐下降，第 3 天以后下降得较快，到了第 6 天，子叶储藏性蛋白质含量仅剩 25%。同样地，子叶内蛋白酶的活性也是在第 3 天以后才快速地上升，第 5 天达到最高峰。不过子叶内的游离氨基酸含量上升到第 3 天就已达到最高峰，显然蛋白质分解的产物都转运到了胚轴。

若将绿豆胚轴截离，再令子叶自行吸润，则子叶内蛋白酶的活性还是会持续增加，虽然上升得不多。子叶蛋白质含量也会减少，不过到了第 6 天只减少了约 12%。但是子叶所产生的氨基酸因无法转运，所以在第 3 天以后还是继续累积。由此可见，绿豆子叶内切肽酶的活性，有相当大的部分受到胚轴的调控。

不少种子的胚轴也有类似的功能（表 4-4），但是也有不受胚轴调控的例子，如胡瓜的蛋白

表 4-4　胚轴完整与否对于吸润后子叶酶活性的影响

作物	酶
绿豆	α-淀粉酶（＋）、肽水解酶（＋）、谷氨酸合成酶（－）、天冬酰胺合成酶（－）
豌豆	α-淀粉酶（＋）、蛋白酶（＋）
落花生	淀粉酶（－）、异柠檬酸解离酶（＋）
角瓜	蛋白酶（＋）、异柠檬酸解离酶（＋）
胡瓜	蛋白酶（－）、异柠檬酸解离酶（－）、脂酶（－）
蓖麻	蛋白酶（＋）、异柠檬酸解离酶（－）
棉花	脂酶（＋）
莴苣	β-甘露聚糖酶（＋）、α-半乳糖苷酶（＋）

1.（＋）：胚轴截离者，子叶内该酶活性低；对照组活性较高。

2.（－）：胚轴截离与否不影响子叶内该酶的活性。

酶、脂酶就是如此。

豌豆的情况更为特殊，在过去的研究中，有些学者认为胚轴可以调节子叶中酶的活性，有些学者则持相反的看法。这可能是各人试验过程不同，如吸润方法的细微差异造成氧气供应的不一致所造成的。

当胡瓜种子在干燥时小心地截去胚轴，但两片子叶仍留在种被（以及胚的薄膜）内，然后吸润，则在 7 天内，油脂的含量几乎不会下降（这并不表示子叶内没有脂酶等酶，而是这些酶的活性无法发挥）。若将胚轴与种壳一并去除，然后让裸露的子叶吸润，则油脂含量持续地下降，虽然没有完整种子降得那么多。

完整种子吸润后第 2 天胚根突出之后，油脂含量才开始下降，若先将种壳剥除再吸润，则油脂含量的下降可以提早 1 天。因此除了胚轴以外，种被可能经由氧气的供应来调控胡瓜子叶内油质分解酶的活性。此外，豌豆、绿豆的种被也会影响子叶利用淀粉。

胚轴的调控功能有两种假说，第一种是认为胚轴释出激素到子叶，引起子叶合成水解酶，有如禾谷种子者。第二种说法则是认为成长中的胚轴具有积储的功能，避免引起回馈抑制（feedback inhibition），使得子叶内水解酶能持续地作用。

（一）胚轴的功能：提供激素？

一些学者模仿禾谷种子上的研究方法，将胚轴的抽出液或渗出液拿来处理截离的子叶，观察酶或者大分子的水解有否受到促进。早期（1967—1975）的报告指出至少在蓖麻、角瓜及西黄松，胚轴抽出液可以促进储藏组织大分子的分解。然而这些促进效果都不大，而且在试验方法或结果的解释上常出现问题，因此并未有明确可靠的结论。

另一类的研究则是将子叶切离，然后用激素溶液来培养，常发现激素可以促进分子的水解，或者水解酶的活性。例如细胞分裂素可以增进鹰嘴豆截离子叶蛋白质及淀粉的分解，以及分解产物的转运，也可以促进西瓜与向日葵截离子叶中异柠檬酸裂解酶（isocitrate lyase）的活性。

在蓖麻胚乳内，GA 可以促进蛋白质与脂肪酸的分解。GA 与生长素皆可以促进豌豆截离子叶中 α-淀粉酶的活性，不过这些研究仅止于表象的分析，仍未能提出如禾谷种子内的详细的调节机制，激素的促进效果也不太大。效果较大者如榛属种子的子叶，异柠檬酸裂解酶的活性受到 GA 的促进也才不过 5 倍，相对于禾谷种子 α-淀粉酶的数百倍促进，可以说是相当小的。

莴苣种子有比较详细的研究，能支持激素理论的证据（Bewley *et al.*，1983）。莴苣的胚乳虽然所储的内含物较少，但细胞壁内的甘露聚糖仍是初步发芽的养分来源。当完整的莴苣种子接受光照的刺激而开始发芽，胚乳内分解甘露聚糖的酶——β-甘露聚糖酶的活性会增加。截离的胚乳本身不会形成 α-甘露聚糖酶，不过若用光照或外加 GA，则可以取代胚轴的功能。因此学者认为，发芽时胚轴将 GA（或细胞分裂素）释放到胚乳，将 ABA 的抑制作用解除，因而能促进 β-甘露聚糖酶的合成，将甘露聚糖分解成较小的分子后，再送到子叶进一步接受 α-半乳糖苷酶（α-alactosidase）与 β-甘露聚糖酶（β-mannosidase）的作用，分别产生半乳糖与甘露糖。后两种子叶内的水解酶，本来在干燥的种子就已有，不过发芽时胚轴所释出的激素也会进一步促进其活性。

（二）胚轴的功能：作为积储?

化学作用持续进行后，其产物回过头来抑制该反应，此即回馈抑制。有一些学者认为，胚轴之所以可以调节子叶的水解作用，只是因为胚轴本身不断地生长，需要大量的糖类与氨基酸，因此子叶中水解所形成的小分子源源不断地转运到胚轴，等于是把产物的浓度降低，使得回馈抑制不至于发生（Chapman & Davies，1983）。这种看法在胡瓜种子研究得较为透彻。

胡瓜种子截去胚轴后，虽然带壳子叶内的油脂分解酶仍然可以合成，但子叶脂肪酸分解的速度缓慢，若用糖液来培养截离胚轴的带壳子叶，则脂肪酸的分解更受抑制，因此符合回馈抑制的说法。不过若将截离子叶的种壳剥去后再行吸润，则虽无胚轴作为积储，子叶的油脂却可以分解，这个现象似乎否定储备功能的假说。

不过去壳后的截离子叶在吸润后体积会增大，表示子叶进行细胞壁的合成，除了细胞壁外，细胞内也会合成淀粉，因而会消耗葡萄糖。此时细胞壁与淀粉就具有吸收小分子的功能，因此不违反积储假说。

第5章 种子的休眠

野生植物的种子常具有休眠特性，即使在一般适合发芽的环境下仍然不会全部发芽，可以避免幼苗因故而全军覆没，具有延续其族群生命、提高其环境适应性的效果。对近代务农者而言，播种后能整齐发芽为上，休眠性会导致发芽不整齐，因此长年的选种下，许多短期作物种子已不具有休眠特性。然而完全没有休眠性有时也会造成务农者的损失，例如成熟水稻在采收前若连续几天遇雨，稻谷会在穗上直接发芽而影响其商业质量。

第一节　休眠的定义

干燥的活种子的生理活动极为微小，无发芽之可能。早期的文献有时候称这类种子是具有休眠性（dormancy），但是在种子学领域中，休眠另有其意，因此种子因干燥而不发芽状况改称为静止（quiescence）较为合适。

种子播种吸水后，有些可以发芽，有些不会。不发芽的种子可分为两大类，一是死种子，另一是活种子。活种子而不能发芽有两个可能，或是发芽的环境条件（包括温度、水分、氧气或光照）不适合该种子，因而无法发芽，或是该种子并没有可以发芽的环境条件，后者常称为休眠。

休眠的定义相当复杂，太过简化的定义容易有漏洞。例如比尤利等（Bewley *et al.*，2012）简称休眠是"种子在合适的环境下暂时无法完成发芽"，此定义有循环论证上的错误，因为所谓"合适的环境"，其定义就是可以让种子发芽的环境。

休眠可以说是"种子发芽环境需求范围宽窄的指标"，能发芽的环境范围越宽广，表示休眠性越弱，反之，范围越窄，休眠性越强。任何环境下一粒活的种子仍无法发芽，就称为该种子是完全的休眠。休眠与发芽并非完全的反义词，活种子能否发芽由种子本身的休眠程度，以及环境是否在该种子可以发芽的范围之内等两大因素共同决定。

不过在讲述时，把任何无法完成发芽的活种子说成具有休眠性，是比较容易的做法，本书也难以避免。

第二节　休眠的类型

植物种类繁多，因此在各地环境所演化出来的种子休眠也各异其趣。休眠不但受到自身遗传的左右，种子成熟过程与种子后熟过程的环境也影响其休眠性。种子休眠性实际上是一个动态的过程，并非有或无的两项选择，这更加深了休眠的复杂程度。纵使如此，各方学者也都尝试对休眠加以归类，期待能化繁为简。本书采用"空间"与"时间"两个主轴来区分。

一、空间上的休眠类型

依照空间上种子的解剖部位来认定休眠所在位置，可将种子休眠分为种壳休眠（包含物理性的、化学性的和机械性的休眠）、胚休眠（包含形态休眠与生理休眠）以及复合性休眠（前述各类休眠的组合）等三大类。

（一）种壳休眠

种壳休眠是指种子的包覆组织所导致的休眠性。所谓包覆组织，泛指散播单位中胚部以外的各种结构，依照不同的物种，可能是指胚乳、种被、果皮、内外颖甚至花被等，或这些组织的综合体。小麦谷粒的包覆组织是糊粉层以及合在一起的果皮、种被，而水稻还要再包括内颖与外颖（即稻壳）。

种壳引起种子休眠的原因，因植物而有所不同，可再细分为物理性的、化学性的，以及机械性的等三类。种壳休眠的致因也可能是多重的，就是包覆组织可能具有上述三种方式的两种以上特性。种壳休眠类别虽然颇多，不过有共同的特性，就是若将种壳剥除，种子就可以发芽。

1. 物理性的种壳休眠：不透水的硬实

由于包覆结构太紧密，种子无法吸水而不能发芽，就是所谓的硬粒种子，也可以称为硬实。这种类型不存在于裸子植物中，在被子植物中以豆科、旋花科、锦葵科最为常见，其他如葫芦科、椴科、百合科、茄科、梧桐科、无患子科、鼠李科、漆树科、睡莲科、美人蕉科、藜科等也或有之（Rolston，1978）。不过种被细胞有很多层次，哪一层为不透水层可能因物种而异。在豆科（图 5-1），或许是表皮栅状细胞层（即大型厚壁细胞［macrosclereid］）的向外细胞壁，或者是栅状细胞层内的亮线，或许只是种子脱水后种子体积缩小而使得角质层能防水，各有其说法。亮线并非一个独特结构，而是出现于栅状细胞层的下半部，可能是该层上半部与下半部的化学成分不同，在白三叶草则可能是纤维素超细纤维在两个部位的排列方向不同，导致光线折射率不等，而显现出亮线。亮线或者表皮栅状细胞层所含的各种厌水性化学物质也可能是导致不透水的原因，如胝质（callose）、木质素、蜡质（Baskin & Baskin，2014）。

海德（Hyde，1954）指出豆科种子硬实的另一成因，主要在于脐缝的控制。脐缝乃是未能连接的表皮栅状细胞层所构成的隙缝（图 5-1），其下方有一个特殊结构，称为管胞棒。种子成熟时管胞棒可将内部水分集中由脐缝蒸发外散。当种子外界空气干燥时，栅状细胞脱水收缩，将脐缝撑大，种子内部的水分得以由脐缝外逸。若外界水汽高，栅状细胞吸水膨胀，脐缝紧缩，使得外界的水汽无法进入种子，因此豆科硬粒种子能在大气中逐渐脱水而维持干燥。

硬粒种子与其他休眠形态最大的不同是在充分给水的情况下，种子仍旧保持干燥，类似于"静止"的种子。硬粒种子对水环境的需求范围最为狭窄，也就是在任何外界的水势条件下皆不能吸水发芽。这类种子经过后熟作用后，才逐渐具有吸水发芽的能力，因此硬实符合休眠的定义。

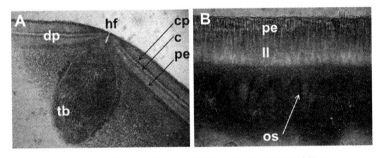

图 5-1　肥猪豆（图 A）与棉豆（图 B）的种被结构图

c：角质层　cp：上栅状细胞层（counter-palisade）　dp：双栅状细胞层（double palisade）　hf：脐缝（hilar fissure）　pe：表皮栅状细胞层（palisade epidermis）　tb：管胞棒（tracheid bar）　ll：亮线（light line）　os：骨状厚壁细胞（osteosclereid 或 hourglass cell）

仙人掌属植物的种子具有硬实特性，然而其不透水层不在种被，而是由珠柄特化成紧密包覆于种子外围的珠柄苞（funicular envelope）。珠柄苞贴在种子两侧者称为珠柄片（funicular flank），在珠柄片外围者称为珠柄环（funicular girdle，Orozco-Segovia et al.，2007）。埋于土中的仙人掌种子经过土中微生物的入侵分解，将珠柄片靠近发芽孔附近的部位分解，成为可让胚根突出的珠柄阀（funicular valve，Sánchez-Coronado et al.，2011）。珠柄结构也可能因白天高温而裂开，让水分可以透过。

2. 化学性的种壳休眠：抑制物质、氧

不少研究发现种壳含有可以抑制发芽的化学物质如香豆精等，这些物质可能存在于壳本身，或种子浸润时渗漏到胚部而阻碍胚发芽，因此都认为这些抑制物质导致种子休眠。但是这些化学物质，甚至激素 ABA 存在于种壳，不一定表示这些化学物质就是休眠的肇因。即使新西兰许多木本植物种的种壳都含有抑制物质，但这些研究都少有明确的定论，尚不能认为是休眠的致因（Baskin & Baskin，2004）。

寇姆和特勒索尔（Côme & Tlssaoul，1973）指出种壳存在酚类化合物，在种子浸润期间，氧气透过种壳之际，可能会被种壳内酶吸收，将酚类化合物氧化成为多酚物质，由于种壳消耗氧气导致胚部缺氧而无法发芽。稻壳过氧化酶（peroxidase）的活性高，消耗过多的氧气，导致某些品种休眠（Kuo & Chu，1985）。

3. 机械性的种壳休眠：阻力大于发芽力

有些种子包覆结构太硬，但不妨碍吸水以及氧气的进入，可是吸水之后，胚芽或胚根的生长力仍不足以穿透种壳，因而种壳是以机械的力量限制种子发芽。具硬种皮的茶与包在硬内果皮内的核果类种子属于此类。以尚未裂果的成熟茶种子为例，种子的含水率因外界的相对湿度的高低而迅速地增减，显示种壳不限制水分的进出。这类种子剥去硬壳后两个星期内可以完成发芽，若不剥壳，则播种后需要几个月以上的时间才可以发芽。不过 J. M. 巴斯金和 C. C. 巴斯金（Baskin & Baskin，2014）把胡瓜、欧洲白蜡树、番茄种子也列于机械性休眠。

（二）胚休眠

顾名思义，胚休眠就是胚部本身所引起的休眠性。即使剥除种壳，还是不能发芽的种子皆属之。胚休眠也可以分成形态的、生理的，或两种方式共同引起的休眠。

1. 形态的胚休眠

有些种子本身的发育已达到最高的干重，并且已可能干燥离开母体，但只是储藏组织完成充实，胚部发育却仍不完整，甚或分化尚未开始，因此播种后在短期内无法长出芽，这可以说是形态的胚休眠。显轴买麻藤的种子落地后，需要等待数个月到 1 年，等胚部发育成熟后才能发芽，即是一例。

这类种子在吸水后先经相当长时间的湿润期，让胚部在种子内逐渐发育完全，才具有可能发芽的潜力。另有一些种子的内部结构，胚部或许已完整地分化发展，但是形体较小，播种后胚部先在种壳内慢慢地发育生长，等到相当大后胚根才突出种壳，完成发芽。这两类种子播种后在外观上长期没有动静，状似休眠，然而内部的胚是在进行分化生长，实际上并非处于休眠状态。

某些种子的胚根可以发芽及正常地生长，但是上胚轴无法正常生长，例如一些百合、牡丹等，被称为上胚轴休眠。我国台湾地区北部的稀有植物流苏与生长于中低海拔林缘或灌木丛中的吕宋荚蒾也具有种子上胚轴休眠特性，其原因是成熟种子虽然胚根与子叶都已充分发育，但上胚轴以上的真叶原都没有分化出来（图 5-2）。流苏播种后虽然根部已经长出，然而芽部一直不冒出种壳，需等两个月后，种子内部真叶原发育完整，在发根后三个月，根长达 6 cm 以上，外观上才逐渐看出种壳长出幼芽（沈书甄，2002）。

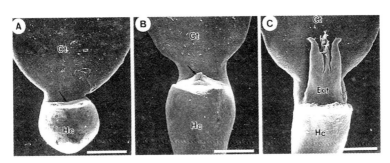

图 5-2　流苏播种后种子结构的扫描式电子显微镜图
A：开始浸润时上胚轴未出现　B：发根 1 cm 时第一对真叶原已分化
C：发根 3 cm 时上胚轴已分化　Ct：子叶　Ect：上胚轴　Hc：下胚轴。刻度 600 μm

2. 生理的胚休眠

生理的胚休眠是指一批胚部发育完全的种子，即使剥除种壳，种子在任何环境下仍然无法发芽的休眠形态，这种形态可以说是真正休眠，其原因是胚部本身的生理障碍所引起的。苹果、挪威槭的种子属于此类。

（三）复合性休眠

有些胚形态不成熟的种子在播种后胚部发育完整后，仍然不能发芽，这是因为部分种子可能兼具表皮与内部休眠，这类种子具有复合性的休眠，台湾红豆杉与欧洲白蜡树种子属之。台湾红豆杉种子在初期暖温下浸润 6 个月后，种子内的胚部生长了约 1.6 倍，而外观并无变化（Chien *et al.*，1998），这属于形态胚休眠。然而台湾红豆杉种子在胚发育完整后，种子在暖温下仍不能发芽，属于生理胚休眠，需要进一步低温浸润处理后休眠性方能消失。

实际上复合性种子休眠相当普遍，包括前述各类休眠类型的各种组合也都有可能，例如银杏（Holt & Rothwell，1997）与某些鸢尾属的种子都兼具种壳与生理胚休眠特性。这在本节第三项中会进一步说明。

二、时间上的休眠类型

种子成熟时、成熟脱离后以及储藏期间，或种子处在自然栖息地的过程中，种子的休眠状态会发生改变，而有不同的类型，这是依时间上的休眠归类，也可以说是以种子生命的历程来区分休眠的形态（图 5-3）。

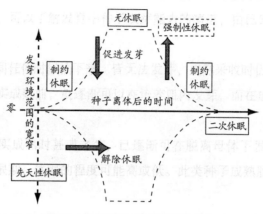

图 5-3　种子的时间上休眠类型
种子处在细虚线之内可以发芽，之外不能发芽

种子刚成熟落地或采收时若具有休眠的特性，就称为先天性休眠（innate dormancy，primary dormancy）。先天性休眠的程度可大可小；刚成熟的种子，若任何环境下都无法发芽（即可发芽环境宽窄度为零），可称为完全休眠。此种休眠在种子经过一段干燥储存时间，或者在湿冷的环境下若干时日，会进行后熟（after ripening）作用。后熟过程中，适合发芽的温度范围逐渐扩大，直到可以发芽的温度范围达到最广，不再继续扩张时，可以说该（批）种子已进入无休眠的状态。由完全休眠到无休眠的这段过渡期间，能发芽的环境范围由窄逐渐变宽，可以说是有条件的休眠或制约休眠（conditional dormancy）。刚成熟的种子若在某些环境下也能发芽，则可以说一开始就是制约休眠，经后熟再进入无休眠状态。

即使是无休眠的种子，其可以发芽的环境也是有限度的，温度高于其发芽最高温或低于其发芽最低温，还是无法发芽。种子离体后，其发芽最高、最低温并非固定，而是随着后熟的时间而扩张，即图 5-3 虚线所围绕的范围内。若环境落在该范围之外，种子无法发芽。处于制约休眠中的种子仍然有机会发芽，无休眠的种子也可能因环境超乎范围而无法发芽。

离体一段时间后，种子能发芽的环境范围拓宽，原来不会发芽的环境下现在就可能让该种子发芽，这一段时间可以称为"休眠解除"（dormancy breaking）。反之，制约休眠种子若处于可发芽范围之外的环境而无法发芽，此时若将该种子移到可发芽环境范围内就可以发芽，这可以称为"发芽促进"（germination promotion），但不宜称为解除休眠，因为该种子可发芽的环境范围并未拓宽。休眠解除与发芽促进都可以让休眠种子发芽，然而前者种子本身发生生理上变化，后者只是发芽环境的改变，两者不宜混为一谈。不过一般的叙述中，让休眠种子发芽的处理，还都是称为解除休眠或者打破休眠。

有一批无休眠的种子吸足了水分，却因为某种环境的不适（如温度过高或处于黑暗中）而不能发芽，这些种子一旦移到适温处或光照处即可发芽。因某特定环境的不适所致而无法发芽，哈珀（Harper，1977）称为强制性休眠（enforced dormancy）。这个名词在语意上也有循环论证的谬误，因为"特定的不适环境"下本来就不是种子发芽的好条件，因而不发芽并不表示一定是具有休眠性。莴苣种子在20℃下可以发芽，但温度超过25℃就不易发芽，一般称为热休眠（thermodormancy），实际上是因为其最高发芽温度就约在25℃，超过该温度当然不能发芽，称为休眠也较为不合适。

有些无休眠种子吸足水分，一旦处在不适的环境过久，虽然将之移到原本适宜发芽的环境下，可能也不再能发芽，显示这批种子又进入休眠状态，这种因环境而导致的休眠可称为二次（secondary）或诱导性（induced）休眠。二次休眠的种子需要经过另一段后熟期，休眠性才会消失，一般是发生在掩埋于土中的湿种子，干藏中的种子通常不会发生。土壤中种子常看到由先天性休眠逐渐成为制约休眠、二次休眠，再回到制约休眠、完全休眠的休眠循环。当种子休眠程度减轻时，即种子可以发芽的温度范围扩张，或由低温往高温，或由高温往低温，或由中间温往高、低温扩张，依春季型或秋季型植物而异，会在种子生态学中进一步阐述。

三、其他学者的休眠归类

在生态学上过去使用最广泛的分类乃是哈珀（Harper，1977）所提的三类型休眠：先天性休眠、强制性休眠与诱导性休眠。基本上这三类休眠就是本书所用的时间休眠分类，诱导性休眠即二次休眠，但强制性休眠严格而言不宜称为休眠。所谓种子进入强制性休眠，只是把种子由适宜发芽的环境搬到不适宜的环境，一旦搬回适宜环境，就可以发芽。进入诱导性休眠是指种子适宜发芽的环境变窄，在相同的环境下原来能发芽的，现在已无法发芽。

J. M. 巴斯金和 C. C. 巴斯金（Baskin & Baskin，2004，2014）把种子休眠类型分为五类（class），类之下有级（level），级之下有型（type）。其归类乃源自苏联种子专家 M. G. 尼科列娃（M. G. Nikolaeva）在1999年提出的生理学休眠类型。

五类休眠分别为生理休眠（physiological dormancy，PD）、形态休眠（morphological dormancy，MD）、形态生理休眠（morphophysiological dormancy，MPD）、物理休眠（physical dormancy，PY）与复合休眠（combinational dormancy，PY+PD）。

在生理休眠类（PD）下再分为三级，即深度休眠、中度休眠、非深度休眠。各级可再细分成若干型。

形态休眠类（MD）之下没有分级。

形态生理休眠类（MPD）之下再细分为八级，分别是简单深度、简单上胚轴深度、简单双重深度、简单中度、简单非深度、复杂深度、复杂中度以及复杂非深度休眠。

物理休眠类（PY）之下可进一步分类。

复合休眠类（PY + PD）可再分成两型的非深度生理休眠级。

前述所谓深度休眠，是指种子需要 3~4 个月的冷层积处理才能解除休眠者、GA 无法促进发芽者，或分离胚发芽后会成为不正常苗者；中度休眠指种子需要 2~3 个月的冷层积处理才能解除休眠者、GA 多少促进发芽者，或分离胚发芽后会成为正常苗者；非深度休眠指割痕处理（scarification）或者后熟处理可使种子发芽者、冷层积或暖层积可以解除休眠者、GA 可促进发芽者，或分离胚发芽后会成为正常苗者。

在级之下的型，其实就是在处理休眠解除过程中发芽环境范围变宽的不同方式，所谓第 1 型是指由低温往高温范围逐渐拉宽，第 2 型是指由高温往低温拉宽，第 3 型是指由中间温兼往高与低温扩张。但也有休眠解除过程，可发芽温度并未逐渐拉宽，而是过一段时间可在高温（第 4 型）或低温发芽（第 5 型）者。因此所谓"型"的归类，是在处理生态上的休眠类型。

在此休眠归类系统，并未纳入胚部尚未分化的种子，虽然依照前述定义，这是属于形态休眠。而其所谓"物理性休眠 PY"指的是本书中的物理性种壳休眠（不透水的硬实），其他两种种壳休眠并未纳入其休眠定义。然而物理性、机械性与化学性三类休眠在尼科列娃的定义中则称为外在因素的休眠。

第三节　温度与种子休眠

一、干燥后熟

许多种子刚成熟时具有程度不一的休眠性，但是在干燥的状况下，休眠性会逐渐消失。干燥后熟的速度因植物种类、温度与种子含水率而有所不同，温度越低，干燥种子休眠维持得越久。温度与休眠消失速率间具有数学关系，以图 5-4 为例，水稻品种 'Karriranga' 谷粒发芽率提升到 50% 所需天数 $Y=36.94-0.72X$，其中 X 为后熟温度。虽然后熟速度与温度成正比，但种子不能太干燥，若含水率低于 8%，后熟速度会减缓。当然后熟不能过久，过久种子可能丧失生命。

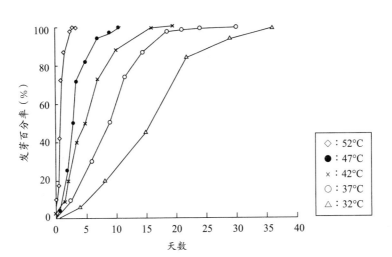

图 5-4　水稻'Karriranga'谷粒不同温度下后熟过程发芽能力的变化

二、冷层积处理

许多植物的休眠种子，不论是松柏等裸子树木、胚休眠的蔷薇科，还是种壳休眠的一些草本植物，在经过一段时间湿冷（chilling）处理后，休眠性逐渐消失乃至于全部解除。

这种湿冷解除休眠的方法常称为低温吸润处理或层积处理（stratification），因为早期在进行湿冷处理时，常以一层一层的湿砂来埋种子，如同处理郁金香的球茎。

湿冷处理有三个要件，即足够的种子含水量、低温以及氧的存在。温度一般在 1～10℃ 即可，低温的效果较佳。给种子的水量不宜太多，若盖过种子，则氧气的供应受到影响，湿冷处理就可能失效。处理所需时间则长短不一，依植物种类而异，例如鹿皮斑木姜子需要在 4℃ 下约 5 个月，半数种子才可解除休眠（杨正钏等，2008b），但阿里山千金榆种子只需要 1 个月（陈舜英等，2008）。

许多种子如蔷薇科者经湿冷处理解除休眠后，需要移到较高的温度下才会发芽，这是因为其无休眠种子发芽的适温范围略高，若其无休眠种子的发芽最低温在 5℃ 以下，则休眠种子在 5℃ 湿冷处理的后期可能直接发芽。

温带植物种子在秋季成熟落地埋土中时可能具有休眠性，避免在冬天来临时发芽而被冻死，在土中经过一季的湿冷环境，休眠已经解除，因此春天回温时即可发芽。然而亚热带、热带植物的种子也经常可以用冷层积处理解除休眠，如水稻（Kuo & Chu，1985）、鸭舌草（图 5-5）为是，这些种子在 4℃ 下约 2 个星期即可解除休眠。鸭舌草种子在 10℃ 下进行湿冷处理，休眠解除效果略慢，而且很快又进入二次休眠。根据托特戴尔和罗伯茨（Totterdell &

Roberts，1979）的假说，较低的温度同时具有解除休眠与诱导休眠的作用。吸润种子所经历的温度，在某临界点以下时，对于休眠的解除速率相同，但对于诱导种子进入二次休眠则是温度越低，诱导的速度越慢。这可以解释为何在 10℃ 下鸭舌草很快地进入二次休眠。

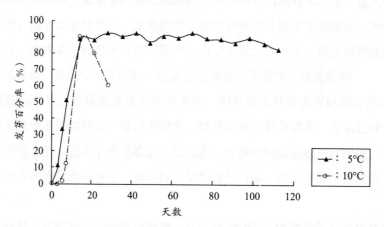

图 5-5　两温度下鸭舌草种子的冷层积处理效果

三、温／冷层积处理

有些种子在湿冷处理前还需要先进行一段高温吸润的处理，才能解除休眠，例如山楂属以 20~25℃，椆属以 20℃，卫矛属以 15~20℃ 先进行高温湿润处理 1~3 个月，然后再湿冷处理 4~6 个月，可以解除休眠。台湾红豆杉只用暖层积或者冷层积，即使长达 1 年都无法解除休眠，若先以 23/11℃ 变温下进行湿温处理 6 个月，再以 5℃ 层积 3 个月，即可解除休眠（简庆德等，1995）。这是因为其种子具有形态与生理的复合性休眠，发育不完全的胚在低温层积处理时无法进行发育。在适温下浸润 4~6 个月，胚发育完成时进入生理胚休眠，若再经过 3 个月的冷层积后移到 23/11℃ 变温下发芽，即可得到高发芽率。

对于山楂属与卫矛属而言，先行的高温吸润处理使得种被发生变化，对于椆属而言，高温的作用则是让成熟种子内发育不全的胚得以先行发育，等到种被不再能阻碍或胚长全后再用湿冷处理来解除胚休眠，因此前者是种壳与胚生理的复休眠，后者则是胚的形态生理的复休眠。

温带树种如黑椆木种子需要先在 20℃ 下暖层积，让胚部伸长后再进行冷藏处理。有些植物成熟种子虽然胚仍未成熟，但直接冷层积也可使胚部伸长，如椎独活等（Baskin & Baskin，1985b）。

四、变温与种子发芽

自然环境下，土中的温度与气温相同，不但日高夜低，也有冬暖夏凉的季节性变化。许多作物、禾草、花卉，特别是野生植物的种子在日夜变温的环境下比在恒温下发芽情况更好。

由于土中种子不易察觉光环境的变化，因此野生植物以感受日夜变温来达到种子休眠发芽的调整，是相当自然的。相对地，作物种子在变温下与在恒温下的发芽率则通常没有显著的差异。

实验室中通常以调整发芽箱中的日夜温度设定来模拟土壤日夜温差，一般的试验会设定最高温、最低温以及每天高（或低）温时间这三个初级变因，并且设定供试种子在变温下的日数。更好的发芽箱也可以设定高温转低温以及低温转高温所需的时间，不过一般的发芽箱约半小时就已达到所设定的温度。变温试验的初期变因一共有七个：每日恒定高温、每日恒定低温、高温转低温时间、低温转高温时间、高温期、低温期以及周期期数（即发芽试验日数）。

设计者决定初级变因后，次级变因以及三级变因就固定而无法更改。次级变因包括每日温差、每日平均温，三级变因则是种子总积热。当然实际土壤的情况远为复杂，而且可能每天不一样，通常温度的上升与下降是缓慢的，而且每天恒定高温期维持的时间可能不到 1 小时，晚上可以维持 3～4 小时的恒定低温。

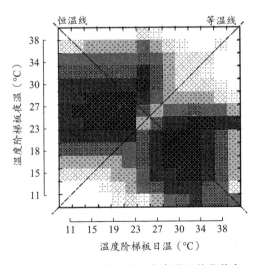

图 5-6　弓果黍种子在日夜变温下的发芽率

恒温与等温两虚线为本书所加，为方便起见，等温线假设日夜各 12 小时；原设计（日夜各 4/12 小时）的等温线不会同时通过两对角线。恒温虚线所经过之处表示日夜温差为 0℃；与恒温线平行的线条（未画出，称为等变温线）所经过的曲线其日夜温差相同，越远离恒温线的等变温线，其日夜温差越大。等温虚线所经过之处表示其每日平均温都接近 25℃，与等温虚线平行的线条（未画出）所经过的曲线其每日平均温相同；越远离等温虚线者，往右上方其每日平均温越大，往左下方其每日平均温越小。

　　每一台发芽箱只能设定一组变温处理，难以进行大规模变温试验。在 1986 年葛德特和罗伯茨（Goedert & Roberts）报告了温度阶梯板（thermogradient plate）的新设计，白天温度由左至右逐渐上升，晚上则由下至上逐渐上升，创造出 14×14 共计 196 格、每格 38 平方毫米的不同变温组合，等同 196 个发芽箱。将种子放在每格中发芽，就可以直接得知该批种子最高发芽率是在哪种变温组合（图 5-6）。

　　除了直接找出最适变温组合，温度阶梯板的另一个好处是能够显示变温与发芽率之间的秩序。图 5-6 显示每日温差越小（恒温线为 0 温差），发芽率越低，日夜温差越大，发芽率越高。日平均温 25℃ 左右发芽率最高，均温越高或越低发芽率也就越低。实际上，不同物种种子对于变温的反应可能有相当大的不同。汤普森（Thompson，1974）用简单的设计也可以做出类似温度阶梯板的结果。结果显示（图 5-7）旱芹种子有最适的每日均温以及每日温差，低之或高之发芽率会递减。欧洲地笋也是温差大时有利于发芽，不过可以发芽的均温范围广。而山字草种子适宜于小温差下发芽，温差越大发芽率越小。

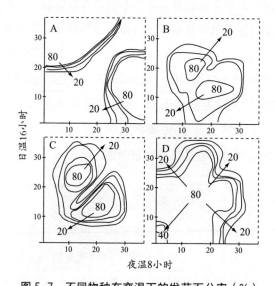

图 5-7　不同物种在变温下的发芽百分率（%）
A：欧洲地笋　B 与 C：旱芹两品种　D：山字草种子
在不同变温组合下的发芽率。80 → 20：等发芽率线中发芽率的递降

　　用温度阶梯板进行发芽试验所得到的数据，可以用直线模式来描述每日温差、每日均温与发芽率的关系（Murdoch et al.，1989），这或许能够处理山字草等种子的变温反应。然而类似旱芹等具有同心圆特性者，则以二次方程式为宜，如弓果黍（Kuo，1994）与荠菜（郭华仁，1994）。

第四节 光与种子休眠

一、种子发芽的需光性

远在 18 世纪后期，塞内比尔（Senebier）与英根豪斯（Ingenhouse）就已发现光会抑制种子的发芽，卡斯帕里（Caspary）则报告东爪草种子在光照下才会达到最高发芽率，到了 1926 年，各方学者已测知至少有 930 种种子的发芽与光有关，其中 672 种在光照下可提高发芽率。就如氧的需求，光是某些种子发芽所必需的环境条件，不过需光种子的种类远比需氧者少。

伊文纳里（Evenari，1965）把种子发芽与光的关系称为光敏感性（photoblastism），需光才能发芽的种子具有需光性（positively photoblastism），某些种子在白光连续地照射下，发芽会受阻，称为嫌光性（negatively photoblastism），许多种子的发芽与光无关，可称为光中性（non-photoblastism，表 5-1）。

表 5-1 光与种子发芽的三种关系

需光性种子	嫌光性种子	光中性种子
大车前	尾穗苋 **	大豆
烟草	反枝苋	甘蓝
莴苣	毛沙拐枣	向日葵
鸭舌草	宝盖草	胡瓜
藜	粉蝶花	茶
尾穗苋 *	黑种草 ##	牵牛花
长寿花	艾菊叶法色草	甜椒
黑种草 #		樟
欧洲赤松		稻

1. * 在 40°C 下。
2. ** 在 25°C 或以下。
3. # 照射时间短。
4. ## 照射时间长。

实际的情况则远为复杂：（1）同一植物（如莴苣）不同品种可能有不同的光反应；（2）同一种子在不同环境下可能有不同的光反应；（3）光的作用有三个不同但相互影响的因子——光质、光强及光期；（4）同一种子在不同休眠程度时，或者经历不同的前处理时，对光的反应程度或方式也可能不同。因此，个别种子对于光的某些反应，不一定能同样地出现于其他种子，甚或同品种不同批种子、同批种子在不同的光环境下也可能出现相反的表现。

莴苣品种 'Arlington Fancy' 种子在不同光强下照射不同时间，只要种子所接受的光量相同，就会有相同的发芽率（Flint，1934）。黑种草种子在照射时间短的情况下可以促进发芽，但是照射时间一长，发芽反而受到抑制（表 5-1）。石川（1954）把种子对光照时间的反应分成若干类型，有些是照射 10 分钟就达到高发芽率，但超过 1 小时效果变差，光照 1 天就无促进发芽的作用；有些是照射 10 分钟就达到最高发芽率，光照时间长，还是有促进效果，光照适期约为 3 小时，太短或太长效果都不好；有些则是光照时间越长，促进发芽的效果越高。

二、光敏素发现简史

科学家在 19 世纪就了解光合作用的作用光谱（有效的光波波长），不过有关光促进发芽的作用光谱要等到 1935 年才由弗林特和迈克艾利斯特（Flint & McAlister）测定出来。他们用红光照射吸润的莴苣需光性品种 'Grand Rapid' 种子，使发芽率可以达到 50% 的程度（但是还未发芽），然后将这些种子放在各光波下测量发芽率，发现 440～480 nm 的蓝光略为抑制发芽，600～700 nm 的红光使得发芽率达到 100%，而 720～770 nm 的远红光则完全抑制种子发芽（图 5-8）。这个实验不但首次发现了发芽的作用光谱，也显示远红光可以取消红光的促进作用！

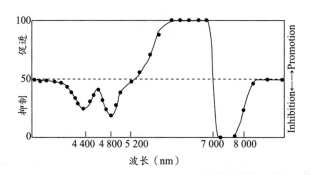

图 5-8　光波波长与种子发芽休眠的试验

第二次世界大战后，在同一个研究室由不同的学者接续此发现，但是用比较敏感的测定方法来进行试验，测定各波长促进发芽率 50% 所需要的最低光量，以及抑制发芽率达 50% 所需要的最高光量，结果发现 660 nm 促进发芽的能力最强，而抑制发芽的能力最强的波长为 730 nm（图 5-9）。

他们进一步用这两个波长来试验远红光取消红光作用的现象，发现两个波长可以互相取消对方的效果，而且这相互抵消的状况可以一直持续下去，直到最后一次，若所照射的是 660 nm，则促进发芽，若最后一次为 730 nm，则抑制发芽（表 5-2）。

　　由于光对发芽的作用可能与光合作用一样，需要通过某种能吸收某特定光波的色素来实现，因此红光与远红光的作用也可以推测是有色素在做媒介，问题在于是否有两种色素。由表5-2 的红光—远红光反复试验结果，波特威克（Borthwick）等人立即演绎出一个假设，认为两种光波是由具有可以快速逆转形态的一种色素所吸收，并且各自决定种子能否发芽。

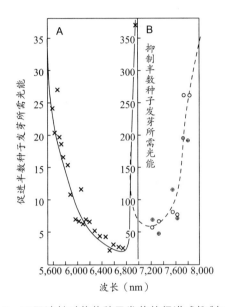

图 5-9　不同波长对莴苣种子发芽的促进或抑制对照图

莴苣种子置于黑暗下 16 小时（进入休眠）后促进发芽的波长（图 A）；
置于黑暗下 16 小时并经红光照射后抑制发芽的波长（图 B）。

表 5-2　影响 'Grand Rapid' 莴苣种子发芽的光可逆性

照射程序	发芽率（%）
R	98
R-**Fr**	54
R-Fr-**R**	100
R-Fr-R-**Fr**	43
R-Fr-R-Fr-**R**	99
R-Fr-R-Fr-R-**Fr**	54
R-Fr-R-Fr-R-Fr-**R**	98

　　以这个假设为基础，他们逐步测验菜豆发芽子叶出土时下胚轴"钩"的拉直、花青素的形成，以及苍耳花芽的形成等，都分别可以用单一色素来解释两种光波的逆转作用。甚至在短短

几年内，生物物理学者沃伦·布特勒（Warren Butler）在 1959 年就直接由白化的玉米芽鞘分离出该色素（绿色苗则会产生干扰），后来他将该色素命名为光敏素（phytochrome）。

图 5-10 表示光敏素的两种形态，P_r 是可以抑制发芽的形态，其最能吸收的波长是红光 660 nm，吸收红光后则迅速转成 P_{fr} 形态。P_{fr} 是可以促进发芽的形态，其最能吸收的波长是远红光 730 nm，吸收远红光后，或者种子处于黑暗中，皆会使可以促进发芽的 P_{fr} 转成抑制发芽的 P_r。分离纯化出来的光敏素，其外观 P_r 偏蓝，而 P_{fr} 偏绿（Smith，1975，plate 1）。

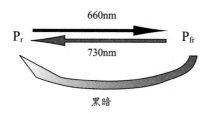

图 5-10　光敏素的两种形态

三、光敏素与种子发芽

（一）光照逆转

远红光虽然可以逆转红光的促进发芽作用，但是有时间性（Toole，1961）。莴苣种子照射红光 1 分钟后，立即照射 4 分钟的远红光，可以完全抑制发芽。红光后拖延一段时间才照射远红光，则远红光抑制发芽的能力减弱，拖延时间越长，远红光的作用越小。照红光 24 小时后，远红光的逆转作用已完全消失，远红光无法逆转，表示红光处理已经启动种子进行发芽达到无法逆转的地步。在此特定的试验中，红光促进种子发芽所需要的时间长短不一，略呈常态分布，但平均约 10 小时。

（二）光敏素的吸收光谱

纯化的光敏素的两个形态 P_{fr} 与 P_r 各具有其特殊的吸收光谱（图 5-11）。抑制发芽的 P_r 吸收能力略大，最大的吸收波长为 660 nm 及其附近的红光，370 nm 的蓝光也略可以吸收，但是对 730 nm 的远红光则无法吸收。当 P_r 吸收了 660 nm 的红光以后，迅速地转成 P_{fr} 的形态，P_{fr} 对光的吸收能力较 P_r 为小，最大的吸收波长为 730 nm 及其附近的远红光，但是对 660 nm 的红光也有吸收能力。

虽然 P_{fr} 与 P_r 的吸收光谱不同，但大抵上皆有所重叠，特别是在红光的范围，因此在特定的光波下两个形态的色素会不断地互相逆转，即分子的族群中部分 P_{fr} 转成 P_r，同时另一部分

的 P_r 转成 P_{fr}。虽然两个方向转变的速率不等，但是最后会达到平衡的状态，即在一定的光源下，所有的光敏素分子族群中 P_{fr} 或 P_r 会有固定的比率，通常以 φ 来表示平衡下 $[P_{fr}]/[P_{fr}+P_r]$ 的比值。

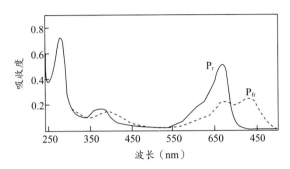

图 5-11　黑麦光敏素的吸收光谱

在 730 nm 下的远红光经 P_{fr} 吸收转变成 P_r，但是 P_r 对 730 nm 的吸收非常有限，因此由 P_r 逆转到 P_{fr} 的很少，光敏素中几乎只有 P_r，导致在 730 nm 单波长下 φ 低可到 0.02。而在 660 nm 下，虽然 P_r 的吸收较大，但是 P_{fr} 的吸收也相当可观，两种形态都会互相转换，光敏素全为 P_{fr} 形态的状况无法达到，因此在 660 nm 单波长下 φ 最高仅可达 0.8。在混合光源下更为复杂，光敏素的光平衡 φ 值会是各波长作用的交互结果，需要先将光源的各波长强度精确地测量，然后进行推算。

照射蓝光，略可以抑制部分需光性及嫌光性种子的发芽，例如 'Grand Rapid' 莴苣的种子，但是若吸润种子在黑暗中过久，则蓝光可以促进该种子发芽。经远红光处理成为需光性的 'Noran' 及 'May Queen' 莴苣种子，以蓝光处理，可以充分发芽，而蓝光的效果又可以被后来的远红光取消。这些案例中蓝光的作用皆可能与光敏素有关，因为 P_{fr} 与 P_r 皆可以吸收蓝光。

然而蓝光的作用也有光敏素本身所不能解释的，特别是蓝光照射时间较长时。例如已可以在黑暗下发芽的艾菊叶法色草、大幌菊及尾穗苋等，照射若干小时的蓝光后，发芽被抑制或拖延下来。部分学者认为可能另有吸收蓝光的色素与光敏素共同在作用。

（三）不同种子的光敏素平衡值需求

尾穗苋、宝盖草及艾菊叶法色草等嫌光性种子对红光与远红光的反应一如需光性种子，红光促进而远红光抑制。白光之所以抑制嫌光性种子野燕麦的发芽，是因为该种子对红光不敏感，而对远红光敏感，因此白光对野燕麦种子而言，有如远红光一样。

不同的种子对于光照的反应不一，可以用种子对光敏素的敏感度不同来解释。种壳对于各波长的吸收能力，因不同植物，甚至同品种种子的不同产地而会有所差异，胚部所接受到的光波组成可能相当不同。

种子能否发芽，似乎与胚中光敏素的光平衡值有关，特定种子发芽可能需要特定的 P_{fr} 最低浓度。即使在黑暗中可以发芽的种子，仍然需要有 P_{fr} 的存在，因为对这类种子，用远红光照射较长的时间，就可能不会发芽。发芽所需 φ 值的高低因物种而可能有颇大的差别（表 5-3），通常需光量高、对于光照较为迟钝的种子，所需要的 φ 值也可能较高，如莴苣。然而弯叶画眉草所需的 φ 值较低，因此即使照远红光，所得到的 2%~3% 的 P_{fr} 还是足够使部分种子（40%）发芽，表示对于光照较为敏感。

表 5-3　种子发芽所需的光敏素光平衡值

植物	φ，$[P_{fr}]$ / $[P_{fr}+P_r]$
反枝苋	0.001（G_{50}）*
尾穗苋 [#]	>0.02
水塔花	>0.02
弯叶画眉草	>0.02
积水凤梨	>0.02
野田芥	>0.05
胡瓜 [#]	0.1~0.15
番茄 [#]	0.22~0.4
藜	0.3（G_{50}: 0.16）
大幌菊 [#]	>0.45（50%）
莴苣	>0.6（G_{50}: 0.4）

1. * 达到最高发芽率所需值，G_{50} 为达到最高发芽率之半。
2. # 可在黑暗中发芽者。

在自然状态下，叶冠下充满了远红光，因此不利于种子发芽。一些可在黑暗下发芽的光中性的种子，如胡瓜与某些番茄、莴苣品种，若短暂地照射远红光，会诱发出需光性，再用红光照射才会发芽。这些光中性种子在种子形成过程已具备了 P_{fr}，或者 P_{fr} 的前身，该前身在有水分之下即可转成 P_{fr}。当种子照射远红光，会驱使原有的 P_{fr} 转成 P_r 而导致种子不发芽。类似的状况也可能发生在野生的种子。

（四）光敏素的特性

光敏素的分子由两个全蛋白质聚合而成，每个全蛋白质各有两部分，一是约 124kDa 的蛋白质，另一是具有四吡咯（tetrapyrrole）结构的发色团（chromophore），吸光后发色团改变其双键位置，因此会有两种光敏素的可互换形态。不论是 P_{fr} 转成 P_r 还是反向，两个形态间的转换都会很迅速地经过三个连续性的中间生成物，不过其中最后一个中间生成物的双向转变需要在湿润的环境下才能进行。这也是为什么光照处理干燥种子不会有光敏素反应。

光敏素的全蛋白质在植物体约有五种，发色团都相同，不同处是蛋白质部分，分别由五种 PHY 基因转译而成。这方面的知识大多是用阿拉伯芥作为材料研究出来的。根据不同的稳定性，光敏素全蛋白质常分为第 I 型（PHY A）和第 II 型（PHY B，C，D，E）。

光敏素的生理反应，依受光量的需求分为三个形式（Takaki，2001）：

（1）超低照射反应（very low fluence responses，VLFR）：光量低到 $1 \sim 100$ nmol/m^2，光照接收者为 PHY A。此反应只需要非常微量的 P_{fr} 形态即有作用。PHY A 接收红光转成 P_{fr} 后，即使照远红光，还是会有微量的 P_{fr} 来启动反应促进发芽，因此远红光无法逆转，即红光启动的生理反应不具有回复性。光中性种子可能也是通过 VLFR 的调节而发芽。

（2）低照射反应（low fluence responses，LFR）：光量在 $1 \sim 1,000$ μmol/m^2，这是一般红光—远红光照射种子试验所用的范围，光照接收者以 PHY B 为主，PHY C、D 与 E 少量。照红光时，低照射反应要将大量的 P_r 转成 P_{fr}，因此需要比较高的能量。此反应可逆转，红光 / 远红光所启动的生理反应分别可受远红光 / 红光回复。

（3）高照射反应（high irradiance responses，HIR）：光量高于 1 mmol/m^2，可能由 PHY A 接收光照。所启动的生理反应不具有回复性，需长时间地曝光。长时间光照下不发芽的嫌光性种子，或者光中性种子在低渗透压处理下显现出嫌光性，都是透过 HIR 而反应。PHY E 也可能参与 VLFR 与 HIR（Seo et al.，2009）。

阿拉伯芥种子照红光在 1 nmol/m^2 时没有作用，提高能量，发芽率开始升高，到了 30 nmol/m^2 时发芽率最高只能达到 20%，光照能量再高一些无法进一步升高发芽率，需要把光照提高到 10 μmol/m^2 以上，发芽率才第二次开始升高，提高到 100 μmol/m^2 时发芽率已接近 100%。此两阶段的反应，前面（$1 \sim 30$ nmol/m^2）即是 VLFR，10 μmol/m^2 以上者才是 LFR（图 5-12）。

不论是在高照射反应还是低照射反应范围，在五种禾草与三种菊科植物，吸润的种子所接受的光量的对数与发芽率的概率值之间呈现直线关系，在低照射下两者为正相关，而在高照射下常出现负相关，特别是每天 $0.29 \sim 0.48$ mol/m^2 的照射光量下种子发芽略受抑制（Ellis et al.，1989b）。然而此抑制发芽的光照范围却是国际种子检验协会推荐的促进发芽方法。不过鸭舌草种子略有不同，每日接受的光量在 $10^{-3} \sim 5 \times 10^{-4}$ mol/m^2 的范围内，需光的鸭舌草种子的发芽率（的概率值）与光量的对数呈直线关系，而在 $5 \times 10^{-2} \sim 7$ mol/m^2 的范围内，则可以达到最

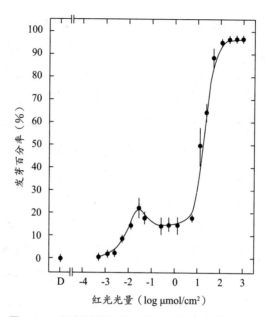

图 5-12　红光促进阿拉伯芥种子发芽的两阶段图

种子浸润在 20℃ 下照 24 小时各种光量的 660 nm 红光，然后移到 20℃ 黑暗下发芽 4 天

高发芽率，并无光抑制的情况（Chen & Kuo，1995）。

（五）光敏素的种子生态

农田中常有许多杂草种子。太接近土表或在土上的种子，每日可接受 9 小时以上的长光期。长时间照射导致种子不能发芽，是典型的高照射反应。这些种子若缺乏高照射反应，就会在土表上下发芽，发芽以后有可能因缺水而无法顺利生长。反之，埋在土壤深处（5 cm 以下）的小型种子若径自在土中发芽，因为本身储存养分不足，无法支撑到破土而出，这些种子若具需光性就可避免在深土中发芽。深埋土中的种子经短期的搅动（如耕犁），使种子得以接受短期的光照，就具备发芽能力，这可以解释为何耕犁后杂草纷纷长出。

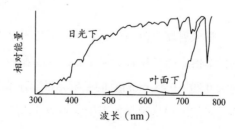

图 5-13　日光下与叶面下各波长的相对能量

森林、田间植被底下的种子较不容易发芽，这是因为绿叶吸收较多的红光、较少的远红光（图 5-13），因此在叶片下远红光较盛，不利于需光种子发芽。结合图 5-11 与图 5-13，可以估算出 P_{fr} 形态光敏素所占的百分比。实测结果与预估值相当接近（表 5-4），表示野外环境的确可以用光敏素来解释部分种子的发芽与否。

表 5-4　叶片底下 P_{fr} 形态光敏素所占百分比的预测值与实测值

	叶片数	$100 \times [P_{fr}] / [P_{fr}+P_r]$	
		预估值	实测值
中午	0	49.6	53 ~ 60
	1	20.4	17 ~ 26
	2	5.7	5 ~ 14
晨昏	0	34.7	—
	1	8.7	—
	2	2.1	—

在湿润土壤表层 3 mm 之下，红光的透光度剩下 5%，远红光还有 7%。1 ~ 3 cm 之下就可能完全黑暗。种子在黑暗的土中若可以发芽，因为缺乏光照，所以幼苗包括子叶会呈现白化，刚出土时若上方有些植物体遮阴而光照不足，会启动 PHY A 的超低照射反应，初步进行幼苗的绿化。幼苗进一步生长，接受较高的光亮，就会由 PHY B 吸收进行低照射反应而绿化。但在高度遮阴的情况下则会由 PHY A 执行高照射反应，完成幼苗的绿化（Casal et al., 2013）。

第五节　休眠的形成

与休眠的其他层面，如休眠的解除、发芽的促进、制约休眠种子的环境需求等一样，休眠形成的方式也是颇为多样，受到的影响相当复杂（郭华仁，1985）。种子休眠形成的时机有二：一是充实过程种子休眠性的出现，另一则是在田野间先天性休眠已消失的种子再进入休眠的状况。

一、先天性休眠的形成

发育中或刚达到充实（或称生理）成熟而尚挂在植株上的种子，此时胚部已充分发育，种子含水率相当高，气温也可能适合一般种子发芽，但在母体上仍不会发芽。

玉米的突变体所产生的种子若在植株提早发芽，胚根长出后会因吸收不到足够的水而死去。这种种子在植株上的发芽，称为母体发芽或早发性发芽（precocious germination），在禾谷种子叫作穗上发芽。这类突变是致死突变，除非人为刻意保留，否则无法在自然界生存。

虽然大多数种子不会提早发芽，不过将充实成熟以前的种子摘下来放在培养皿中，却有可能发芽。利用实验方法，可以了解发育中种子发芽能力的演进，由已知的文献，可将演进的方式归成四大类：

（1）种子在发育期间任何时候摘下来，皆无法发芽，成熟采收时仍具有休眠性。

（2）种子在达到充实成熟前，就逐渐可以在培养皿内发芽，而在成熟脱离母体时已经或早已不具有休眠性。

（3）种子在达到充实成熟时甚或之前，已逐渐可在脱离母体下发芽，但是在进一步的成熟阶段，反而再进入休眠期，休眠的程度可能高或低。此类种子成熟脱离母体时或仍具有休眠性，或已不具有休眠性。

（4）硬粒种子常在达到充实成熟时已具有离体发芽能力，但是若在植株上继续成熟干燥，则种子迅速地脱水，成为不再能吸水的硬粒种子。

二、温度与休眠形成

种子成熟过程中的气温会影响成熟种子的休眠性。有些植物在较高温下所产生的种子，休眠程度较弱，例如不易在25℃下发芽的莴苣种子，在成熟前30天的平均气温越高，所产生的种子越能在26℃下发芽。蔷薇属种子在高温下所产生者，需要的层积天数较少，野燕麦种子在15℃下成熟，需要112天的室温后熟期，若在25℃下成熟，仅需10天。

然而也有不少种子的反应恰好相反。例如，在台湾大学农场所进行的研究，不论是1955年还是20世纪80年代，皆显示台北的环境下，二期稻作所产生的水稻种子，其休眠性比一期稻作较高温度下所产生者更低。由于水稻栽培的范围颇广，因此曾有日本学者试验广泛来源的稻种，发现部分品种是高温下成熟休眠性会较强，有些品种相反，但也有些品种其休眠性不受温度的影响。

三、光照与休眠形成

大多数的研究皆指出，在长日下所产生的种子，休眠性可能较大，莴苣、胡瓜、番茄、马齿苋等皆是。很少发现短日下会使得种子的休眠性降低的个例（郭华仁，1985）。

一般认为长日下所形成的种壳较厚，导致休眠性增强。除日长之外，光质对于休眠性也可能有所影响。胡瓜果实摘下后，后熟期间以日光或红光处理5天，可以提高种子的发芽率，若以黑暗或远红光来处理，则种子的休眠性大增。反之对番茄果实做每天 13～20 小时的长日照处理，种子在果实内全不发芽，若用 6 小时的光周期来后熟，略可提高果实内发芽率。

种子成熟期间会受到光的作用而影响到种子成熟后的休眠性是可以理解的，因为种子光敏素的转换需要较高的水分，而成熟前的种子正有此条件，果实后熟中的番茄与胡瓜种子也是如此。

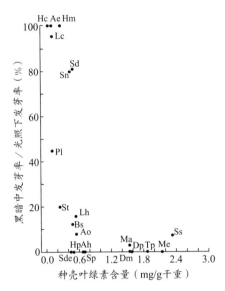

图 5-14　英国野生植物种子成熟干燥前种壳叶绿素含量与发芽需光性的关系

光敏素形态转换的过程并非单纯的由 P_r 直接变成 P_{fr}，而是经由若干中间化合物，这些转变过程有些在含水率很低时仍可以发生，有些则需要含水率高才可能进行。克莱斯维尔和格莱姆（Cresswell & Grime，1981）推测，若种子成熟后期在含水率下降到光敏素转换所需的最低值之前，种壳仍保有绿色者，由于吸收较多的红光，因此透到胚部的光质 R: FR 偏低，胚部感受到较多的远红光，种子所含的光敏素 P_r 会较多，形成的种子就具有需光性。反之，临界时刻若种壳已转黄，胚部感受到较多的红光，则光敏素的最后形态以 P_{fr} 较多，因此该种子成熟后就不会是需光种子。他们以英国 21 种植物来检验，发现叶绿素含量越高者，需光性越高（图 5-14），显示成熟种子的发芽率的确与快达到成熟的种壳的叶绿素含量有很大的关系。

四、母体位置与休眠形成

母体上不同花序位置所产生的种子，甚至同花序内不同位置所产生的种子，皆可能有不同的发芽能力，因而导致由同株来的一批种子，其休眠性的强度在个别种子并非一致。

同一母体产生的种子具有不同程度的休眠性，这与形态一样，都可以认为是多型性

（polymorphism）的表现。休眠的多型性保证野生种子在栖息地上不同的时间发芽，避免幼苗遇险而全军覆没，对族群的存活而言是相当有利的特性。菊科、十字花科、藜科、禾本科等常出现种子休眠多型性，其他科也可见到。

宾州苍耳种子具有休眠的多型性。苍耳一个果实由两粒种子组成，上位种子休眠性强，下位种子休眠性弱，两粒种子分别播种，所产生的一对种子也是上下有别。鬼针所长出的瘦果，外围者较短，休眠性较高，内边者较长、较黑，休眠性较低。

五、二次休眠的诱导

无休眠或制约休眠的成熟种子吸了水，若发芽环境不符合，可能再度进入休眠，称为诱导性的休眠。可以诱导出二次休眠的条件颇多，包括温度、光、水、气体及化学物质等，但通常前提是种子吸了足够水分。

（一）温度

许多吸润的种子若放在不适的高温下太久，会进入二次休眠，即使移回到原可发芽的适温下也不能发芽，需要再经后熟才能发芽，这是所谓的热休眠，见于三裂叶豚草、旱芹、欧野蒜以及一些莴苣品种。许多温带夏季一年生杂草的埋土种子经历夏天高温后会进入休眠状态。冬季一年生杂草经历冷气候也可能会进入二次休眠，这是低温诱导二次休眠的案例。

（二）光

有些需光性种子若放在黑暗下吸润，不但未见发芽，经数天后休眠的程度反而加深，可能需要更强的光才能够发芽，甚至照光无效。这样诱导出来的休眠有时称为暗休眠（skotodormancy）。莴苣'Grand Rapid'无休眠种子在较低温下未照光也可以发芽，但温度略高（如23℃）时照光才能发芽，此时若不照光则会进入暗休眠。许多种子长期照远红光，或者像大幌菊种子照白光过久，发芽皆会受到抑制。当这些种子移到黑暗下可能又可发芽，但有些种子则会进入二次休眠。

（三）水分

莴苣种子若放在高渗透压的水溶液中，不但发芽受阻，即使回到水中也不能发芽，需要将种壳剥除后才行。吸润的无休眠鸭舌草种子干燥后，会降低光照下的发芽率。干燥也会让春蓼种子进入二次休眠。

（四）无氧状态

某些种子如宾州苍耳的胚原本无休眠，若在无氧状态下令完整的种子吸水，则会导致胚休眠。野燕麦某品系的去颖种子若在无氧下吸润3小时，则其后的发芽率由90%降到17%，此外二氧化碳也会诱导白芥种子进入休眠。许多土中的种子在某些时期会进入二次休眠，有人认为部分原因是土壤氧气不足，但仍缺乏有力的证据。

（五）化学物质

ABA、香豆精及柚皮黄酮（naringenin）等溶液会抑制本来可以在黑暗下发芽的莴苣种子，这些种子因而进入二次休眠，除了将该类溶液洗去外，另需要光照才能发芽。

第六节　休眠种子的发芽

要让休眠种子发芽，可以先经过解除休眠的程序，扩大种子能够发芽的环境范围，然后给予种子合适的条件，即可发芽。此外也可以直接用各种促进发芽的方法，跳过休眠解除的程序，直接"强迫"种子发芽，称为"促进发芽"。促进发芽是指发芽率提升，发芽速率的增快则可称为"加速发芽"。

一、物理与机械性休眠的解除

硬粒种子在田野间经过一段时间后，种壳的透水性会消失，休眠得以解除。硬实的自然"软化"与温度的关系密切，不论在澳大利亚还是美国，证据显示夏季高温及日夜变温导致硬粒种子休眠解除。在澳大利亚的地中海型气候，夏季日夜变温高达 65/15°C，地三叶种子经过如此的自然条件，或者人为的 65/15°C 变温多天后，种子即可软化。

不少灌木、乔木树种的种子具有硬壳，虽然种子可以吸水，但由于硬壳的限制，种子无法发芽。这些树的种子落在野地落叶之中，经过潮湿高温的一段时间，经由微生物的作用软化其硬壳后就能够发芽，若加以消毒，则种子持续休眠，如聚总毛核木、伞房蔷薇（Morpeth & Hall，2000）等。

二、种壳处理

将种壳休眠种子的包覆组织进行侵蚀、割伤、磨伤、部分甚或全部摘除等手术，使得种壳的限制能力减少或消失，即可促进发芽。这类处理可以说是人为地加速解除休眠的处理。

（一）硬实种子

硬实种子的种壳处理方法很多，包括种壳割痕、化学试剂（如酸、有机溶剂、分解细胞壁的酶）、极端温度（如高热或液态氮）、高压、超声波等。其中以割痕处理最为普遍。

种子数量少时，可以用刀刻法在种壳上割痕，或在砂纸上摩擦。操作时只要避开胚轴、胚根的部位，在其相对的种壳上划一小处，让水能进入即可。数量多时以机械摩擦为宜，商业生产时还需使用流动式的摩擦机。强酸侵蚀也是小规模种子所常用的方法。一般采用浓硫酸，种子浸于浓酸中 15～30 分钟，然后取出种子沥尽酸液后倒入大量的流动水中清洗即可。为了避免危险，绝对禁止将水倒入泡在酸液的种子上。

不论是割痕还是侵蚀，最重要的是处理时间。时间不足当然效果不佳，过久则种子容易受伤，虽可以吸水，但会形成异常苗。原来的种子族群若有部分种子不是硬实，种壳有缝隙，则短暂的酸液处理，酸液就可能会侵入伤到胚部。由于不同批的种子，硬实的程度可能不同，所以宜先进行预备试验，并佐以发芽试验，以求达到最高正常苗率的处理时间。

进行机械割痕处理，若嫌发芽试验耗时太久，用单粒电导度法可以短时间内找出适合的摩擦时间。硬实摩擦不同时间后，将种子浸水，测量电解质释放速率。若某处理时间使得大多数种子成为快速吸水型，就表示种壳能吸水处太多，即该时间会造成过度摩擦。某处理时间若使得大多数种子皆成为延迟吸水型，表示种子受伤情形有限，因此该时间比较适合采用（郭华仁、陈博惠，1992）。

用热水泡硬粒种子也是常用的软化处理。台湾在 20 世纪 30 年代就开始用此法来处理相思树种子（山田金治，1932）。通常先煮沸一锅水，熄火，然后将整批种子倒入水中，水自然冷却后即可将种子捞出播种。

（二）非硬实种子

对于少量的非硬实种壳休眠种子，徒手剥壳是最有效的方法，用刀割痕或剥除部分种壳则较为方便。茶籽等机械性种壳休眠的种子由于壳厚，要在靠近胚根（发芽孔）部位用刀削薄或以砂纸磨薄。更简单的方法是将种子表壳先略为干燥后，放在平口虎钳的钳口中，摇动手柄挤压种子，听到剥裂声时立刻松手，可以将厚壳压裂而不会伤到胚部。

也有报告指称氧化剂如次氯酸钠（NaOCl）等可以促进某些种子发芽。次氯酸钠在 0.1%～0.15% 浓度下可以促进寄生性杂草独脚金种子发芽。过氧化氢（H_2O_2）溶液可以有效地提高樟树（Chien & Lin，1994）与苦瓜（何丽敏等，2004）种子发芽率。过氧化氢处理后再放变温下发芽，则略可以促进深度休眠的台湾檫树种子发芽达到 40%（Lin，1992）。

三、化学物质处理

化学试剂也可用来促进休眠种子发芽，这些试剂种类颇多，不过特定种子可能只对特定的某些化学药剂有所反应。

（一）植物激素

植物激素中以赤霉素（GA 类）使用最普遍，乙烯、细胞分裂素（CK 类）等也有一些效果，细胞生长素（auxin 类）则很少有正面的报告。

赤霉素中以 GA_3 以及 GA_{4+7} 的混合物最常用，使用的浓度在 10^{-5} 到 10^{-3}M 之间，GA_{4+7} 的有效浓度较低。

有时 GA 无法促进发芽，此时若对种壳略加割痕，则 GA 的促进效果或许就显现出来。未成熟的茶种子外加 GA，或者种壳割痕，分别皆无效果，但若割痕后再处理以 GA，则可以发芽，这可能与 GA 的渗透性有关，但也可能是另有原因，如 GA 提高胚根的生长力与减少种壳机械阻力的共同作用。

常用的 CK 包括细胞分裂素（kinetin）、苄腺嘌呤（benzyladenine）等。ABA 能抑制许多种子发芽，而 CK 加入后，ABA 就无法再抑制种子发芽。乙烯与茉莉酸盐（jasmonate）也有一些促进效果。

直接使用乙烯或施用可以释出乙烯的商品乙烯利（ethrel），可以促进许多种子发芽，如落花生、向日葵、莴苣、苹果、落地三叶草以及杂草等。与前两种激素不同的是，土壤中本来就有乙烯，因此可能具有生态上的意义，不过泰洛森（Taylorson，1979）研究 43 种杂草，发现其中仅 11 种会受到乙烯的刺激而发芽。

土中寄生性杂草的种子不易除去，但是独脚金种子可以采用乙烯来诱杀。当土中种子经后熟已可接受刺激后，将压缩过的乙烯打入土中，据称可把 70 cm 宽、30 cm 深土中的该类种子除掉高达 90%。若配合防止该类种子在田间产生的措施，3 年就可以将遭独脚金感染的田地清理干净。

（二）植物的代谢物

一些杂草寄生于作物根部，其种子具有识别机制，在土中发芽相当特殊。这类种子即使已经后熟脱离休眠期，仍然无法发芽，需要接触到寄主植物根部所释放的化合物才会发芽。发芽初期以种子本身的养分自营生长，胚根长出后陆续伸长，接近寄主根部。一旦接触到根部，胚根立即停止伸长而长出吸器，开始从寄主吸收养分形成茎部，随之出土再开花结果。

由草棉的根分离出来的物质独脚金醇（strigol）可以促使黄独脚金种子发芽。在没有长出禾本科、豆科或茄科等作物的田间施用独脚金醇，独脚金种子受诱发芽后，会因找不到寄主而夭折，因此这是减少土中独脚金种子的杂草防治良方。除了独脚金以外，独脚金醇对其他许多寄生性杂草，包括专找双子叶植物作为寄主的列当属植物也有作用。

化学合成的独脚金醇类似物 GR-3、GR-4、GR-24（Jackson & Parker，1991）等较便宜，不过在碱性土壤中不稳定，为其最大缺点。

（三）呼吸抑制剂与含氮化合物

呼吸作用抑制剂叠氮化物（N_3^-）、氰化物（CN^-）等化合物提高一些种子发芽率的能力很强。除了 N_3^-、CN^-，其他含氮化合物如亚硝酸根（NO_2^-）、硝酸根（NO_3^-）、羟氨（$NH_2OH \cdot HCl$）、氨（NH_4^+）、硫脲及氨基三唑（$C_2H_4N_4$）等也多少有作用（Roberts，1973b）。

硝酸根离子对许多种子皆可以或高或低地促进发芽，包括多种禾草以及双子叶杂草种。由于该离子存在于土壤内，因此其促进发芽作用也具有生态上的意义。

（四）麻醉剂及其他

在医学上具有麻醉剂作用的甲醇、乙醇、乙醚、丙酮、氯仿等也可以促进一些种子发芽（Taylorson & Hendricks，1979）。

四、其他

（一）温度

有些种子在干燥状况下一段时期即可解除休眠，有些需要冷层积处理，还有些甚至需要先暖后冷的层积处理，如前所述。家庭园艺技术，对于休眠的种子可以用湿润的擦手纸包着放进塑料袋后，置于冰箱一段时间即可。

直接以温度促进发芽的案例较少。'Karriranga' 稻休眠种子在 30℃ 下吸润后无法发芽，若置于超高的 40℃ 下吸润，1 个星期内即可出芽，11 天时发芽率达到 33.3%，这可以说是强迫发芽。由于温度不对，所发的芽无法生长，不过移到 30℃ 后这些已发芽的种子就可以正常地生长。然而经此处理，部分种子长出白苗，表示这种强迫发芽的方法导致稻种子产生一些基因的突变。

（二）气体

提高氧浓度可以促进某些种子发芽，如菠菜、胡萝卜、皱叶酸模、一些十字花科植物以及许多禾本科植物如野燕麦等，然而更多的种子没有反应。

虽然氧为发芽所需，然而高浓度的二氧化碳也可能促进发芽。对一些作物如大麦、小麦、洋葱、甘蓝、萝卜、甜椒、向日葵而言，超过 20% 会抑制发芽，抑制的效果在低温或低氧的情况下更显著。反之，新鲜采收的莴苣种子在 20～26℃ 下用 5%～20% 的二氧化碳可以促进发芽，若在 35℃ 下，则 40%～80% 的二氧化碳也有效。

在非洲与澳大利亚的研究，发现熏烟可以促进约 1,200 种种子发芽，这可能与生态演变有关。森林火灾后将原来遮阴的空间释出，而火灾浓烟促进发芽，刚好让新生幼苗在空处得到所需的日照与水分、养分等。树木燃烧后产生的化合物 karrikin 具有植物生长调节素的功能，是诱发种子发芽的主要成分（Bewley *et al.*，2012，ch. 6）。澳大利亚西部 Noongar 族原住民称熏烟为 karrik，因此得名。

（三）淋洗处理

以流动的水来淋洗化学性种壳休眠的种子，经常也可以促进种子发芽。淋洗处理对一些胚休眠的种子也有效。

（四）因子间的取代与交感

由于种子发芽的环境是各因素的集合体，因此各种因子对于种子发芽的作用互有影响是很自然的，相互影响的方式不外是取代与交感。

对同一个种子，促进发芽或解除休眠的方法可能有好几种，例如光与变温皆可以促进烟草种子发芽。对于莴苣种子而言，光、GA、CK、壳梭孢素（fusicoccin）、CN^-、NO_3^-、二硫苏糖醇（dithiothreitol）等也都有大小不等的作用。

有些促进发芽的因素独自作用效果差，必须伴随其他因素才行。例如在北非毛蕊花、北美独行菜、春蓼、钝叶酸模、藜等，单独用变温或光照处理，促进的作用小，若两者共同施用，则作用提高很多。

第七节　休眠的机制：激素理论

种子为何具有休眠性？为何在一般的环境下无法发芽？为何过一段时间休眠性会消失？这些问题都涉及种子的休眠机制。种子休眠机制长期以来一直是种子研究的重要课题。但是到目前为止，即使分子生物学的研究已有深入的了解，却仍无法解释其核心问题，因此学者乃有谜团未解之叹（Nonogaki *et al.*，2012）。

种子能否发芽，乃是胚生长冲力以及其外围组织阻力两股力量消长的结果。任何休眠机制的理论，最终都须回归到如何提高胚生长冲力，或者降低外围组织阻力，也需要厘清此两股力量何者是主因。

休眠机制理论可分为两大类：一是激素理论，另一是氧化理论。

一、激素平衡理论

早期研究者认为种子含有发芽抑制物质，乃是导致休眠的原因。在 1964 年激素 ABA 被分离出来后，众多的研究显示 ABA 导致休眠，其理由有三：（1）外加 ABA 会抑制种子发芽；（2）外加 ABA 会抑制与种子发芽有关的水解酶，如淀粉酶、蛋白酶等；（3）休眠种子含有 ABA，经处理提高发芽率后，其含量也下降。在考虑另一激素 GA 会促进发芽之后，亚门（Amen，1968）提出种子休眠的平衡理论，认为具有抑制能力的激素将 GA 诱导产生各水解酶的作用加以抵消，种子就无法发芽，表现出休眠的状态。若 GA 的作用强过抑制物质，则可以顺利发芽。虽然不少研究报告也探讨其他化学物质，不过都认为 GA 与 ABA 同发芽或休眠有关。

休眠的激素平衡理论在 20 世纪 70 年代逐渐受到其他研究的质疑。陈学潜（Chen & Chang，1972）指出，野燕麦种子浸种后先发芽（胚根突出），发芽 1 天后才见淀粉酶活性提升，显然淀粉酶活性是发芽的结果，GA 之所以能促进发芽另有渠道，与其诱导淀粉酶活性的能力无关。

其次，一些研究指出层积处理会降低 ABA 的浓度，又能提高发芽率，但室温下浸种虽然也会降低 ABA 的浓度，却无法促进休眠种子发芽（如美国白蜡树，Sondheimer et al.，1974），显然成熟种子 ABA 含量的高低与休眠之有无并不相关。相当多的报告指出种子干燥后 ABA 含量若降到相当低的程度，仍然保有休眠性，因此休眠性的高低与 ABA 含量之间不一定相关。水稻休眠谷粒在吸润后即使经过数个星期，其外壳也无任何变化。若在 ABA 溶液中吸润，两天内胚部略为裂开稻壳而可见到白点，但是随后幼苗不能继续生长。这表示 ABA 不会抑制稻种子最初的发芽，受抑制的是幼苗的生长。类似的情况也见诸若干物种，例如白藜、美洲商陆、莴苣、白芥。再者有不少报告指出，外加 GA 不一定能让休眠种子发芽。

针对前述的质疑，汉（Khan）于 1975 年提出新的平衡论，他认为不同的激素各司其职，GA 是首要的（primary），无之则不能发芽。即使有了 GA，若出现有抑制（preventive）作用的 ABA，亦无法发芽。但细胞分裂素 CK 具有允许的（permissive）能力，会让 ABA 的作用消失，使得 GA 表现其促进发芽的作用（图 5-15）。

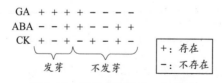

图 5-15　种子休眠的分工平衡论

此激素的分工平衡论可以解释许多试验结果，包括为何外加 GA 无法让种子发芽（因为种子含 ABA），为何外加 CK 种子也不发芽（因为种子不含 GA，也无法合成 GA），为何外加 ABA 仍无法抑制发芽（因为种子有 GA 以及 CK）等。然而该理论最大的挑战是，为何外加 GA 与 CK 下，仍有许多种子无法发芽。

二、激素分工理论

由于学者在阿拉伯芥等植物造出一些突变体，使得激素休眠理论的研究在 1980 年以后得以前进一大步。

阿拉伯芥有关 GA 的突变体有两大类，一是缺乏 GA 合成能力的突变如 gal-1 及 gal-2，这些突变体的种子若不外加 GA 则不能发芽。另一类则是对 GA 的敏感度低的突变如 gai，此突变体的种子长出簇生状的植株。阿拉伯芥缺 ABA 突变体（aba），此突变体会产生不具有休眠性的种子。对 ABA 不敏感的突变体为 abi，虽然该种子发育过程中 ABA 的含量甚至高过野生型（无突变），所产生的种子却也不具有休眠性。

番茄的缺 GA 突变体为 gib-1，缺 ABA 突变体为 sitw，其植体内并非全无 ABA，而是只有野生型含量的 10% ~ 15%。

阿拉伯芥野生型（Gal-1/Gal-1; aba/aba）种子发育初期 ABA 含量增加，种子成熟后期虽然 ABA 已几乎不见，但种子还是处于完全休眠的状态，光照与 GA 皆无法促进发芽。仅缺 ABA 的突变体（Gal-1/Gal-1; aba/aba）种子在发育全期，ABA 含量一直都很低。此突变体的种子在发育中期，即使不加 GA，也可以在有光照的条件下发芽，发育后期，发芽率更高（Karssen et al.，1983）。

阿拉伯芥与番茄种子的突变体无法制造 ABA，若同时也缺 GA，仍然表现出种子休眠（Karssen et al.，1989）。虽然缺 GA 并非阿拉伯芥与番茄种子休眠的原因，但是此二物种缺 GA 的突变体不论如何后熟及发芽条件为何，绝对需要外加的 GA 才能发芽。以阿拉伯芥为例，野生型在黑暗下种子不发芽，需要添加 GA 才能发芽，但是若加光照则不需 GA。在光照下 gal 的种子仍需要外加的 GA 才能发芽，光照只是使得 GA 浓度的需求下降。突变体照光亦不发芽，因为其种子没有形成 GA 的能力，不能发芽，所以 GA 存在或其合成能力为发芽之所必需，而 ABA 的出现是诱导阿拉伯芥成熟种子具有休眠性的必要条件（Karssen & Laçka，1986），但 GA 与休眠的形成无关。

激素诱导水解酶的合成，水解外围组织细胞壁，减轻其阻力，因此可以发芽。例如番茄胚根被胚乳包围着，当发芽之前，胚根尖端之外的胚乳部位发生软化，使得胚根的生长力足够穿透胚乳。切取缺 GA 突变体 gib-1 种子的胚乳用 GA 培养，胚乳会产生负责内切的甘露聚糖酶（mannanase），此酶会将胚乳细胞壁中的成分半乳糖甘露聚糖予以分解，是造成胚乳软化的原因，若将 gib-1 的胚乳用水培养，该酶不会产生。由此可以假设 GA 在番茄种子发芽上的功能之一是化解种壳的阻力（Groot et al.，1988）。

　　根据一系列的研究，卡森（Karssen）等学者提出种子休眠的激素分工理论（遥控理论，remote control，Karssen *et al.*，1989），认为 ABA 与 GA 在种子休眠上作用的时段不同，ABA 在种子发育阶段可以诱发出先天性休眠，但 GA 无关休眠的形成，而是与种子成熟落地后能不能发芽有关。简言之，ABA 与休眠形成有关，GA 则关系着种子有无发芽能力。不过这个理论还不能解释休眠性是如何维持的，亦即为何发育后期种子 ABA 含量降到最低时，种子仍然具有休眠性。

　　玉米的母体发芽突变体如 *vp5*，种子内 ABA 的含量只有正常者（野生型）的 20% ~ 50%，另一种突变体 *vp1* 虽然种子内 ABA 含量不变，但是胚对 ABA 的敏感性却降低很多（Robichaud *et al.*，1979）。可以进行母体发芽的美洲红树种子对于 ABA 的敏感度也是很低，需要超高的 ABA 浓度，才能抑制其发芽。

　　一些阿拉伯芥突变体虽然种子发育期间 ABA 含量高，却也没能引发出休眠性，学者的解释是该突变体的种子对于 ABA 不敏感所致（Koornneef *et al.*，1984）。种子对于 ABA 及 GA 的反应（敏感度）会发生改变，而光、温等外在环境会影响激素与休眠间的关系。但发育时若 ABA 形成的量较低，则发芽时需要的 GA 量也较低。然而有些阿拉伯芥突变体即使可产生 ABA，也对 ABA 具有敏感度，却仍然没有休眠性（Leo-Kloosterziel *et al.*，1996）。

三、激素理论的近况

　　近年利用突变体进行种子休眠基因调控研究的方向，主要的材料还是阿拉伯芥。研究再度认为 ABA 与 GA 的交互作用还是可能与休眠的解除有关，例如在阿拉伯芥与马铃薯种子，ABA 与 GA 的相对增减会与种子发芽有关。而在玉米与高粱，种子发育期间 ABA 与 GA 的相对含量与穗上发芽有关（Baskin & Baskin，2004）。ABA 可以调控 GA 的代谢与其信息的传导，如降低 GA 的合成或者降低 GA 活性，反之 GA 也同样可以调控 ABA 的代谢与信息传导（Bewley *et al.*，2012，p.274）。

　　其他的激素如乙烯、茉莉酸盐等也可能与种子的发芽或休眠有关（Linkies & Leubner-Metzger，2012）。虽然不如 GA 广泛促进发芽，但乙烯也能促进一些种子发芽。乙烯的作用可能是降低种子对于 ABA 的敏感度而导致发芽，或者是促进相关基因的表现产生水解酶来软化胚根外围组织，乙烯也可能联合 GA 来达到种子解除休眠、后熟与发芽。烟熏中的化合物 karrikin 也可能与 GA 的调控基因有关。此外，光照、温度等环境条件可能是经由与 GA、ABA 相关基因的调控来达到调节种子的休眠与发芽（Seo *et al.*，2009）。

　　分子遗传学的研究指出，促进发芽的各种外在条件，包括红光、含氮化合物等，都会通过各类基因的启动，影响 GA、ABA 的合成、活化或者去活化，进而左右种子的发芽或休眠（Bewley *et al.*，2012）。然而迄今 GA 导致种子发芽的详细代谢过程仍然不甚了解。

第八节　休眠的机制：氧化理论

一、戊糖磷酸途径假说

早在 20 世纪 60 年代，罗伯茨（Roberts）一系列关于水稻谷粒发芽的研究指出稻壳是休眠的重要因素（郭华仁、朱钧，1979）。排除了化学抑制物质、阻碍吸水等因素，剩下的可能就是稻壳妨碍氧气的吸收。罗伯茨推论，充足的氧气若是提供一般呼吸作用（即糖酵解作用——TCA 循环）让种子发芽，用 N_3^-、CN^- 等呼吸抑制剂来处理稻种子，应该可以延迟休眠的解除。他的试验意外地发现，这些呼吸抑制剂反而大大地促进发芽。显然种子休眠的原因不在于一般呼吸作用之有无进行，休眠解除所需要的氧化作用并非一般的呼吸作用。他们又发现休眠的水稻、大麦种子在浸润最初的 6 小时，呼吸作用（氧气的吸收）比无休眠的种子更大。经呼吸抑制剂处理后，氧的消耗速率大降，种子反而能发芽。此后罗伯茨在 1969 年首次提出 PPP（pentose phosphate pathway，戊糖磷酸途径）假说，后来发表完整理论来解释氧与促进休眠种子发芽的关系（Roberts，1973b）。

此假说认为种子能否顺利发芽，要由种子内 PP 途径进行的状况而定。休眠种子因为一般的呼吸作用进行得太旺盛，把氧都消耗掉，会使得需氧的 PP 途径无法进行，导致种子无法发芽。至于为何 PPP 无法与糖酵解作用争氧气，罗伯茨认为这是因为一般的呼吸作用用来消耗氧的酶（即细胞色素氧化酶［cytochrome oxidase］）对于氧的亲和力很大，但是 PP 途径所使用的氧化酶（即葡萄糖六磷酸脱氢酶［G-6-P dehydrogenase］）对于氧的亲和力比较小，因此无法争取到足够的氧来进行（图 5-16）。

此假说的优点是 PP 途径的确与种子发芽初期细胞的需求有关。该途径会产生 NADPH 与戊糖，NADPH 是一些合成作用所必需的辅素，戊糖将来进一步代谢可作为核酸、木质素等的前驱物，这些大分子是细胞分裂时重要的基质。一般而言，在分化中的细胞，例如发芽的豌豆根尖细胞，PP 途径是很重要的。

这个假说的另一个优点是，可以经由试验来加以否证。理论上，PP 途径进行时，只会将 G-6-P 第一个碳释出，但一般呼吸作用所经过的糖酵解作用——三羧酸循环（Glycolysis-TCA cycle）则会将六个碳皆转化成二氧化碳释出。因此对同一批生物材料分成两部分，一批用第一个碳含有放射性（^{14}C）的 G-6-P，另一批用第六个碳含有放射性（^{14}C）的 G-6-P 来处理。当所有葡萄糖皆经由糖酵解——三羧酸循环来分解时，不论是第一个还是第六个碳为 ^{14}C 的葡萄糖，所放出的放射活性在两批材料皆相同，因此所测到的 C_6/C_1 接近 1。可是若所有葡萄糖皆经由 PP 途径来分解，吸收第六个碳为 ^{14}C 的葡萄糖的种子并不会释出 ^{14}C，吸收第一个碳为 ^{14}C 的葡萄糖的种子才会释出 ^{14}C，因此所测得的 C_6/C_1 会接近 0。一般生物系统中，两种途径通常皆在进行，因此 C_6/C_1 在 0 ~ 1 之间。有不少论文指出休眠解除或促进发芽的许多种处理的确可以降低 C_6/C_1，显示 PP 途径有所提高，但也有一些研究不支持此说法，不过有人怀疑这个测验的结果能否代表两种途径的相对强度。

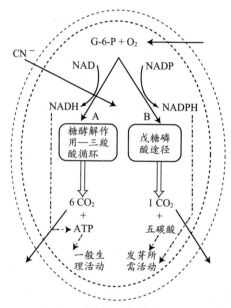

图 5-16　种子休眠的戊糖磷酸途径（PPP）假说

A：糖酵解作用——三羧酸循环　B：戊糖磷酸途径。对氧的亲和力 A>B。休眠种子 A 较强，G-6-P 被分解成六个 CO_2，提供能量，因此 PP 途径受阻。外加 N_3^-、CN^- 抑制 A，让 G-6-P 经由 PP 途径代谢，产生二氧化碳与五碳酸以及 $NADPH_2$，提供发芽所需，因而促进发芽。

二、氧化作用与种子的休眠发芽

在过去 PPP 假说引起相当广泛的注意与研究，但是支持与反对的数据都有，迄今仍无法定论。即使暂时接受 PP 途径是种子发芽的先决条件的假设，那么为何休眠种子无法进行 PP 途径，或者说，休眠种子如何才可以进行 PP 途径而发芽，至今仍无确定的解释。

无论如何，广泛的氧化作用如何促进发芽，仍有待提出解释，其中特别是硝酸根（NO_3^-）可以促进发芽深具生态意义，因为土壤中硝酸根浓度会有季节性变化。

罗伯茨认为 N_3^-、CN^- 等呼吸抑制剂或者硝酸根之所以可以促进发芽，是因为这些抑制剂会对细胞色素氧化酶产生不可逆的抑制作用，使得一般的呼吸作用无法继续进行，因此才有足够的氧来将 NADPH 氧化，释出能量以及 NADP，让辅素 NADP 的浓度足够支持 PP 途径的进行而导致发芽。他的理论所根据的事实是大麦或水稻休眠种子的呼吸作用比无休眠种子强，因此推论休眠种子的一般呼吸作用太强，以至于种子内的 PP 途径无法与之争夺氧。

然而就水稻而言，休眠谷粒的高呼吸速率是稻壳内过氧化酶所引起的，颖果本身的呼吸速率在休眠与非休眠者之间是不相上下的，而 N_3^-、CN^- 等的促进发芽作用是因为这类药剂破坏了稻壳过氧化酶的活性，因此氧得以进入种子内部（郭华仁、朱钧，1983）。在低温下（冷层积处理），稻谷消耗氧气的能力降低，胚部得到足够氧进行休眠解除作用。这些稻谷再度放在较高温度下，虽然稻壳仍然将氧气消耗掉，但还是可以发芽，因为已无休眠的稻谷是可以在无氧状态下发芽的（Kuo & Chu，1985）。

氧化理论近来有一些新的研究出现。活性氧化物（reactive oxygen species，ROS）包括过氧化氢（H_2O_2）、次氯酸（HClO）、羟基自由基（HO）、单线态氧（$^1O_2$）等，是氧气新陈代谢后形成的天然副产品，在细胞信息传递及体内平衡上相当重要。这些 ROS 也参与休眠的调节，特别是种子后熟时休眠的维持或消失，例如后熟时向日葵种子会累积 ROS、休眠小麦种子会有较高的清除 ROS 活性、可促进发芽的 CN^- 的作用可能与 ROS 有关、NADPH 氧化酶产生 ROS 而促进阿拉伯芥种子的后熟等（Graeber et al.，2012）。此外 ROS 也能够破坏松弛胚根或者其外围组织的细胞壁，使得胚根细胞容易扩张伸长（Linkies & Leubner-Metzger，2012）。

氧化作用也可能通过激素而影响到种子休眠，例如氧的作用可能与乙烯的合成有关。也有证据显示（Nambara et al.，2010）种子吸收硝酸根后会降低种子 ABA 含量，一氧化氮（NO）则可能是降低种子对 ABA 的敏感度而促进发芽。

虽然戊糖磷酸途径假说仍无法得到证实，不过迄今也没有试验可以完全加以否证。此假说的功能，即在于激素理论仍然无法完全解释种子休眠与发芽的控制机制下，提供遗传控制外种子代谢作用上的一个说法，作为将来进一步探讨的基石。

第九节　休眠的遗传与演化

种子休眠性可能是胚（父母基因各半）、胚乳（父一母二）及种壳（母体基因）的共同表现。休眠性的形成除了受到遗传的控制外，种子形成期间以及种子成熟之后这段期间环境的影响也相当多样，而种子休眠程度更与时改变，因此显得相当复杂是理所当然的。

谷类作物若谷粒休眠性太强，种子发芽会参差不齐，而影响育苗作业结果。然而若完全不具有休眠性，种子采收期间遇雨容易穗上发芽而导致损失。禾谷类中，水稻的休眠遗传控制研究颇多。水稻谷粒休眠受到数量性状微效基因的相乘控制，休眠性为显性或部分显性。细胞质的因素似乎没有影响，这与其他种子不同。主要的休眠位置分别在内外颖以及种被／果皮，两者间似乎是互相独立，种壳的控制较大，胚及胚乳较小，而是否存在胚休眠目前仍未明。栽培水稻休眠的遗传率在 12%～42%，显示环境的影响颇大（Foley，2006）。

利用低休眠与高休眠品系杂交后代分离性状，可以侦测休眠性的数量性状基因座（quantitative trait locus，QTL）。栽培稻、野生稻与杂草型稻的谷粒休眠性或穗上发芽特性，已侦测的超过 100 个 QTL，其中比较重要的如 Sdr4 也已经选殖出来（Cheng et al.，2014）。不过休眠的 QTL 研究仍以阿拉伯芥最多，DOG1 是最早选殖出来的，可能与休眠的诱导有关。水稻的 Sdr4 可能与类似 DOG1 基因的表现有关。一般认为解决水稻穗上发芽的问题可以通过休眠QTL 的导入提高稻谷休眠性。由于休眠的遗传率不高，每年的环境变异又大，因此要育成休眠性程度恰好可防止穗上发芽又兼顾发芽的顺利，有实际上的困难。幸好稻谷采收后皆需经过干燥，干燥时只要控制高温，便有利于休眠的解除。

与休眠有关的基因近年来研究成果丰硕，可分为成熟调节、激素调节、休眠解除、表观遗传（epigenetics）等（Graeber et al.，2012）。与成熟调节有关的基因如 ABI3/VP1 与 VP8/PLA3/GO/AMP1 都在水稻与阿拉伯芥上发现，在激素调节上有与 ABA 接受体有关的 PYR/PYL/RCAR 基因，ABI1 与 ABI2 则是与 ABA 敏感度有关的基因。许多植物的 ABA 合成所需的一种脱氧酶基因 NCED 发生突变，无法再合成 ABA 后，其成熟种子的休眠性常会降低，NCED 基因的表现会让莴苣种子发生热休眠。反之，与 ABA 降解有关的羟化酶的基因 CYP707A 也普遍存在于各类植物，无法形成该酶的小麦突变体，其穗上发芽的情况会降低（Nogogaki，2014）。

休眠的类型很多，其类型多少与植物演化有关。依照 J. M. 巴斯金和 C. C. 巴斯金（Baskin & Baskin，2004）休眠的归类，形态休眠与形态生理休眠算是较为原始者，而生理休眠、物理性休眠，或者两者兼具者算是较为后来的。林基等（Linkies et al.，2012）进一步指出，形态休眠者通常其胚已分化，但体积占整粒种子很小的部分，即胚／种子比例较小，如苏铁类或者基群被子植物（basal angiosperms）如睡莲科者，因此可认为是较原始的休眠形态。胚／种子比例较大的裸子植物或核心真双子叶植物（core eudicots）如蔷薇分支（rosids）、菊类分支（asterids）

等则演化出生理休眠类型。生理休眠以非深度生理休眠较为普遍。然而生理休眠类型与无休眠类型普遍分布于裸子植物、基群被子植物与真双子叶植物，暗示整个演化过程中生理休眠经历过几次的出现又消失。生理休眠类型演化的结果产生胚较小的形态生理休眠类型。具有物理性休眠者在演化上算是最进步者，并未出现于裸子植物。

第6章 种子的寿命

一粒种子除非发芽，否则无法判别其死活。在适当的条件下若可以发芽，则已成幼苗，因此低估该种子的寿命。种子若不发芽，又非休眠，则该种子已死，而且死于何时无从查知，因此也无法准确测量其寿命。

探究种子的寿命，有两个截然不同的方式，一是测试某批古老种子是否具有生命，而该种子的年代可以知晓，但是测试所得发芽率仅能供参考，无法正确地认定该等种子的寿命。另一个方法则是由经控制的实验，将一批种子分次于不同的日期测量发芽率，以记录该批种子寿命衰退的历程，更进一步由所得的数据推算该种子在某环境下的可能寿命。

种子的寿命受到环境因素的影响很大，因此说明某类种子的寿命时，宜提及该等种子的储存条件。

第一节 种子的寿命

一、种子的实测寿命与归类

（一）考古学的种子

由考古研究所出土的种子可以通过发芽试验调查该等种子是否具有生命力，亦即其活度（viability）。大贺一郎于 20 世纪 20 年代在中国辽宁普兰店河床挖出的莲子，根据考古学以及史学的证据分析为 120～400 年前所沉积的种子。这些种子为硬实，经去种被后百分之百发芽。发明 ^{14}C 鉴定古物年代的利比（Libby）曾测量该种子的碳同位素含量，推算种子的寿命为 1,000 年。然而后来的学者以同样的放射线方法，却得到不一样的结果，甚至有人认为该种子仅 100 年。韦斯特（Wester，1973）综合前人的研究及新的证据，推测该批种子的寿命在 467～1,580 年。近年由该地区重新获得的种子仍然完全具有发芽能力，^{14}C 鉴定该种子已有 200～500 年的历史（Shen-Miller，2002），因此大贺一郎的 400 年说是可信的。

其他的研究包括阿根廷出土的美人蕉属种子，年代约 600 年，毛蕊花属类种子 600～800

年（Milberg，1990）。中东死海地区出土的 2000 年前蜜枣椰子仍可发芽成长（Sallon *et al.*，2008）。

（二）馆藏种子

在巴黎博物馆保存的小叶黄槐种子经 158 年的储藏后仍百分之百发芽，大英博物馆所藏 237 年之久的一粒莲子也能发芽（Justice & Bass，1978）。这些古老的活种子常有硬实的特性，一般作物种子在同样的条件下不出数年已不复能发芽。

（三）埋土试验

美国威廉·J. 比尔（William J. Beal）于 1879 年在密歇根农学院校园埋下 23 种杂草种子，种子拌砂装于玻璃瓶，瓶口朝下埋于土中，令种子处于土中干湿交替状态但不积水。每隔 5 年（前期）、10 年（后期）取样一次进行发芽试验。这个试验进行到 1980 年时恰好是第 100 年。按照其设计推算，到 2030 年该试验才全部完成。

供试验的 20 余种种子当中，约 5 种在第 5 年首次挖出时即已完全不具有生命。第 40 年仍活着的约 9 种，包括反枝苋、黑芥与月见草等。寿命为 80～100 年者约 4 种。经过 120 年埋于土中之后，仅剩下毛瓣毛蕊花尚有 46 % 的发芽率；圆叶锦葵在第 25～90 年时皆无发芽能力，但最近两次的试验则尚有 1 % 的发芽率。经 120 年的埋土，毛瓣毛蕊花与圆叶锦葵的出土种子仍有几粒可顺利生长结子（Telewski & Zeevaart，2002）。

二、种子储藏寿命的三种类型

早在 20 世纪初，阿尔弗雷德·J. 艾沃尔特（Alfred J. Ewart）就把种子寿命分为三大类，保存不超过 3 年者称为短寿命种子，可保存超过 15 年者称为长寿命种子，而 3～15 年者称为中寿命种子。不过这样的归类太仰赖经验，无法作为进一步研究之用。罗伯茨（Roberts，1973）根据种子储藏行为，认为耐干燥与否可以当作种子储藏特性类别的依据。耐干燥，含水率可以降到 5% 仍不会丧失生命，而且储藏时温度越低、含水率越低，其储藏寿命越长的种子称为正储型（orthodox）种子。反之，不耐干燥、不耐冷冻的种子称为异储型（recalcitrant）种子，这类种子在脱离母体时含水率在 30%～80%，加以干燥脱水即死去。其后艾利斯等（Ellis *et al.*，1990）又发现咖啡种子的储藏行为介于两者之间，因此称之为中间型（intermediate）种子。

实则早在千年前，贾思勰在其农业百科全书《齐民要术》中就提到正储型与异储型种子的特征。《齐民要术》卷一"收种"篇："凡五谷种子浥郁则不生，生者亦寻死。"指的是正储型种子的特征。浥者湿也，郁乃热气，说明种子在高温湿润的环境下容易败坏。所谓"生者亦寻死"，是指那些幸存的不正常幼苗虽然发芽，但因其活势（vigour）太弱，即使可发芽，也是不正常的幼苗，发芽后不多久就死去。《齐民要术》卷四"种栗"篇有关于种子的注释："栗初熟时出壳，即于屋里埋着湿土中，埋必深，勿令冻彻。若路远者以韦囊盛之，见风日则不复生矣。"这段文字对栗子不耐干燥、低温的异储型特性，描述得十分生动。

三、种子储藏特性的生态学

种子是否具有忍受干燥的能力，可能有其生态学上的意义（Tweddle et al., 2003）。在供试验的 886 种乔灌木树种中，种子不具有休眠性者有 345 种，具有休眠性者 541 种。休眠种子中仅 9.1% 为异储型，不具有休眠性者则高达 31% 是异储型（表 6-1 A）。种子休眠性之有无与储藏特性并没有绝对关系，不过种子脱离母体时若不具有休眠性，其种子为异储型的百分比比有休眠者略高。若为休眠者，也较可能是可耐干燥者。具有物理性休眠的硬粒种子，则绝大多数皆可忍受脱水。

表 6-1　乔木、灌木种子的休眠性与储藏特性（除物种数外单位皆为 %）

A	物种数	正储型	中间型	异储型
乔灌木	886	80.1	2.3	17.6
无休眠	345	64.9	4.1	31.0
休眠	541	89.8	1.1	9.1
机械性休眠	147	98.6	0	1.4
生理 / 形态休眠	365	85.5	1.7	12.9
复合性休眠	29	100	0	0

B	物种数	正储型	中间型	异储型	非休眠
先驱物种	21	100	0	0	42.9
非先驱物种	157	45.2	2.5	52.2	75.2

栖息地越干燥，种子不能忍受干燥的物种数量越少。雨林常绿树种的异储型种子种类的比例最高，其次为温带湿热地区（表 6-2）。常绿雨林乔木、灌木种子的先驱物种有 21 个，都是正储型，而 157 个非先驱物种中具有异储特性者高达 52.2%（表 6-1 B）。常绿雨林的 178 个物种有 46.6% 为异储型，而热带干旱与半干旱地区者仅有 2.2%。

表 6-2　不同植被种子的储藏特性与休眠特性（除物种数外单位皆为 %）

	物种数	正储型	中间型	异储型	非休眠种子	异储型为非休眠者	非休眠为异储型者	非休眠为正储型者
乔木、灌木	886	80.1	2.3	17.6	38.9	31.0	68.6	31.5
常绿雨林	178	50.6	2.8	46.6	71.3	56.7	86.7	57.8
热带（半）干旱地区	45	97.8	0.0	2.2	11.1	0.0	0.0	11.4
温带湿热区	90	70.0	6.7	23.3	48.9	22.7	47.6	46.0
极北与北方次高山林	80	97.5	2.5	0.0	35.9	0.0		34.6

　　根据这些数据，特维德等（Tweddle *et al.*）认为在潮湿与季节不明显地区的植物、非先驱性植物以及种子脱落之际不具有休眠性者，较容易长出异储型种子。作者推测种子能忍受干燥，对乔木、灌木先锋树种而言是较佳的适应特性，并推论异储特性乃是由正储特性突变而来。一般或以为常绿雨林下种子较无处于干燥状态之虞，因此比较不需要忍受脱水的能力，所以多异储型。不过根据海等（Hay *et al.*，2000）的调查，65 个湿地、水生植物物种中大多为正储，明确具有异储特性者仅有 3.4%。

第二节　正储型种子的储藏寿命

　　利用每日温度的变化，可以预测作物生长速度，种子发芽速度与温度有数学上的关系，已详列于第 4 章第四节。种子储藏寿命的预测经由罗伯茨（Roberts，1973a）与艾利斯和罗伯茨（Ellis & Roberts，1980）的研究，提出种子的活度方程式（viability equation）的数学模式。目前针对正储型种子，在控制的条件下储存，其寿命与各类储藏的操作都可以用该模式来估算（郭华仁，1984）。

一、种子寿命的分布

　　正储型种子成熟采收之初，发芽百分率接近 100%。在固定不变的储存条件之下经过一段时间之后，其活度仍然维持相当高的状态，发芽率的降低相当缓慢。然后由某阶段开始，发芽率的下降突然趋快，降到整批种子的发芽率相当低时，才又转缓，直到全部丧失生命为止（图 6-1）。一批种子的活度由高而低的下降过程，称作种子的存活曲线（survival curve）。储藏条件越恶劣（即储存温度越高或种子含水率越高），种子具有高活度的时间越短，存活曲线下

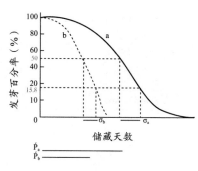

图 6-1　种子存活曲线图

种子储藏过程发芽率的下降。储藏条件好（a）与不好（b）的种子存活曲线。
Ṕ 为平均寿命，σ 为死亡频率分布的标准偏差。

降的速度也越快。

种子存活曲线（图 6-1 a，b）很接近常态分布的反向累积频率曲线，亦即表示种子族群在储藏时间内的死亡频率的分布接近常态，也就是说一批种子中只有少数的种子寿命很短，也只有少数的种子寿命很长，而以寿命接近于平均值的种子最多。

图 6-1 中的 Ṕ 为平均寿命，在常态分布的状况下，Ṕ 也代表发芽率由 100% 降到 50% 的储藏时间。σ 为死亡频率分布的标准偏差，亦即发芽率由 50% 降到 15.8%（或 84.1% 降到 50%）所需的储藏时间，根据常态分布的特性，这段时间所涵盖的死亡频率恰为 34.1%。

二、种子的活度方程式

存活曲线为常态分布反向累积频率，其公式的运算相当复杂，因此可将数据转换成概率值（probit，图 6-2），即可将存活曲线（图 6-1）的模式转为直线模式（图 6-3）。

种子在储存过程中寿命的变化可用直线方程式来表示（图 6-3）：

$$v = Ki - (1/\sigma) P \tag{1}$$

其中横轴 P 为储存时间，纵轴 v 为储存 P 时间后种子活度（即发芽百分率）的概率转换值，（1/σ）为直线斜率，σ 恰好是该批种子储存寿命的标准几差。种子储存寿命的标准几差可以代表种子的平均寿命，种子平均寿命越长，寿命的标准几差越大。

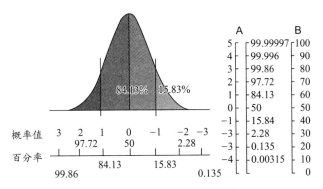

图 6-2　百分率转为概率值之数据图

百分率（B）与相对概率值（A）的尺度。左图想象由常态分布二维空间压缩成一条直线，可以看出百分
率转换成概率值，百分率由 50 上升到 84.13，或者由 97.72 上升到 99.86，在概率值都是增加 1 个单位。

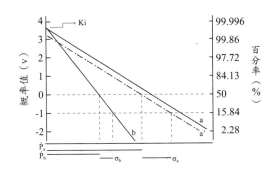

图 6-3　转为直线模式的存活曲线图

种子存活曲线（图 6-1）经概率值转换后呈直线

　　在开始储存之际，即 P=0 时，v=Ki，故 Ki 为该批种子起始发芽率的概率值。储存期间影响种子发芽率的三个要点是储存时间（P）、起始活度（Ki）以及储存寿命的标准几差（σ）。这个标准几差又与影响种子寿命的两大环境因素，即温度与种子含水率有密切的关系。

　　活度方程式若要能实际应用来预测种子的储存期限，或者能计算出合适的储存条件，必须先将温度、种子含水率与 σ 的关系量化。

　　虽然种子含水率越低，种子的平均寿命就越长，但两者的关系并非直线，不过种子含水率的对数与种子寿命的标准几差（σ）的对数则是直线关系。

　　储藏温度越低，种子的平均寿命就越长，但两者的关系也并非直线，试验显示储藏温度与寿命标准几差（σ）的对数是二次关系。

　　将前述两则关系以方程式表示，即：

$$\log\sigma=K_E-C_W\log M-C_H T-C_Q T^2 \tag{2}$$

或：

$$\sigma=10^{(K_E-C_W\log M-C_H T-C_Q T^2)} \tag{3}$$

其中 M 为含水率，T 为温度，而 K_E、C_W、C_H、C_Q 为活度常数，C_H 与 C_Q 为储存温度对种子寿命的相对影响力，C_W 则为种子含水率对种子寿命的相对影响力，而 K_E 则可说是某物种种子的相对寿命。

公式（3）与（1）合并，可以得到种子活度方程式：

$$v=Ki-\left[1/10^{(K_E-C_W\log M-C_H T-C_Q T^2)}\right]P \tag{4}$$

活度方程式显示出在储藏进行之际（P），一批种子发芽率之概率值 v 的下降与种子含水率以及储温的数学关系。温度越低或种子含水率越小，则 σ 越大而直线斜率越小，即种子活度下降越慢。反之，温度越高或含水率越高，则 σ 越小，种子活度下降越快。

除了环境的影响，种子寿命也有其遗传上的因素，该因素表现在 K_E。设若两种不同植物的种子对温度及含水率的反应相同（例如若两种作物的 C_W、C_H、C_Q 等三个常数是等值的），则 K_E 越高者其平均寿命就越长。

三、种子的活度常数

活度方程式的运算还需要代入种子的活度常数 K_E、C_W、C_H 以及 C_Q。活度常数因作物种类而异，其测定方法是将一批新采收、寿命为常态分布的种子分别调成不等的含水率，然后密封，再置于各种恒温箱内进行储存试验。温度范围可在 4～50℃，含水率的范围可在 5%～15%（油含量高者）或 5%～20%（油含量低者）之间。温度与含水率的储藏组合宜多（50 个左右，至少要超过 10 种组合），每个组合 12～15 包样品，然后在不同的时间取样，每次由各个组合取出一包进行发芽试验。取样的时机每种组合有所不同，以 12～15 次取样所得的种子发芽率平均分配在 5%～99% 为宜。

各组试验结束后将储存时间（P）与相对的发芽率（经概率值转换，即 v）依方程式（1）进行回归分析，以得到该储存组合下种子寿命的标准几差（σ）。所有组合的标准几差、温度及种子含水率依方程式（3）经复回归分析，即可以求出该种子的四个活度常数 K_E、C_W、C_H、C_Q。表 6-3 列出多种植物种子的活度常数。

表 6-3 一些植物的种子活度常数

植物	K_E	C_W	C_H	C_Q
肯氏南洋杉	7.490	3.730	0.0330	0.000478
蓬莱稻	8.416	4.904	0.0329	0.000478
大豆	7.292	3.996	0.0295	0.000491
胡麻	7.190	4.020	0.0400	0.000428
洋葱	6.975	3.470	0.0400	0.000428
莴苣	8.218	4.797	0.0490	0.000365
油菜	7.718	4.540	0.0329	0.000478
甜瓜	7.299	3.707	0.0367	0.000473
高粱	10.588	6.305	0.0412	0.000349

四、活度方程式的运用

若 K_E、C_W、C_H、C_Q 等四个活度常数已知，则由式（4）可以进行种子储存行为的估算，也就是说 v、Ki、P、M、T 等 5 个变数若已知其中任何 4 个，第 5 个即可算出。例如有一批已知其起始活度 Ki 的种子，预计若干年后（P）种子的发芽率仍需要维持在某水平 v，则可以设计出各种温度（T）及种子含水率（M）的储存条件组合。又如一批种子已知其起始活度及含水率，即可预测在某温度下储存若干时日后，发芽率还剩下若干。计算上比较复杂的是发芽率都需经概率值转换，但利用计算机来计算即可，也可以下载本书作者的网络计算程序来直接进行计算（http://seed.agron.ntu.edu.tw/tool/samp.xls）。另一个可用的网络计算资源是 http://data.kew.org/sid/viability/。

不过活度方程式属于外插法，外插法在预测上可能发生错误，因此预测结果仅能供参考用。活度方程式本身的运算也有若干限制。

（一）常态分布的需求

活度方程式的理论基础在于一批种子的寿命呈常态分布。一批种子若成熟期间天气很好，种子采收调制的过程相当小心，使得每粒种子都能接受相同的温度，含水率也都一样，包装时未混合其他批种子（不论是否同一品种），而且在储存期间整包种子，不论是在与包装接触的外缘还是中心部位的种子，皆经历同样的温度，以上的条件皆符合的话，该批种子的寿命分布仍应是常态的。若有一样不符合，则整批种子寿命的分布可能不符合常态性，应用时准确度会降低。

商业用种子经常由不同地区的农户进行采种，混合后分装，因此种子样品可能是由多个族群混合，也常不具常态性，在解释活度方程式的计算结果时宜多做保留。此外，储存过程中温度及含水率应是固定的，才可以在该段储藏时间内计算运用活度方程式。

（二）储藏温度

活度常数的估算来自温度范围在 –13～50℃ 的试验数据，显示在此范围内温度与种子寿命的关系是二次式的。更低的温度目前仅有间接的证据显示到 –20℃ 前，活度方程式仍然有效。不过若按该方程式的演算，寿命最长的储温约为 –45℃；温度低于 –45℃ 后，寿命反而更低。若在液态氮下（–196℃），依公式推演种子的寿命会很短，而这是与事实不符合的。现行的活度方程式以预测 –20℃ 以上、50℃ 以下的种子储存寿命为宜。

（三）种子含水率

种子含水率的对数与种子平均寿命（σ）的对数两者间的直线关系有一定的范围，在该范围外不宜使用活度方程式。在可用范围内，种子含水率越低，寿命越长，但是含水率低于某"下"临界点后，更干燥不再能延长寿命。"下"临界含水率因种子而异，一般而言，含油量高的种子，其临界点也较低（Ellis *et al.*, 1989a）。若换成相对湿度，则不论含油量的多寡，其临界点皆是约在 10% 相对湿度下的种子平衡含水率，种子的水势为 –350MPa 至 –300MPa（Roberts & Ellis, 1989）。活度方程式不适用的含水率临界点因储温而异，温度越高，临界点含水率越低，以红三叶草为例，在 65℃、50℃、30℃ 下各约为 4%、5%、6%（Ellis & Hong, 2006）。种子干燥到该等临界点以下，并不会伤害到种子，不过干燥的种子在发芽前宜先吸收大气水分，以提高含水率，否则会发生吸润伤害。

在可用范围内，种子含水率越高，寿命越短，但是含水率高于某"上"临界点后，而且种子的外围有足够的氧气，则种子含水率越高寿命反而越长，或者至少不会缩短其寿命。这个临界点的高低也因种子而异，含油率高的种子如莴苣为 15%，大麦则为 26%，换算后是在 90%～93% 相对湿度下的种子平衡含水率，或是约为 –14MPa 至 –10MPa 的水势。不过若氧气不够，则高含水率就没有延长寿命的功能。此外种子含水率太高时，若储存温度在冰点以下，种子易遭受冻害，导致活度方程式高估种子寿命。温度越低，种子含水率的冻害发生点就越低，因此储存室温度在略低于 0℃ 时，特别要注意种子含水率。含水率高时，若储藏温度亦不低，则种子容易发芽，或者真菌生长旺盛，都会使活度方程式不易适用。

（四）种子起始活度

根据艾利斯和罗伯茨（Ellis & Roberts, 1981）的研究，三个农场种植相同的玉米品种，其新采种子在相同的温度与种子含水率下储藏，三批种子经过 140 天储藏后，发芽率分别为 94%、71%、55%，显示寿命差异颇大。三批种子的存活曲线通过概率值转换，显示有相同的斜率（寿命分布标准几差 σ 的倒数），只是在纵坐标上的截距（起始活度 Ki）不等。

起始活度的精确与否影响预测的结果相当大，因此活度方程式预测种子的寿命能否准确的关键就是 Ki 够不够精确。比较合理的 Ki 估算方法是将一批种子分装成若干包并且密封，在某恒温下（如 40℃）进行若干次不同时间的储存，然后取出进行发芽试验。将各包的发芽率经概率值转换后，与储存时间进行回归分析求出直线方程式，再用外插法估算该直线与纵坐标交点，即是 Ki。若试验进行得正确，以此方法所求得的 Ki 应是较精确的。不过这种方法所求得的 Ki 值还是有其信赖界限，取样次数越少，信赖界限可能越大，因此估算会越不准确。

五、影响寿命的其他因素

除了温度和种子含水率等两大环境因素之外，种子寿命也受到其他环境条件与物种本身基因型的影响。高温多湿环境会增加微生物如真菌等的生长，伤及种子而导致种子劣变，缩短种子的寿命。但在不适于真菌生长的环境下，种子仍会死去，说明种子生命的终止乃其本身的改变。

（一）物种基因型

除了成熟度不足、机械受伤以及受到微生物的侵袭之外，种子本身有其受到遗传决定的寿命。即使是正储型的种子，其储藏寿命仍有长短的区别。例如根据美国农业部国家种子储藏实验室的经验，同样在温度 5℃、含水率 5% 的条件下，种子的半致死期（P_{50}）由短而长分别为美洲榆树、洋葱、莴苣、大豆、向日葵、菠菜以及番茄、豌豆（Black *et al.*，2006，p. 138）。种子本身储藏能力的高低也可以反映在种子活度常数 K_E 上，K_E 值高表示其本身储藏能力也可能较高。由种子活度常数来判断，相比之下大麦、豌豆等种子较耐储藏，大豆、洋葱种子则较不耐储藏。

常有学者的实验数据显示同一种作物不同品种间，种子寿命的长短不一。然而根据活度方程式的理论，这可能是供试品种种子批次之间的起始活度（Ki）不同所致，而在相同的储藏条件下，不同品种间对于温度与含水率的反应（即 σ）应是相同的。

过去常有休眠种子可能使种子生命保持较久的说法，但是罗伯茨（Roberts，1961）曾经以六批稻壳外表不一样的 6 个水稻品种种子，调到相同含水率（13.5%）后混合密封，以确保储藏期间（27℃）含水率在 6 个品种间皆相似，然后在储藏期间定期取样分开不同品种，进行发芽率试验。虽然储藏之初发芽率的高低因休眠性的强弱而在品种间差异相当大，然而 6 个品种皆在储藏 5 个月后，活度开始快速下降，8 个月后 6 个品种的种子活度皆已在 10% 以下，表示这 6 个品种的种子不因休眠性之有无而影响到其活度对储藏环境的反应。

粳、籼两亚种种子的储存特性有所不同，粳稻种子的储藏寿命常较籼稻者略弱，可能是两个亚种的最大起始活度不一样所致（Ellis *et al.*，1993），尚无证据显示两亚种种子的 σ 有显著的差异。即使两者的差异略有所不同，由此两亚种分化的程度来看，也可以说是活度方程式的特例。

在豆科植物如大豆的不同品种中，一般而言，许多小粒型的种子吸水不易，具硬实特性、储藏能力皆较大粒型的种子高。然而这并不一定表示这些种子对储藏条件的反应与大粒种子有所不同。因为不易吸水的种子，在储藏的过程中，比较不易吸水提高其含水率，因而导致储藏年限较久。若置于相同的含水率的密封条件下，则品种间并没有太大的差异。

不过从学理的观点，活度常数中既然含有反映种子含水率的一项，而种子含水率与种子含油率之间的关系又很密切，因此或许可以推测：同种作物的两个品种，若其含油率差异相当大，那么这两个品种的 C_w 应该有相当大的不同。

（二）采种的条件

热带、亚热带地区经常高温多湿。种子成熟期间若遇此气候环境，不但延迟采收时期，由于种子水分经常有大幅的升降，可能造成植株上的种子常在循环地吸湿与脱水，导致种被甚至胚部受到伤害。这种风化的结果使得采种收获之初，种子起始活度即已下降，因而缩短储存寿命。风化能否改变种子的储藏行为（对温度、含水率的反应，即 σ）则仍待进一步的探讨。

起始活度 Ki 越高，种子能够保存的期限就越久。因此在采收种子时，若能在种子起始活度达到最高（即 Ki 最大）时进行，对于延长储存期限无疑是最有利的，在 Ki 未达到最高时提早采收会降低起始活度。不论是干果类的水稻、珍珠粟、大麦、小麦、大豆，还是浆果类的番茄、辣椒、角瓜等（参考 Zanakis *et al.*，1994 及其引用文献），种子刚进入充实成熟期时，都尚未具备最高起始活度，通常要在充实成熟期之后的一段时间，如大豆的 10 天、稻的 12～19 天后才达到，而浆果类的种子在果实成熟采收后再经若干天的后熟，才会达到最高起始活度。

（三）气体

储藏器内充二氧化碳，能有效地延长种子寿命，例如莴苣种子储藏 3 年，若充二氧化碳，发芽率仍高达 78%，而充一般空气者为 57%，若充氧气，只剩下 8%（Harrisson，1966）。

储藏全程中若充氮处理，略可以延长大麦、蚕豆、豌豆的寿命（Roberts & Abdalla，1968）。储藏条件差，则充氮的效果相对较大，充氧气的降低发芽率效果也较明显。储藏条件较好的情况下，充空气与充氧气的效果相差不大。

因此在正常的储藏条件下，氧气略可以缩短种子寿命，然而其效果远比温度、种子含水率为小。这两个主要条件若不加以有效的控制，即使在无氧状态下，种子的寿命也很难维持。正常的密封储藏状态下若容器内种子装满，氧气量本来就不高，因此抽真空对寿命的影响较为有限。

高浓度的氧气环境可能严重缩短种子寿命。奥尔罗奇和科尔南（Ohlrogge & Kernan，1982）在 25℃ 与含水率 17%、氧气 7.7 大气压下处理大豆种子，种子在 22 天内生命完全丧失，若换以

7.7 大气压的氮气，活度仍能维持不降。

种子含水率若高达某一程度，例如淀粉类种子约 18% 以上，则氧气的存在反而有助于维持种子寿命，若氧气不足，种子活度即迅速下降。这是因为在高含水率下，种子呼吸作用旺盛，若没有足够的氧气供给，会造成无氧呼吸，所产生的毒素损害种子的生命。

第三节　正储型种子的老化与死亡

种子初成熟时具有最强盛的生理特性，储藏一段时间之后，种子逐渐步入衰败的过程，称为劣变（deterioration）。劣变中的种子若给予发芽的条件，会表现出一些征候，劣变后期种子步入死亡，不再能发芽。

种子为何会老死，根据历来的学说，有所谓养分用罄说、毒素累积说与巨分子破坏说等三种（Roberts，1972）。养分用罄说是指干燥种子在储藏过程微弱的呼吸作用消耗掉胚部顶端分生组织细胞的小分子养分，导致种子吸水准备发芽前期缺乏养分的供应，因而无法发芽。毒素累积说是指干燥种子在储藏过程累积一些毒素，包括由微生物所产生者，因此导致种子死去。但这两种说法欠缺有力的证据。比较有试验根据的说法是巨分子破坏说。储藏过程中，磷脂、蛋白质与核酸等大分子在种子储藏的过程中受到游离基（free radicle）的作用而损坏，导致细胞膜完整性受损、线粒体功能退化、酶活性降低以及 DNA 分子片段化等。

游离基是含有一个不成对电子的原子或一团原子。原子形成分子时，化学键中电子必须成对出现，因此游离基会夺取其他物质的一个电子，使能稳定下来。种子中或因为自氧化作用（autoxidation），或因为酶的作用而产生游离基。游离基会对大分子给予（还原作用）或取走（氧化作用）单独的电子。例如氧分子接近不饱和脂肪酸的双键位置时会产生自氧化作用而形成氢游离基（H·），氢游离基又可能与羧基（-ROOH）作用产生游离基 -ROO·。新的游离基不断地出现，这一连串的反应要直到与另一个游离基结合之后才稳定下来。在这个过程会造成大分子的破坏与降解，导致细胞受伤。

当种子含水量高（例如 15% 以上），酶如脂氧化酶（lipoxygenase）会促进脂质的过氧化作用，改变细胞膜的组成，而让细胞衰竭。当种子含水量低时（例如 6%），磷脂较容易进行自氧化作用而导致种子因游离基而劣变。劣变的干燥种子在电子显微镜底下常可看到球形油粒体的合并以及原生质膜（plasmalemma）与细胞壁分离，这些都是细胞膜受损的征兆（Garcia de Castro & Martinez-Honduvilla，1984）。用以检查种子活势的渗透电导度法（见第 11 章）即是基于种子老化时细胞膜完整性会受损的现象。

　　水稻种子储藏过程中，随着发芽率的下降，即使尚能发芽，发芽时根尖细胞的细胞分裂也常发现异常染色体出现，发芽率越低，细胞异常的比例则越高（图 6-4）。在核酸的层面，燕麦种子发芽率高者其 DNA 较为完整，发芽率低者其 DNA 在分离的过程容易出现片段化，表示该等大分子已有所破坏、降解（图 6-5）。

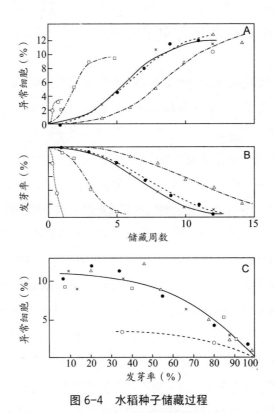

图 6-4　水稻种子储藏过程

A：发芽根尖细胞分裂时异常细胞百分率　B：种子发芽率的降低　C：此二者之间的关系

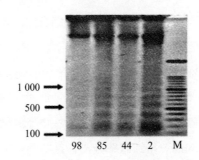

图 6-5　燕麦胚部 DNA 片段化与种子寿命的关系（横坐标数字为发芽率 %）

种子的生命表现在发芽能力。种子发芽时最主要的生化合成部位在于将来可能先伸长的根尖细胞。当种子开始劣变时，根尖细胞的大分子略为受损。若种子能够吸水进行发芽的准备工作，经常会发现根尖细胞会进行修补的生化步骤，让细胞恢复健全。伯雅克和维利尔斯（Berjak & Villiers，1972）在玉米种子吸水 48 小时的最后 4 个小时用含重氢（³H）的胸腺密啶（thymidine）处理，然后清洗。电子显微镜下显示根尖附近具有放射线粒子的细胞以老化的种子为多，高活度种子者为少，证明在劣变的种子，其核酸进行修补，将外加的胸腺密啶并入核酸之中。

莴苣种子具有热休眠的特性，维利尔斯（Villiers，1973）取莴苣种子进行储藏试验，发现一如水稻，种子含水率越高，寿命越短。含水率 9.7% 时半致死期约 2.5 个月，活种子的根尖细胞于此时有 20% 的染色体异常率。含水率 13.5% 时半致死期仅剩 0.5 个月，根尖细胞异常也约有 20%。但是当莴苣种子处于 30℃ 充分吸水的休眠状态下，可以维持高发芽率至少达 2 年以上，而发芽种子根尖细胞异常率一直不超过 3%。显然含水率相当高的休眠种子，其生化作用旺盛，因此可以在未能发芽种子的细胞中进行大分子修补，而能维持其生命。

种子的修补作用需要含水率较高的环境，因此常于种子吸水之后开始。高活度种子由于大分子完整而不需修补，细胞膜完整性高，因此吸水释放出来的电解质较少，发芽速率较快，根尖细胞分裂时染色体也较正常。储藏过程中种子逐渐劣变，表现出来的初期现象是释放出来的电解质增加，大分子逐渐降解。若仅少数细胞受损程度严重，即使修补作用无法恢复其分裂能力，种子仍能正常发芽，因为旁边活细胞所分裂出来的细胞可以弥补少数的死细胞，不过修补作用的进行可能让发芽的速度变慢。当种子储藏导致胚根部位死细胞的数量达到某临界点，修补作用无法跟上发芽的速度，会导致胚根无法正常生长，长出了畸形胚根。当种子储藏更久，导致胚根、种子根、胚芽等分生组织的细胞死亡数量超过某临界点，修补作用难以复原，这粒种子就无法发芽，成为死种子。

因此种子的老化、死亡与多数生物体一样，乃是渐进的过程，储藏中的种子逐渐呈现老化，但只有在让种子吸水发芽时，才能察觉老化的进程，干燥静止的种子较难判断其死活。老化的程序最初是大分子如细胞膜、DNA、蛋白质的逐渐破坏，其表征是当种子吸水发芽时电解质的渗漏会增加。再者是胚根细胞分裂时染色体会出现异常，由于种子的细胞在此时会进行修补作用，让大分子恢复原有功能，或者多一次细胞分裂来填补一个死去的细胞，因此使得种子发芽所需时间拉长。当老化的程度再加深，死去的细胞数量多到某临界点而无法补救时，会造成局部组织坏死，而发芽后呈现不正常苗。老化的程度更严重时，种子宣告丧失生命，连胚根也无法冒出。

第四节　异储型种子

一般农作物种子在发育达到充实成熟期之后，种子含水量随之降低，浆果类种子的含水率也会在果实干燥后下降，这些种子充分干燥之后可以长期保存。由于植物界大多数种子有此特性，因此称为正储型。干燥即死去的异储型较少，根据洪等（Hong et al., 1998）的编录，在6,919个物种中有514种植物的种子被检测为异储型，占7.4%；目前英国皇家植物园邱园的Seed Information Database数据库所搜集的9,000种植物中，也约有7%是异储型。异储型种子通常干燥之后就会死去，但若维持原来的高含水率，就无法存于冷冻柜，放在室温下又会立即发芽，因此无法长期储存。

异储型植物在分类学上分布广泛。迪基和普利查尔德（Dickie & Pritchard, 2002）根据洪等（Hong et al., 1998）所编录的资料计算，显示裸子植物中约6%为异储型，不过银杏与苏铁类大多为正储型。异储型主要出现在罗汉松科与南洋杉科，罗汉松科的成员大都为异储型，南洋杉科则三种类型皆出现，例如南洋杉属中的肯氏南洋杉为正储型，库氏南洋杉为中间型，而智利南洋杉则为异储型。在单子叶植物方面以棕榈科的成员出现异储型的机会最多（25.8%），在双子叶植物方面以壳斗科（80.2%）、樟科（77.1%）、山榄科（65.4%）、桑科（48.8%）、藤黄科（42.1%）等较多。菊目、石竹目、茄目、毛茛目等则几无异储型植物。属内的差异也同样存在，例如槭属内的岩枫、糖槭种子为异储型，而挪威槭、团扇槭的种子为正储型。当然该数据库所录的物种仅占全球种子植物的约2.5%，因此真正的比例仍有待将来确认。

异储型种子在温带植物中也有一些，但以潮湿的（亚）热带物种较为普遍，特维德等（Tweddle et al., 2003）所引用的热带物种就约有一半是属于异储型。常见的异储型物种有橡胶树以及山竹、可可椰子、可可树、杧果、波萝蜜、红毛丹、荔枝、鳄梨、榴梿、莲雾、龙眼、面包树等热带果树，不过颠刺枣、腰果、番荔枝等热带果树的种子则为正储型。在林木树种方面，许多壳斗科树种如赤皮、青刚栎、森氏栎、高山栎等（林赞标，1995），樟科树种如大叶楠等6种桢楠属（林赞标、简庆德，1995）、台湾雅楠等，以及山龙眼科树种如红叶树、山龙眼（简庆德等，2004）的种子也都属于异储型。

异储型温带树种如英国栎、欧洲栗、马栗、岩枫、糖槭等。这些种子若在湿润低温条件下，因为发芽过程较为缓慢，比起在室温下可以保持略久，但大都不出1~2年。

异储型种子通常较大较重，洪和艾利斯（Hong & Ellis, 1996）对60种种子进行比较，发现种子重量较大，成熟或落粒时种子含水率也较高者，常为异储型种子（图6-6，斜虚线右方者）。迪基和普利查尔德（Dickie & Pritchard, 2002）计算205种异储型种子的平均重量为 3,958 mg，而 839 种正储型种子平均重量为 329 mg。道斯等（Daws *et al.*，2005）拿 104 个巴拿马的树木种子进行研究，发现种子较重而种壳／种实重量比较小者，较有可能是异储型种子。但是重量并非决定是否为异储型的单一因素，也有些小种子而为异储型者，例如无患子科的双遮叶类酸豆木，其种子仅 156 mg（Hill *et al.*，2012）。水稻的野生近缘种——丛集野稻则更仅约 30 mg，也是异储型。

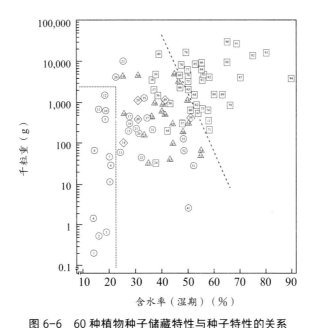

图 6-6　60 种植物种子储藏特性与种子特性的关系
圆圈者为正储型，方形者为异储型，三角形者为中间型。含水率为种子成熟或脱落时

正储型种子在步入成熟的过程会逐渐发展出耐受干燥的能力，随着水分的逐渐丧失，种子生理代谢逐渐停止，而成为干燥种子。但是异储型种子并未步入此休止的状态，在较高的含水率下脱离母体后，仍然继续其生理代谢活动，进入发芽阶段。有些含水量高的种子在胚根钻入土中吸水前，种子的水分仍可以维持胚根的生长而发芽，如文殊兰、可可椰子。由于异储型种子在干燥后就丧失生命，因此需要储放在湿润的环境下，但是因为水分高，代谢作用旺盛，所以种子会持续进行发芽的步骤，导致发芽成为幼苗而不再是种子。因此异储型种子都较为短命，无法进行长期保存。

异储型种子对干燥敏感，但是种子能忍受干燥到何种程度，则因种子类别、种子成熟环境与成熟度，以及种子干燥速度而有所差别。温带树木如七叶树、欧洲栗、夏栎等亦不能忍受干燥，但是可以保存在 ±3℃ 的低温，因此种子采收后尚可保存 3～5 年。但有些热带树种如南洋杉属、坡垒属、娑罗双属等的若干物种则不耐脱水，也不耐冷，在 10～12℃ 以下会丧失生命，因此种子只能在室温存放数个星期。

不同物种的种子成熟自然脱落时胚轴含水率差别很大，可能由 28%～82% 不等。海茄苳种子脱落时发芽率超过 80%，其胚轴含水率约 65%，种子放在室内约 2 个星期后种子发芽率已降到 0，此时胚轴含水率还有 54%。好望角类岑楝种子在脱落时胚轴含水率也高于 60%，不过要干燥到约 30%，种子才完全丧失生命。栎属植物、亮叶南洋杉、垂叶罗汉松、可可、橡胶树等种子也可以忍受略多的失水，但海茄苳与坡垒属、蒲桃属种子则只能忍受很少量的失水（Farrant *et al.*，1988）。

种子耐失水能力在同属植物中可能不同，例如白栎种子较水栎种子不耐失水，木奶果属中不同的种也有不同的耐受力。种子成熟度会影响耐受力，例如红楠发育中的种子摘下后放在 73% 相对湿度下 30 天，含水率由 70% 降到约 58%，发芽率已降到 10%；但是成熟的种子在相同的环境与时间下，含水率由 47% 降到约 38%，发芽率才降到 60%（Lin & Chen，1995）。异储型种子掉落后的干燥速度越慢，则可以忍受干燥的能力越差。

第五节　中间型种子

正储型种子可以干燥到含水率达 5%，在此干燥的情况下，放在冷冻的状态下，种子可以保存很久。异储型种子通常无法干燥到含水率 30% 以下，因此活种子的含水量高，无法忍受冷冻，冷冻后种子立即死去。中间型种子的储藏特性居两者之间，例如木瓜、咖啡等种子含水率在 6%～10% 以上、15%～18% 以下，储藏温度在 0℃ 以上时，种子的可储藏时间与温度、种子含水率呈反比，越干燥低温越能保存得久，这点与正储型种子类似。但是即使种子的含水率低于 10%，这类种子也不能久放于冷冻状态下，因为经过 3～6 个月的冷冻保存，种子仍会丧失生命。

若干经济植物的种子被归类为中间型，如千果榄仁、大王椰子、山葵、木瓜、百香果、油棕、星苹果、橙、胡椒、旅人蕉、茭白、杨桃，以及四种咖啡，即小果咖啡、中果咖啡、刚果咖啡、高产咖啡等皆是。柑橘类种子早期被视为异储型，因为种子干燥后就无法发芽，后来发现干燥后种子发芽时需要相当长的时间才能充分吸水，导致一般误认为种子无法发芽（Ellis，1991）。目前莱姆、酸橙、柚子、柠檬、橙等的种子都被归为中间型。

种子储藏特性三个类型的特性可以分得很清楚，但是即使是同一类型的种子，物种间的差异范围也很大，而且全球 25 万种高等植物中目前仅约 1 万种经过试验，了解其种子储藏特性。因此由最极端难以保存的异储型到可以保存相当久的正储型，或许是一个连续性的分布，也就是说可能有不少种子的储藏特性是属于两特性之间，难以区分。

越来越多的证据显示正储型、中间型、异储型等三个种子储藏类型，不论是可以忍受的最低含水率，还是可以忍受的最低温度，都可能是连续性的。也就是说，可能会有若干物种，其种子的储藏特性不易归于某一范畴。例如印度楝树种子就可能呈现正储型、异储型或中间型不等，或与产区有关系（Mng'omba *et al.*，2007），而香叶树和大香叶树种子则倾向于中间偏异储型，因为这些种子干燥到 10% 后虽然不会丧失生命，但在 15℃ 下可以储存的时间却较一般中间型者短（简庆德等，2004），因此其储藏型可以说介于中间型与异储型之间。

第六节　异储型种子为何无法耐受干燥

植物体包括根、茎、叶、花等器官大多不耐脱水，但一般种子则不同。正储型种子发育后期，养分已停止进入种子内部，种子逐渐步入休止期，种子含水量也逐渐降低，成为具有耐受干燥能力的种子。蓖麻种子授粉后第 20～25 天即可忍受干燥，第 50 天开始成熟干燥，野燕麦种子则分别在第 5～10 天及 20～30 天。

正储型干燥种子再度吸水，发芽准备完成后，胚根或胚茎开始扩张或进行细胞分裂，这时候细胞中的液泡也开始增大，一直到胚根（茎）突出开始发芽以后，液泡仍然在扩张当中。在种子吸水发芽的过程初期让种子回干，种子仍能保持活度，甚至可以提升种子活势。当种子发芽达到一个临界程度时，种子耐受干燥的特性消失，则回干会造成伤害，甚至种子会死去。葵藜苜蓿种子吸水发芽，若胚根刚突出时回干，种子仍具生命力，若达 1 mm 长加以回干，活种子剩下 12%，若长达 2 mm 时回干，则所有种子皆已死去（Faria *et al.*，2005）。

异储型种子发育后期，养分已停止进入内部，但种子并未能步入休止期，因此脱离母体的前后，在含水量高的情况下，代谢生理即由发育进程转到发芽进程，并未进入具有耐受干燥能力的状态，无法忍受脱水。这些种子在脱离母体后，即使未接触外界水分，发芽过程仍持续进行，胚根或胚茎细胞中的液泡逐渐增大。但是若种子脱水速度快，则发芽过程进行得较为缓慢，因此液泡的增长较缓，相对地，种子可以忍受的干燥程度更大（Farrant *et al.*，1986）。反之，种子脱水速度慢，有较多的时间进行发芽程序，在相同的含水率下，更快进行到不能忍受干燥的地步，也就是说，比起脱水速率快更不能忍受干燥。可以说异储型类似于正储型种子发芽刚到一定程度，回干后种子即死的状态。

　　细胞中的微管（microtubule）可以维持细胞骨架，辅助细胞内运输，由微管蛋白（tubulin）组成。正储型种子在发育充实的后期逐渐脱水，但仍能维持其细胞结构。蒺藜苜蓿干燥种子中虽不见微管，但仍可发现微管蛋白颗粒，当种子吸润发芽，胚根生长达 1 mm，则已经可以看到微管再度完整排列（Faria et al.，2005）。印加甜豆的异储型种子在发育后期含水率仍高之际，细胞中的微管清晰可见，但是种子干燥后，不但微管不见，微管蛋白最后也消失，干种子再度吸润，则无法重建微管。干燥的水稻种子胚部芽鞘部位的细胞结构仍相当完整，但海茄苳种子干燥到 22% 时，其细胞已经严重变形（Berjak et al.，1984）。

　　至于为何异储型种子在干燥后会导致细胞解体而致死，伯雅克和帕门特（Berjak & Pammenter，2008）罗列了许多的研究与说法，但未能有一致的学说。以下为主要的论点：

　　（一）抗氧化能力的不足

　　细胞中经常出现活性氧化物（ROS），指含有氧离子、氧自由基、有机及无机的过氧化物的离子或很小分子群，可以是细胞正常代谢的产物，也可由外源产生。这些氧化物虽然在组织中有其代谢上的功能，但极易与周围分子反应，释放出能量而损伤细胞。能抵抗 ROS 的抗氧化物，包括酶与非酶者，则是维护细胞功能的重要分子。正储型种子之所以能忍受干燥脱水，可能是因为有抗氧化物的存在，才能维持细胞的正常运作。在广叶南洋杉、银杏等异储型种子干燥时过氧化作用相当强，而抗氧化能力则相对薄弱，可能因而导致种子的细胞无法维持正常功能而受伤，使种子无法存活。

　　近年来 ROS 与种子的关系颇多研究，如种子抗病菌能力、种子细胞的死亡、种子的发芽包括传递环境因子、胚乳的软化、养分的转运等都可能有关（Gomes and Garcia，2013）。对抗 ROS 的能力是否也与种子忍受脱水能力有关，仍有待进一步的证据。

　　（二）糖类分子的不足

　　成熟的正储型种子中所含的单糖通常都较少，但蔗糖与棉籽糖类寡糖的含量则较高。若干极端耐干燥的植物组织也经常出现高浓度的蔗糖。为何非还原的蔗糖与寡糖可以提高种子耐干燥能力，目前有若干说法来解释。

　　克劳等（Crowe et al.，1992）及其他学者认为，这些糖类所含有的 -OH 基可以取代水的功能，当失水时，维持种子蛋白质及胞膜稳定性所必需的水就可以被这些糖类所取代。因此其功能可能是防止细胞膜相互靠近，避免膜产生变形。

　　另一种说法则是寡糖可以促使细胞液呈现类似"液状玻璃"的状态，有助于细胞的稳定，不至于因干燥而丧失生命。当溶液干燥的程度比"超饱和"还进一步，达到"超黏质"的状态时，水与溶质的 -OH 基间就会产生更紧密的关系，使得溶液具有液状玻璃的特质。由于液状玻璃的黏度甚强，或可能使分子不易移动，有助于维持细胞的稳定性。在一些干种子可以检测出液状玻璃的特质，然而蔗糖是否有助于种子干燥时液状玻璃特性的形成，则尚未有直接的证据。

单纯用寡糖的保护作用似乎仍不能完全解释种子的耐干能力。例如阿拉伯芥的某种突变体，其种子在成熟阶段仍不能忍受干燥，若先以 ABA 处理发育中的种子，则该种子就可以忍受脱水，不过糖类的成分却没有改变。某些正储型种子的可溶性糖类的含量仅占干物质的 1%，一些不耐干燥的异储型种子，在成熟时其内部所累积的可溶性糖却也相当可观。海茄苳发育中胚部也发现有蔗糖与水苏糖的累积，夏栎、白桦等种子也有类似的情况，因此异储型种子的不耐脱水与糖类的关系仍无法确定。

不能忍受脱水的种子，干燥的程度在其含水率还相当高时种子就已受伤，然而此时还没有达到液状玻璃的出现时机，因为细胞膜受伤或液状玻璃状态的含水率更低，而且正储及异储两型的种子形成液态玻璃状态的趋势并无太大的区别。

针对前述假说的缺失，另有其他的解释来说明糖类的保护作用，例如细胞内水分可能存在于不同的位置，异储型种子的水分大多在液泡内，分布在细胞质内的不多，因此无法像正储型种子那样地干燥。布鲁尼和利奥波德（Bruni & Leopold，1992）就认为种子内有些部位的水分具有保护巨分子的能力，而异储型种子却缺乏这部分的水。

此外，也有学者认为寡糖类分子的保护作用不在于其本身，而是因为其形成来自游离单糖，寡糖的形成可以减少单糖含量，若寡糖形成不多，则种子内太多的单糖分子会使得种子在干燥时容易受伤。

（三）LEA 蛋白质的不足

许多间接证据显示 LEA 蛋白质可能与正储型种子耐受脱水的能力有关。（1）正储型种子发育后期才合成累积 LEA 蛋白质，与种子开始具有干燥耐受力的时间吻合；（2）某些 LEA 蛋白质（如第 5 群）亲水性甚高，可以保护细胞间隙以及大分子；（3）大麦、玉米、豌豆幼苗遇缺水会产生脱水蛋白（dehydrin），这是第 2 群的 LEA 蛋白质，其特殊螺旋状能维持干燥细胞于玻璃状态，维持其活性；（4）棉花的幼胚若提前干燥，会诱导某些 lea 基因的转录，显示 LEA 蛋白质可能与种子忍受干燥的能力有关。

虽然有些研究显示若干湿地异储型种子缺乏 LEA 蛋白质，但是也有若干温带、亚热带与热带的异储型植物，如岩枫、糖槭、夏栎的种子，以及较不耐干燥的中间型沼菰种子也出现这类蛋白质。因此单独引用 LEA 蛋白质，似乎不能完全解释种子耐干燥能力的获得。

细胞的玻璃状态通常只在种子含水量低的情况下出现。当种子含水率在 23% 以上时，细胞内含物呈现液态，在 12%～23% 时呈现黏稠状，低于 12% 时就呈现玻璃状（Buitink & Leprince，2004）。干燥的正储型种子细胞内可能因为蔗糖与 LEA 蛋白质的作用，形成玻璃状态，因而可以维持细胞活性。异储型种子一般远在种子脱水到 12% 之前就已经死去，因此其死因与无法进入玻璃状态没有关系。

　　LEA 蛋白质之所以能致使种子忍受干燥，原因至今仍未完全明白，一般的推测是 LEA 蛋白质的亲水性可以保有较多的水分，或者蛋白质本身具有取代水分的功能。

第7章 种子生态学

种子的生命循环包括种子形成、散播、入土、发芽形成新个体，以及再度开花结果。野生植物形成种子之后，种子会散播而遗留于土壤，因土壤的龟裂、农地的耕犁或动物的携带而进入土中。土壤中的种子面临若干命运，发芽的种子可以长成新的个体，但若埋土太深，发芽后可能来不及见到阳光而夭折。野外的植物族群结构由植株的死亡与幼苗的更替来决定，而幼苗能否发芽成长与种子生态特性有关，特别是种子大小与数量的取舍、种子的散播与种子的休眠发芽等。

土中的种子发芽需要种子休眠特性及土壤环境两者的配合，不发芽的种子若没有死去或其他生物的侵袭，就会留在土中形成种子库。土中种子库（soil seed bank）的组成虽然不一定能完全地反映在下一季所萌发的杂草，但是仍然足供参考之用。杂草种子生态学的研究，不论在学理还是实际应用，皆有其必要。

第一节　野生植物的种子繁殖策略

种子的生产量因物种、地点及耕作措施而有极大的差异。通常一年生杂草整个植株的干重分配于繁殖器官的比例，即生殖配置（reproductive allocation），常较多年生者高，草本植物生长于开放地域者，其比例也常较生长于密闭栖息地者高。就特定栖息地而言，先锋植物常生产数量较多的种子，繁殖分配比例较高，而稳定后的多年生木本植物则营养组织的分配较高。

野生植物所产出的种子若较小，通常其数量的比例也较大，在土中也可以维持较久（Harper，1977）。种子较重者通常所产生的种子数量就较少，其散播的距离也可能较短，但一般而言一个族群内重量较大的种子其出土萌芽的机会较高，这可能是种子大者可以忍受更深的埋土，也可以长出较大的幼苗（Fenner，1992）。较大的种子虽然较容易被动物取食，不过若有机会发芽，所长出的幼苗通常较能忍受遮阴、干旱，幼苗长得较大，较可以忍受冬季落叶等，因此竞争力较强（Hill et al.，2012）。

在农地上，杂草的种子产量攸关土中种子库的组成以及杂草防除的成效。杂草的种子产量因物种而异（表 7-1），但也受到栽培方法的影响。一般而言，土壤肥沃会增加杂草种子的产出，而杂草生长初期的除草措施则会减少种子产出。

表 7-1 耕地杂草的种子生产数量的个例

地区	杂草	种子量 /m^2	栽培法
英国	大穗看麦娘	6 500	冬季谷类
美国	反枝苋	1,038,000	施肥区
		415,800	不施肥区
	马齿苋	78,600	
	偃麦草	634	
加拿大	稷	42,600	豆类
		3,400	玉米
		150	大麦
芬兰	卷茎蓼	543	
印度	苍耳	250	

第二节　种子的散播

野生植物种子成熟后经由散播而离开母体，然后进入土中，伺机发芽再度成为新的植株。种子散播方式的多样性反映出漫长演化过程植物特殊化的结果。

在生态学上，散播体（diaspore）指的是植物散播的单位，可能是孢子、花粉、种子、种实，甚或整串果实，最极端的例子是指整株植物的地上部分，如苋科猪毛菜属（见风力散播段落）的植物。种实散播的方式一般分为自主散播（autochory）与借物散播（allochory）。

一、自主散播

自主散播指种子通过本身的构造机能，经由重力（如海茄苳）、弹跳（如酢浆草）或旋钻（如野燕麦）等方式而离开母体甚或入土。自主散播的方式可进一步再分为主动的快速弹送体与被动的顺势离送体两种。

（一）快速弹送体

某些植物的种子经由各种方式，包括死组织的吸水，或者活组织的张力，如果实或种被的膨压等，主动地将种子弹出去，称为快速弹送体（active ballist），黄花酢浆草、凤仙花属（图7-1）、天竺葵、喷瓜等属之（Fahn & Werker，1972）。

喷瓜的成熟果实内含种子与浆汁，强烈地膨胀着果皮，膨压到达临界点之后果实猛爆式地将种子及黏液喷射达 40～50 m 远。凤仙花果实表皮细胞数量较少，内层细胞数量较多。果实成熟时沿着各心皮的交接处产生离层，心皮分离的一刹那，因为表里细胞数量的差异，心皮向内急速蜷曲，产生动力，快速地将种子向四方弹送。

种子快速弹出的距离因植物而异，远的如紫花羊蹄甲的 15 m、沙匣树的 14 m。

图 7-1　隶慕华凤仙花种子的快速弹送

（二）顺势离送体

有些植物因外力，如风力、雨水、大气湿度等环境因素的刺激而自主性地将种子送出，称为顺势离送体（passive ballist）。这些外力仅提供触媒效应，主要的散播力量还是果实本身。例如罂粟属果柄细长，成熟后风将长柄果实前后吹动，使得果实自主性地将内部的种子弹出去，这类散播方式称为顺风离送体（wind ballist）。沙漠地区中十字花科的荠属及屈曲花属的某些种，在果实成熟后，若雨水打在果实上，会使得果实将种子弹出，类似的散播方式称为顺雨离送体（rain ballist）。

许多种实成熟后果柄产生离层，因种实重力超过离层维系的力量而能离体落下，这样的方式称为重力散播（barochory），例如秋茄树种子在母体上发芽成幼苗，因重力而落到并插入泥中，完成散播。芹叶牻牛儿苗（Evangelista *et al.*，2011）种子先以快速弹送体弹出，然后落地。由于芒具有吸水性，吸饱水时芒呈直线，干燥时芒在 5 分钟之内蜷缩如弹簧，由于大气的湿干交替而膨胀收缩，使得芒得到动能，旋钻入土中。以类似方式进行散播的种实称为匍匐散播体（creeping diaspora）。野燕麦种实落地之后也以类似的方式自动埋于土中。

二、借物散播

许多种实本身没有动能，因此需要借助外力才能达到散播的目的，称为借物散播。借物散播可再分为水力散播（hydrochory）、风力散播（anemochory）及动物散播（zoochory）等三大类。

（一）水力散播

许多种实或因种子表面蜡质不沾水（如睡莲属）、果皮含有气室（如银叶树与水芋），或者果皮粗糙多纤维（如椰子、棋盘脚）而浮于水面漂流，称为水力散播。棋盘脚果实在海上漂流可长达两年，有时渔民还拿来当钓鱼用的浮标。

（二）风力散播

靠风力传播的种子很多。因种子微小而被风远吹者称为粉尘散播体（dust diaspore），如兰科、列当科、鹿蹄草科等极小的种子。有些种子小而具纤毛，风吹而飘浮空中，如水柳者，称为羽状散播体（plumed diaspore）。羽状散播体受风传播的距离远较粉尘散播体者短，其传送速度不但受风速的影响，大气湿度也有关系，湿度高则传得较近。

有些成熟的扁平小果实内含有种子，受风一吹果实就膨胀如气球，增加其浮力，因此可被风传送，称为气球散播体（ballon diaspore），沙漠地区不少此例，如气囊南非堇、多刺黄芪。不少微小的兰科种子在胚与单层细胞的种被间有空隙，风吹时膨胀有如气囊，有助于风力散播。

翅果以及具翅种子常称为具翅散播体（winged diaspora），这是因种被或果实具有平扁的翅状突起，而易被风吹离。种实的翅长短不一，最长者如粗刺片豆、翅葫芦的种子以及坤氏龙脑香（图7-2）的种实，都可飞达15～17 cm外。

图7-2　坤氏龙脑香的种实

半干燥的大草原及沙漠地区常见某些植物地上部分老死干燥后，整棵被风吹走，留根部于土中，断掉的整个植株呈圆球状，在沙地上翻滚，沿途将种子到处散播。这类植物就称为风滚草（tumbleweed）。常见的风滚草是白苋与猪毛菜属植物，后者植株成熟后由茎基部断裂，整个植株成球状被风吹滚于野外。其他如藜科的红滨藜、豆科的野靛草、茄科的黄花刺茄、十字花科的大蒜芥等都是。

风力借助的散播可以以公式（1）估算可能的传播距离。在同样的风速下，若已知某种种子的借风吹送距离，就可以用来估算某未知种子的可能传送距离 V_x：

$$V_x = S_b \times V_b / S_x \tag{1}$$

其中 V_b ＝ 已知种子 b 的最远散播距离；S_b ＝ 已知种子 b 的浮力；S_x ＝ 未知种子 x 的浮力。依公式，其他条件不变，若风速加倍则距离也加倍。以下是一些种子的 V_b：西洋蒲公英 10 km，欧洲云杉 0.3 km，欧洲赤松 0.5 km，欧洲白蜡树 0.02 km。

（三）动物散播

种实因动物的携带而传播到他处称为动物散播。动物散播可再分成内携传播（endozoochory）、外附传播（epizoochory）、嘴衔传播（synzoochory）等。内携传播指动物将种实吃下后经由肠道排泄而传播种子；外附传播是种实粘着于动物外表携带到他处而传播种子；嘴衔传播则是指动物将种实衔于嘴，带到他处吃完后吐出而传播种子。

有助于种子散播的动物包括鱼类、两栖类、爬行类、鸟类和哺乳类动物等，人类则是现今种子传播能力最强的动物。以下是各类动物的种子传播方式。

1. 蚂蚁类传播（myrmecochory）

蚂蚁是地球上数量最多、最常见的昆虫，常在土中筑穴，将种子搬运回穴中储存，等于是播种于土中，可称为蚂蚁类传播。蚂蚁所搬运的种子常是附有可食的白色组织，就是油质体，油质体常含有蓖麻酸（脂肪酸），可以吸引蚂蚁。

蚂蚁类传播可以让种子埋于土中，减少被地上动物吞食，并且增加由土中发芽长出的机会。根据兰耶尔等（Lengyel *et al.*，2010）的调查，全球被子植物中至少有 77 科（所有科的 17%）、334 属（2.5%）、11,000 种（4.5%）的种子可经由蚂蚁类传播。

南非蚂蚁类传播的例子相当多，一般认为被搬运到土中的种子比较不会被森林大火毁灭。美国至少有 13 属 47 种归化植物的种子表面具有油质体，这些种子会吸引蚂蚁，因此比较容易被带入土中，这可能是这些外来植物可以成为该国草原杂草的主要原因（Pemberton & Irving，1990）。

2. 爬虫类传播（saurochory）

一些素食性爬虫类，如乌龟、玳瑁、蜥蜴等，将种子吞食经排泄而传到他处。经此方式传播的种子，常具有特殊气味，可能还有颜色，常着生于近地表的枝条，或者成熟时掉落。最有名的是加拉帕戈斯群岛（Galapagos Islands）上的大乌龟。此乌龟可以传播该岛上的仙人掌及番茄种子。仙人掌种子经排泄后立即可以发芽，该地固有的野生番茄种子，仅在通过乌龟肠胃后才可发芽，其他动物无效。

3. 鸟类传播（ornithochory）

鸟类是相当重要的种子传播媒介，特别是在海岛间植物的传播最借重鸟类，是岛屿植物生态上重要的课题。鸟在湿地上活动，鸟爪沾粘泥土飞到他岛，将干燥的泥土连同其中的种子传播出去。包括灯芯草属、薹草属、莎草属、蓼属等类的种子，皆可依靠鸟类外附传播的方式迁移到他岛上。

榕树种子随着鸟粪而发芽长在建筑物上，是中国人最为习知的景观。画眉、鸽子、犀鸟等吃下果实，再将坚硬的种子排出。这些果实常具有若干特色，例如肉豆蔻等肉质甜或含有油分，为鸟所喜好。有些种实没有强烈的味道，但具有鲜明的颜色，如红色或橙色，也会吸引鸟食用。罗汉松属种球由 2~5 个鳞片聚合而成种托，种托上着生种子，当种子成熟时肉质的种托也由绿转成紫到红色，依种而异，吸引鸟类啄食而完成种子传播。

豆科、无患子科、木兰科的一些植物，其种子成熟脱离果实时，由长丝状的假珠柄（pseudofunicle）连接着胎座，使得种子悬吊于果实之下，随风摇动，这可能有助于吸引鸟类取食而达成传播（van der Pijl，1982）。

美国加利福尼亚州啄木鸟以嘴将橡子等核果藏于树皮中，可以达千个，可以说是典型的鸟类嘴衔传播，不过松鼠等动物又会将之偷出而埋于土中，完成种子的散播与播种。欧洲槲鸫将白果槲寄生的浆果衔于嘴中，飞到其他树上，吸取汁液后将种子粘在枝条上，为槲寄生再添一个寄主。若干豆科植物的种子有拟态（mimicry）的特色，如孔雀豆属、鸡母珠属、刺桐属等种子虽坚硬，但颜色鲜明，可使鸟误为肉质果实而去啄食，亦可散播种子。

4. 鱼类传播（ichthychory）

经由鱼类传播的例子可在南美洲亚马逊河流域的研究中看到。在河边枝条垂入水中，鱼类可以吃果实，而将种子排到其他地区。奇克等（Chick *et al.*，2003）在美国发现红桑、沼地类女贞等果实被美洲河鲶吞食后，种子更容易发芽。地中海海边甜茅属植物的种子也是经由鲌鱼来传播的（Ingrouille & Eddie，2006）。

5. 哺乳类传播（mammaliochory）

反刍动物如牛、羊等的粪堆中常可找到豆科牧草，以及苋科、藜科、毛茛科、荨麻科等各类植物种子。在德国山区的调查显示，一只羊的身上平均可以找到 85 种维管束植物，种子数量可达 8,500 粒。种子仰赖动物依此方式传播，可称为哺乳类动物的内携传播。带有刺、芒的杂草种实如白花鬼针、苍耳等，其种实可以沾粘动物表体而传播到外地，可以说是哺乳类动物的外附传播。我国古书《博物志》记载："胡中有人驱羊入蜀，胡苔子多刺，黏缀羊毛，遂至中国，故名羊负来。"胡苍子又称苍耳，该文指出羊具备传播种子的能力。

动物以外附方式散播种子者不限于鸟类与哺乳类。扁叶香荚兰的果荚具有芳香化合物，因此成为重要的香料来源。当果荚成熟裂开，吸引昆虫（如蜜蜂）或其他脊椎动物觅食，将黑色而外表带有黏质的种子粘着于动物身体而携出。

6. 蝙蝠传播（chiropterochory）

哺乳类的果蝠常将果实嚼去多汁部分而后吐掉种子，是热带森林中重要的种子传播者。亚、非洲热带森林中果蝠所取食者颜色较多样，也常会发出气味。中南美洲热带森林植物中由鸟类与由果蝠传播者有所区分。由鸟类传播者其果实常无气味，多为红色、紫色或蓝色；由果蝠传播者其果实常为暗绿色，有些成熟时会产生强烈气味。

果蝠在浓密叶层中难以仰赖声波的回音飞行，因此其食材常为干生果（caulicarpy），如榕属、波罗蜜属以及楝科的椰色木属等。大蝙蝠所好的杧果则为花开于下垂枝条末端而外露的鞭生果（flagellicarpy）。此外枝生果（ramicarpy，不长叶的主要枝干）所长出的果实也会被果蝠取食，这类果实在成熟时常发酵而带霉味，可能是含有丁酸（butyric acid）。

学者在马来西亚森林中调查发现，胸高树围 ≥ 15cm 的树木，约 14% 为果蝠传播者，该等果实常为黄绿或暗红棕色。果蝠所排遗的种子，其发芽能力不受影响，而松鼠与灵长类动物的取食较会伤及种子（Hodgkison *et al.*，2003）。

三、种子散播到栖息地

种子借由各种力量散播到各地区土表属于前段散播，而蚯蚓、蚂蚁、土壤龟裂、人类耕犁等将种子埋入土中，可称为后段散播。

一些种子，特别是十字花科、唇形科等的种子可能在种被具有黏液层，接触到水分就会分泌黏液，粘在蚯蚓等动物身上而进入土中。蚯蚓将种子带入土中，但也可能再次将种子带到土表或土表之下，增加其发芽机会。陆地正蚓（*Lumbricus terrestris*）于夜间爬到土表觅食，然后钻入地下深处，而将种子带入土中。蚯蚓吞食种子可能让种子消失，但一些消化不全的种子经排出后可能仍具有生命，甚或解除硬实特性而能促进发芽。

对陆地正蚓所做的研究显示，种子太大（>2 mm）则该蚯蚓无法吞食。可以吞食的种子中，小种子可能受伤害较大，因此出苗率会降低，较大的种子则相反。蚯蚓所钻的地洞与排出的粪堆则有利于幼苗的生长。这可以解释温带草原所长出的幼苗 70% 与蚯蚓的出没处有关（Milcu *et al.*，2006）。

种子散播能力与植物族群的兴衰有相当大的关系。以在演化地位属于"年富力强"的禾本科为例，上述的各类种子传播机制，几乎全可在台湾地区的各类禾草中找出例子，充分说明了为何禾草常是前锋植物（许建昌，1975）。

靠风力散播的如白茅、甜根子草、开卡芦等种实具有长毛，三芒草属的种实具有毛茸状芒，滨刺草的整个花絮成球状，都可被风吹送。

靠水力传播的沟叶结缕草、海雀稗、盐地鼠尾粟等其颖果的外壳具有不透水的革质，可以浮于海水而散播。刍蕾草的雄性小穗穗轴成熟过程卷曲将雌穗包着，此弯曲穗轴如一叶扁舟在海上漂浮而传播。

禾草外附于动物而传播的例子相当多，李氏禾种子藏在内外稃之间，其龙骨成节齿状，附于鸟爪而传播。狼尾草属的刚毛总苞、蒺藜草属刺壳上的刚刺毛、竹节草小穗针状基盘纠结、竹叶草颖上的棒状长毛、蜈蚣草属颖边缘的栉状刺、孟仁草外稃的芒、澹竹叶外稃变形而成束的钩状刺毛、囊稃竹的囊状外稃所具有的覆钩状毛等，都可以附着于动物身上而传播。

鼠尾粟属、龙爪茅属与穇属的种实为胞果，果皮吸到水立刻肿胀而裂开，将种子挤出。细穗草、假蛇尾草属的小穗轴成熟时自动逐节掉落，依重力而传播。匍匐散播体的例子如黄茅与苞子草的种实，其外稃基部有尖锐的基盘附着于动物身上或者土壤，顶端的芒相当发达，遇湿气会扭转，将基盘钻入土中。这些都可称为顺势离送体。竹节草针状小穗借着湿气的变化甚至于可以钻入牛皮引起皮肤溃疡。

第三节　土中杂草种子库

一个栖息地的土壤中，种子库大小是动态的，受到新入土种子、发芽种子、死亡种子的数量等三个因素的影响。此三个因素虽然常是因年因月而异，然而仍存在一些规则。

在没有新种子加入之下，土中特定植物的种子数量会逐年递减，呈现负指数的关系（Roberts & Feast，1973），递减模式为 $S = S_0 \times e^{-gt}$，其中 S_0 是种子起始数量，g 是在某环境下该种子的每年减少速率，S 是第 t 年后的种子数量。此模式不但在英国成立，日本、美国、法国等也有学者得出同样的结论。

这个指数模式表示前面几年减少的数量较多，年代越久，每年减少的数量越小，然而也有若干例外的案例。至于每年减少速率（g）则因不同物种而有相当大的差异，例如马克和恩瓦舒库（Mark & Nwachuku，1986）即指出热带地区如尼日利亚的杂草，较温带的杂草在土壤中更易死去。

在温带草原所做的研究显示，土中种子的寿命与种子的重量呈现负的相关，小种子常因具有休眠性而保有较长的寿命（Thompson *et al.*，1993）。然而在若干热带地区的研究却看不出有此关联，若干小于 1 mg 的种子在土中寿命不超过 1 年（Dalling，2005）。

　　土中种子种类及数量的差异，因气候、土壤状况等环境因素与植被、动物等先前经历而有所不同。土中种子数量和种类等数据的正确估计，则是了解种子动态最基本的手段。

一、种子库的预估方法

　　由于地上植物种类、数量的差异，土壤质地及表土深度的不一，以及空间分布的不均匀，种子数量和种类的估计难有统一的方法，而不同的方法所得到的数据其代表的意义也不尽相同。

　　估计技术的要点在于取样方法以及种子计数方式。决定取样方法主要的考虑是样品数以及每个样品大小两者间如何调节，此外还要考虑总土样大小与研究人力、物力间的取舍。如何在研究资源与取样代表性之间取得平衡，是在进行取样前就必须决定的。样本数的多寡在学者之间看法不一，1,000m² 的农田中 50～500 个不等，当然土壤取样的深度也有所影响。

　　取得样品后即可计算种子种类及数量。目前常用来预估种子库的方法有两种：

　　（一）分离计数法

　　分离计数法是以物理方法把种子自土壤分离出来，直接计数种子。研究者所用的过程大致相同（Tsuyuzaki，1994），都以筛选或漂浮方法分离种子，仅使用设备不一样。筛选使用风力或选别机，将种子从风干后的样本中分离出来，此法可能无法区分与土壤颗粒同大小或同重的种子，很小的种子也容易飘散。漂浮方法则是用 K_2CO_3、$NaHCO_3$、$MgSO_4$ 等水溶液与土样相混，将土块与有机质分开。种子与土壤分离后，再用筛选或过滤的方式来分离出种子，也可将土壤样本放入细孔尼龙袋，悬吊在水桶内，摇动而冲掉土壤。此法较简单，但种子小于孔径者易流失。

　　种子分离出来后，通常都在解剖镜下辨认各类植物的种子，并分别计数。种子的活度测定则是用钳子挟着种子然后施加压力，能抵抗压力者视为活着的种子（Ball & Miller，1989）。此法可能会误将死种子但仍坚硬者算入，对于很小很薄的种子也不适用。

　　分离法把土壤与种子分离，因此样品体积降低很多，在空间不够时可以采用。

　　（二）土壤发芽法

　　土壤发芽法是把土壤样本放在一个容器中，移置到温室让幼苗出土，计算幼苗的种类及数量。空间够时可以直接在温室加水，让土壤中的种子发芽，发芽后定期辨认和计算幼苗（Egley & Williams，1990）。此法虽操作较易，但是各种杂草的种子所需的发芽条件可能大不相同，部分活种子也可能不发芽（Standifer，1980）。针对此缺点，可以等幼苗萌发停止后，将土样予以各种休眠解除处理，一段时间后重做试验，或给予不同的发芽条件。

就两种方法的比较而言，鲍尔和米勒（Ball & Miller，1989）探讨不同耕犁方法和除草剂处理对杂草种子库的影响，发现两者都适合使用。而郭华仁与陈博惠（2003）在调查稻田鸭舌草种子库时，则采用两者的混合法。

二、土中种子库的组成与大小

种子库的大小因地点、状况的不同而差异很大（表7-2），反映出栖息地环境、不同的作物与栽培方法的影响。譬如在某蔬菜轮作园，土壤中早熟禾种子含量为每平方米3,120粒（Roberts & Stokes，1965），而大麦、玉米和胡萝卜田区，其土壤中种子含量较少，分别为1,100～1,700粒、1,500粒和1,600粒（Roberts & Neilson,1981）。台北每平方米水田中鸭舌草种子的数量，可因季节而由0～23,638粒不等（郭华仁、陈博惠，2003）。

表7-2　各种土壤内种子库大小的个例

地区	植被形态	种子数 /m²	土深（cm）
美国	农地	4,255～29,974	3
	草原	287～27,400	—
	湿地	50～255,000	4～3
	阿拉斯加中等苔原	779	13
日本	草原	23,430	
澳大利亚	常绿森林	588	5
	半落叶森林	1,069	5
新几内亚	平地森林	398	5
泰国	低地山地森林	161	5
	荒地	59	5
乌干达	燃烧过的热带稀树草原	520	2
伯利兹	牧场	7,786	4

（一）耕犁之影响

减少杂草种子库种子数量的方法有轮耕、休耕及其他作物管理法等。综合过去50年的作物管理研究，施维泽和齐达尔（Schweizer & Zimdahl，1984b）发现无论哪一种栽培作业（休耕、减少耕犁、单作、轮作和除草剂处理的耕作），若无杂草种子引入，杂草种子库的种子数量大多数都在1～4年内减少。

休耕田完全不耕犁，任由杂草滋生，土壤会增加许多杂草种子。但是偶尔的耕犁，可使土中杂草种子发芽，若能避免杂草种子再度产生，则能有效地减少土中杂草种子。同是休耕地，一年耕犁两次，减少土中种子数量的效果比施用除草剂更大（Roberts & Dawkins，1967；Bridge & Walker，1985）。

经浅耕或浅耕加底土耕犁后，种子的分布多集中于土壤中层，而深耕能将较多的杂草种子埋入土壤深层。旋转式犁并无翻转土壤的作用，仅将土壤切碎，因此使杂草种子集中于土壤最上层。不同的耕犁方法对杂草亦有影响。若田间有此情形，可偶尔采用深耕，以减少此问题。

（二）除草剂之影响

持续使用除草剂可降低土中杂草种子数量。施维泽和齐达尔（Schweizer & Zimdahl，1984a）指出，在玉米单作田区连续 6 年使用草脱净（atrazine），杂草种子可减少 98%。若草脱净只施用于前 3 年，后 2 年不再施用，土中杂草种子的数量会回升至本来密度。而无论是密集（施用量或次数较多）还是适度（标准施用量或次数）的杂草管理系统，两者减少土中杂草种子数量的结果没有差异（Schweizer & Zimdahl，1974b；Bridges & Walker，1985）。施维泽和齐达尔（Schweizer & Zimdahl，1984b）认为当土壤有庞大的杂草种子库时，前几年可施行密集的杂草管理系统，当杂草种子数量降低至某一程度，则可持续地采用适度的管理系统。

三、土中种子库的类型

由于种子的散播与发芽经常有季节性，因此对于土中种子种类及数量的调查，若不密集进行，则无法得到土中种子库动态的完整数据。在英国 10 个地区进行详尽的周年调查，汤普森和克莱姆（Thompson & Grime，1979）将温带地区草本植物的种子库分成暂时性与持续性两大类。暂时性（transient）土中种子库指某类种子在土中，仅在一年的部分时期出现，一些时期则无。持续性（persistent）土中种子库指整年皆可存在于土中者。

在干燥的或是被干扰的栖息地中的禾草，如硬绳柄草、鼠大麦或黑麦草等，常可形成暂时性种子库。这类种子夏秋季成熟落土后，短暂的时间内可能无法发芽。随后休眠性逐渐解除而在土中发芽，以至于在冬天土中种子已全部消失，直到下一季新种子落土为止。一年中出现于土壤中的时间较短者，称为第一类型种子库。某些常在早春发芽的草本植物，如峨参与具腺凤仙花等，这类种子的休眠性稍长，土中种子在晚春后始全部消失。这类种子一年中只有短暂的时间不存在于土中，称为第二类型种子库。

持续性种子库如细弱剪股颖、鹅不食草与绒毛草等，主要在秋季发芽，但整年中至少保持小部分的无休眠种子于土中，为第三类型。另外如整年皆可在土中维持数量较庞大的种子，常为草本或灌木类植物，如红叶藜与繁缕等，属于第四类型种子库。持续型可再分为短持续型及长持续型两类，种子在土中持续存在 1～5 年者为前者，持续存在至少满 5 年才称为长持续型。长持续型者在植被遭受破坏或消灭时，借着土中种子而再生的机会最高。

就已知的资料而言，种子的形态、大小、表面质地等与种子库的类型有关。一般而言，小种子常为持续型，而大种子常为暂时型（Thompson *et al.*，1993），但发芽特性也会影响，例如种子大者若具有硬实特性，则可能为持续型。温带地区根据种子的大小及发芽特性，参考土壤种子库检索图，可以依图预测该种子究竟属于何种种子库类型（Grime，1989）。

第四节　土中种子的休眠与萌芽

杂草种子常具有休眠性，以确保在恶劣环境下不至于全部发芽而遭全军覆没。休眠用来指称适合种子发芽环境条件的宽窄，休眠的程度取决于种子与发芽环境的关系。活种子若全无可发芽的条件，可以说是绝对的休眠，发芽的条件最宽广时，则为无休眠的状态。种子成熟后即具有的休眠称为先天性休眠，先天性休眠的种子经过一段后熟时期，休眠性逐渐消失，最后呈现无休眠状态。种子从完全的休眠到无休眠的期间，可以说是处在制约休眠（详见第 5 章）。

种子进入土壤以后，四周环境对种子具有两个方向的影响，即决定能否发芽与改变休眠状态。土壤环境，包括温度、光照、各种有机或无机化合物，以及氧等各类的气体等，皆可能影响种子能否发芽，例如喜好低温发芽的种子不会在夏天长出幼苗，而需光种子在深土中也不易发芽。无休眠的种子若处在不合适的环境下，如温度过高时，也不会发芽。一般土中的种子若翻犁于土表上，当温度与水分合适，见光则发芽。

由于种子经常处于土壤中，因此也会受到这些环境因素的影响，而逐渐改变其休眠状态，这也是土中种子常显现休眠循环的原因。这些环境因素，特别是土温随着季节而变，导致种子的季节性萌芽。

因此有两个因素决定某种子何时自土中发芽，其一是当时的环境因素，其二是种子的休眠状态，即当时该种子对于环境的需求。环境因素的变动常是可预期且容易测量，种子休眠的季节性变迁虽然也有其规律，但各种植物，甚至不同族群皆有所不同，而且在测定上也较麻烦。

一、种子休眠循环的测量

测量种子的休眠循环，常先将种子分批放入网袋后，再将各袋种子埋入盛土的黑色塑料容器内，然后将整个塑料容器埋入土壤深度 5~10 cm 处。之所以深埋，是要让无休眠的种子因环境不适合而不能发芽，让这些种子有机会去进行休眠性的变迁。否则一经发芽，就不复是种子了。

种子定时取出，取出时要避免塑料容器中的种子受到光线的刺激，以免试验结果发生改变。将塑料容器从田间运送至实验室的过程中，必须用黑色塑料袋覆盖（Brouwmeester & Karssen，1992），以彻底隔绝光线。对于要进行黑暗处理发芽试验的种子，必须使用这种埋土方法，因为对某些种子而言，种子出土短暂的曝光就具有促进发芽的能力（Scopel et al.，1994；陈博惠，1995）。通常试验的进行以月为单位，每月定期取出部分种子，种子分成若干小样品，在各种温度与光照环境下进行发芽试验，以了解各时期所挖出的种子在不同环境条件下的发芽能力。

发芽试验的控制变因有两项：一为光照，一为温度。光照处理分为两种，分别为黑暗处理及每日给予 8~14 小时光照的处理，以模拟土壤深处及土表种子两种不同的受光状况。温度的调控则分别采用高低不同的温度处理，以发芽适温范围的宽窄来探知种子的休眠状态。黑暗处理者，先在绿色安全光暗室中将种子置入培养皿中，外包以铝箔以隔绝光线，然后放入生长箱中。计数种子或幼芽时亦在绿光下进行。为期 2~3 年的埋土试验，可望看出土中种子休眠状况的变迁。

图 7-3 显示土中鸭舌草种子发芽率变迁的一例。鸭舌草显然是偏好高温发芽，但是刚成熟的种子在埋土之初（1993 年 11 月）无法于 4 种温度下发芽，显示完全休眠状态。一个月之后，随着时间推移，各种温度下的发芽率依次提升，显示可以发芽的温度范围逐渐扩大，到翌年 4 月这段时间可称为处于制约休眠的状态。5~6 月出土的种子在 30/25℃ 已达到最高发芽率，可以说是无休眠状态。随之又进入制约休眠，9~10 月几乎所有温度下都少有发芽者，可以算是进入第二次的完全休眠期。1995 年有类似的休眠循环，虽然在月份上不会完全相同（Chen & Kuo，1999）。图 7-3 也意味着土中种子即使在不具有休眠性的时候，也可能不会发芽，这是因为无休眠种子也有其发芽环境的需求，当环境不对，这些留于土中的种子不但不会发芽，还会再度逐渐步入休眠状态。

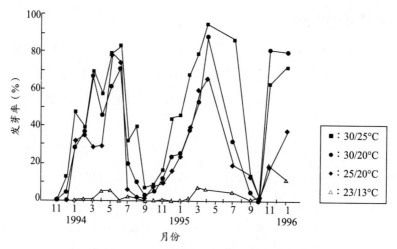

图 7-3　土中鸭舌草种子发芽率周年变迁图

种子埋于未灌水的土中，每月取出在有光照下进行发芽试验

二、土中种子发芽能力的变迁

　　土中种子休眠性的研究，经常发现出土种子的发芽率在一年当中会有上下起伏的情况，有时休眠性强（在各种温度下仍不发芽），有时则较容易发芽，而休眠性高低起伏的情况在每年多少会略为相同，此即休眠循环。图 7-4 以示意图来说明若干休眠循环的样式，不过个别杂草差异颇大，本图无法涵盖所有的休眠循环类型，而且即使同一种杂草在不同年也可能因每年温度的差异而有所不同。

　　图 7-4 A 显示土中种子的完全休眠循环，一年生夏季型杂草的种子埋在土中，春天达到无休眠状态（图 7-4 A 中之 S），夏秋时进入休眠。绝对一年生冬季型杂草的种子休眠循环类似，只是季节上刚好反过来（图 7-4 A 中之 W），而且发芽偏好低温。这两者的休眠循环接近图 7-4 I。鸭舌草种子就属于此型。

　　但休眠变迁也不见得只有完全休眠循环。虽然周年试验显示不同温度下发芽率会有上下起伏的周期，然而在大多数温度下不容易发芽的季节，可能有一个最高温（或者最低温）是可以让种子发芽的（图 7-4 B 中的 a）。

　　图 7-4 Ⅲ者（即图 7-4 B 中最高／最低温度为 a'-a 者）指出新种子一开始处于完全休眠（D），可是其后的所有季节在最低（高）温下（a），种子都具有发芽能力，在其他温度下都已经难以发芽之际，在 a 下仍然可以发芽。这时期依照定义是属于制约休眠，不过由于除了这最高（或最低）温可以发芽以外，其余温度下又皆难发芽，因此用 D/CD 来与全部温度下都难发

芽的 CD 来区分。这类种子只在刚形成时处于完全休眠,其后就以 CD、ND、CD、D/CD、CD 的方式表现其休眠循环。

有些兼性冬季一年生杂草种子一开始就可以在最低温下发芽（即图 7-4 B 中最高 / 最低温度为 a-a 者）,因此其休眠循环为 D/CD、CD、ND、CD、D/CD（图 7-4 Ⅱ）。

在冬季一年生植物的宝盖草,其 T_{min} 除开始之外,皆是固定的（如图 7-4 B a'-a）,在夏秋季无休眠的状态,发芽适温的范围最大,随着制约休眠的来临,T_{max} 渐渐升高,直到冬季时,T_{max} 最高,发芽适温范围最小。田间温度在春夏季时落在可发芽的范围内,因而在春夏季发芽。一熟多年生植物（monocarpic perennial）如北非毛蕊花则其 T_{max} 一直是固定的（如图 7-4 B a-a）,夏季时在较低的温度下不发芽,进入冬春季时则发芽温度范围最宽,处于无休眠状态（以上两种植物见 Baskin & Baskin,2014）。

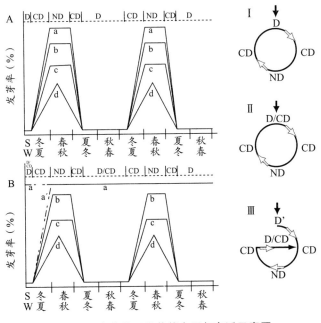

图 7-4　土中种子发芽能力周年变迁示意图

A 中之 S 表示夏季一年生杂草,A 中之 W 表示冬季一年生杂草。温度处理 a、b、c、d 依次递升或递减。B 表示兼性杂草。D 休眠、CD 制约休眠、ND 无休眠、D/CD 表示除最低或最高温之外,其余温度下不发芽。Ⅰ、Ⅱ、Ⅲ分别表示特定的休眠循环。

种子休眠程度周年循环的研究,以 J. M. 巴斯金和 C. C. 巴斯金（Baskin & Baskin,1988,1989a,2014）等的成果最为丰硕。休眠循环的类型大致分为下列数类：

（一）绝对冬季一年生植物

以圆齿野芝麻（Baskin & Baskin，1984）为例，5月刚埋于土中的种子处于完全休眠的状态，在各种温度下皆不发芽。其后发芽率逐渐上升，若在低温下测发芽率，其上升较快，在高温下则较慢，此时为制约休眠。7~8月夏天时出土的种子在各温度下皆有高发芽率，显示此时种子是无休眠状态。3月左右种子则处于休眠状态，而在春夏（5月或6月）及秋冬交替时（11月）则呈现制约休眠，接近于图7-4 A中之W与I。这类植物常在秋天发芽，冬春之际开花结子而后死去。

（二）兼性冬季一年生植物

在美国肯塔基州（Baskin & Baskin，1989b），荠菜种子刚埋土时还是完全休眠，经过一段时间后，低温发芽能力先上升，10月后冬天出土的种子在高温下也可以发芽，所以这时种子是处于无休眠的状态。此后的1~2个月，种子皆可在低温下发芽，但是在高温下的发芽能力则有周期性。一般而言，在秋季时为无休眠状态，在每年春、夏季时处于制约休眠的状态。

与春季发芽的一年生夏季植物不同的是，此类兼性冬季一年生植物，种子在春夏季时较低的发芽温度下仍能发芽，为制约休眠的状态。绝对冬季一年生的植物则不同，在春夏季种子休眠的期间，无论何种温度处理，发芽率都接近0的休眠状态。因此土中荠菜种子的周期循环为D、CD、ND、CD、D/CD、CD、ND（图7-4 Ⅲ）。兼性冬季一年生植物至少在当地，主要是秋天萌芽，但春天亦有部分种子可以自土中萌发。

（三）夏季一年生植物

以萹蓄（Baskin & Baskin，1990）为例，美国肯塔基州11月开始埋土试验时，萹蓄种子在4种温度处理下发芽率都接近0，埋土一个月后发芽率逐渐上升。此时种子在高温下发芽率较高，低温下较低。3月时出土的种子在各温度下皆有很高的发芽率，5月后，低温下的发芽率开始下降，但高温下仍维持较高的发芽率。到8~9月时发芽率都降得很低，显示出种子发芽能力的周年循环，在春季时（3月）处于无休眠的状态，夏季时（8月）处于休眠的状态，春夏交接（6月）与秋冬（12月）则处于制约休眠的状态（近似图7-4 A中之S）。这类植物常于春季发芽、夏季开花。不过同是萹蓄，在英国的试验虽然也显示春季时处于无休眠的状态，夏季较难发芽，但是由于发芽试验多了4℃处理，而萹蓄种子在各个试验期间，在4℃下发芽率都相当高，已较接近图7-4 B中之S a-a（Courtney，1968）。而且同样是萹蓄种子，在英国者较喜欢冷温（即a、b、c、d的处理温度依次递升），但在肯塔基州正好相反。

（四）一年四季都可以发芽的多年生植物

以皱叶酸模的种子为例（Baskin & Baskin，1985a），自 1 月埋入土中后，2 月取出的种子在 15/6℃ 处理下发芽率为 0，而在其他温度处理下，发芽率介于 75%～90%，显示种子于刚入土时是处于制约休眠的状态。但埋入土中 4 个月后取出的种子，在各种温度处理下的发芽率皆为 85%～100%，显示制约休眠已解除，直到试验结束，不论种子何时自土壤中取出，发芽率都在 80% 以上。这种类型的植物种子落入土中，一旦制约休眠解除，就一直维持在无休眠的状态，所以一年四季都具有发芽能力。但是这类植物仍在某些季节才自然萌芽，这是因为还有环境的季节性变迁在控制种子萌芽。

三、土中种子的萌芽

（一）土温与种子的萌芽季节

土内种子的休眠状态有一定的变迁方式。休眠状态的变化显现在种子发芽适温范围的变宽或变窄。适温范围的变化有一些规律，例如冬季一年生植物的种子常需要高温来解除休眠，而夏季一年生者则需要低温（层积）。实际上田间自然状态下，种子能否萌发，除了受到种子休眠状态的左右外，田间的温度有无落在发芽适温内，更是决定因素。对此，普罗伯特（Probert，2001）以在英国的若干研究个例，提出说明如下。

以夏季一年生植物萹蓄而言（图7-5 a），在冬春两季出土的种子皆可在最高的温度下萌发，显示此期间最高发芽温度（T_{max}，如 35℃）是固定的。在此之前的秋季出土的种子表现出休眠性，表示其适温范围甚窄，意即此时最低发芽温度（T_{min}）很高，可以说与 T_{max} 同高。然而秋季土温已降到 20℃，落在发芽适温范围（35℃）之外，因此不能萌芽。

随着休眠逐渐解除，发芽适温范围逐渐扩大，种子越来越能在低温下发芽，表示 T_{min} 逐渐降低，直到 2～3 月无休眠状态时 T_{min} 达到最低（如 15℃），形成最大的发芽适温范围。不过此时冬季尚未结束，土温仍在 10℃ 左右，落在发芽适温范围（15～35℃）之外，因此尽管此时种子的休眠程度最低，还是不能发芽。

此后土中种子的休眠性逐渐增加，种子越来越不能在低温下发芽，表示 T_{min} 逐渐升高，即发芽适温范围又逐渐缩小。不过在 3～5 月春季时土温已上升，会落在发芽适温范围内，因此萹蓄的种子仅在春季萌发。

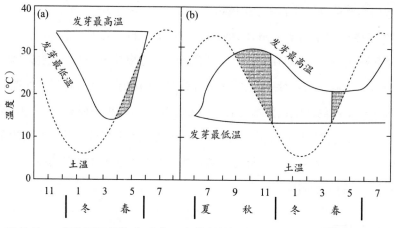

图 7-5　一年生夏季植物（a）与一年生兼性秋季植物（b）的自然萌芽时期

兼性冬季一年生的植物如荠菜，除了刚成熟之外，终年皆可在低温下发芽，表示其 T_{min} 不变（图 7-5 b）。夏季出土的种子处在高温下不能发芽，表示其 T_{max} 很低，几与 T_{min} 相同（如 12°C，在台北者为 23/13°C，见郭华仁、蔡新举，1997）。而夏季土温又偏高，种子当然不可能自行萌发。

入秋后出土的种子可发芽的温度越来越高，表示 T_{max} 逐渐上升，发芽适温范围渐渐扩大。不过需要等到土温降到发芽适温范围之内时，也就是晚秋，种子才可能由土中自行萌芽。隆冬之际，种子逐渐步入制约性休眠，发芽适温范围渐窄，但是土温已降到近 0°C，低于 T_{min}，因此种子不能萌发，不过春季有短暂的土温上升，而且落在适温范围内，因而在春季也有一小段时期可以发芽。

同理，绝对冬季一年生植物及春夏季发芽的夏季一年生植物，也可经由试验的结果推测其适温范围。以绝对冬季一年生植物圆齿野芝麻为例，其 T_{min} 在夏秋季是固定的，冬季时处于休眠状态，发芽适温范围最窄。随着休眠的解除，T_{max} 渐渐上升，直到秋季时，发芽适温的范围最大。因此在秋季时，田间温度会落在发芽适温范围。

（二）预测土中种子的萌芽

在没有发芽的情况下，土壤内许多种子呈现出周年性的休眠循环。休眠循环是种子休眠性的逐渐解除与逐渐形成所造成的，而造成土中种子休眠状态改变的因素，除了种子本身的节奏外，主要是外界环境如温度的影响（Bouwmeester & Karssen，1992）。无休眠或制约休眠种子能否萌发，则还是要看温度、水势等环境因素是否适合。托特戴尔和罗伯茨（Totterdell & Roberts，1979）提出假说，认为种子休眠程度是同时受到种子埋土以来所经历的高、低温度的控制。布维米斯特和卡尔森（Bouwmeester & Karssen，1992）根据此假说提出数学模式，以春蓼种子休眠周年循环的数据，以及各月份的温度来适配与预测休眠的变迁，得到良好的结果。

第 4 章提到，种子发芽天数 t 与温度 T 的直线方程式为 $1/t=K_1+(1/\theta_T)T$；发芽天数与水势 Ψ 的直线方程式为 $1/t=k_3+(1/\theta_H)\Psi$，其中 θ_T 与 θ_H 分别为种子的积热值与蕴水值，K_1 与 k_3 分别为常数。两者合并可得到种子发芽速率与温度、水势的关系，$\theta_{HT}=(T-T_b)(\Psi-\Psi_b)t$，其中 θ_{HT} 称为种子发芽的水热积蕴值，T_b 与 Ψ_b 分别为种子发芽的基础温度与基础水势。转换此方程式得：

$$\Psi_b=\Psi-[\theta_{HT}/(T-T_b)t] \tag{2}$$

在预测土中种子的萌芽时，需要针对个别种子来加以描述。然而上述的方程式所指称的是一批种子的平均发芽速率与温度、水势的关系，但实际的情况，每粒种子的发芽时间都不同，因此每粒种子的积热、蕴水、基础温度、基础水势等介量可能多少不同。根据科维尔等（Covell *et al.*，1986）的研究，基本上每粒种子的发芽基础温相同，但是积热则各有不同，越快发芽的种子其积热越小，越慢者积热越大，而且每粒种子的积热呈现常态分布。也就是说若把累积发芽率（G）放在纵坐标，每粒种子的积热 θ_T 放在横坐标作图，则会呈现 S 形的曲线。

根据常态分布的特性，经过概率值（probit）转换后，可以将该曲线转成直线，因此可用以下直线模式来表示：

$$Probit(G)=K+(1/\sigma)\times\theta_T \tag{3}$$

即 $\theta_T=[Probit(G)-K]/\sigma$。其中 σ 是种子族群积热分布的标准偏差。将此式代入积热方程式 $1/t=(T-T_b)/\theta_T$，可得：

$$1/t=(T-T_b)/\{[Probit(G)-K]/\sigma\} \tag{4}$$

种子对水势的反应与对温度相反。古默森（Gummerson，1986）发现每粒种子的蕴水 θ_H 是固定的，但基础水势 Ψ_b 则为常态分布，根据常态分布的特性可得到：

$$Probit(G)=[\Psi_b-\Psi_{b(50)}]/\sigma_{\Psi b} \tag{5}$$

其中 G=种子发芽率，$\sigma_{\Psi b}$=基础水势方差，$\Psi_{b(50)}$=发芽率达 50% 时的基础水势。将方程式（2）代入式（5），可得杂草种子的田间发芽预测模式：

$$Probit（G）=\{\Psi-\left[\theta_{HT}/（T-T_b）t_g\right]-\Psi_{b（50）}\}/\sigma_{\Psi b} \tag{6}$$

其中 t_g 为发芽达到发芽率 G 的天数。实际应用时，先在多个恒温 T_i 与水势 Ψ_i 的组合环境下进行发芽试验，调查每日累积发芽率。以 T_i、Ψ_i、Probit（G）、t_g 的数据代入式（5），进行复回归分析，求出 θ_{HT}、T_b、$\Psi_{b（50）}$ 与 $\sigma_{\Psi b}$。例如类地毯草种子的试验得到 Probit（G）=$\left[\Psi-46/（T-12.5）t_g+0.81\right]/0.436$。实际预测时，将每日（t）的均温 T 以及土壤水势 Ψ 代入，就可以得到类地毯草种子的预测累积发芽率（杨轩昂，2001）。

但是种子在土壤中发芽，需要经过一段时间，茎芽才会出土而被发觉。而茎芽的生长长度与土壤温度和天数有关，此关系在类地毯草为：

$$Y=1.91-0.05T-0.4T^2-0.01tT+0.09t+0.01t^2 \tag{7}$$

其中 Y 为茎芽长度，T 为温度，t 为日数。将种子植在土壤表面下 1 cm 处，并观察幼苗出土时间，结果类地毯草种子的预测累积萌芽率与实测值很接近（图 7-6）。

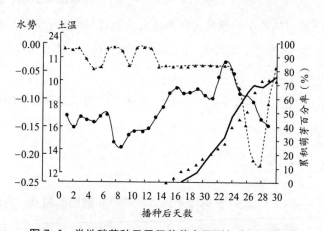

图 7-6　类地毯草种子累积萌芽率预测与实测比较图

类地毯草种子的预测累积萌芽率（粗黑线）与实测累积萌芽率（黑三角点）。
虚线为实测土壤水势，细线为实测土温，播种时间为 2001 年 3 月。

第五节　种子生态与杂草管理

一、人为干扰地的草相管理

近代农法采用除草剂做杂草的化学防除，有效地降低生产成本。但是除草剂的普遍使用，虽导致杂草种类锐减，杂草的数量问题却仍然存在，每季种植仍需喷洒。乔丹（Jordan，1992）提出最低密度的杂草管理法，强调杂草密度在低于该门槛时，对作物产量影响不大，因此可以不施用除草剂。此种方法的采用，需要考虑当前的成本（本期杂草对作物的减产）以及将来的成本（不防除所产生杂草种子对于下季作物可能的影响）。进行此杂草管理方法前，对于杂草种子生产、入土、采种田间萌芽时机与数量，及种子数与杂草密度的关系等信息，皆需要有所了解与掌握。

运用种子生态的知识，可以减少化学药剂的使用，例如弗塞拉等（Forcella *et al.*，1993）在美国明尼苏达州经由试验显示，杂草密度只要控制在 40 株幼苗 /m² 以下，大豆就不至于减产。其次，土中杂草种子中能发芽长成苗的比例约为 40%。由于播种前的耕犁会将刚长出的幼苗除去，越慢耕犁，杂草种子发芽越多，因而所降低的土中种子数量就越大，例如延迟到 6 月耕犁，该地土中种子只剩 10%。所以杂草种子密度若在 1,000 粒 /m² 以下者（40 ÷ 0.4 ÷ 0.1–1,000），调整耕犁期就可以控制杂草的危害，不必使用农药。

接着他们测量 204 块田的种子库，发现土中种子数量在 200 ~ 16,000 粒 /m²，平均是 2,081 粒 /m²，中值为 944 粒 /m²，就是说约有 102 块田其种子密度在 944 粒 /m² 以下。作者认为这一半的农地在当季皆不需要使用除草剂，用耕犁除草就可以将杂草族群控制在不影响作物产量的程度。

不过在当地的状况，太晚播种本身也会减产，因此需要在机械除草的前提下，就杂草危害与晚耕减产间估算出最适宜的耕犁期。此研究显示，若能了解田间埋藏的杂草种子的种类与数量，以及其发芽率季节性变化的模式，有助于土壤中杂草种子的控制，达成作物低生产成本及省工栽培的目标。

有机农法不得使用除草剂，因此其杂草管理需要使用多管齐下的方法。其核心目标就是降低杂草的竞争力以及繁殖力，达到可接受的程度。这些方法包括选择作物抵抗力较高的品种与防止杂草的出现。

种子生态学原理可以用来防止杂草的出现，包括利用轮作改变农地环境来减少杂草数量，并且防止特定杂草成为优势族群，也可以采用耕犁（搅动土壤）的方式令种子先发芽然后除去。种覆盖作物或覆上可分解覆地物，都可抑制杂草发芽与生长。

在温带地区，步甲科（*Carabidae*）与蟋蟀科（*Gryllidae*）昆虫是最重要的种子掠食者（Honek，2003）。在捷克的研究显示步甲科昆虫每天可吃下 1,000 粒种子 /m²，因此此类昆虫可以用来作为耕地杂草管理的方法之一。在日本，外来的意大利黑麦草已成为田间重要杂草。市原等（Ichihara *et al.*，2014）发现，田间的阎魔蟋蟀（*Teleogryllus emma*）可以咬食其幼苗与种子，造成该杂草族群的降低。

随着经济环境的变迁，人为干扰的土地除了是农地外，其他新的土地用途，包括大型工厂的周边绿地、道路边缘草皮、城市公园、球场、马场、野餐场、乡村公园、休闲农场等的面积，近年来已急速增加。就已开发地区而言，传统上这些草皮以种植绿色的单纯草相为主，是较密集的管理。但是管理的成本颇大，因此近年来兴起了野花草地，其特点是粗放管理、草相较杂，而且包含各种野花物种来增加观赏或教育的价值。

野花草地基本上是生产本地野花种子，配合地区的环境特性选择植物，以一定比例的种子混种，并做适当的管理。在先进国家野花草皮已行之有年，而且形成一定的野花种子市场（Brown，1989；郭华仁，1995）。有关种子生态习性的了解，可以提供植物种类选择及播种管理上的参考，也有助于种子公司生产质量较高的种子。

二、自然植被的复建与管理

由于耕地、道路、工业区等的不断扩充，环境植被的复建及管理的工作需求日渐增加。植被的复建，讲求的是当地野生植物群落的再现，并非单纯植相的栽培工程所能比拟的。

高歧异度草相的复建，需要种类繁多的植物繁殖体，比较保险的方法是生产、采集野生植物种子做人为播种，或径做移植，因而必须累积大量采种及种苗生产的技术，才能顺利完成。澳大利亚矿区的当地植物复育，就累积了这方面丰富的资料（Langkamp，1987）。此法虽最可靠，然而有时植材不易取得，而且所费不赀。这些资料对于其他地区也不见得能全盘接受，环境不同的地区，植物不一样，有关的技术还是应在当地自行发展。

由于植物种类甚多，这些技术不一定容易获得，可能也没有种苗商供应如此多的植物。因此若要进行本地植物的复建，不论是作为食用、畜牧用还是水土保持，或是景观的需要，最简单的方式是顺其自然，让原生植物的种子经由散播而重新形成群落。不过由于人为的原因，近来许多地区受隔离的情况日益严重，因此自然散播愈来愈缓慢而且不易预期。

另一个方法则是善用土壤中的种子，只要土壤中含有所需要的种子，数量也足够，配合适当的管理措施，来让这些种子在适当的时期自行长出。

利用土中种子库进行植被复育的案例已逐渐增多（Leck et al.，1989，Mall & Singh，2014）。例如韦德（Wade）取部分的森林表土（Pascoe，1994），可以作为原生植物复育工作的材料。矿区或湿地在被变更使用前，也可以将表土刮移到需要复建之处（Valk & Pederson，1989）。能否直接利用原地的土中种子库作为复建之用，则与植被破坏的年限以及种子在土中的寿命有关，土中种子一旦消失，当然就无法利用。

　　土中种子库不但可用来复建本地植物，也可借以控制既有植被的组成与结构。火烧、过度放牧、干旱、水淹等造成地上植物毁灭，因土中种子再生出新植被的例子不少。借由人为的管理来达到相同效果的例子较少，以美国为例，有草原用火烧的方法，去除现有的外来种植被，然后依靠土中种子库自行恢复原来族群。

　　淡水湿地也可以定时放水降低水位，以便由土中再生所需要的植物，这方面在美国中西部做的研究相当多（Valk & Pederson，1989）。研究显示，在进行各种管理措施之前，宜先调查土中种子库的状况。而土中种子库的调查也可以用来预测将来植被的组成。莱克（Leck，2003）研究美国一处河域土壤，发现含有 177 种种子，每平方米土中种子数量由 450 粒到 39,600 粒不等，其中更有若干当地稀有以及濒危物种。因此不需客土，即可以恢复当地植被。

第**8**章 种子产业与种子法规

农业约起源于 1 万年前，1 万年以来农夫每年播种、选种、留种与再播种，将野生植物驯化成为栽培植物，长期以来创造出成千上万的地方品种。农民除了留种自用，还会与他人交换种子，迁徙时也会携带种子到新居住地，完成种子的扩散。间或以交易的方式取得种子也是有的，例如贾思勰所撰的《齐民要术》卷三"种韭第二十二"就提到："若市上买韭子，宜试之。"这可以说是从前种子产业的买卖形态。

农民留种自用、向邻农或乡下小店购买，可称为非正式种子产业。非正式种子产业能够提供多样化的作物种类与地方品种，有助于农业生物多样性的维持。

反之，除了少数有机农夫或者民间团体进行留种的工作外，经济发达的国家目前则以正式种子产业为主，由私人种子公司以及政府相关机构等提供种子。以公司专卖种子而有记载者，最早可以推到 16 世纪的欧洲。

第一节 国际种子产业

一、种子企业及种子私有财产化

（一）种子企业

远在门德尔著名的植物杂交论文出现之前，伦敦在 16 世纪中期就有种子商的记载，如 Child & Field 公司。英国政府从 17 世纪开始进行品种改良试验，其后专业种子公司陆续出现，例如 1764 年建立的 Harrison & Son 种子公司就经营了 200 年，直到 1971 年才并入 Asmer Seeds。伦敦农业种子贸易协会成立于 1880 年，不过那个时期种子质量的检查与管制以德国、瑞士等欧洲大陆国家为胜（Montague，2000）。

日本最早的种子商是草创于 1593 年、位于九州竹田市的山本屋种苗店，至今逾 400 年仍能继续经营。有名的泷井种苗（Takii Seed）成立于 1835 年，坂田种苗（Sakada Seed）在 1913 年建立。其他国家如法国的 Vilmorin-Andrieu 于 1743 年出现在巴黎，意大利 Franchi Seeds 出现于 1783 年，美国 D. Landreth Seed Co 则晚一年在 1784 年建立。

20 世纪开启近代育种科技，欧美种子业更得以发展。首次的国际种子会议在 1924 年于伦敦举行，并成立了国际种子贸易联合会（Fédération Internationale du Commerce des Semences，FIS），每年易地举行年会，用以加强业界的联系，在 1929 年开始实施国际种子贸易规则。随着第二次世界大战后种子业的再度发展，FIS 规则第八版终于问世，美国与加拿大也宣告加入。在 2002 年，FIS 与致力于品种权保护的国际植物品种保护植物育种家协会（Association Internationale des Sélectionneurs pour la Protection de Obentions Végétales，ASSINSEL）合并成为国际种子联合会（International Seed Federation，ISF）。

亚、欧、美、非各洲都有区域性种子商业组织。美国种子商协会（ASTA）成立于 1883 年，目前成员包括美加两国约 700 家种子公司。亚太种子协会（Asia Pacific Seed Association，APSA）于 1994 年成立，成员包括各国的国家种子协会、政府机构及公、私营种子公司等，是目前最大的区域种子组织。

（二）种子市场

根据 ISF 的数据，在 2012 年各国国内种子市场合计至少有 449.2 亿美元，美国以 120 亿美元居首，其次依序为中国、法国、巴西、印度、日本、德国，分别有 90 亿、36 亿、26 亿、21 亿、14 亿、12 亿美元。

全球种子国际贸易在 1985 年增长迟缓，其后速度加快，而在 2005 年以后则遽增（图 8-1），在 2012 年已约有 100 亿美元。种子外销市场增长最快的为法国的农艺作物（14.4 亿）与荷兰的蔬菜作物（12.6 亿，表 8-1），在 2002 年两国分别只有 3.7 亿与 2 亿美元，而当年美国不论农艺作物的 5.5 亿美元与蔬菜的 2.5 亿美元都还是全球第一。法国外销种子现今以玉米、向日葵为最。扣掉种子进口值（表 8-2），种子业的两大赢家为法国与荷兰。

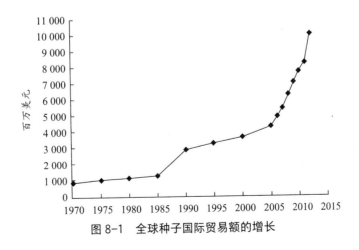

图 8-1　全球种子国际贸易额的增长

表 8-1　十大种子外销国（2012 年）

	重量（吨）				金额（百万美元）			
	农艺作物	蔬菜作物	花卉种子	总计	农艺作物	蔬菜作物	花卉种子	总计
法国	586,289	8,084	287	594,660	1,437	349	18	1,804
荷兰	119,862	11,596	1,931	133,389	256	1,255	—	1,583
美国	364,117	17,626	726	382,469	930	529	72	1,531
德国	100,752	1,271	1,271	103,294	638	58	31	727
智利	50,125	1,809	1,809	53,743	218	150	20	388
匈牙利	128,168	1,600	—	129,768	374	11		385
加拿大	193,559	221	—	193,780	317	6		323
意大利	94,722	10,153	76	104,951	198	116	1	315
丹麦	121,140	7,855	117	129,112	221	42	2	265
中国	31,977	6,130	625	38,732	79	158	14	251

表 8-2　十大种子进口国（2012 年）

	重量（吨）				金额（百万美元）			
	农艺作物	蔬菜作物	花卉种子	总计	农艺作物	蔬菜作物	花卉种子	总计
美国	232,340	14,616	468	247,424	873	369	70	1,312
德国	178,954	4,148	744	183,846	590	90	20	700
法国	135,980	5,908	406	142,294	540	137	10	687
荷兰	150,340	15,398	732	166,470	263	373	49	685
意大利	206,124	5,539	130	211,793	242	170	10	422
西班牙	133,898	7,201	304	141,403	176	197	1	374
俄罗斯	45,780	2,861	82	48,723	310	58	5	373
墨西哥	31,123	2,098	102	33,323	133	221	1	355
英国	47,780	4,162	400	52,342	202	70	15	287
中国	36,348	7,535	78	43,961	143	111	14	268

（三）种子的私有财产化

自古以来种子被视为公共财产，众人皆可以繁殖、播种、贩卖种子。然而在 20 世纪，种子开始逐渐成为公司私有财产，主要是通过技术与法律两种方式。技术主要是杂交一代（F1 hybrid cultivar，F 代表 Filial）种子的生产，而法律则是植物知识产权。

杂交一代种子生产始于美国。担任过美国副总统的亨利·A. 华莱士（Henry A. Wallace，1888—1965）在学童时期就开始进行植物杂交的研究。他在 1924 年推出第一个商业玉米杂交一代品种 'Copper Cross'，在 1926 年成立玉米种子公司，即后来的 Pioneer Hi-Bred。他在 1933 年担任美国农业部部长后，将政府研发力量全力投入杂交一代玉米的开发工作，而其最大受益者就是 Pioneer 公司（Kloppenburg，2004）。

杂交一代品种需要将玉米这种异交作物培养出许多自交系（inbred line），然后由许多自交系中挑出两个特定自交系进行交配，产生第一代杂交种子贩售，因此杂交一代品种又称为交配品种，有别于固定品种（自然授粉品种 [open pollinated cultivar]）。继玉米之后，洋葱（1944）、甜菜（1945）、番茄（1940）、白菜（1950）、高粱与菠菜（1956）、青花菜（1963）、胡萝卜（1969）、水稻（1973）等杂交一代品种也相继问世。

杂交一代品种的后代会分离，农民若留种自种后其植株生长参差不齐，商业生产价值较低，因此每次种植都需要重新向种子公司购买，可视之为种子公司的私有财产。种子公司只要不让自交系外流，就可以一直专卖杂交种，因此深受种子公司的欢迎，陆续推出交配种，连自交作物也不放过。但是克劳本伯格（Kloppenburg，2004）认为若当初用相同的力量来做玉米族群改进，也可以育成农夫可以自行留种而且高产的固定品种。

另一项技术是转植终结者基因（terminator gene）的基因改造种子，该技术在 1998 年由美国农业部与 Delta & Pine Land 公司取得专利，后来为孟山都（Monsanto）公司拥有。农夫购买黄豆终结者种子，虽然播种后可以生长采收黄豆，然而这个黄豆只能利用，却无法播种，因为种子在生长时会启动转植进去的毒素基因，让种子虽可充实成熟，却丧失生命力。该基因改造品系另外植入解毒基因，在种子公司增植种子、尚未要贩售时，在田间只要喷洒特殊化学药剂，诱引种子成熟过程中表现出解毒基因，将毒素基因除掉，所生产的种子是活的，因此可以再次播种繁殖。等到繁殖贩售用的种子时，并不施药，解毒基因没有作用，种子形成过程毒素基因得以表现，因此农民所购得的种子种植后，所收成的种子虽然可以作为食用或饲料，但已不具有生命。利用此技术可以让农民无法留种自用（Ohlgart，2002）。然而终结者技术曝光后引起国际强烈反弹，《生物多样性公约》（*Convention on Biological Diversity*，CBD）在 2000 年与 2006 年分别实质禁止终结者种子的田间试验与贩卖，印度与巴西两国更以法律禁止。

知识产权主要是通过专利法或品种权法，让研发新品种者拥有一定时间的专卖权，达成种子的私有化。品种权是在 1961 年签署通过的植物新品种保护国际联盟（Union Internationale pour la Protection des Obtentions Végétales，UPOV）公约之后才有，美国在 1930 年用保护强度较弱的植物专利来保护果树花卉等无性繁殖品种，用实用专利（utility patent）保护植物体发明则始于 1985 年。欧洲专利法不得保护植物体的研发，但欧盟在 1998 年通过生物科技指令后，已实质进行植物体研发的专利保护。

二、国际种子市场的垄断

19 世纪时种子公司大抵上规模不大，然而 20 世纪 30 年代开启杂交品种时代，让种子可以成为私有财产，投资新品种研发有利可图，因而引发了一波种子公司的并购风潮。第二波并购风潮是在 70 年代左右，各国开始陆续通过植物品种权法案，石油化工公司开始觊觎种子业。第三波则始于 1990 年左右，这段时间基因改造技术已趋于成熟，而美国又开始用实用专利保护植物研发。这样的大规模种子企业合并，形成了少数种子公司的垄断（Howard，2009）。

以成立于 1901 年的美国孟山都为例，此公司本来专精化工农药业，但在 1988 年开始进行基因改造种子的田间试验，其贩售基因改造种子始于 1996 年。这年孟山都收购拥有棉花、黄豆、落花生等基因改造品项的生物技术公司 Agracetus，同年和 1998 年分两次吞并玉米种子公司 DEKALB。在 1997 年孟山都将化工部门出售，同时购入拥有许多玉米自交系的 Holden's Foundations Seeds，又在 1998 年并购了在海外 51 国拥有销售运输渠道的 Cargill 公司种子部门。孟山都在 2005 年以 14 亿美元买下全球最大的蔬菜种子公司圣尼斯（Seminis），终于成就了全球最大的种子公司。圣尼斯本身则是在 1994 年由 Asgrow、Petoseed、Royal Sluis、Bruinsma Seeds 与 Genecorp 等种子公司合并而成。

涉足农药与种子业的瑞士先正达（Syngenta）是在 2000 年由诺华（Novartis Agribusiness）与捷利康（Zeneca Agrochemicals）两家合并而成的。诺华是在 1995 年由三家瑞士公司合并而成，即 Ciba（1884）、Gaige（1758）与 Sandoz（1876），前两家先于 1971 年合并，Sandoz 则有较强的种子部门。先正达成立后于 2004 年收购美国 Garst 种子公司与 Golden Harvest 种子公司。Golden Harvest 本身乃是 1973 年合并 7 家种子公司而成立的。Garst 创立于 1931 年，专精于玉米杂交品种，1985 年被英国化工公司 ICI 的美国分公司买进，1993 年成为捷利康的种子部门。1996 年捷利康种子部门与 VanderHave 合并成立 Advanta 后纳入 Garst，然后 2004 年收编进入先正达。

杜邦公司于 1997 年和 1999 年买进 Pioneer Hi-Bred，成立 Dupont Pioneer。之前 Pioneer Hi-Bred 曾于 1973 年买进专精于大豆的 Peterson 种子公司，又在 1975 年买进专精于棉花的 Lankhartt 公司与 Lockett 公司。成立于 1982 年的比利时 Plant Genetic Systems 主要研发基因改造种子，在 1996 年被 AgrEvo 买走，2000 年纳入 Aventis CropScience。Aventis 在 2002 年被拜耳购入成立 Bayer CropScience，同年又买下荷兰的 Nunhems 种子公司。

种子公司并购潮在 20 世纪 90 年代末期吹到韩国。韩国本来有 49 家主要的种子企业，小的种子公司有好几百家。由于外汇危机的影响，韩国种苗公司债务率以年均 30% 以上的速度飙升，陷入了资金困难。因此在 1997 年日本坂田种苗公司并购了韩国的小种子公司中恒种苗，中恒种苗在韩国国内种子市场占有率仅为 1.3%。同年瑞士的诺华买下韩国第四大种子公司首尔种苗（市场占有率为 11.8%），目前属于先正达旗下。美国圣尼斯在 1998 年并购了韩国第一大与第三大种子公司，分别是成立于 1936 年的兴农种苗（市场占有率为 38.9%）与中央种苗（市场占有率为 12%），目前已纳入孟山都。因此占韩国种子市场 64% 的四家种子公司在两年内就被外国大公司吞并（Kim，2006）。

实际上韩国本身也有跨国种子公司，那就是成立于 1981 年的韩国农友种苗，即现在的农友生物公司。并购潮之前，农友生物已是韩国第二大本土种子公司，市场占有率为 13.2%。农友生物的运营方式有点像圣尼斯，走向全世界发展，例如在 1994 年就在中国成立子公司，在 1995 年又成立泛太平洋种子公司（Pan-Pacific Seed Co），向意大利、丹麦、美国、印度、新西兰与南非进军。在 1997 年于印度尼西亚成立子公司，出口种子到泰国、马来西亚、印度与巴基斯坦。同年美国农友生物也宣告成立，在美国进行蔬菜育种，将亚洲蔬菜种子卖给北美与南美各国。

全球由于大种子公司兴起，逐渐形成种子业的垄断。在 2002 年，十大种子公司（表 8-3）总收入占全球种子贸易额才达 32%，两年后就升到 49%，然后是 2007 年的 67% 与 2009 年的 74%，在 2011 年已达 75.3%，五大基因改造公司（孟山都、杜邦、先正达、拜耳、陶氏 [Dow Agroscience]）就占了全球 345 亿美元的 53.4%，而孟山都一家就高达 26%。这些基因改造公司近年也大举进军亚洲和非洲进行并购（ETC Group，2013）。

表 8-3　全球十大种子公司种子营业额（亿美元）

公司	1997	2002	2004	2007	2011
Monsanto+Seminis（美国）	（>18）*	（20）	（28）	49.7	89.5
DuPont/Pioneer（美国）	18	16	26	33	62.6
Syngenta（瑞士）	9.3	9.4	12.4	20.2	31.9
Vilmorin（法国 Gr. Limagrain）	6.9	4.3	10.4	12.2	16.7
WinField（美国 Land O'Lakes）			5.4	9.2	11
KWS AG（德国）	3.3	3.9	6.2	7	12.3
Bayer Crop Science（德国）		2.6	3.2	5.2	11.4
Dow Agroscience（美国）					10.7
Sakata（日本）	3.5	3.8	4.2	4	5.5
Takii（日本）					5.5

*括号内数字表示并购之前 Monsanto 的营业额。

跨国种子公司的垄断，会让大公司有更大的力量游说政府，让国家政策更有利于大公司，恶性循环于焉产生，而让小公司更无竞争力（Howard，2009）。特别是基因改造特性专利在五家基因改造公司间的相互授权，使得全球基因改造作物种子的营业额超过95%为他们所独享。

种子业的合并也会让农民更无选择，最显著的个例是孟山都抗除草剂基因改造甜菜转植项（event）。美国法院于2012年以环境影响评估不符合规定为由，判决暂时禁种禁卖该转植项，直到重新通过审核。但农业部仍然允许繁殖其种子，理由是全美甜菜种子高达95%已是基因改造品种，若不让采种种植，美国立即面临缺糖的问题。由于传统甜菜种子公司几乎已全被孟山都并购，孟山都以其本身利益的考量，不再出售传统品种。种子垄断的结果居然可以让行政部门甘冒违法的风险抗拒法院的裁决，甚至在2013年企图在法案中偷渡所谓"孟山都保护条款"，即使法院依法裁定某基因改造种子有健康风险，不得种植，但企业仍然可以要求暂时种植，让公司有时间完成审核程序。虽然后来未能得逞，但企业垄断的威力已经相当明显。

第二节　植物知识产权

一些作物不适合进行杂交一代种子的生产，如大豆等都是以固定品种播种。由于固定品种种子可以自行繁殖，因此通过法律取得专卖权乃是私人种子企业扩张的要素，种子企业的国际化则需要知识产权制度的国际间普及化。美国从1985年开始，通过与贸易伙伴国家的协商，要求进行知识产权修法。在1995年WTO成立的前一年，国际贸易谈判制定了《与贸易相关的知识产权协定》（*Agreement on Trade Related Aspects of Intellectual Property Rights*，简称TRIPs）。由于WTO会员国皆须依照此协定制定国内法，因此影响的层面相当广。

与种子企业有关的知识产权以植物品种权以及专利权为主，此外商标（trade mark）与商业秘密（trade secret）也有所关联。商业秘密法可以保障品种研发的方法、技术或其他可用于生产、销售或经营的信息。企业用商标来认证其商品，并且用以区别其他厂商的产品。被用来当商标的可能是字、名称或是符号图案，甚至是综合以上方法的联合式。服务标章可用来区别某公司对大众所提供的服务项目，例如苗圃或园艺商店销售植物（黄钰婷、郭华仁，1998）。商标权并无期限，但每隔10年须重新申请一次。

依照TRIPs第27-3（b），各国的专利法可以不针对"植物体"，以及生产植物的生物性技术授予专利保护，然而对于"植物品种"的研发则需要保护，保护的方式有三个，即只用专利，或者只用有效的特别法，或者两者兼具来保护植物品种的研发。所谓特别法，一般认为就是UPOV的植物品种权保护。

一、植物品种权

专利权本来只限于工业发明，并不涉及生物体。不过育种专家花心血、时间与金钱育成的品种应比照工业发明，享有一定时间专卖权的想法在 20 世纪初就已经在美国与欧洲大陆出现。早在 1911 年的法国、1921 年的捷克与 1932 年的德国都有初步的设计。倡议组织 ASSINSEL 成立于 1938 年，一年后就提出植物品种权方案。然而要等到第二次世界大战后 ASSINSEL 才通过法国政府在 1957 年举行会议，促成 UPOV 公约在 1961 年签署（Blakeney，2009）。公约曾在 1972 年、1978 年与 1991 年修改，在 2014 年有 72 个会员，其中仅比利时采用 1961/1972 年公约版本，16 国采用 1978 年版本，其余皆采用 1991 年版本。

植物品种权（Plant Variety Right，PVR）也称为植物育种家权（Plant Breeders' Right，PBR），是仿效专利法的精神，但依照植物与农业的特性所订立的法规。

（一）品种权的要件

要申请品种权保护，需要具备五个条件，即新颖性、可区别性、一致性、稳定性与适当品种名称。其中可区别性、一致性、稳定性是成为法定的品种 DUS 三要件（郭华仁等，2000）。

可区别性（distinctness）是指一个品种可用一个以上之性状，和申请日之前已于国内外流通，或已取得新品种权之品种加以区别，且该性状可加以辨认和叙述。例如水稻就有叶片颜色、抽穗期早晚、茎长度、柱头颜色、每株穗数、谷粒千粒重等约 70 个特性，每个特性又再分 2~9 个等级，因此其组合相当多，只有每个特性皆为相同等级，才视为无法区别。

一致性（uniformity）是指除可预期之自然变异外，个体间每个特性都相同。例如在审查时，若为自交作物，所提供的材料在 36~82 株时，若异形态者不超过 2 株，或者 83~137 株间不超过 3 株，就算具备一致性。若为常异交作物则可允许两倍的异株。

稳定性（stability）是指一个品种在指定之繁殖方法下经重复繁殖，或一个特定繁殖周期后，其主要性状能维持不变，即下一代与上一代的每个特性都相同。指定之繁殖方法是指种子繁殖或无性繁殖，经特定繁殖周期如杂交一代品种的第一代。

新颖性是指在申请日之前，经新品种申请权人自行或同意或推广其种苗或收获材料，在本国境内未超过 1 年，在国外，木本或多年生藤本植物未超过 6 年，其他物种未超过 4 年。之所以如此制定是为了让育种者有一定时间的上市试卖，测试其市场接受程度后再考虑是否提出申请。

提出申请时需要具备品种名称，品种名称是普通名词，若获得品种权，任何人在贩卖该品种时都需标明该品种名称，即使品种权消失后也是如此。该名称与其他商业名称或商标同时标示时，需能明确辨识该名称为品种名。品种名称不得单独以数字表示，不得与同一或近缘物种下其他已有的品种名称相同或近似，不得用与该品种之性状或育种者之身份有混淆误认之虞者，也不得违反公共秩序或善良风俗。

实际上品种名称的非法定规范在国际栽培植物命名法规（International Code of Nomenclature for Cultivated Plants，ICNCP）上有相当详细的规范，以避免学术上与商业上的混淆（郭华仁、蔡元卿，2006）。早期品种名称前面冠以 variety 的缩写 var.，后来 var. 被植物分类学者用来指称某一物种的变种，因此农作物的品种不宜再使用 variety，可以改称 cultivated variety，缩写为 cv.。但现行的规则是以单引号纳入品种名称，如 'Snow Peak'（而非双引号）。然而在品种保护权的领域，目前还都沿用 variety 来称品种。

（二）品种权的适用对象与权利范围

可接受品种权保护的物种在 1978 年公约是由各国政府选择公告的，1991 年公约则扩及所有植物。

对于一个具有品种权的品种，除非品种权人同意，否则他人不得对其种子以及播种种子所得的收获物，进行以下的行为：（1）生产或繁殖；（2）以繁殖为目的而进行调制；（3）为销售之要约，如提供报价单等；（4）销售或以其他方式行销；（5）输出或输入；（6）为前五款之目的而持有。以上是品种权的范围。

品种权的范围除了及于种子及其收获物，有时候还可及于收获物的直接加工物，但只限定于政府公告的物种。权力范围扩及收获物及直接加工物，是 1991 年公约的新规定。

1991 年公约扩大了保护对象，还包括"从属品种"（dependent variety），若乙是甲的从属品种，而甲具有品种权，则甲的品种权及于乙，亦即对于品种乙要进行前述 6 款行为，需要先得到拥有甲品种权者的同意。从属品种有 3 类：

第一，须重复使用具品种权之品种始可生产之品种。例如杂交玉米品种甲的自交系 A 与 B 都具有品种权，若第三者拿 A 与自己的自交系 C 去生产乙品种，因为每次生产品种乙的种子时都需要重复用到 A，因此乙是 A 的从属品种。

第二，与具品种权之品种相比，不具明显可区别性之品种。例如甲品种具品种权，乙品种在申请品种权时，被判定与甲品种不具有明显可区别性，因此无法获得品种权。然而品种权审查时对于特性的调查有具体的规范，万一在规范之外有一个不是很重要的特性在甲与乙之间是不同的，依非法律的定义，乙也可以算是一个品种，但是依品种权的定义，因为与甲不具明显可区别性，因此算是甲的从属品种，任何人在贩卖乙之前，需得到甲品种权人的同意，亦即甲可以要求得到部分的权利金。

第三，实质衍生自具品种权之品种，且该品种应非属其他品种之实质衍生品种（essentially

derived variety，EDV）。乙品种是否为甲的 EDV 有三个要件，即：（1）乙品种乃是由甲品种经过育种程序得到；（2）两者有明显的区别性；（3）两者遗传相似度高。例如通过回交育种将丙品种的耐冷基因导入到甲，育成不怕冷的乙品种，或者采用诱变育种由甲品种育出相类似但只有一个特性不同的乙品种，或者用转基因技术将抗除草剂的基因转植到甲品种，推出基因改造品种乙。这三种育种程序所育出的品种乙都可认为是甲的 EDV，因此是甲的从属品种。不过若甲又是实质衍生自丁品种，则乙不算是甲的 EDV，若丁并非任何品种的 EDV，而丁与乙的遗传相似度高，则甲与乙都算是丁的 EDV。

品种权有其期限，草本植物 20 年，多年生或藤本植物 25 年，期限一到品种权即告"消灭"。若品种权人向主管机关表示放弃权利，或者不再缴年费，权利也会消失。品种权行使当中若被控品种权审查时 DUS 与新颖性任何一个要件不成立而为误判，若该指控成立，则该品种权视为自始即不存在而会遭到"撤销"。品种权行使当中，其一致性或稳定性若确定已不复存在，则该品种权可能会遭"废止"。

（三）品种权的例外

有四种情况可以使用具有品种权的品种而不会被视为侵权：（1）以个人非营利目的之行为；（2）以实验、研究目的之行为（称为研究免责）；（3）以育成其他品种为目的之行为（称为育种家免责）；（4）农民留种自用之行为（称为农民免责）。

育种家免责与农民免责乃是品种权考量农业特殊性而设计，为专利权之所无。育种工作需要拿既有的品种作为材料，若因品种权的关系限制育种的工作，将不利于农业的进步。种子业兼并后，数家大公司会拥有大部分的品种权，若缺乏育种家免责的设计，将使得小种子公司难以继续育种工作，将导致全球农业丧失品种多样性。不过为了鼓励基础育种工作，传统杂交育种工作所得的品种会有实质衍生品种的保障，即育种家免责本身也有从属品种的限制。

考虑到留种自用乃是农业开始万年以来农夫的习惯，因此若不涉及种子的买卖，农民可以在作物收获时选留种子，供下一季在自家农地上播种用，而无侵权之虞，此即农民免责。然而若所有的物种都适用农民免责，特别是对于无性繁殖作物而言，品种权几乎形同虚设，因此1991 年公约授权让各国自行决定何种作物适用农民免责条款。

植物品种权农民免责适用对象的规定在各国有所不同。日本、韩国、美国与墨西哥等国所有种子繁殖植物都适用农民免责，但无性繁殖种苗则不适用。澳大利亚采用负面列表，哪些植物不适用农民免责，由政府公告。由于目前该国政府仍未予以公告，因此形同全部种子繁殖物种皆适用。欧盟的适用范围略小，规定大农（可生产达 92 吨以上的农民）不能享受农民免责，而小农也只限于九种饲料作物、九种禾谷类作物、三种油料纤维作物以及马铃薯等适用农民免责。

二、植物的专利权

美国早在 1930 年在专利法就增修植物专利（plant patent）条款，对球根茎类农作物以外的无性繁殖植物给予有限的专利保护，后来美国的植物品种保护法（1970）就只限于种子繁殖植物。从 1985 年之后，实用专利授予植物体的案件逐渐增加，此后在美国植物新品种得以享受完整的专利权保护。

植物品种权乃是实用专利权的特别法，两者有相同与相异之处。以申请的要件来说，专利讲求新颖性、可利用性、重复性与进步性。其中重复性或许与品种权的一致性和稳定性接近，进步性则比起可区别性在技术上有较高的门槛，一般是指该发明在申请前，既有技术不易完成者。其他的不同，除了专利权没有农民与育种家免责的例外，较主要者有：（1）品种权的权利范围已经写定于条文，但实用专利权则并不一定，由申请者自行撰写，经审核通过者为准；这在植物体常包括整个植物体、花、花粉、种子、细胞等，也涵盖各种衍生的植物（如品种权的从属品种，见郭华仁等，2002）；（2）专利法的申请需要有相当详尽的发明说明书，还需要将种子材料寄存主办单位，品种权不需寄存材料，说明书的内容也较简单；（3）专利法只进行书面审查，但品种权通常需要提供繁殖材料进行种植，进行实质审查；（4）专利权保护的费用较为高昂。

以 2001 年为例，种子繁殖植物在美国获得品种权保护的有 421 件，获得实用专利保护的有 216 件，其中基因改造植物 37 件、传统育种者 179 件（计算自郭华仁等，2002）。基因改造作物推出后，由于在实用专利下农民不得留种自用，因此基因改造公司通过专利保护进行侵权诉讼，截至 2012 年 12 月，共提出 142 件，获得的赔偿金高达 2,368 万美元（Barker *et al.*，2013）。

欧洲联盟专利法排除动植物的专利授予，但为了适应生物科技的兴起，在 1998 年通过《生物技术发明保护指令》，使基因改造植物有机会得到专利保护。从 2001 年开始在两年半时间共核发 34 件基因改造作物的专利，另有一件传统育种研发的植物也得到专利（郭华仁，2004b）。此后，传统育种的成果陆续依此方式得到专利保护，引起非议。

日本由 1975 年开始正式开放专利保护植物体的研发，第一个案例是可作为蛔虫驱除药原料的五倍体之艾草，由四倍体与六倍体艾草杂交而成。不过迄今为止申请的案件不多，在日本还是以品种权保护为主。

三、植物种源权

农业长期的历史中，种子引种流通自由，农作物从起源区域遍布世界各地。先进国家科技发达，但是种源（germplasm resources）较为贫乏，相对地，遗传资源丰富地区经常是科技较为落后的第三世界国家。近年来发达国家在发展中国家进行生物探勘（bioprospecting），取得种原（germplasm）后，进一步研发新品种，经常就因知识产权的申请成为发达国家的私有财产，有时候甚至于直接拿种原申请专利或品种权。这类行为被视为盗用，称为生物剽窃（biopiracy）。为匡正此不公平的行为，1992 年国际间制定《生物多样性公约》时，就在发展中国家的坚持下，确立了遗传资源乃国家主权的原则，限制各国在其他国家取得种原的条件。但为了方便农业品种改良，又在 2001 年通过了《粮食和农业植物遗传资源国际条约》（*International Treaty on Plant Genetic Resources for Food and Agriculture*，ITPGRFA），处理农作物种原材料的国际种子流通（郭华仁，2005，2011）。

（一）《生物多样性公约》

《生物多样性公约》的首条条文确立种原取得与利益分享的原则，因此种原的取得须事先告知提供资源的缔约国，并得到其同意。开发种原所获得的利益，应与提供种原的缔约国公平分享，而在经过事前请准、利益公平分享的前提下，资源拥有国不得禁止其他国家来取得境内遗传资源。

根据公约而签订于 2010 年的《名古屋议定书》（*The Nagoya Protocol*）进一步规范事先告知同意（prior informed consent，PIC）、相互共识条款（mutually agreed terms，MAT）、取得与利益分享（access and benefit-sharing，ABS）的细节。不少国家已经根据《生物多样性公约》制定国内法，规范外国人入境取得种子或相关植物材料的程序，不遵守者可能涉及违法。

（二）《粮食和农业植物遗传资源国际条约》

《生物多样性公约》的种原取得规范较以前严苛，可能使得将来育种工作上不易得到新的杂交亲本，影响粮食生产。这样的考虑使得农业学者认为，应该对于重要农作物的遗传资源制定国际条约，以方便取得种原进行农作物改良工作。

由于粮食与纤维作物为民生所必需，长期以来普遍栽培于世界各地，各国皆有其特殊的种源，相互依赖度高，宜用多边协定来加速种原的流通。反之，药用、观赏等植物较富地域特殊性，资源所有国与资源求取国双边协定就足以解决，因此 2001 年通过了《粮食和农业植物遗传资源国际条约》。

该条约将植物遗传资源依照取得的规范，区分为多边系统与双边系统。多边系统采用正面列表，包括除甘蔗、大豆、花生、番茄以外的禾谷类、蔬菜类、菽豆类、块根茎类、特用作物类与饲用作物类等的 64 种农作物。这些经济作物种原的取得较为便捷。多边系统以外其他植物资源的取得，则需要进行双边会商，根据《名古屋议定书》的详细规范来进行。

条约缔约方应提供多边系统内种原的方便取得机会，但所提供的种原只限于作为粮食、研究、育种，而不得作为化学、药用或其他非食用与饲用业用途。育种家或农民正在研发的种原，则可以由育种者决定是否提供。然而若是种原受到知识产权和其他产权的保护，则其取得不能违反相关的知识产权国际协定和国家法律。种原的提供要能迅速，无须追踪各批材料，并应无偿提供，如收取费用，则不得超过所需的最低成本。多边系统下种原的取得，应该根据标准的"材料转让协定"来进行。取得者若要将所得到的种原转让给第三者，甚至第三者后续的每次转让，都应要求比照"材料转让协定"的条件。

使用多边系统内作物种原所得到的成果，应通过（1）信息交流、（2）技术取得和转让、（3）能力建设以及（4）分享商业化产生的利益等方式，来达到与所有缔约方公平合理地分享。

第三节　种子管理法规

为了保护种子业者以及购买者，避免纷争以及买到劣质种子或者品种表现欠佳的种子，以提高农业生产，各国政府都会制定种子管理法规。这些法规包括种子营业的管理，如种子的质量规格、种子包装的标示、品种的规定以及种子检疫等。日本的植物种苗法包含品种权以及品种登录（即指定种苗），业者的管理与检疫另有法律规范。欧洲与美国则都单独立法。新西兰未制定种子管理法，但业者有自我要求的准则。

这些国家规范大抵上都根据国际规范来制定，主要是依据经济合作与发展组织（Organisation for Economic Co-operation and Development，OECD）的"种子方案"（Seed Scheme）、《国际植物保护公约》（*International Plant Protection Convention*，IPPC）、"国际种子检验规则"（ISTA Rules，详见第 11 章）以及国际检疫规定等。基因改造种苗的进出口规定则根据 CBD 的《生物安全议定书》（*The Cartagena Protocol on Biosafety*）而设计。

一、品种管理

品种的要件是可区别性、一致性、稳定性（DUS），但是一个特定的品种若其田间表现不佳，就不值得大量种植生产。为了确保农业生产，许多国家多少会限制品种的使用，因此有品种登录的规定。除了 DUS 之外，品种登录制度还要求品种具有价值性，即具有"种植利用价值"（value for cultivation and use，VCU）者。所谓价值，包括产量高、对有害生物的抗性大、环境适应力强以及质量佳等。

OECD 的种子方案提供 200 种作物共 49,000 个品种名录，作物包括玉米、高粱、草类、三叶草、豆类、甜菜与各类蔬菜等。欧盟针对农艺与蔬菜作物，立法实行"共同目录"（common catalogue），在某会员国经审核列为登录品种后，其种子才可以在欧盟境内流通种植。

虽然品种的管制可以避免农民买到表现不佳的品种，但是若过度强调也有其缺点。特别是农业生产的观念已经改变，过去认为产量表现不佳的地方品种，现今反而开始强调其好处，认为种植地方品种有助于提升农业生物多样性。种类繁多的地方品种常有其特殊优点，例如风味、环境适应性等，提供消费者在卖场不常见到的选择。可是地方品种常是固定种，其一致性与稳定性通常无法达到由育种专家所控制的 DUS 审查，因此无法进入登录名单。假如政府严格管控，未列入登录名单者不准贩卖，这些地方品种将无法流通于市场。

对此欧盟设置"保育品种"（conservation variety）来加以补救，让特定的地方品种也能列入国家名单上市。各会员国用较为宽松的标准来规定保育品种的可区别性、一致性、稳定性，而且在符合若干条件下各国对这些品种免于检测其 DUS。不过除非特例，这些保育品种只能够在其来源地采种，且仅于其起源地上市，而其种子仍需接受验证。

二、质量管理

各国都需要设立商业种子质量的规定，以及检验种子质量的机构与制度，来维持种子买卖的顺畅，减少因播种后生长不佳所引起的纷扰。质量标准包括品种纯度、发芽能力、顽劣杂草种子混杂、种子病害等室内检查的项目。检验单位可以是政府部门，也可以是民间公司。检验单位本身可以设置种子检验室，也可以是其他单位的种子检验室，检验的结果需要标示于种子袋上。

质量管理的设立方式主要有两类，一是规定最低质量标准，另一是诚实标示质量水平，两种方式各有其优缺点。

采用最低质量标准者如欧盟，此方式的优点是较易实施以及查验，买者也较容易理解。但缺点是只要符合最低标准即可上市，种子商没有动力生产高质量的种子让买者选购。此外当种子缺货时，也无法买到质量较差者来应急。美国采用诚实标示的方式，要求卖者在种子袋、检验单或发票上详细记录各项质量的检验结果，至于要不要买则由买者自行决定。此方式可以让买者有较多种质量的选择，可以让农夫将劣质种子排除于市场外，种子的供应也较灵活，降低缺货的情况。不过买者需要对各项种子质量有较深刻的认识，才能够正确地判断。

三、检疫管理

由于进出口种苗可能同时传播病菌、害虫或顽强杂草种子，造成农业或生态上的严重损失，因此各国都会针对种苗的进出口进行检疫的管控，以期防患于未然。出口国需要先对出口种子进行检验，确定没有病害或携带有害生物，然后核发检疫证明。进口种子的国家通常会设立进口检疫规定，要求每批进口种子提供进口许可证与检疫证明，即使进口后将来还会出口到第三国家者，也须遵守规定。但为了避免各国检疫规定的不同而造成贸易上的障碍，因此根据《国际植物保护公约》设置有国际植物防疫检疫措施标准（International Standards for Phytosanitary Measures，ISPMs）等若干细则，用以协调各国的规范。

四、基因改造种子管理

基因改造技术安全议题之国际规范，主要以《生物多样性公约》的《生物安全议定书》以及联合国粮农组织（FAO）与世界卫生组织（WHO）联合成立的国际食品标准委员会（Codex Alimentarius Commission）所订之"DNA重组植物衍生食品之食品安全评估指引准则"为主。《生物安全议定书》是具有法律约束力的国际规范，而后者并不具有法律约束力，因此各国也无执行义务，不过其风险分析的运作模式，已逐渐被各国采纳为处理基因改造技术风险议题之标准作业程序，因此也显出其重要性。

《生物安全议定书》的要点在于规范具有活性基因改造生物的国际间运输、装卸与使用，包括不能繁殖的生物体、病毒和类病毒等，不过作为医疗与科技研发等使用目的与在封闭场所使用的基因改造活体生物（living modified organism，LMO），以及仅为过境但不入境的LMO则排除在规范之外。具有活性的基因改造大豆、玉米等LMO当然也可以作为食物、饲料，可以说该议定书牵涉到基因改造产品的商业利益，因此在协商中基因改造作物生产国与进口国的对立关系就反映在协商过程的冲突不断。至今几个基因改造大国，即美国、阿根廷、加拿大等都没有签署安全议定书，可见一斑。

为了避免缔约国间由于立场观点的不同，造成因决策机制的混乱而衍生出无谓的纷争，该议定书就生产国与进口国的需求，设定主要的规范，包括事先通告程序、风险评估、风险管理、信息与教育以及损害之赔偿与补救等，而各项措施都需要科学证据，作为判断或评估该LMO是否将对于进口国之环境或人类健康构成风险或危害之基准，亦即进口决策之风险判定需要根据科学证据。然而该议定书在科学证据之上更援用了预警原则（precautionary principle）的基本精神。

五、有机种子规范

慣行农业使用化学肥料与农药，导致土壤环境劣化，将来农业难以永续经营，因此有机农业的全球推广已逐渐展开。为了建立消费者的信心，各国政府都立法规范有机农法的操作准则，并以第三方验证的方式确保操作符合规范。有机规范的底线就是不用化学农药、肥料，不生产基因改造生物。播种用的种子是否需要使用在有机田中采种而得的有机种子，各国的法规不一。

欧盟、美国与加拿大的有机规范，都规定播种时需使用有机生产的种子。欧盟与美国皆有若干种苗公司提供有机种子，但仅欧盟规定国家应设有机种苗供应数据库，以提供相关者搜寻。

日本、玻利维亚、智利、萨尔瓦多、墨西哥等国也都有播种时需使用有机生产种子的条款，但同时有豁免的补充规定，在市场上买不到有机种子的情况下，可以使用未经化学药剂处理的非有机种子。若连未经化学药剂处理的非有机种子都买不到，则也可以使用经化学药剂处理的种子。

在日本则以有机农场自家采种为主、外购为辅，但外购者主要为慣行农法所生产之种苗，各国也常有民间组织提倡有机农民自行留种的做法。

第**9**章 种子的生产

植物繁殖系统包括无性繁殖与有性繁殖两大类。无性繁殖以营养繁殖、微体繁殖（组织培养）为主，直接由体细胞分化形成幼苗。无融合生殖则是在花器内的体细胞分化形成胚部，发育成为种子。无性繁殖由于不经减数分裂与精、卵细胞的融合，因此遗传组成与母体者相同，容易符合稳定性的品种定义。由于无融合生殖产生种子的系统目前尚未达到实用化，因此本章所述种子繁殖，皆是有性繁殖的种子。

现代生活在食物的生产形态上偏重加工、量产，讲求农作物的特定品种，因此商业种子生产最重视维持品种的纯度，使能贩卖高纯度种子给农民播种，种子品种纯度的维持就成为种子生产的重要目标。生产种子时有若干因素会降低品种纯度，例如异品种花粉的污染，土壤中异品种种子的成长，播种用种子发生突变，采收、调制用机械存在异品种种子等。采种时需要将这些因素降到最低。

第一节　种子的繁殖系统

一、有性繁殖植物

有性繁殖植物一般分为自交物种、常异交物种与异交物种等三大类。农作物如水稻、小麦、大豆、落花生、烟草、番茄、莴苣等都属于自交作物，自交物种指的是95%以上的后裔皆由自己的花粉经受精作用（即自花授粉，autogamy）而形成，即异交率低于5%。这些物种一定是雌雄同花的（hermaphroditic），在开花前即已完成授粉，称为闭花受精（cleistogamy），不过开花前不见得会授粉成功，因此仍可接收其他植株花粉，还是有异交的机会。品种内例外的情况也有，例如有些番茄品种由于花柱较长而且突出，因此较容易进行异交。

异交物种刚好相反，种子由其他基因型的花粉经授粉（即异花授粉，allogamy）而形成，这些物种经常在开花后才完成授粉，称为开花受精（chasmogamy）。杂交率超过50%，通常就认为是异交作物。显著的例子包括雌雄同株异花的（monoecious）物种如玉米、薏苡，雌雄异株的（dioecious）如芦笋、银杏。雌雄同花的作物如甘蓝、花椰菜、鳄梨、杨梅等，因为具有自交不亲合（self-incompatibility）的特性，必须接受其他植株的花粉才能受精结籽。甘薯、向日葵等因为花器构造较为开放的关系，经常会接收到外来花粉，也都属于异交作物。木瓜主要具有雄花株（不结果）、雌花株（可结果）以及两性花株（可结果）等三种株性。葫芦科植物常为雌雄异花同株，但也有全雌株型、两性株型等。

若异交率在 5%～50%，则称为常异交物种，如高粱、黑小麦、棉、蚕豆、烟草、番椒等。

二、作物品种类别

作物品种以其来源区别，可分为地方品种与商业品种。

农民经年累代自己留种自播所形成的品种称为"地方品种"，地方品种虽然每株变异性较大，下一代与上一代也可能略有差别，不过基本上还是可以辨识该品种的特征。地方品种适合当地的自然、人文环境与栽培方式，产量可能不是很高，但较为稳定，抵抗当地的病虫害能力也可能较大。

商业品种则是专业的种子公司在其农场选育出，然后通过专业种子生产贩卖给农民的品种。公共研究机构在其农场选育出品种，然后通过繁种制度出售给农民，或者转移给种子公司经营，也算是商业品种。由于农业生物多样性、有机农业的提倡，也有种子公司开始以有机农法生产地方品种出售，在此地方品种与商业品种的界线较为模糊。

作物品种以其生产方式区别，可分为固定品种与杂交品种两大类。

不论是自交作物还是异交作物，在适当的种植管理下，一个品种以自然授粉的方式形成种子，没有人为的干扰，就称为"固定品种"，或称为开放授粉（open pollinated）品种。种植固定品种在正确的耕种方式下所长出来的植株，各种特性会与上一代相同，其特性是固定的。

由于自交作物大体上不会异交，因此特性较容易固定下来。自交作物由某个体经过多代的自交与选种，选出来的群体绝大多数的基因皆为同型接合的（homozygous），称为纯系品种（pure-line cultivar），若干个纯系品种种子以一定的比例混合而成者称为多系品种（multiline cultivar），田间混合种植多个纯系品种，经由逢机授粉产生种子者，称为混合品种（composite cultivar）。异交作物品种在自然状况下进行开放授粉，不过异交作物若接收到其他品种的花粉，下一代很容易产生变化，其特性较不易固定，因此生产固定品种种子时要特别小心。

异交作物也可以经过人为控制而进行自交。异交作物经过若干代的自交可形成自交系，由不同自交系进行交配可产生杂交一代品种（F1 品种），或称为交配品种。虽然异交作物经自交后会产生自交弱势，但选择恰当的两组自交系经交配后，其杂交优势相当明显，生长相当整齐而为农民所喜欢。但是杂交品种种子播种后其第二代种子遗传特性分离，因此不适于再度播种，农民需要每年购买杂交品种。少数 F1 品种的第二代种子性状分离尚不严重，因此种子公司可能以 F2 品种的形态出售。经组合力检测，选多个自交系混合，经由逢机授粉组成 F1 或 F2 种子者，称为合成品种（synthetic cultivar）。

第二节　种子的繁种制度

早期农民都在自家田间选种、留种供自播使用，特殊情况才通过交换或购买，取得播种用种子。近代的商业化农业则由育种专家育成品种，通过商业生产种子而贩售给农民，除了一些不发达国家以外，农民留种的工作已大幅降低。种子商业化之后，种子的供应系统就成为农业生产的关键，如果种子供应系统出现问题，不论是数量不足还是质量不佳，都会严重打击农业生产。

播种用种子的需求量甚大，但是一个品种刚育成时，育种者所拥有的种子数量相当有限，需要繁殖若干代，才可能供应给农民，所需要的代数则有赖于种子的繁殖倍率。

水稻、杂交玉米、甘蓝、胡萝卜等的繁殖倍率约为 1∶100，而番茄、甜椒等的繁殖倍率可以高达 1∶200 到 1∶700，但是豆类者常偏低，豌豆、花豆、菜豆等都只有 1∶10 到 1∶20。其他蔬菜类如菠菜约 1∶70，胡瓜约 1∶100，结球甘蓝可达 1∶400，洋葱可达 1∶250，芹菜高可达 1∶1,500。

繁殖倍率的估算通常以 1 公顷的种子采收量除以 1 公顷播种量而得。例如台南区农改场育成的绿肥大豆台南 4 号种子较小，百粒重 6 ~ 10 克，每公顷播种量约 25 千克，采种时种子产量每公顷约 2,000 千克，因此其繁殖倍率约 1∶80。杂交玉米的繁殖倍率约 1∶100，因此若要供应 10,000 公顷的玉米田播种，需要种植 100 公顷的采种田。

影响繁殖倍率的因素很多，包括品种、采种地区与技术等，因此前述倍率仅供参考。以大豆为例，首先，同一类型（例如食用）的不同品种间其产量本来就有所差异；其次，不同型（如食用与绿肥）其千粒重差别更大。再者，不同地区环境、生产技术的优劣也会影响种子收成量。此外，采种用的生产，其种子收成量也会与一般生产者不同。即使在同地、同时生产同一品种，采种用者的质量要求较高，因此种子淘汰率高，其单位面积收获会比当作一般商业生产者低。例如绿肥大豆台南 4 号的繁殖倍率是 1∶80。

对于大规模种植的一年生农作物而言，每种植期所要提供播种用的种子数量相当庞大，需要经过数次的繁殖，以放大种子量。为了方便管理种子的质量，要依循种子生产的制度。繁种制度有三级制与四级制两大类。经济合作与发展组织（OECD）采用三级制，美国则是四级制。

依 OECD 的繁种制度的规定，原原种种子可以涵盖若干代的繁殖，繁殖代数可能需要加以限制，在繁殖过程中可以接受官方的检查。在提供最为原种种子繁殖时，需注明该原原种种子的繁殖代数。对于原种种子的生产，OECD 规定需要经过官方的检查，也应该保留品种的特性，由原种种子生产验证种子也需由官方检查。验证种子可以繁殖数代以扩充种子数量，数量的多寡也由官方认定，各级种子在通过官方检查后就可以贴挂标识。

美国联邦种子法中规范四级制，即育种者种子、原种种子、注册种子与验证种子。育种者种子的生产直接由育种家或其所属机构或公司加以管控。原种种子由育种者种子繁殖而来，并用来生产注册种子，注册种子则用来生产验证种子。这三级种子的生产皆需要官方检查并维持品种特性，验证种子经检查合格后贴挂标识（图 9-1）。

图 9-1　美国威斯康星州发行的甲级验证种子标签图样

第三节　采种田的选择

种子生产的主要考虑有二：一是如何得到质量优良的种子，一是如何具备经济上的优势。此等考虑在种子公司或政府层级各有不同，种子公司的目标在于获利，因此成本上的考虑较为重要，但政府基于粮食安全，必要的时候会以保障重要种子的自主供应为优先考虑。

有两个方向决定采种田区的选择，一是采种田的自然环境，另一个是该地区的人文条件。

一、采种田的自然环境

种子生产基地的重要自然环境是纬度、高度、温度、光照、土壤、水分与气流。纬度会决定温度周年季节变化、全年无霜期，以及特定日期的日长。高度会影响到温度，高地在无云期间会有较强的光照。水分供应的适宜，以及土壤的质地与肥力会影响作物的生长。一般以肥沃土壤较适宜采种，肥力太低可能让植物的生长不正常，太高会造成营养生长过盛，都不利于采种。

　　某地区的自然环境可能不适于作物的生长，因此产量较低。风速太小可能影响风媒作物的授粉，风速太大可能加速土壤的干燥，或者将花粉吹出田区、将远方的异品种花粉吹进采种田当中，防风措施可以有效地避免风速太大的问题。气候条件的不适，可以用人为的方式如温室等加以改变、克服，只是会增加生产成本。

　　环境即使适于生产种子，若农地有其他干扰因素，所生产的种子质量也不见得高，例如田区过去杂草管理不善，可能含有过量的杂草种子。前作种植异品种，种子遗留在土中，也会提高品种混杂度。

　　虽然适宜的温度很重要，不过就种子生产的目的而言，某些具有春化（vernalization）需求的蔬菜，在冬天若未能有足够的低温（如 5～10℃），就无法顺利进入生殖生长，因此不会抽薹、开花结籽。播种幼苗期间可出现低温的地区，能够让植株感受到春化作用，让原本需要越冬的二年生作物在同一年内采种，但需要注意幼苗期通常容易遭受冻害。有些二年生作物需要长到一定阶段才能感受低温，如冬小麦或秋播型油菜等，这些还是需要在秋天播种。

　　有些具有光周期性（photoperiodism）的作物，也需要在特定的每日夜间暗期才能开花。平常生长期间需要有适量的水分，但开花结籽期间则宜干燥气爽的天气，避免过多水汽影响种子质量。

二、采种田的社会环境

　　整体而言种子的需求量相当大，因此不论是政府单位还是民间种子公司，都以契约生产的方式，交由可靠、技术较好的农家来采种，一般可能由不同农家甚或不同地区的农家来生产同一品种的种子。商业种子生产必须讲求成本与效益，除了自然条件之外，采种田所在地区的政治、经济状况等社会条件也是重要的考虑因素。

　　杂交品种的采种包含烦琐的去雄、授粉、套袋、挂签等细致工作，不但需要有耐心、体力与技术的工作人员，其工资也相对较高。因此杂交品种的种子生产区并非一成不变，而是随着某地区工资、土地等生产成本的上扬，或工作人力的老化而会转移到其他国家。即使如此，种子公司也常将重要的自交系，甚至质量相当高的采种工作保留在自己的国家。例如北欧仍可见到用隧道式塑料棚室进行采种工作。

　　种子生产田间作业之外，采收后还需要进行种子清理、调制、包装、储藏的工作，这些工作可能全在种子生产地区，但也可能初步的工作在同地区，而一些加工步骤则移到其他地区进行，特别是大型种子。因此加工工厂、运输系统的有无与成本也是重要的考虑因素。

第四节 采种田的管理

采种田的整地、犁田、施肥、播种作业与一般作物生产类似，但仍有采种上的不同重点，包括土壤肥力的测试、沟畦的整理等都需要更加精细。水分管理上最好能有恰当的灌溉水，特别是较干燥的地区，以求得种子质量上佳。但水分不宜过多，过多的供水或雨水可能延后作物的成熟期，降低种子质量，尤其是二年生作物。

有些小种子蔬菜作物如甘蓝类、菠菜等具有无限型花序（indeterminate inflorescence），若氮肥供给太过，营养生长会过盛，延长开花时间或减少开花数，也可能妨碍田间检查与花粉的传授，不利于采种。必要的时候，可以施用适当的硼、锌，以增进所生产种子的发芽活势。

商业种子生产特别要注意杂草管理，避免所采种子混杂过多杂草种子，法规不允许出现的顽劣杂草种子更需要留意。有些杂草种子的物理特性与采种对象接近，将来种子清理调制时会添加麻烦，这类杂草宜尽量于开花前清除干净。为减少杂草管理的负担，可使用轮作、覆盖作物，以及慎选前作的作物等管理方式，来减少该等杂草种子掉入土壤。

采种过程所用的所有机械器具务须清理干净，前次操作绝不遗留种子在其内，以避免异作物或异品种种子混杂。

为避免所采种子有过多的病原附着，种子生产也需要注意病害管理。播种用种子以及采种用农地应确保不出现种传病原（seed borne pathogen），种子若带有病原，需要用化学（如拌药、熏蒸、包衣等）或物理方法（如温水浸种）加以清除。正确的轮作有助于减少农地的某些病原。

一、播种管理

种子生产通常以种子播种，开花结实后再行采种，少数情况下则由种球生产种子。以种球或其他无性繁殖器官生产种子虽然较花人工，成本较高，但也有其优点与必要性。

（一）以种子生产种子

一般作物生产，播种量的大小要考虑种子发芽率以及所要的植株密度（每单位面积的植株数量），通常发芽率低者需要提高播种量，以期达到设定的植株密度。播种前进行发芽试验，了解种子的发芽率、种子活势，有助于决定播种量。不过发芽率略低表示剩下的活种子可能已发生较多的基因突变，实际上不宜作为采种的播种用，采种用的种子应维持高发芽率的状态。

植株密度与产量有关。植株密度低，单株的种子产量高，而单位面积的产量低，提高密度会降低单株的产量，但有助于提升总产量。密度太高，反而会导致植株互相竞争养分、水分与光照，而降低总产量，也较容易发生病虫害。一般作物栽培以总产量为目标，依不同的作物与土壤的肥力，各会有最合适的植株密度。相同的作物下，土壤肥力高，植株密度也会提高。

以生产播种用种子为目的者，其植株密度因作物种类与品种特性而异。采种田的种植密度可以比一般作物生产者的推荐密度更低，来增加行株距，让单株作物可以充分生长，展现品种特性，以利去伪去杂（roughing）的田间作业。

种子生产在播种的管理上会因生产的层级而略有所不同。在原原种的繁种时期，种子数量不多，播种可以采用较低的植株密度，提高每株种子的产量，采种田则可以适当提高植株密度，来达到最大种子收成量。杂交品种种子生产上，父母本的播种密度有不同的考量，但也可以先提高播种量，再用间苗的方式来达到恰当的密度。一般而言，父本自交系的播种密度可以提高，以增加花粉数量。父本行 / 母本行通常为 1/1 或者 1/2，但虫媒者母本行数或许可以提高。单交种玉米的父本行 / 母本行是 2/4，双交种为 2/6 或 2/8。杂交种向日葵的父本行 / 母本行可以是 1/2 ~ 1/7。

少数情况下提高播种密度有利于采种。以欧防风为例，其伞形花序有顶生的主要伞花与侧边的次要伞花，主要伞花所结种子的胚较大，质量较好。提高欧防风的栽培密度，可以增加主要伞花所结种子的比例（Gray *et al.*，1985）。

播种时期因地区与作物类别而定，以达到种子质量较高为原则，播种季节的前后则因其他的考虑加以调整，例如当父本与母本开花期不一致时，需要调整各自的播种期，使能同步开花，顺利完成授粉。若前作有遗留种子之虞，也可以延迟播种期，让该等种子发芽以后再行整地播种，降低将来混杂的概率。附近播种同一作物不同品种时，可以延迟播种期错开将来的开花期，以确保不会受花粉污染。

（二）以种球生产种子

二年生作物采种常先以种子播种，然后采收其地下根、地下茎，甚至整株植物，选择优良者移种。由于选择时已经形同淘汰，采种田的去伪工作得以减轻，因为不经种子发芽与幼苗成长阶段，所以其生长会更为整齐。不过考虑到病虫害，因此两阶段的种植宜选择不同田区。

萝卜在第一年秋冬季将地下根挖出选种，然后隔年春天将所选植株再种于田间进行采种，在温带需要有特殊的保护才能越冬，而能于第二年重新栽种后开花结籽。

二、授粉管理

（一）防止品种混杂的花粉管理

为了维持品种的纯度，采种田特别讲究花粉的隔离，以避免异品种花粉的污染。花粉的隔离方式有三种：空间的隔离、时间的隔离以及物理性的隔离。隔离的强度因作物繁殖方式以及采种等级而异，异交作物比自交作物、原种田比采种田需要较强的隔离。

同一"种"作物但不同品种若种在相同的季节，需要有适当的隔离距离，让其他品种的花粉不会借着风、虫的媒介而传入采种田，这就是空间的隔离。每种作物所需要的隔离距离长短差别很大，一般而言，自交作物需要的隔离距离较短（例如莴苣 3～6 m 即可），异交作物需要的隔离距离较长（例如菠菜需要 1～3 km）。个别作物的适当隔离距离各国的推荐值可能有相当大的差距，以下仅供参考。一般豆类 4 m、番茄 50 m、莴苣与甜椒 200 m、苦瓜与胡瓜 500 m、南瓜与丝瓜 1,000 m、西瓜 1,500 m、花椰菜与白菜 2,000 m。农艺作物中水稻隔离 4 m，杂交稻 40 m、玉米 2,000 m。向日葵固定种隔离 400 m，杂交种或自交系隔离 600 m，相对于此，一般作物生产只需 200 m。然而花粉传播的实际距离可能较一般规范要远，例如霍夫曼等（Hofmann *et al.*，2014）指出，在欧洲玉米花粉的传播距离高可达 4 km。

时间的隔离是指自己的田或邻居的田在种同一"种"作物但不同品种时，需要确保开花时期的错开，以避免异交授粉的问题。时间的隔离也要考虑采种田的栽培历史，包括所用过的农药、前期作物等。若进行种子生产之前曾经种过同一作物的其他品种，则视作物种类需要有 1～3 年轮作其他作物，避免前期相同作物异品种的种子落在采种田间自行发芽生长，增加品种混杂的概率。像甘蓝属或三叶草属等种子在土中的寿命可达 10 年，需要特别注意，若不同物种但种子外观接近者，也不能忽视，如小麦与大麦。

一般而言，向日葵隔 1 年采种，若有寄生性杂草则隔 4 年。莴苣采种田隔 3 年种一次。葫芦科、十字花科作物不宜连作，但花椰菜若进行移植种植，则田间不必隔年。豆科可以隔 1 年种，但豌豆以 3 年采种一次为宜。玉米可连作，但水稻因前作掉落的种子有可能次年发芽，因此也要间隔 1 年，不过若能翻土灌水 2～3 个星期让土中稻种发芽，再行翻土，亦可连作。

若时间与空间的隔离无法做到，则可以采用物理性的隔离，例如用纱网罩住刚要开花的品种，就可以避免其他品种花粉的混杂（图 9-2）。纱网隔离若能防止带病毒昆虫如蚜虫，也可有效阻止毒素病的传播。育种家生产父母本材料或者原原种时，因数量小，可以使用较小的网盖。对于异交作物，在纱网内采种需要加强授粉管理，如置放蜂箱。

图 9-2　可进入操作的隔离网室，外边放置蜂箱

　　除了网室，也可以在采种田四周田区设置防风措施来协助隔离，栽培灌木绿篱则可作为永久的防风墙。临时种植高大的农作物如甘蔗、玉米、向日葵等，甚或临时搭架塑料网，也可以减少邻田花粉进来，有效地缩短隔离距离。一般而言，可缩短的距离约是设施高度的 10 倍。防风措施以能通风者为宜，避免造成乱流。

　　（二）授粉

　　许多作物生产上都利用昆虫来增加授粉机会，以提高种子数。自然界中可提供授粉的昆虫除蜂类外还包括蝇类、蝶类、甲虫类、蚂蚁等。在采种工作上则以蜂类为主，包括蜜蜂类、胡蜂类、熊蜂与切叶蜂（壁蜂）等。目前除西洋蜂为人类大量饲养并提供授粉之外，其余大部分均为野生，较难控制利用。

　　采种上常使用蜜蜂授粉者为十字花科蔬菜，这类蔬菜的花对蜜蜂吸引力大，采种时利用蜜蜂授粉，可增加采种量。此外葫芦科、洋葱、胡萝卜等蔬菜，与各种花卉、牧草、绿肥、油料（向日葵、芥花籽）、保健、药用植物等之采种，也都可利用蜜蜂授粉。不过野生蜂类数量经常不足，因此开花季节可以租用蜂箱，所需授粉蜂群数依开花数量及租用成本而定，一般为每公顷 2~10 群。

三、杂交品种采种的花粉控制

　　杂交一代种子的生产需要将母本的雄花去掉，然后引用父本雄花来授粉。去雄的方法有多种，手工去雄可用于雌雄异花作物如玉米与刺瓜。由于玉米雄穗长在顶端，机械去雄相对容易。自交作物的交配品种也常用手工去雄，特别是繁殖倍率高、种子价格贵的作物如番茄、甜椒等。去雄、采集父本花粉、授粉、套袋等工作都需要技巧与恰当时机。

不过手工去雄相当辛劳，因此已发展出一些技术来取代劳力。首先是化学去雄，这是根据雌雄蕊抗药性的不同，选用化学药剂阻止花粉的形成或抑制花粉的正常发育，使花粉失去受精能力，达到去雄的目的。化学药剂的选择着重于去雄率高而不伤及雌蕊，也不引起植株的变异。本法的优点在于可简单地大面积叶面喷施，但缺点则是其效果易受环境条件影响、去雄不彻底、易有副作用等。目前在杂交小麦、棉花等都有使用去雄剂，如小麦用 GENESIS、BAU-9403 可得到近 100% 的去雄效果（辛金霞、戎郁萍，2010）。

十字花科蔬菜如花椰菜、青花菜、结球白菜、甘蓝等杂交品种的采种，应用的杂交手段是采用具有自交不亲合特性的自交系来预防自交。具备此特性的植株，自己的花粉掉在自己的柱头上时，无法长出花粉管，但其他植株的花粉则可。采种时将二自交系隔行混植，借助蜜蜂杂交授粉，生产高纯度种子，其效果良好，也可大幅降低生产成本。不过采用自交不亲合的方法有其缺点，如杂父率不稳定、亲本白交系繁殖不易、自交弱势导致采种量低，以及优良亲本未必具有自交不亲合性等瓶颈。

具备自交不亲合的自交系亲本，其本身的采种可用蕾期授粉、高温、药剂、盐水或二氧化碳处理，来克服自交不亲合的特性。高浓度二氧化碳的技术已应用于甘蓝、结球白菜、萝卜及青花菜自交不亲合自交系的种子生产（王仕贤等，2003）。

雄不稔性状之应用是降低采种成本的好方法，采用具有雄不稔性状者作为杂交母本，可避免自交而提高采种纯度。超过 140 种物种具有细胞质雄不稔（cytoplasmic male sterility，CMS）特性，但以玉米使用最普遍。由于花粉不具有细胞质，因此雄不稔亲本的维持较为单纯，只需要一个具有相同细胞核但花粉正常的维持品系即可。雄不稔母本品系若无维持品系就无法自交留种，也可避免采种亲本遭窃。核雄不稔（nuclear male sterility，NMS）较为少见，其维持也较难。

雄不稔性状的应用称为三系配套采种模式，此模式除了需要雄不稔母系外，另外还需要雄不稔维持系与雄不稔恢复系。雄不稔母系需要与维持系交配，才能代代保留。维持系与恢复系都可以用自交来保留，而杂交品种种子的生产则需要雄不稔母系与恢复系之间的杂交。

授粉昆虫也应用在一代杂交种子采种生产上，例如利用蜜蜂生产西瓜杂交种子，可提高种子产量。

一些作物的花粉可以进行冷冻保存，例如番茄、甜椒等。番茄花粉在 -80℃ 下 50 天，仍可以维持生命，与新鲜花粉有同样的生产种子作用（Sacks & St. Clair，1996）。杂交品种采种时若加以利用，可以免除父母本同步开花的调控，减少父本种植数量。

四、去伪去杂

本季当采的品种在播种时，若种子本身不纯，含有异品种种子，将来采种时就会有混杂其他品种种子之虞。种子虽纯，但若播种前储存不当，导致种子发生突变，将来所采种子就可能偏离原有品种的特性。若田区存在前作所遗留异品种种子，播种后可能发芽而与本季当采的品种相混而造成混杂。因此除了加强隔离以防止异品种花粉的污染外，进行去伪去杂的工作，将外表不同的走型（off-type）植株加以清除也很重要。

走型的植株在外表上有可能产生的差异如：（1）株高——较高或较低；（2）种实特性——如水稻谷粒芒尖颜色或芒之有无；（3）叶片特性——叶色、叶片角度等；（4）花色或花期不一致；（5）成熟期不一致；（6）其他。在去伪去杂的同时，也宜将得病植株与靠近的杂草加以清除。病株应加以烧毁，以防扩散。

随时在田间观察，遇到不纯与病株立即拔除，在采种前宜有多次拔除的作业。水稻可在授粉期与稻谷成熟前各去伪去杂一次。莴苣、花椰菜、白菜等可于叶菜商业生产期去伪去杂一次，抽薹开花期再进行一次。西瓜、胡瓜等于开花前、开花后、果实发育中期、采果期各去伪去杂一次。大豆、落花生等于开花期与成熟前各去伪一次。番茄与甜椒等在开花前营养生长期间先去伪去杂一次，其后在幼果期与果实成熟期分别再进行一次。莴苣在簇叶期去伪一次，开花期再去伪一次。

第五节　种子的采收

种子采收的作业可分为干果类采种与浆果类采种两大类。浆果类如木瓜、番茄、甜椒、胡瓜等，种子成熟时果肉仍然多水。干果类作物如豆类作物与甘蓝类蔬菜等，采收时干燥果荚内种子的含水率已下降。禾本科作物干燥种实留在花穗上而直接外露，但玉米的种实由苞叶包着。

一、采收时机

对干果类采种而言，采收时间关系种子的质量与采收量。太早采收，种子大多未成熟，随着充实期的进展，成熟种子越来越多，但是也会开始掉落。因此就采收高质种子数量而言，有一段时间是最佳采收期，当会掉落的种子数量超过即将由未成熟转为成熟的种子量时，就要开始采收。若时间允许，可以在田间多次采收成熟的种子或果荚。若只允许一次采收，则以60%～80%的种子（果实）成熟为宜。

成熟种子的含水率也是考虑的因素。成熟期越晚，种子含水率越低。种子较干燥时适合机械作业，含水率高时较不易脱粒。但是种子太干燥，也容易受到机械伤害。一般的作业是在采收前先在田间取样少数种子，用拇指甲试压种子，凭经验决定采收与否。采收方式不同，最佳的种子含水率也不同，例如豌豆以手工脱粒者，可在 30%～44% 时进行，若用联合收割机采收脱粒，则需要降到 26% 方可进行（Biddle，1981）。

达到适合采收的时间每年不同，会受到当年天气的影响。气温较高、相对湿度较低、土壤较干都会加速成熟，反之则需要较晚采收。空气较干时，成熟种子更容易脱落。此时可以利用清晨露水消失前，或下过雨之后进行采收作业，亦可尝试灌溉增加湿气。成熟期间若下雨，宜调整采收时机。

在浆果类作物，种子的成熟环境较为单纯，对采收时机而言，温度的影响较大，水分的影响较少。通常果实停留在植株过熟，让种子在果实内充分成熟之后才宜收割果实剖取种子，也可以在果实收割后放置后熟一段时间，然后取出种子。

种子采收方式在浆果类与干果类作物也有所不同。

二、干果类采收方式

手工采收的方式虽然古老，但有些时候还在使用，如高价种子、原原种采种面积小，或人工相当便宜的地区等。有些作物具有无限型花序特性，果实陆续成熟者，也比较适合手采。手采通常用剪刀直接将种实部位（如玉米穗、葱类花序等）割下，有时也可以连同植株部分茎叶割下（如萝卜、莴苣），或者整株拔起（如豌豆）。采收后材料可以放在防水布、篲模、干燥地板上，或若干植体捆绑成束，挂在架上进一步干燥，然后脱粒。手工脱粒主要的方式包括徒手用有皱褶的橡胶片搓磨，或者以连枷等工具敲击尚未裂开的干果。手采时须注意不要产生不必要的植体碎片，避免加重将来清理的工作，也须尽可能不伤及种子。

手工采收虽然可以采得最大的种子量，但较为费工。若遇到天气不佳，可进行采收的天数有限，则仍以机械采收为宜，采种机械可分为三类（Kelly & George，1998）。

第一类机械使用一般收割机由植株基部切割，种子仍连着茎部，以待后续脱粒。在收割之后，整个植体可以成堆或者捆成束置于田间，数量少时也可以移到干燥空间，等待进一步干燥后再以电动脱粒机进行脱粒。第二类以脱粒机直接脱粒，其余植体仍留于田间。一些型号的脱粒机使用摩擦或摇动的模式，只脱粒已成熟的种子，未成熟者留待下一回采收。第三类使用联合收割机，在驾驶机械于作物行间之际收割植体，同时将种子脱粒。

联合收割机适用于大面积以及成熟期一致时的采种，但售价偏贵，其操作也较需要技巧，不过也有小型联合收割机供小规模采种使用。若使用本款机械的脱粒功能，要先确保种子足够干燥。

三、浆果类的采种方式

果实采收可以手采或机采，果实成熟期较不一致者以手采为宜。采种用的果实在可食用时暂时保留不摘，留在植株上一个星期到数个星期以待种子后熟。若有患病之虞者，可将果实摘下静置后熟。大量采收者可用机器采收，然后压碎果实。

果实压碎后将种子由残渣分离出。将带有果浆的种子浸泡于水中 8~12 小时，之后倒水除却果浆，种子量大者可使用离心机分离种子与果浆。干净的种子用清水冲洗后干燥。若种子外面覆有胶质，例如番茄与胡瓜的种子，则需先加以去除，去除的方式可用发酵法或化学药剂处理。

发酵法是将种子放入容器内，若太黏稠难以搅动，略加适当的水以利搅动即可。然后放在室温（25~30℃）静置 2~3 天发酵，每天搅动 3 次。当种子的胶质容易去除时，或种子开始要发芽前，即倒入体积 10 倍大的容器内加以搅拌搓揉，再加入 4 倍的水摇动，让果胶与种子分离。静置去除浮在上面的果胶、杂质与轻种子。重的种子偶尔也会上浮，可用手拨使沉于水中。将干净的好种子倒在滤网上过滤水分。干净的湿种子薄层平铺于硬板上（不要用纸张或布料），加以吹风并经常搅动，以除掉水分。

第六节 其他

一、木本树木的种子园

造林产业上为了追求木材的量产，需要播种遗传质量以及播种质量兼优的种子。这类种子的生产通常不由野外采集，而是经营种子园（seed orchard），种植优良品系，并作密集管理，来进行大量采种。种子园常用于林木育种计划，或者育林植树计划。

荷兰于 19 世纪末期就在爪哇设置金鸡纳树的无性系种子园，其后马来西亚也以种子园进行橡胶树的采种。在 20 世纪 40 年代以后，各国相继建立针叶树种子园，其他如壳斗科、樟科、豆科等也都有之。

种子园分为无性繁殖种子园与实生苗种子园两大类。无性繁殖种子园通常选择优良母树，用嫁接或扦插的方式进行栽培。无性繁殖的好处在于容易维持原有树木的遗传质量，也能提早开花采种，但有些树种较难进行无性繁殖，导致成本高昂。实生苗种子园则成本较低，选种优良个体混植，以开放授粉或控制授粉的方式获得种子，通常适用于播种到开花时期较短的树种，如黑云杉或桉属。若树种带有一些自交不亲合特性，而且花期重叠，则可以生产杂交种子，如金合欢属（Griffin *et al.*, 1992）。

与农作物一样，种子园地点的选择很重要，其生态环境需适宜该树种的生长发育，以及大量的开花结实。其次，园地宜选平坦、开阔的阳坡或半阳坡林地，坡度不宜大于 20 度。种子园也应注意树木花粉传播距离大的问题，以避免园区外花粉的混杂。树木有效花粉一般在 500～600 m，但因环境与物种而异。以松树种子园为例，至少需要有 2 km 的隔离距离，而对落叶松则 100 m 以上隔离距离即可。

除非种子成熟时容易掉落，否则树木宜修剪成矮、宽的丛生状，以利采种。采种时机也很重要，以松柏类球果而言，太早采收不但种子收获量低，活度也不佳。球果成熟时因为水分的丧失而提高其比重，是较准确的判断准则（Hartmann *et al.*, 1997）。

二、人工种子

以组织培养的方式进行大量无性增殖，得到体细胞胚（somatic embryo），用包衣材料将之包覆成颗粒状，称为人工种子（synthetic seed，或 artificial seed）。人工种子可以有三类：（1）单纯的新鲜体细胞胚；（2）体细胞胚以胶衣裹覆的新鲜颗粒；（3）体细胞胚造粒后经干燥的颗粒。人工种子的标准制作程序有五个，包括体细胞胚的诱导、增殖、组织分化、成熟以及造粒。人工种子除了体细胞胚外，通常还需要附加糖类等养分来供体细胞胚发芽。有些人工种子可以干燥到 10% 的含水率，但是长期储藏仍有困难。

体细胞胚的诱导需要慎选营养体。适合诱发体细胞胚的营养体因植物种类而异，如大豆、山茶花以幼胚为宜，美国白蜡树、邓恩桉可选用成熟种子，辽东楤木可用嫩芽，红栎树可用其叶片，落花生则可选用腋芽或顶芽（Ozudogru *et al.*, 2013）。花椰菜的花球发育时，密集重复的分枝在表面形成数以百万计的分生组织，可作为繁殖的材料（Kieffer & Fuller, 2013）。

品种的不同也会影响诱导能力，因此需要选择恰当的品种进行微体繁殖。微体繁殖的方法以大豆为例，切取小于 5 mm 幼胚的嫩子叶，子叶内侧朝上置于培养基，并以弱光照（5～10 μE/m^2/s）进行培养，以利体细胞胚的分化，光照太强反而不利于分化。培养基采用 Murashige & Skoog 固态培养基配方，其中含有维生素 B$_5$、3% 蔗糖、0.2% 结兰胶（gellan gum），以及 40 mg/L 的人工合成生长素 2,4-D；酸碱度调到 pH 值 7.0。

大豆体细胞胚开始分化后，可以降低生长素浓度，继续分生出体细胞胚，进行增殖，大量生产体细胞。前述固态培养基 2,4-D 浓度可降至 20 mg/L，若是液态培养基则可以低到 5 mg/L，两者的酸碱度都调到 pH 值 5.8。增殖达到目标时，可以更换培养基，完全去除生长素，把 3%

的蔗糖更换为 6% 的麦芽糖，并加入 0.5% 的活性炭，促进体细胞胚的组织再分化，以长成完整的胚。接近成熟前再更换培养基，去除活性炭即可。成熟体细胞胚若未经干燥即播种，其发芽的速度稍慢，可放在培养皿内，或用饱和 KCl 溶液创造 85% 相对湿度的空气，缓慢干燥 3～7 天，以促进发芽速度。

成熟体细胞胚可进行造粒处理以便利运送，常用于人工种子的造粒材料是褐藻酸钠（sodium alginate）。将成熟的体细胞胚置入褐藻酸钠溶液（0.5%～5.0% w/v）中，然后用滴管吸取一个体细胞胚连同褐藻酸钠溶液，滴入浓度 30～100 mM 的氯化钙溶液中，褐藻酸盐遇氯化钙会产生离子置换，在体细胞胚外形成固态胶囊，将体细胞胚裹着形成人工种子（图 9-3）。滴管内壁管径的大小会决定人工种子的大小，两种溶液的浓度会决定人工种子的硬度。或使用双层滴管，让体细胞胚由内管释出，外管则流出褐藻酸钠溶液，可以让体细胞胚存在于褐藻酸钙的正中央，增加胶囊的保护能力（Ara et al., 2000）。

图 9-3　人工种子

人工种子结合大量无性繁殖技术以及种子储藏技术的优点，在技术上已经可以做出的体细胞胚人工种子包括甘蔗（Nieves et al., 2003）、落花生、胡萝卜、苜蓿、茄子、奇异果、杧果、印度桑、香蕉、葡萄，以及多种树木如茶花、欧洲云杉等约 40 个物种（Ara et al., 2000）。然而由于大量生产可用的、健康、可耐干燥储存的体细胞胚，在技术上仍难以克服，而且人工种子造价昂贵，因此虽然树木体细胞胚已经大量生产，但人工种子仍未能普遍商业化（Cyr, 2000）。

三、农民保种

农民留种自用，是一万年前农业发明以来的习惯，也是在各地方逐渐创造出千千万万适合各地方作物品种的基础。随着科技以及种苗企业的发展，作物的商业生产已大多采用育种专家在惯行农法之下所选育出的新品种。

近代新品种基于商业的理由，选种时偏重于具有商业价值的少数特性，长久以来各地农民所保存下来的许多特性因而从市场上消失。而每年由公共机构或者种苗公司购买种子来播种，不但导致作物品种多样性降低，也丧失了农民发现而且选留新遗传特性的机会。这对于环境剧变的今后，尤其显得严重。农民的留种（seed saving）自用，无意间为人类进行保育（conservation）种子的工作。农民保种可以说是"藏种于农"，与国家种原库（详见第 12 章）的重要性不相上下。

农民留种技术的难度因作物种类而异，一般而言自交作物较容易，异交作物较难，在有机农法上，生产对象为果实的一年生作物较易，叶菜类作物较难。留种技术特别要注意品种特性的维持，避免邻田同样作物不同品系花粉或种子的混杂，这包括隔离种植、生长期间若干重要生育阶段的去伪去杂、授粉期间的套袋罩网或人工授粉、种子采收清理干燥储存，以及全部过程的标示等。由于各种作物的留种操作在细节上有所不同，因此宜编印各作物的留种手册（郭华仁、郑兴陆，2013），以供农民参考。

四、有机种子

本章所提种子生产，大多指的是以惯行农法栽培采种所得的种子，若以有机农法生产，所得种子可简称为有机种子。由于有机农业的发展主要在近 20 年，有机种子的技术研发更晚，因此全球首次的有机种子研讨会，迟至 2004 年才得以举行（Lammerts van Bueren *et al.*，2004）。

多数国家都规定有机农法要求尽量采用有机种子来播种，然而在生产供应有机种子上，有机农民面临的问题较诸惯行种子生产者更多。由于有机农法禁止使用化学药剂，有些作物患病的风险增加，作物也需要有更强的杂草竞争力，因此采种田上要生产健康的有机种子相当不易。二年生的蔬菜，例如结球甘蓝、胡萝卜、洋葱更是困难，因为采种生产比叶菜商业生产需要更长的生长期，提高了染病及污染的风险。

为应付春天有机肥矿物化速度缓慢及杂草种子的竞争，有机种子需要活度高和发育快速的根系，因此种子本身的健康情形也是影响有机种子生产的一大因素。

由于有机农法不得使用化学农药，因此种子较可能附有更多的病菌，所以有机种子的检疫门槛必须较传统种子更严格。然而一般有机农法的验证着重有机生产方式和化学药剂的禁用，而有机种子的健康情形并非检验的要点，严重染病的种子也可能轻易通过认证。因此有必要定义出有机种子健康的质量标准，重新调整质量检测的门槛。在丹麦，种子本身的病害使得许多的有机种子必须丢弃，造成很大的损失，例如豆类种子在 2000 年有 90% 因为病害被丢弃。有时更因为病害几乎所有的种子都被丢弃，使得有机种子的生产几乎不可行。因此需改善耕作技术，以减少田中种子病害的发生，并且发展适于有机条件下种子的处理方式。

有机种子生产过程中的病害管理相当重要。以胡萝卜的黑斑病菌（*Alternaria radicina*）为例，在有机管理下，较不严重的种子感染不易发现，只能在胡萝卜根部找到肿块。当成熟期的胡萝卜遇到 20℃ 以上的温度，或者收获后低温储存时，会出现明显的黑色根部。当胡萝卜幼苗或成熟的根进行低温春化催花时，染病株通常不易发现，尔后却长出染病的花及种子。有机胡萝卜种子生产需要高度的防菌管控，例如使用未染病的种子，隔离劣质的种子，并且严格地与其他伞形科植物隔离（Groot *et al.*，2005）。

商业种子生产通常施用合成的作物保护剂来排除病原，而有机农业则常用物理性的方法处理，例如使用热水浸种，但若处理不当有伤及种子的风险。为了避免这个问题而发展出天然的、复合的、更温和与符合有机规范的处理方法，例如百里香油等抑制细菌性及真菌性种子疾病（Schmitt *et al.*，2004）。不过尚未登记为作物保护药剂的产品必须经过昂贵的毒物学的检验，此外还必须遵守有机质量的管理法则，这对市场小的有机种子而言相当严苛。

除了外加的处理，种子本身的成熟度也需要注意。成熟种子会达到最佳的生理质量，而未完全成熟的种子发芽后，生长发育的情形较差，且产生的种子较少，也较容易患病。多数作物的种子在发育初期是绿色的，而在种子成熟时叶绿素崩解，因此可由种子上叶绿素荧光（chlorophyll fluorescence，CF）来判定成熟度。菠菜为无限型开花，种子成熟期不一致，用 CF 与种子筛选大小的机器来分级，可以得到质量高的种子（Deleuran *et al.*，2013）。完全成熟的莴苣种子的 CF 值最低，发芽率高，生长速度快而一致，且不易患病。不够成熟的种子发芽率低，比低 CF 值的种子易染病，且对热水处理敏感。借由 CF 值可以去除较不成熟的种子，有效增进有机种子的质量。

第10章 种子的清理调制与储藏

采收自田间的种子经常夹杂残枝、碎叶以及小的石头土块等，若不加以仔细清理，不但会有涉嫌虚报实重、增加病菌附着等缺点，由于外观不佳，买者也会认为质量不良，降低购买意愿。种子清理、调制以及后续的储藏，都是要确保所采种子在将来利用时仍保有较高的质量。

种子清理调制的目标是要将原始采集的种子中不必要的杂质或其他种子加以去除，以得到最大量的纯净种子。商业化种子生产需要借助各类机器来进行清理工作。这些机器的设计都需要考虑到第2章所提到的种子物理特性。

第一节　种子的质量

维持种子质量是为了确保种子有良好的种植成果。不过从采种到成苗之间，种子经历过清理、调制、分装、储藏、运输以及播种等过程，因此种子质量具有多样的属性，包括洁净度、品种纯度、含水率、发芽率、田间萌芽率、发（萌）芽整齐度、耐储力及播种易度等。

种子净度（purity）就是种子所含其他杂质或者是破碎的或其他种类种子的百分比，该百分比越低，表示净度越高。种子纯度（true to cultivar）则是某品种种子混有相同植物但不同品种种子的百分比，该百分比越低，表示纯度越高。种子发芽百分率是指在实验室所进行的发芽试验所得的发芽率，但是发芽百分率不等于播种于田间后其萌芽的百分率。种苗商很重视种子发芽百分率，但是对农民而言，田间萌芽率比较实际。

除了发芽率高以外，发芽整齐度也是种子质量重要的项目之一。发芽整齐度高对野生族群可能不利，因为幼苗有遇到逆境全部死亡的风险。对近代农民而言，发芽整齐度高则可以让植株生长一致，有利于中耕、施肥以及机械操作。对于穴盘育苗而言，发芽高度整齐更是提高生产效率的必要条件。

种子耐储能力低，则在储藏一段时间后，其发芽率、萌芽率与发芽整齐度下降得较快，降低其播种质量。在播种时采用机械播种者，要求种子能够准确接受机器的吸力，有些种子或者太小或者容易结块，不易机械播种，因此较不利于播种。

　　种子清理调制（Thomson，1979）的目的就在于提升种子的各项质量，所用到的方法包括干燥、清理（cleaning）、精选（up-grading）、拌药、包衣（coating）、包装、萌调（priming 或 conditioning），此外还包括浸润回干（hydration-dehydration）、休眠解除处理等。干燥种子可以降低种子含水率，提高储藏期，有助于维持发（萌）芽率与发芽整齐度。清理种子可以提升种子的净度，有时也有助于纯度的提高。精选除了净度、纯度的提高，有时也可以淘汰较差的种子，因而提高发（萌）芽率。种子拌药或者温水浸种处理可避免菌害，提高田间萌芽率。种子包衣可方便微小、多毛型种子的播种。良好的包装可以避免种子劣化，因而延长储藏期，有助于维持发（萌）芽率与发芽整齐度。休眠解除处理与浸润回干处理有助于提高发（萌）芽率，而萌调处理则可以促进发芽整齐度。

第二节　种子的干燥

　　种子干燥方法的考虑在学术研究与种子生产业者间颇为不同，不过干燥的原理是一致的。种子的水分会与外界空气中的水分交换，到最后达到平衡含水率，空气相对湿度越低，种子平衡含水率越低、越干燥（图 2-11）。

　　在田间相对湿度 60% 之下，大豆种子的平衡含水率约可达 9%，水稻者约 12%，但是在相对湿度 80% 之下，大豆种子含水率约可达 12%，水稻者约 16%。不过一般而言，采种种子宜干燥到相对湿度 40% 下的平衡含水率，在水稻约 9%，在碳水化合物含量低的种子约 6%。

　　干燥种子的原理就是把种子放在相对湿度较低的环境下，使种子达到较低的平衡含水率。有两种方法可以降低相对湿度：直接除去空气中的水分子，或者升高温度来降低相对湿度。

　　大量采种时一般使用提升温度的方式，例如使用烘干机来降低相对湿度。在 0°C 的密闭空间，若相对湿度为 100%，表示已达到饱和湿度。此时若温度调升到 10°C，则饱和蒸汽量加倍，因此相对湿度降到 50%。温度升高到 20°C，则相对湿度降到 25%；温度若再升高到 30°C，则相对湿度降到 12.5%。日晒或者烘干机之所以能够干燥种子，就是通过降低大气相对湿度而达到的。送风本身会加快种子的干燥速度，但不会影响种子可以达到的干燥程度。

　　种子干燥机种类繁多，包括箱式干燥机、浮动式干燥机、循环式干燥机等。不同作物种子可能有较为适合的干燥设备，每种干燥设备皆有其优点、缺点以及限制，采用前宜先加以了解。干燥的热能来源包括太阳能、燃料等。借由加热降低空气湿度，然后将干空气吹向种子带走水汽，达到干燥的效果。需要注意送风口常因高温而极端干燥，附近的种子容易受伤。

瓜类、番茄等种子常用日晒法来干燥。利用日晒干燥种子可以省电，但是阳光太强导致温度上升，有可能伤及种子，因此需要经常搅拌种子，避免同一面温度太高而导致种子劣变。若在水泥、砖面上，须注意避免种子烫伤，比较好的方法是先在晒场上设置木架，木架上放竹帘，再将种子置于竹帘上晒干。也可以用简易温室吸收太阳能，提高室内温度，再借由抽风机将种子水分往外抽送。

若要维持种子的高质量，需要避免干燥温度过高，此时可以采用移除水分子的方式。可用多孔性固态吸附剂（adsorbent）如硅胶、沸石珠、活性炭、氧化铝、漂白土、分子筛状物等，将空气中的水分吸附于孔隙表面，降低空气相对湿度。吸附剂可再干燥重复使用，但能处理的种子量较少，也可以采用液体吸收剂如氯化锂、氯化钙等。一个分子的氯化锂可吸收三个分子的水，而其再生也可以采用太阳能，达到省电的效果。利用冷气机是借着蒸发器的低温冷凝，来聚集空气中的水，然后直接排到屋外。但是冷气机降低湿度的能力有限，天冷时也不适用。

第三节　种子的预备清理

采种之后整批种子若杂质太多，在做正式的调制前，可以先用风选或筛选简单地处理。有些种子表面附属物质会妨碍调制工作，需要进行预备清理，使得以后各项清理精选的过程中，种子可以在清理机器中顺利地流动，加速种子清理工作。

预备清理可使用机器将种子的附属物质除去，附属物质如芒、纤毛、留在种子上的果荚，或者是各类突出的果皮等，这些工作可用各式各样的磨皮机（scarifier）来进行。磨皮机有三个作用：（1）将芒、纤毛、果荚等附属物磨去，以减小种子体积，加速种子流动；（2）有些硬实种子不能吸水，播种后也不会发芽，这类种子磨皮后可以解除硬实；（3）双粒种子经摩擦后可以分开。

磨皮机可分为两大类：第一种是转筒式磨皮机，第二种是皮带式磨皮机。不论哪种机型，种子潮湿时磨皮的效果都较差，因此若种子材料较湿，在处理前宜先进行干燥。

一、转筒式磨皮机

转筒式磨皮机主要由刷子与网筒构成（图 10-1），具有网筒筛孔，孔径固定，依种子的大小装上合适孔径的网筒。转轴置于网筒的中央，与筒长平行。种子由入口进入网筒后，因转轴的转动带动毛刷或搅打器，把种子推到网筒与毛刷等的中间，产生摩擦，将表面物质磨掉。

转轴的毛刷换成钢刷，或在网筒的内侧包上一圈钢砂布，可以将硬实种子的种被磨伤。影响磨皮机效果的因素包括转轴的转速、刷子的硬度、网筒的筛孔、刷子与网筒间的距离，以及种子停留在机器时间的长短等。

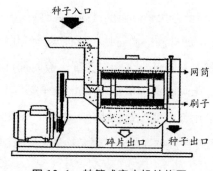

图 10-1　转筒式磨皮机结构图

二、皮带式磨皮机

皮带式磨皮机由上下两组皮带组成，一组顺时针转动，一组逆时针转动，因此相邻的两组皮带向同一个方向前进转动。两组皮带的距离依种子的大小可以调整，使得种子外壳因摩擦而脱落，适用于较为脆弱的种子或将数粒种子合在一起的种子球加以分开。

第四节　种子的基本调制

一、风筛清理机

种子的基本清理一般采用风选以及筛选。筛选是依据颗粒的宽度及厚度来选种，风选则是依种子的浮力（重量）来处理，通常是两种清理法皆需要进行，因此常将两种清理的机器合在一起制造，这种清理机器就是风筛清理机（air-screener）。

筛选机主要部分通常由 2~4 层的筛网组成，最上层可称为初筛，最下层可称为底筛，中间的一、二层则是分级筛，筛孔的大小由上而下越来越小。

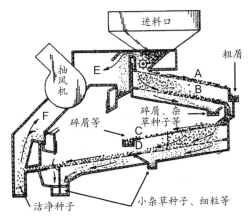

图 10-2　风筛清理机结构图

A/B 与 C/D 各为一组筛网，E/F 为风力抽去轻种子

图 10-2 的设计有两组筛网，较粗的杂质无法通过 A、C，而比 B、D 筛孔小的杂草种子与碎屑则会掉落，轻的种子则用风选的方式抽走。筛孔与风速的选择是成功的要件。

筛孔的形状有长筛、圆筛、方筛、三角筛及六角筛等，其中以长筛和圆筛最为常用（图 10-3）。特殊筛网可用来除去某特定杂草种子，如三角筛可以去除杂草卷茎蓼的三角形种子。筛孔大小等级甚多，全部有 200 种以上。

在决定用长筛或者圆筛，以及筛孔大小前，先取部分样品进行净度分析，将主要作物、杂质及异种子分开，然后测量各族群约 50 粒每粒种子的宽度及厚度，根据主要种子及其他种子宽厚分布的重叠程度来决定用哪种筛网，例如若厚度的重叠较小，则采用长筛，反之，若宽度的重叠较小，则采用圆筛来清理。假如一批种子含有两种杂质或异种子，而此两种异物一个需用长筛，另一个需用圆筛，则宜使用两层筛网来清理。

1. 长筛

假设有两粒种子宽度都是 8 mm，但厚度有一粒是 4 mm，另一粒是 2 mm，那么这两粒种子都可以通过直径 8.2 mm 的圆筛，但都无法通过直径 7.8 mm 者，所以无法用圆筛来分开，但可以用 1 cm×3.2 mm 的长筛来区分两粒种子，不用理会种子宽度。因此若种子间平均宽度的重叠较大，不易区分，厚度重叠较小，需要用厚度来区分时，可采用长筛。

2. 圆筛

假设有两粒不同的种子皆有相同的厚度，例如都是 3 mm，但是宽度不一样，例如有一粒的宽度是 9 mm，另一粒是 5 mm，那么这两粒种子都可以通过 1 cm×3.2 mm 的长筛，用长筛无法区分这两粒种子，但是若用直径 7 mm 的圆筛就可以把两粒种子分开。因此若目标种子与另类种子间平均厚度的重叠较大而不易区分，宽度重叠较小，需要用宽度来区分时，则采用圆筛。

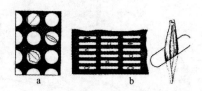

图 10-3　圆筛（a）与长筛（b）

二、斜度清理机

作物种子若略呈球形或椭圆形，表面又光滑，而且杂质表面粗糙或扁平，则可以利用斜度清理机来处理。发动机开动时传送带由下往上传送，种子由进料口掉落在传送中的传送带上，圆滑的作物种子因重力大于摩擦力而往下滚动，粗糙的杂质或其他种子则被传送带送到上方，由另一出口接收。

三、弹力清理机

种子在硬板上反弹的力量，有时也可以用来区分作物种子与异物体。假如作物种子与异种子的弹力颇有差距，例如豆类种子与禾本科杂草种子，可以让样品逐一掉落在略有斜度的板面上，弹力小的种子会贴着板面自行滑下，具有弹力的作物种子则可以弹到旁边的滑槽，而将两者分开。

第五节　种子的精选

一、长度选种机

筛选机只能区分种子的宽度或厚度，但是无法区分宽度、厚度接近，但长度差异较大的两类种子。种子长度的区分，常用长度选种机（indented cylinder，图 10-4）来进行。长度选种机主要部分是特制的圆筒，圆筒内侧铸造了密密麻麻的凹洞，凹洞有固定的深度及广度，不同的种子材料需要选择不同凹洞的圆筒。

图 10-4　长度选种机示意图

种子及异物在旋转到圆筒底部时，因重量的缘故会掉入凹洞内，随着凹洞旋转到上方，种子又因为重力而掉落。长度越大的，越早掉出来，越短的就被提得越高，因此越慢掉下来。这些后来才从上方掉下来的种子（或异物）被凹槽接着，由凹槽末端的上方出料口收集。提前掉出来的短种子（或异物）则掉回到圆筒，由下方的出料口收集。借此原理，长度不等的种子就可以分开。

圆筒转速常在每分钟 20～40 转，转速太快较长的种子会掉到上方（凹槽）出料口，转速太慢，则较短的种子可能提早掉落，由下方（圆筒）出料口出来，都会造成分离效果不佳。

凹槽的斜度越低（往顺时针方向调低），较长的种子比较容易掉到凹槽出料口；反之，把凹槽往逆时针方向调高，则更多较短的种子由圆筒出料口出来。

二、重力选种机

同样大小或形状的种子，充实完整者比重较大，充实不良则比重较轻，这样的种子就可以使用重力选种机（gravity separator，图 10-5）来区分。

重力选种机最主要的部分是一个可以左右摆动，而且可由左低右高和由前低后高来调整斜度的面板，面板由有孔隙的帆布或者铁网构成。面板下方可以送风，透过面板吹向均匀分布于面板上的种子。种子由侧边进料，面板后方调高，前面调低，因此种子可以由进料口往出料口的方向移动。当种子薄薄的三到六层分布在整个面板上时，面板底下给予送风，透过孔隙吹动种子。

入料

面板

分装盒

图 10-5　重力选种机

调整风速，使得较重的种子仅在面板上滚动，但是不吹离面板，而让较轻的种子略为浮出面板，造成重种子在下层，轻种子在上层。同时面板以每分钟 300～400 次的速度向左右来回摆动。

与面板接触的较重种子会因面板的摆动而逆着高度向右边滑动，浮在上层的轻种子会与底下的重种子摩擦而反方向向左边滑动。出料口处就可以由右而左区分出重的、中等的以及轻的种子，使得密度高低不等的种子可以由不同的出料口流入各分装盒。

（一）影响精选效率的因素

1. 风速

风速太大，种子表层有如冒泡，轻、重种子会相混，无法分层，其后果是重的种子会往左移动，造成过度淘汰。反之，风速太小则种子不动，也无法完整地将种子分层，而且会使得轻种子向右滑行，以致选种效果不佳。

2. 面板摆动速度

摆动太慢会使得右侧的种子冒泡，种子偏向左侧移动。摆动太快则重种子易反弹，种子偏向右侧。

3. 面板左右倾斜度

斜度太高，重种子不易逆向滑行，因此会过度淘汰好的种子。面板斜度不足，则轻种子容易往右边移动，选种不能彻底。

4. 面板的前后倾斜度

斜度小则种子往出料口移动的速度慢，精选较费时，斜度高，精选速度快，但过高则没有足够的时间来将种子分级，因而精选效果差。

5. 面板的质地以及网隙大小

面板应维持粗糙，若长时间使用而致面板光滑，也会降低选种效果，应立即更换。

6. 种子进料方式

进料太快，种子不易分层，太慢则在面板上会形成空白。进料速度宜均匀，时快时慢则可能常要调整隔板，相当不方便。

（二）实际操作

先将面板左右斜度调到最高，前后斜度及送风速度调到中间，然后开始将种子输入面板。观察种子在面板分布的情况，若重种子（或同大小的石粒）不能移动到最右方，则要调低左右的斜度（或加快面板的摆动，或调高风速），若种子分层效果差，则可以调整风速。等到种子全面分布于面板，种子分层适中而且轻重种子各往左右移动，就可以调整到最适当的进料速度，让选种的效率与效果达到最佳的状况。

三、磁力选种机

三叶草属与菟丝子属的种子外观很类似，但可用磁力选种机来区分。菟丝子种子的表皮有许多凹洞，而三叶草种子表皮很光滑。将细铁粉略沾湿，与种子相混，铁粉会沾在菟丝子种子表皮的凹洞上，但不会附在三叶草种子上。将种子样品经过磁性转盘，三叶草种子不受影响而掉落，但是菟丝子种子则会吸附于转盘上，送到另一端去除。

四、光电选种机

光电选种机的核心是光波接收器，其主机可以预设作物种子的颜色标准，挑出败坏变色的种子或颜色不同的异品种种子。种子由进料口底部一粒一粒地掉下，经由滑槽输送到感光区。此区常用三组感光眼，分设于不同角度。任何颗粒的颜色皆送到光波接收器。接收器在察觉有异于预设的颜色的颗粒时，会"通知"气弹器，当这个异类顺着滑槽落到气弹器之前时，气弹器会吹出短促有力的一丝空气将种子弹掉，因而将劣变或者异种子区分开来。

第六节　种子的处理

种子处理（seed treatment）过去指的是种子的健康处理，亦即附着于种子的病虫害防治，例如温水浸种或者将杀菌剂等农药处理于种子外表（拌药），避免种子播种时受到微生物的感染而不能成苗。广义的种子处理，还包括对于清理精选的种子再经特别的程序，以增进发芽、播种质量。甚至活度已下降的种子，也可以经由处理来提升其发芽能力。

一、种子健康处理

影响种子质量的因素除了种子本身的情况之外，种子上的微生物、线虫与昆虫等也会影响到种子的表现。这些生物有些对种子无害，有些会直接伤害种子，或在种子发芽成苗时伤害幼苗。

种子表面上常附着各种微生物，即真菌、细菌、滤过性病毒等，微生物、害虫也可能出现于种子的胚或者胚乳内部。这些微生物的来源可能是采种田，或者是采收、清理调制、储藏过程，但也可能出现于播种田间。根据记录，有 383 属的植物种子检测出各式各样的微生物，微生物种类高达 2,400 种（Richardson，1990）。

（一）真菌

真菌借着孢子繁殖，数量极为庞大，因此种子带有真菌也就不足为奇。种子上面的真菌可分为田间真菌与储藏真菌两大类。田野型真菌（field fungi）通常在种子发育过程中入侵种子，常见的包括链格孢属（*Alternaria*）、枝孢霉属（*Cladosporium*）、镰刀菌属（*Fusarium*）、长蠕孢霉菌属（*Helminthosporium*）等。这些菌种通常在种子含水率达到相对湿度 90% 以上的平衡含水率时才会生长，长出菌丝，释出分解酶分解受入侵的组织，危害到种子。

常见的储藏型真菌（storage fungi）通常在储藏条件有利于其生长时入侵种子，常见的如曲霉属（*Aspergillus*）、青霉属（*Penicillium*）等，在相对湿度 65%～90% 的种子平衡含水率环境下即可生长并危害种子。储藏型真菌一般是属于腐生菌，通常不会产生菌丝入侵种子，而是在种子无生命组织如种被上生长，产生毒素释出到活组织，将之杀死后再入侵。黄曲菌（*A. flavus*）寄生于落花生、玉米等种子所产生的黄曲毒素（aflatoxin），不但对种子有毒性，动物吃了后也会中毒。

（二）细菌

细菌是所有生物中数量最多的，但危害植物的细菌约仅 200 种，其中较主要的为农杆菌属（*Agrobacterium*）、芽孢杆菌属（*Bacillus*）、棒状杆菌属（*Corynebacterium*）、欧文氏菌属（*Erwinia*）、假单胞菌属（*Pseudomonas*）、黄单胞菌属（*Xanthomonas*）等。由于这些细菌需要相当高的水分以及适当的温度才会生长，因此在种子干燥的情况下并不会发生问题。一般而言，种子发育过程中，细菌可能经由母体感染而进入种子，或者经由昆虫咬伤而进入种子。当种子成熟干燥，细菌进入静止状态，等到种子吸水发芽，其则再度活跃而侵袭幼苗并造成伤害。

（三）病毒

在 49 科 73 属的植物滤过性病毒中，约有 20% 是经由种子传播的，其中以禾本科、十字花科、葫芦科、豆科、茄科与蔷薇科等为最普遍。植物被虫咬伤，病毒会入侵而传入发育中的种子。病毒通常存在于胚部，但有时也会在种被上。病毒与细菌一样，对干燥的种子通常不会造成伤害，但种子发芽以后会感染植株。

（四）害虫

几乎所有的种子都可能受到昆虫危害，有些昆虫侵袭杂草种子，但是更多的昆虫会以繁殖器官为食物，因而降低种子产量和质量，乃至增加种子清理的成本（Bohart & Koerber，1972）。常见危害种子的昆虫如草盲蝽属（*Lygus*）、蓟马属（*Thrips*）、吸浆虫属（*Contarinia*）等，这三类害虫除了危害种子，也会取食植物其他部位。豆象属（*Bruchus*）则危害豆科植物的种子。受害的种子若变形，可用精选的方法去除，但是有些种子仅胚部受到伤害，胚乳仍然发育完全，则难以清除，会降低种子发芽率。有些种子受到昆虫侵袭而带有病菌，将来也会提高幼苗患病率。

仓储中的种子害虫在适当的条件下会全年繁殖为害，造成种子大量损失。仓库中常见的种子害虫包括谷蠹（*Rhyzopertha dominica*）、米象（*Sitophilus oryzae*）、玉米象（*Sitophilus zeamais*）、麦蛾（*Sitotroga cerealella*）、腐食酪螨（*Tyrophagus putrescentiae*）、米出尾虫（*Carpophilus dimidiatus*）、锯谷盗（*Oryzaephilus surinamensis*）等（姚美吉，2005）。

（五）病害的物理性防治

最常用的物理性除菌法是用温水浸种，以高温来破坏细菌的核酸、蛋白质与细胞膜，达到除菌的效果。一般的程序是将种子浸于热水中若干时间，其间搅动种子，使种子均匀接触到相同温度。时间到了放于冷水约 5 分钟，再将种子干燥备用。但是由于浸水温度太高或者时间太长会降低种子活度，浸水温度过低或者时间不足则除菌效果不彰，因此水温与浸种时间皆须谨慎选用。根据推荐手册，甘蓝、茄子、番茄、菠菜等适用 50℃/25 分钟，花椰菜、白菜、胡瓜、胡萝卜等适用 50℃/20 分钟，芥菜、萝卜适用 50℃/15 分钟，辣椒适用 51.5℃/30 分钟，莴苣、芹菜适用 47.5℃/30 分钟。豆类、甜玉米等类种子较难使用本法，活度较差的种子则不宜使用。

稻种的温水处理，可将稻谷量约 5 kg 装于网袋，浸泡于 60℃ 的温水并上下晃动，使热能均匀传递到全部稻种，处理 10 分钟后，立刻取出用冷水冷却。本法可消灭附于稻谷表面的稻徒长病、稻热病、稻细菌性谷枯病与秧苗立枯病病菌（米仓贤一，2008）。确定的温度可能因品种而异，宜先测定。大量的种子处理则需要使用可控温的机器。

除了温水浸种，也可以采用干热处理，所需要的温度与时间可能略高，但一般而言其效果不如温水处理者。

（六）病害的生物性防治

在有机农法的规范中，除了热水浸种的物理性处理来防止种子传播病害之外，也可采用生物性的处理。生物性的种子处理是利用以菌克菌的原理，以含菌的配方来处理种子，让益菌菌丝包围植苗根系，即可防止病害。用来进行生物性种子处理的菌种包括枯草杆菌（*Bacillus subtilis*）、盾壳霉（*Coniothyrium minitans*）、白僵菌（*Beauveria bassiana*），以及假单胞菌属的绿针假单胞菌（*Pseudomonas chlororaphis*）等（Gerhardson，2002）。

（七）病害的化学性防治

在有机规范中，也可以采用一些化合物来处理种子，例如乙酸、次氯酸盐，以及一些植物抽出物包括精油等。大蒜油可有效抑制链格孢属真菌，芥子油可有效抑制甘蓝黑胫菌（*Phoma lingam*）（陈哲民，1996），但是否适用于种子仍有待进一步试验。欧洲国家最常用于有机种子处理的是百里香精油，但浓度不要超过 0.25 %（Groot *et al.*，2004）。

惯行农法常用化学杀菌剂与杀虫剂来进行种子处理。处理的方法可以用浸种的方式，将种子浸在稀释药液中以灭绝各种病原物，也可以用拌种的方式，将药剂和种子一起混合搅拌，均匀地沾附到种子的表面，然后使用。在仓库内则可以用熏蒸剂熏杀有害生物。

药剂处理时应防止操作人员受到药剂危害，处理过的种子需用颜色来加以区分，并在包装上注明，以防止遭到误食。若要减少药剂的用量以及减少处理者、播种者的吸取，则可以将药剂加入包衣材料中，在包衣处理当中顺便将药剂附着于种子上。

二、种子包衣

由于穴盘苗（plug）逐渐广泛使用，越来越多的种子通过自动播种机器播种。使用这类机器的前提是种子要有足够的重量或大小，才能进行真空单粒吸取。不具有这些特性的种子，则要经过包衣处理来增加其重量、大小，或者减少种子互相纠成一团的性质（例如番茄），这类处理可称为种子包衣技术。由于在包衣过程也可以加入各种农药、肥料等物质，可以减少这类农业化学物质的过度使用，间接减轻环境的污染。

种子包衣因方式的不同可以分成造粒、镶衣、膜衣、种子团、种子带、种子片等。

（一）造粒种子（pelleted seed）

用粉剂（加上黏着剂）包裹在一粒种子外面，以增加种子的体积、重量，并成为近似球体、表面较为光滑的形状，以适合真空播种机的操作者，称为种子的造粒（图 10-6）。部分较长的种子则可能做成长锥形，也可以加入农药、微量元素等以提高播种后的存活率或增进幼苗生长。经造粒处理的种子，已无法依外表的形状来辨识，不过可以用不同的包衣颜色来区分不同的种子材料。

常用的粉剂有黏土、硅藻土及活性炭等，其他的有石灰、石膏、白云石等可用于接种根瘤菌，加入骨粉、泥炭土等可作为根瘤菌的保护剂及提供幼苗营养。黏着剂有甲基纤维素

（methyl cellulose）、乙基纤维素（ethyl cellulose）、聚乙酸乙烯酯（polyvinyl acetate）、聚乙烯醇（polyvinyl alcohol）等，有机种子包衣可用的生物性材料则有阿拉伯胶（gum arabic）、明胶（gelatin）、酪蛋白（casein）、淀粉等。

图 10-6　甜椒的包衣种子

（二）镶衣种子（encrusted seed）

用粉剂、黏着剂，也可以加入农药、微量元素等，包裹在一粒种子外面，适当地增加种子的体积、重量，但仍保留种子的外形，表面呈较为光滑的形状，以适合真空播种机的操作者，称为镶衣种子。与造粒种子不同，镶衣种子仍可看出种子原来的形状。

（三）包膜种子（film coated seed）

使用黏度较高的高分子聚合物喷施于种子上，形成相当薄的外膜，称为包膜种子。由于用量甚低，不但可以用不同的材料来分层喷施，而且种子外形几乎不变。若膜衣材料加入颜色，则可以区分不同品种的种子。

由于温带地区春作时常因下雨而延迟播种，用这种较不透水的膜衣来处理，种子得以提前在秋季播种。包膜种子在土中经过冬季后，膜衣逐渐解体，而在早春温度回升后立即吸水萌发。另一个应用的方式是用在杂交种子的生产上。若某自交系的开花期较另一自交系早，则可以将该生长期较短的自交系种子进行包膜处理，同时播种但可延迟发芽，因此使得两自交系同时开花，以利杂交。

（四）种子团（seed granule）

某些种子播种时需要同一穴多粒种子，如翠蝶花（六倍利），则可以将多粒种子用黏着剂及其他材料裹成一团，称为种子团（图 10-7）。

图 10-7　翠蝶花的种子团成品，撕下一条可播一盆

（五）种子带（seed tape）

种子也可以用长条的纸张，或其他可以分解的材料，均匀地粘铺于上，形成一长条的种子带。例如种植牛蒡，可采用种子带种植，以节省种子用量，并且有利于机械播种。其做法是真空吸着式种子带制造机，将精选过的种子固定于可分解的织布带上，间隔 12 cm 一粒。种子带每卷长 1,000 m，用曳引机直接将种子带置入沟间，掩土后就播种完毕。

（六）种子片（seed mat）

若将种子均匀地或成条状地粘铺于两片纸张或其他材质之间，称为种子片。一般家庭园艺操作上，播种小粒种子可采用种子片。取纸巾平铺，在适当地方点下胶水，单粒种子置胶水上，干燥后即可储藏备用。种植时土面平整后附上种子片，然后覆土即可。

三、吸润回干处理

当种子储藏经过一段时间以后，发芽率已下降时，可以将种子浸在水中 6～12 小时，然后在种子开始发芽前，取出种子阴干到原来的含水率即可（郭华仁、朱钧，1986）。经过这种吸润后再回干处理的种子若立即播种，略可以提高种子的发芽率以及活势。豆类种子若不适于浸种者，种子包于湿的吸水纸中缓慢吸湿并且缓慢回干，也有类似的效果。经由此处理的种子，至少在短期内可以提高储藏期限，却可能不利于种子的长期保存。

吸润回干处理之所以能够部分恢复种子的发芽能力，可能是由于吸润回干的过程中，种子得到足够的水分，在进入发芽阶段之前，可以进行大分子的修补工作，因此少部分衰弱的种子有机会恢复生命（Varier et al.，2010）。吸润回干处理成功的要点是氧的供应要充足，温度要适宜，这两个条件都是修补作用之所必需。

四、萌调处理

采种田所采到的种子，个体间的变异颇大。有些种子成熟得比较早，有些种子还未完全成熟即被采收，因此播种后发芽不甚整齐。若土温低，种子间发芽时机的差异会更大。种子发芽不整齐会导致作物生长不一致，妨碍作物的机械化采收。在穴盘育苗上，发芽不整齐更会导致部分发育较慢的穴苗在移植的时候失败，降低产能。

萌调处理可用来促进种子迅速而且整齐地发芽。其要点是使用各种方式处理种子，让种子缓慢而且有限地吸水，在有氧气的前提下，得以进行发芽的生理生化准备工作，却又得不到足够的水分来让胚根发芽。当所有种子都已完成发芽准备工作时，再来播种，所有种子即可在短时间内整齐地发芽（郭华仁、朱钧，1981）。其效果在播种期遭遇低温时较为明显，在高温期间播种，萌调处理的效果略低。

除了迅速、整齐以外，萌调处理尚有提高发芽率，以及使得种子在较恶劣条件下，如缺水、低温、高温或有盐分等而仍能发芽的好处。萌调的时间是以整批种子最后一粒发芽所需要的时间为准，通常为 1 ~ 3 个星期，因种类而异，不过文献上萌调处理也有短到 2 天者。短时间的处理通常其效果可能如同浸润回干处理一般，或许可以提高发芽率或发芽速率，但可能无法在低温发芽时提高发芽整齐度。

萌调处理依水分的控制方法，可分为渗调法（osmotic priming）、介调法（matric priming）、气调法（drum priming）以及膜调法（membrane priming）等四种。

（一）渗调法

渗调法是调整溶液的渗透势来控制种子水分的吸收速度与吸收量，以提升种子发芽特性的萌调技术。渗调处理时加入杀菌剂有助于预防种子病害。

最常用来调整水渗透势的调节剂为高分子的聚乙二醇（polyethylene glycol，常用 PEG 6000 或 PEG 8000）。PEG 所调成的渗透势因温度而略有变化，若用的是 PEG 6000，则可以经计算得知（郭华仁、朱钧，1981）。在渗透势 –0.8 MPa 到 –1.6 MPa（–8 bars 到 –16 bars），温度 15 ~ 25℃ 之下浸种，以控制种子的吸水量。

其他的试剂如甘油、甘露醇（mannitol）等有机物或 KNO_3、K_3PO_4、$MgSO_4$ 等无机盐，甚至合成海水，皆有效果（Pill，1994）。使用无机盐溶液时，由于种子会吸收离子，因此可能导致溶液渗透势的变化，某些离子有时也可能对酶或细胞膜有不良的作用，即使如此仍有若干的试验结果显示盐溶液有更好的处理效果。

氧在 PEG 溶液中溶解度低，种子缺氧会导致处理无效，因此需要打入高氧气体来增加溶液的氧浓度。打入的气体通常为 75% 氧 / 25% 氮。利用 PEG 进行渗调法，实际应用在大量种子上最大的障碍是需要大量的材料、通气，以及 PEG 使用后的弃置。不过打气时由于种子四周有界面层（boundary layer）的阻隔，因此氧气不容易进入种子，仍有缺氧的可能。

（二）介调法

介调法顾名思义，就是用吸水性固体介质加入一定水量，来调整介质的基质势，以进行萌调处理（Pill，1994）。种子吸水所能达到的平衡点决定于种子水势与固体介质水势两者的差异，而固体介质本身的水势则大都决定于其基质势。因此有异于 PEG 溶液的利用渗透势来处理，介调法可以说是利用固体介质的基质势来处理种子。

蛭石、硅藻土、石膏或腐殖土等皆可以做成特定大小的团粒，作为介调的材料。也有拥有专利的商用材料问世，如 Micro-Cel E™。适合作为介调处理的固体介质需要的特性：（1）该固体所能提供的基质势要比渗透势大得多；（2）在水中的溶解度很小；（3）无毒且化学活性低；（4）能多吸水；（5）固体颗粒的大小、结构与孔隙宜有变化；（6）表面积大；（7）体积大而重量轻；（8）易与种子接附且易与种子脱离。

处理时需调节介质的水量，以及计算出种子与介质的合适比例，这些要进行预备试验来决定。介调处理中也可以添加一些药剂，其他的处理条件与渗调法者都很接近。不过所用的固体材料处理后如何与种子分离，以及废料的弃置，仍须加以考虑。在野花或草皮种子的喷施上，种子先经介调处理后，将种子与介质直接喷施于草皮，可以省掉分离种子的麻烦。

（三）气调法

气调法在 1991—1992 年得到英国与美国的专利。这套系统的原理是缓慢地控制给水量，使种子达到一般萌调处理所需要的种子含水率，纯粹用水来处理，而不必借用 PEG 或其他介质（Ashraf & Foolad，2005）。

气调法的基本设备包括一个装种子的可转圆筒、蒸水器与水汽释口。其操作步骤如下：

1. 计算给水量

设定萌调法所拟达到的渗透势，然后计算种子在该渗透势下吸水后所得到的调整后含水率。最后测定一批待处理种子的调整前含水率、调整前鲜重，配合前述的调整后含水率，就可以计算出所需加入的精确水量。

2. 给水

这也是该专利的重心所在。种子放于铝制滚筒内。水煮沸后通过水汽释口以气态送入滚动的铝筒中，在滚筒内壁或种子表面凝结，平均地与种子接触。水量的煮沸运送与种子重量皆用计算机控制，吸水时间长达 1 天。吸水后种子的外表不得有潮湿感。

3. 培养

吸水后将种子移入玻璃槽中，在适合的温度下培养约 14 天。玻璃槽需加以滚动，以防止局部的温度上升。

4. 回干

培养期结束后，再将种子放在低温低湿（15℃/40% RH）下回干。

（四）膜调法

本方法采用双层圆筒（图 10-8）来进行处理，拥有密孔状内层圆筒的内侧包着半透膜，两个夹层间装 PEG 所调配成的渗透压溶液。PEG 溶液的 PEG 会被透吸膜阻挡，而水分经由透吸膜进入含种子的内层，让种子附收。双层圆筒滚动，且内含刮板分散种子。整个系统在密闭的环境下进行，种子的水势会逐渐升高，直到与膜内相等，因此可以进行萌调处理，而没有氧气不足的困扰（Rowse *et al.*, 2001）。此设计下 PEG 溶液经调整其水势后可以重复使用。

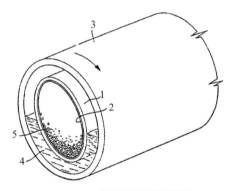

图 10-8 膜调法装置示意图
1：PVC 内层筒　2：半透膜　3：PVC 外层筒　4：PEG 溶液　5：种子

第七节　种子的储藏

种子经干燥与调制后，可能会储藏一段时间才加以利用。储藏条件的不当，常会导致种子质量的劣变而降低其质量与价值，这包括种子发芽率的下降、虫害的发生以及病菌的滋长等。影响种子发芽率的主要因素是种子原来的活度、种子含水率与储藏温度等，虫害与病害的发生也与储藏环境的温度和湿度有关，因此种子储藏的管理重点就在于温度与湿度的控制。

种子可以散装或包装储藏，因种子量的多寡、预备储藏时间的长短、储后质量的要求以及成本、技术的高低，而有不同的选择。

一、环境与种子病虫害

温度与种子含水率对于种子发芽率的影响，在第 6 章已经有详细的说明，本段叙述温湿度

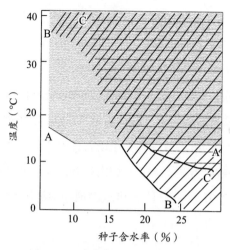

图 10-9　环境与种子储藏关系图

A 线以上昆虫会生长，B 线以上霉菌滋长发热，C 线以上发芽率容易降低。
AB 交线以下为安全的种子储藏条件，越往左下角储藏时间越久。

与病虫害发生的关系（图 10-9）。

　　在储藏空间内各种昆虫的危害受到温度的影响最大，一般而言，储藏温度不高于 12～15℃，即可以有效避免虫害。害虫在 25～33℃ 时会快速繁殖，40～45℃ 的温度会抑制其生长发育和繁殖，在 45℃ 以上害虫难以度过 1 天。高温持续时间过长，昆虫会昏迷死亡，短时间内降温，昆虫仍可恢复正常状态，但生殖机能可能受损。低温落在 8℃ 到 -10℃ 时昆虫亦会昏迷，如持续时间较短，昆虫仍可恢复正常状态，持续时间过长，昆虫也会死亡。低于 -10℃ 时昆虫快速死亡。

　　霉菌的生长受到温度与湿度的影响。在相对湿度 60% 下，淀粉类种子的含水率约在 13%，含油率较高的种子约 8%。相对湿度大于 60% 时霉菌即可生长，大于 65% 时生长加快。在温度 8℃ 以上，温度越高，霉菌能生长的湿度越低。当温度在 22～33℃，湿度在 75%～95% 时霉菌生长最为迅速。温度方面，在 8℃ 以上霉菌菌丝体即可生长，12℃ 以上生长加快，在 15～25℃ 容易形成霉菌毒素。

二、储仓内湿气的对流

　　种子在大量散装的仓库中除了容易发生鼠害之外，主要是害虫与微生物滋长，使得种子受损、发霉、变色、带有霉菌毒素，以及发芽率下降，降低其质量以及经济价值。

种子不易导热，散装储藏仓库中央与边缘的种子容易产生温差，气体的流动会影响其质量。秋冬之际外界空气温度下降，因此靠近仓库的种子与空气也会降温。此时内壁旁冷空气下沉，透到仓库底部再由仓库中央经过温度较高的种子而上升，形成对流，同时将种子水汽带到种子层的顶部。由于顶部种子温度较低，因此水汽凝结，种子易吸收水分而导致败坏。春夏外界气温高，仓库内种子温度的分布与空气对流途径刚好相反，水汽会凝结于仓库底部的种子而造成该处种子败坏（图 10-10）。

水汽凝结，种子含水率可高达 18%（如禾谷类种子），易长霉菌甚或细菌，水分多时还可能导致种子发芽。高水分下种子与霉菌呼吸作用加速，容易造成局部种子的温度提升到 60°C 以上，成为"热点"，加速种子的败坏。

在仓库中通气可以降低种子间温度的差异，抵消气体对流，让热点无以发生。通气一般采取由下而上的风向，在仓库底板装着十送风机，在种子开始进仓时就可以启动风扇。此方式的好处是可以很容易地检查顶层，判断通风是否可以停止。不过要注意若所通的风温度较高，容易在顶层凝结水汽。此时横向通气带走上层种子间的热空气，或者延迟通气待空气温度合适时再进行，都可以避免水汽的凝结。

散装仓储适合大量谷物短期储藏，环境的控制较不容易，除了病虫鼠害外，通常也需要使用化学熏蒸等方式防虫害与病菌，对于供食用的种子较不合适。

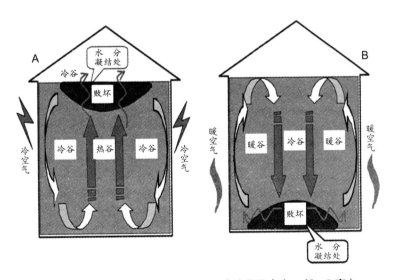

图 10-10　谷层中空气对流途径图（外界温度为 A 低、B 高）

三、密封储藏

针对食用种子的保存，可以采取低温低湿的仓储，以减少病虫害以及霉菌毒素的产生。若考虑到成本，则可以采用密封包装储藏的方式（Navarro，2012），取代温度控制的仓储。由于在室温下，只要环境维持干燥与低氧分压，害虫会逐渐死亡，因此将种子充分干燥后，以适当防水包装容器密封储藏，即使在高温多湿的热带环境，也能够在短时间内安全地储藏种子。

有三种方式提供包装内低氧的环境：（1）灌充氮或二氧化碳等气体而将氧气排出；（2）抽真空降低氧分压；（3）容器内填满种子，将孔隙降到最低以减少氧气，然后令种子、昆虫或微生物的呼吸作用把少量的氧气用光。

播种用种子需要考虑到种子发芽能力，对于温度与湿度的要求更加严格，因此其保存方式更需讲究。大宗种子宜采用密封储藏，然后放在冷藏设施中保存。可以采用种子活度方程式安排种子含水率、温度、储藏时间及所需种子发芽率的最合适组合。

少量种子有较多的选择，包装材料包括防水塑料袋、铝箔袋、铁罐、玻璃罐等，重点在于封口是否可以防止水汽进入。玻璃罐的好处在于可将蓝色硅胶置于种子上面，若其颜色转变成淡蓝色或粉红色，表示水汽已进入罐内，或者原来种子不够干燥。

第**11**章 种子的检验

要求产品达到某一水平不是新鲜的事。3700 年前《汉谟拉比法典》就记载：工匠造房倒塌致人于死者，死刑。近代的质量控制（quality control）则始于工业革命零件的量产，例如棉花产业上有名的轧棉机发明人艾利·惠特尼（Eli Whitney）在 1800 年依契约需要交给国防部15,000 支毛瑟枪，大量生产的生产线上就需要检验零件。品质管理指的是检验人员查验产品找出瑕疵者，呈报管理单位决定产品放行与否。

种子是农作物生产的最初与最重要资材，当播种用种子的贩卖成为产业后，大量生产所得的产品，当然也需要进行品质管理，这就是种子检验（seed testing）的由来。

第一节　种子检验概观

一、种子检验的发展

在 19 世纪中，欧美地区的种子产业已达规模，但是所贩卖的种子经常有质量不良的困扰，例如发芽率低，杂质多等。为了提升种子的质量，任教于德国萨克森邦（Saxony）Tharandt 农林专科学院（Akademie für Forst-und Landwirte）的弗雷德里希·诺伯（Friedrich Nobbe）教授，就在 1869 年建立了全世界第一所种子检验室，开始进行种子检验的科学研究工作，提倡种子发芽与净度的检验方法，用以检测种子质量，供不同种子材料质量的判别。

此后各国开始成立类似机构，例如在 1875 年将近 20 个单位参加奥地利 Graz 所举办的种子检验室主管会议，其中德国最多，有 12 家，奥匈帝国、比利时各 2 家，丹麦、俄国与美国各1 家。一年后诺伯就会中所讨论出来的建议标准，在 1876 年出版了第一本《种子采购者手册》（*Handbuch der Samenkunde*）。同年于德国汉堡的后续会议，以"种子检验一致性"（Uniformity in Seed Testing）为口号，强调个别检验室所执行的检验方法应该讲求一致。此后种子检验更受到重视，到了 1887 年，已有 19 个国家设立检验室，共计 119 家。

种子检验在科学上有所进展，因此成为 1905 年维也纳第二届国际植物学会议的研讨题目之一。由于植物学会议无法详尽讨论种子技术，因此隔年在汉堡借应用植物学协会开会之便举办为期 6 天的第一届国际种子检验会议。会中不断有组成国际性组织、统一各国种子检验标准，以及种子基础与应用科学的必要性等意见出现（Steiner & Kruse，2006）。因此在 1910 年、1921 年分别举行第二届和第三届国际种子检验会议之后，终于在英国剑桥的第四届国际会议上成立了国际种子检验协会（ISTA），用以研发、出版种子检验的国际标准程序。ISTA 的会徽纳入 1876 年汉堡会议所提的 "Uniformity in Seed Testing"（图 11-1），直指 ISTA 的核心任务。

图 11-1　国际种子检验协会的会徽：种子检验的一致性

美国康涅狄格州农业试验场于 1876 年正式设立全美第一所种子检验室，加拿大则到 1902 年才有。1908 年美国农业部与加拿大农业部召开种子检验会议，邀请两国种子检验单位参加，并且成立了公共部门种子检验师协会（Association of Official Seed Analysts，AOSA），用以提升两国种子检验的科技水平。此外，1922 年在美国也成立了商业种子技师协会（Society of Commercial Seed Technologists，SCST），作为 AOSA 与美国种子商协会之间的桥梁（Elias *et al.*，2012）。在 1944 年加拿大也成立了加拿大商业种子技师协会（Commercial Seed Analysts Association of Canada，CSSAAC）。不过这些组织成员常互相重叠，也共同出版技术刊物以及美、加两国通用的种子检验手册。

二、国际种子检验协会

国际种子检验协会总部设于瑞士苏黎世，目前的会员主要包括认证与未经认证的检验室会员、个人会员，以及个人或团体赞助会员，涵盖全球大学、研究机构、政府单位与私人种子公司的种子学者、种子检验师等人员。协会之下设置各类技术委员会，全部约 400 位专家，进行各种检验方法的研发改进，以及这些方法的推广培训。

在 2013 年委员会已增加至 17 个，一般检验方法的有掺合与取样、水分、净度、品种、发芽、种子健康、四唑（tetrazolium）、活势等委员会，特定类别的有花卉种子检验委员会、灌乔林木种子委员会，还加上命名、规则、统计、种子储存、基因改造生物（genetically modified organism，GMO）、先进技术、能力测验（proficiency testing）委员会。

除了通过技术改进，将种子检验程序标准化，以达到全球检验的一致性外，ISTA 另一项重要的功能是发行 ISTA 种子批与种子样品的验证证书（certificate）。附有此证书的种子批代表经过 ISTA 认证的会员检验室采用 ISTA 的检验方法验证过，比较容易得到买主对其质量的信赖，有利于种子的国际贸易。

认证（accreditation）指的是权责单位正式承认某实体或个人具备执行特定工作的能力。这些获得认证的实体将来能够执行验证（certification）的工作，验证某些产品是经过规定的程序制造而成，或符合某些标准。就种子检验而言，ISTA 依照 ISO/IEC Guide 2∶2004 的原则设计 ISTA 认证标准，针对检验室会员进行各方面的考核，考核检验室是否具备执行 ISTA 检验规则的能力。通过的检验室得到认证后，就可以按照 ISTA 的检验规则执行种子检验的业务，检验合格的种子批（seed lot），就可以由该检验室代表 ISTA 授予 ISTA 的验证证书。此外，ISTA 也会办理各检验室的能力测验，以确保检验室的水平，从而能有全球一致化的种子检验结果。

三、国际种子检验规则

ISTA 为了标准化种子检验方法，制定了国际种子检验规则，这些规则经常通过各委员会修正、增补。ISTA 规则的修订有检验方法与适用物种两大项，各包括新规则的提出以及旧规则的废止或修改。

任何单位或个人都可以提出规则的修订建议，并不限于会员。修订建议需送达 ISTA 秘书处，秘书处会转交相关技术委员会，或者直接送给规则委员会加以讨论，并确定是否接受。

针对检验方法的修订而言，若要纳入 ISTA 种子检验规则，需要通过 ISTA 所设定的四阶段"方法确认程序"：（1）方法选用与发展；（2）进行比较试验以确认；（3）检讨比较试验结果并撰写确认报告；（4）经相关技术委员会批准并撰写 ISTA 检验规则的建议条文。相关委员会的意见经过一番程序，最后在年会上由具有投票权的代表投票表决接受、不接受或再议该意见。

针对适用物种的修订而言，需要提出 9 项资料以提供年会投票表决：（1）物种的学名、异学名与俗名；（2）种子批与样品的最大量；（3）纯净种子定义；（4）经确认发芽试验方法；（5）经确认四唑试验程序；（6）经确认水含量测定方法；（7）千粒重；（8）品种鉴别方式；

（9）种子健康检验。

从 1933 年开始，ISTA 就发行纸版的种子检验规则，2014 年改以电子档案的方式提供。在 2014 年版本，种子检验规则除了序言外，各种检验方法共列了 19 章，分别是（1）ISTA 验证证书；（2）取样；（3）净度分析；（4）其他种子数量的检测；（5）发芽检测；（6）种子活度的四唑法检测；（7）种子健康检测；（8）种与品种的检测；（9）含水率的测定；（10）重量测定；（11）包衣种子检测；（12）测试活度的取胚检测；（13）种子论重检测法；（14）X-光检测；（15）种子活势检测；（16）种子大小分级规定；（17）集装箱；（18）混合种子检测；（19）GMO 种子检测等。

种子检验攸关种子质量的验证，因此各阶段检验的程序都要严格地遵守规章。ISTA 规则历经多年的执行，虽然因时代的变迁而经常修正，但大体上已相当完备。针对各项检测技术，ISTA 也发行约 14 种技术手册，刊载详细的技术内容。本章无意对该等规则做详细的介绍，仅对于规则中主要的技术加以综合说明，在许多地方也针对一般实验室有关种子的试验加以讨论，并不限于种子检验的范围。正式的种子检验需要依照最新的种子检验规则进行，以符合检验结果一致性的国际要求。

第二节　取样

种子试验常是针对某批种子的部分样品来进行的，而其结果也常被视为整批种子的表现，因此进行试验时必须讲求该样品的代表性，这需要在试验之前进行妥善的取样。由于商业用种子数量庞大，因此种子质量的检验需要取其中小部分的样品作为检验的对象，以检验的结果代表整批种子的质量。具有代表性的样本是指使用简单随机取样的方法，从大量的种子批中取出的样品。简单随机抽样意指种子批中的每一粒种子被选入样品的机会皆是独立且均等的。然而即使再妥善的取样、再严格的控制试验方法及环境，由于随机变异以及试验的几差，结果的数据也不会是绝对值，而有其信赖界限。所以在试验结束后分析结果前，需要确定该结果是否实质地反映该样品的特性，或者是否足以认定该次试验的真确性（Bould，1986）。

一般而言，一批种子都是不均质的。商品种子常是由不同田区所采收种子掺合后再分装，各田区所采收的种子质量常不一致，在分装时也不见得很均匀。即使很小心地分装，一包种子内的杂草种子也可能因重力的关系而略集中于较低处。就算是小型实验用的材料，实验者亲自在田间一粒一粒地收集种子，也可能因种子的成熟度不一致，或成熟期间种子不均等地处于某些无法控制的环境因素下，导致每粒种子在各项质量上参差不齐。一包保证很均匀的种子，经过一段储藏时间后，外围部分与中心部位的种子就可能经历不同的活度旅程而老化程度已有高低之分。前述众多的因素使得一包种子难以均质。取样技术就是要在此情况下，力保所取出的小样品具有足够的代表性，因此其重要性不言而喻。

一、样品大小

在 ISTA 的规则中，种子材料主要可分成种子批、报验样品（submitted sample）及供试样品（working sample）。

一批种子在这里指某种种子一定量的集合体，自该集合体经抽样检验合格者可以对该集合体发证。抽样要取自一批种子（不一定是一包，也可以是已分装成许多罐种子的集合体），检验的结果也只能代表该批种子，因此需要规定各类植物一批种子的最高重量。例如一批玉米种子最高只能 40 吨，所以 45 吨的玉米种子必须分成两批，分别进行检验。种子批的重量因物种而不同，从玉米的 40 吨到台湾二叶松的 1 吨不等（表 11-1）。在农业种子，通常单粒种子越重者，种子批的重量也越大。

就种子检验而言，一批种子的数量还是相当庞大的，因此需要针对种子批进行两段取样，先取者为报验样品，再由报验样品取样成为供试样品。对种子批进行报验样品取样时，需要分次随机于不同部位取多个原始样品，然后这些原始样品集合而成复合样品，复合样品可以直接当作报验样品，复合样品太大则再从中取样作为报验样品。因此报验样品可以说是送往检验室的一批种子的代表样品。供试样品则是检验室由报验样品再抽样出来进行实际检验的最小单位。这两种样品都规定有最低的重量，一般而言，供试样品常为 2,500 ~ 3,000 粒种子。

表 11-1　国际种子检验规则所规定的种子材料重量

植物	每批最高重量（kg）	报验样品最低重量（g）	净度检验的样品最低重量（g）
非洲堇	5,000	5	0.1
矮牵牛	5,000	5	0.2
狗牙根	10,000	25	1
一串红	5,000	30	8
白菜	10,000	40	4
金合欢属	1,000	70	35
台湾二叶松	1,000	100	50
甜椒	10,000	150	15
稻	25,000	400	40
西瓜	20,000	1,000	250
落花生	25,000	1,000	1,000
玉米	40,000	1,000	900

二、取样技术

从一批种子取样时，可以使用棒状、套筒状等取样器，分次随机于不同部位得到种子材料。若是含有稃的禾草类种子，由于流动性差，有时不易掉入取样器内，在包装不大时则可以用手取样。取样器可以由包装袋外侧插入取种子，徒手需在袋中取样。在仓库中包装时，也可以在流动中的种子取样。

取样的密度因种子批的大小而异：

每批在 500 千克以下者，至少抽取 5 个原始样品；

每批在 501～3,000 千克者，每 300 千克取 1 个原始样品，至少取 5 个；

每批在 3,001～20,000 千克者，每 500 千克取 1 个原始样品，至少取 10 个；

每批超过 20,001 千克的种子，每 700 千克取 1 个原始样品，至少取 40 个。

以玉米为例，设有一批 35 吨的种子待验，报验样品依规定是 1 千克，则需要随机取出 50 个原始样品。假如每个原始样品取 120 克，则可得到 6 千克的复合样品，由 6 千克的种子再随机取 1 千克当作报验样品。若一批玉米只有 20 吨，则每 500 千克取 1 个原始样品，共需取 40 个。

某些种子业的惯常措施是在报验前整批种子已分装成小包装，此时的取样准则是：

分装在 5 包以下，则每包皆取样；（以下以取样数较多者为原则）

分装在 6～30 包，则选 5 包取样，或者每 3 包取样 1 包；

分装在 31～400 包，则选 10 包取样，或者每 5 包取样 1 包；

分装超过 401 包，选 80 包取样，或者每 7 包取样 1 包。

报验样品需要妥善包装并且标签。供测含水率的样品应以防湿容器密封，发芽试验用者则因恐含水率高时种子易劣变，不宜密封，布袋或纸袋即可。不论如何，运送时间越短越好。

检验室中由报验样品取样成为供试样品，其方式以二分法为主。用分样机将一包种子分成两部分，取其中一部分再用分样机分成两份，如此一直进行到所需的供试样品重为止。在每次二分前，种子皆需先搅动均匀。

三、种子计数

由供试样品取固定种子数进行发芽试验，也有若干方法。不过前提都一样，种子样品需要先进行净度检验，将不是该种子的其余杂物剔除，以免误算。数量不多而且种子并非圆滑时可用手计数，通常将种子用镊子拨成线状排列，每 5 粒拨一次。样品已经清理的洁净种子在用手计数时，切忌挑选种子。

种子计数板是由两层开洞平板组成，洞口错开，每一洞置入种子 1 粒，检验无误后拉开使洞重叠，令种子掉落。有各种孔径的计数板可供大小不等的种子使用。

真空计数器则用吸力将种子吸附于平板的洞口上，通常用于禾草等略小而平滑的种子，操作时要注意种子材料中大小或重量的个别差异，差异太大时可能产生选择性而无法合乎随机的要求。

电子式种子计数器操作时种子置入盘面而加以震动，种子会由盘缘上升，于最高点掉落，以光电感应来计数。然而比重较小的种子在盘子振动时上升的时机可能延后，因此或许造成选择性取样。若有此顾忌，宜不时地在盘中搅动种子。

根据 ISTA 规则，还有所谓"论重检测法"（testing seeds by weighed replicates）。许多检测项目的结果都是以百分比记录，即每 100 粒种子所代表的数值。然而不少林木种子由于种子间差异太大，或者外表为完整种子，但实际上空心者不少，若用 100 粒种子作为检测单位，其结果可能会有很大的变异，难以通过容许度的规定。就这样的种子，若以供试样品的重量为基准，可以缩小结果的变异，称为论重检测法。

第三节　容许度与异质度

一、检测结果的容许度

种子检验只有通过与不通过这两种结果，通过代表一批种子符合一定的规格而可以出售。但是检验结果可能出错，例如若原本发芽率高或不含某病原，但检验的结果却是发芽率低或含某种病原，就会导致该批种子被拒绝，此类错误称为伪正（false-positive）。伪正率高，则会提高生产者一批好种子被拒绝的风险。若一批种子含有不该出现的杂草种子，却没有检验出来而被接纳，此类错误会让买者吃亏，称为伪负（false-negative），低伪负率可以降低买者买到不良种子的风险。

任何的抽样检验都可能出现误差。重复取样每个样品的测值平均为所有样品的最佳代表，而平均值的标准偏差为该测量的准确度。误差来自两类的变异性，首先是随机取样误差，如杂草种子平均分布于样品中，但就是没被取样到。这是单纯的概率问题，不可避免，但也容易用统计方式来降低或消除，例如增加重复次数或样品大小。其次是系统性误差，测定方法、仪器瑕疵、试剂不纯、操作不确实、环境不一致等都会导致所测定的结果偏离实际的数据。这些人为的误差应该极力避免。

由于变异难以避免，因此需要设定差异的容许度（tolerance），用来免除随机取样误差所造成的错误判断，即当两个种子检验结果的数据不一致时，如何确定是两批种子的数据确实不同，还是数据的差异只是随机误差所致。这时候可以把两组数据的差值去比对容许度表，若差异小于容许度值（显著水平），表示两者实际上可视为等同，而差异若大于容许度值，则表示两者不同。理论上此容许度应只涵盖随机误差，但因为系统性误差难以完全消除，因此种子检验上所设定的容许度表也应加以考虑。

容许度表的设计有双尾测验与单尾测验两种。当比较某批种子的某测值与所设定值（例如国家标准的98%净度，或者种子包装上所印的85%发芽率）的差异是否可忽略，则可以选择单尾测验。当比较针对同一批种子两个不同检验单位的测值，则可以选用双尾测验，因为某单位的测值或等同，但也可能大于或小于另一单位者。

国际种子检验协会的检验规则附有各类检测项目的容许度表，包括净度、其他种子数量、发芽率、四唑染色、种子含水率、加速老化检测、电导度检测、论重检测法等。

二、样品间的异质度

在取样过程中，原来的一批种子可能已经分装成数百包或罐子，由于抽样仅会取若干个小包装，若在每罐之间质量的差异太大，则所取的样品可能不适宜代表整批大样品，因此所做的各类检验就没有意义。异质性甚大时，取样者可以当场拒绝采样，但若是不易目测，则需以较客观的方式来判断，异质度（heterogeneity）检测的主要目的就是测验一批种子是否足够均匀。

要检测一批种子是否均匀，通常以种子检验的三个项目来衡量，即发芽率、净度及其他种子数量。由于随机误差的关系，一批种子分装所得到的一些小包装，每包所测得的值当然会略有出入。若测值差异大于随机误差所造成者，表示取样不够均匀，无法代表该批种子，这批种子应重新混合再分装。

异质性有两种状况，第一是每包间的测值差异太大，而且这种差异依大小排列呈连续状态，举例来说，六包种子的发芽率依大小分别为99%、92%、84%、76%、68%、54%为是。第二是每包测值的差异大都在随机误差之内，仅有少数几包显著地不同，例如六包种子净度分析的结果分别为99.8%、99.7%、99.7%、99.5%、99.4%、79.1%为是。

异质性测验可分为H值测验与R值测验两种，H值测验是指各包装检验结果间的连续性质变异不得超过某规定值，而R值测验则是指各包装检验结果的最大值与最小值之间的差异不得超过某规定值。所取样品皆通过R值及H值测验时，才可以称为该样品不具有显著的异质性。

（一）H 值测验

设：

N。为一批种子分装后的包（罐）数。

N 为小包装的抽取数。

n 为每样品的种子数（净度分析为 1,000 粒，发芽试验为 100 粒，其他种子数量为 10,000 粒）。

X 为各小包装的某测值。

M 为各小包装某测值的平均（M=ΣX/n）。

W 为各小包装某测值的理论方差。

若是净度分析或发芽试验，则 W=M（100–M）/n；若是其他种子数量检验，则 W=M。

各小包装某测值的实际方差：

$$V=[N\Sigma X^2-(\Sigma X)^2]/[N(N-1)] \tag{1}$$

$$H=(V/W)-1 \tag{2}$$

实际方差若大于理论方差，则 H 值为正，反之为负（当作零）。由于 H 值本身也有变异，其大小也与取样数有关，因此正的 H 值需要大于某临界值（可查 ISTA 的表），才算该批种子具有异质性。

（二）R 值测验

R 值测验则是指前述小包装的抽样检验结果，最大值与最小值的差异（$R=X_{max}-X_{min}$）是否超过某最大容许度 T，若 R＜T 则表示差异在容许范围内。以发芽试验为例：

表 11-2　R 值测验值容许度简表

平均发芽率（M）	最大容许度 T		
	N=5–9	N=10–19	N=20
95	11	12	13
90	14	16	17
85	17	19	21
80	19	21	23
75	20	23	25

发芽率、净度与其他种子数量这三种测值不能互相取代。设若某批种子由五个来源混合而

成，而在混合以前种子清理的工作做得很好，几乎没有杂质，但是其中有一个来源种子的发芽率不佳。此时若不彻底地混合，则将来小包装的发芽率可能具有异质性，但净度则无。异质性测验相当费时，不见得会在例行种子检验时进行。在种子技术上，发展新的混合种子的机器或方法时，若要评估或调整其效果，就可以用异质性测验来辅助。

第四节　种子含水率测定

种子含水率是种子质量的重要标准，含水率高导致种子的发芽率与活势降低，也容易让种子滋长病菌害虫、缩短种子的储藏期限，因此种子含水率的测定是种子检验中重要的项目之一。

物体含水率的测定虽然以卡尔·费舍尔（Karl Fischer）的滴定法最为精确，但其缺点是种子的水分释放较缓，因此可以用来矫正各种测定方法，但 ISTA 种子含水率测定或实验室测定上还是采用烘干法。在比较不讲求精确度的情况下，通常会采用一些电子仪器来测量。

烘干法是用高温将种子样品的水分蒸发，以烘干前后样品重量的变化来估算含水率。由于本法需要的器材便宜，操作简单，因此被 ISTA 列为正式的含水率测定程序，但这并不表示烘干法是简单的。操作过程影响烘干法准确性的因素相当多，每个步骤都需要小心进行，从而能得到准确度与再现性高的数据。

烘干法需要控温准确的烘干箱、含有具活性干燥剂的干燥皿、天平与称量瓶，必要时还需要磨粉机。整个测定过程的关键是除了烘干过程外，所有步骤皆须防止水分的意外吸附或者脱逸。首先，要考虑的是烘干温度。一般若是含油率高的种子，为了避免温度过高而将较低分子的油脂蒸发，导致含水率高估，ISTA 规定此类种子只能在 103℃ 下烘干 17 小时。含油率低的种子采用 131℃ 烘干 1 小时或 2 小时即可。适用低温法者有葱属、落花生、大豆、十字花科蔬菜、辣椒、茄子、棉花、亚麻与树木种子等。

其次，要考虑种子大小。大粒种子内部的水分较不易蒸散，容易低估含水率，因此烘干前需要先加以磨碎。大型种子将种子磨成碎块即可，不需成为细粉状。磨碎的时间宜短，避免温度升高而丧失水分。含油率高者若不适用磨碎机，可以将种子密封于铝箔袋中，以铁锤击碎即可。需磨碎者有玉米、稻、高粱、大麦、燕麦、落花生、大豆、菜豆、豌豆、蚕豆、羽扇豆、棉花、荞麦等。

首先烘干箱预热 1 小时，然后称量瓶取下瓶盖一起热烘。1 小时后连盖置于干燥皿内，冷却后连盖称量瓶称重。迅速加入欲测之种子样品后再称重，然后立即置于烘干箱打开瓶盖热烘。时间到后再度加盖置于干燥皿内，放于干燥箱中冷却后连盖称量瓶进行称重。此过程中避免瓶盖放到非所属的称量瓶上。

依下式计算种子含水率（湿基）：

$$mc\%=100\times\left[\left(E{-}F\right)/\left(E{-}D\right)\right] \tag{3}$$

D= 干燥过之连盖空称量瓶重量。

E=D+ 烘干前种子重量。

F=D+ 干燥后种子重量。

含水率较高（例如超过 17%）而需要磨碎者的种子样品，在操作的过程水分很容易脱逸而有低估其含水率之虞，此时可采用两阶段的烘干法。前阶段将种子样品以同样方式处理，唯一的不同是样品放于称量瓶中，置于开动中的烘干箱的外侧上端过夜，先将种子含水率降低到一般程度，然后加以磨粉再进行前述正式的烘干程序。

两阶段烘干法含水率的计算（湿基）：

$$mc\%=100\times\{\left[\left(E{-}F\right)\times\left(C{-}A\right)/\left(E{-}D\right)\right]+\left(B{-}C\right)\}/\left(B{-}A\right) \tag{4}$$

A= 前阶段干燥过之连盖空称量瓶重量。

B=A+ 前阶段原始样品烘干前总重。

C=A+ 前阶段原始样品烘干后总重。

D、E、F 同式（3）。

或者两阶段依式（3）先算出各自的含水率，前后各为 S_1 与 S_2，然后计算：

$$mc\%=S_1+S_2-\left[\left(S_1\times S_2\right)/100\right] \tag{5}$$

第五节　净度分析

采用好的清理选种程序才能得到高质量的种子，而该等程序有无正确地执行，可以用净度分析来检测。在种子检验规则中，将一批种子的内含物区分为三大类：洁净种子、其他种子、无生命杂质。

检验员从报验样品取小样品供净度分析，通常是把供试样品平铺桌面，逐粒进行检验归类，然后将三类分别称重，以三类重量的总和来计算各类所占的百分比。通常的种子皆可以轻易地达到 98% 以上洁净种子的净度，部分禾草类因空稃多而不易分离，因此净度会略低。

净度分析的重点在于三组成分的定义。

洁净种子指的是某品种供播种的单位。若不给予该单位明确的定义，在检验时会发生困扰。一般而言，一种作物的种子有其外观上的特性，足够与其他种区分。即使是未成熟、体型小、皱缩或已发芽过的干种子，虽然都可能没有或已丧失生命力，皆须算在洁净种子之内（Felfoldi，1987）。

不过种子若经微生物感染而已转化成菌核、虫瘿者，就不算是种子，而是无生命杂质。至于破碎的种子，只要是大于原种子的一半者，还是一粒洁净种子，若等于或小于一半，就算无生命杂质。此规则有例外，豆科、十字花科、松科、柏科、杉科等种子若不具有种被，或是豆科裂作两半，即使附有胚轴，也都算作无生命杂质。包衣种子的净度分析则另有其准则。

有时两种种子外表太接近，无法区分。例如多年生黑麦草与意大利黑麦草的种子唯一的区别是后者具有芒，可是芒很容易在清理时断掉，因此经常无法用肉眼判断。此种状况下只能退而求其次，仅检验到黑麦属的水平，该批种子凡是黑麦属的种子皆视为洁净种子。

许多禾草种子实际上是颖果外加内、外颖，有时还附带有不稔的小花，因此在进行净度检验时平添许多困难。在 ISTA 检验规则中特别针对禾草种子详细制定有一些准则。例如所谓空稃，实际上内、外颖内的颖果充实的程度不一，通常只要稃内含有胚乳者，就算是洁净种子，但是在匍匐冰草、羊茅属及黑麦草属等，若颖果的长度小于内颖的 1/3，就算作无生命杂质。至于燕麦草属、燕麦属、虎尾草属、鸭茅属及绒毛草属等，若在含有颖果的小花上附有不稔性的小花，则视为洁净种子的一部分，不用把不稔性小花剥开。

净度分析的第二组成分是其他种子，包括指定的某种作物的种子以外，任何其他种作物及杂草种子。可能列为其他种子的个体，在定义上若有疑义，可以比照洁净种子与无生命杂质的分野进行判定。列为第三组成分的无生命杂质则是任何不属于前述两组者。进行净度分析之际，需要时会将其他种子再分成其他作物种子与杂草种子，并辨识种的学名。

对于较大型的种子，净度检验可用肉眼直接观察区分，较小的种子或是禾草种子则需要一些辅助工具，如放大镜、实体显微镜、透光板、筛子或风选机等。放大镜或实体显微镜可用于鉴定小颗粒。种子置于透光板之上，日光灯由底部透光，可用来检验禾草种子小花的稔实度，以及种子是否含有虫瘿或菌体等。稃内若含有种子，则底部的光会将种实显现出黑的形状，用镊子来轻压种子也可能判别出空稃。

筛子可分离样品中的土壤等小颗粒，风选机则能够分离样品中的空种子，常用于禾草种子以减轻检验工作的负担。正确地使用风选机可将供试样品分成三部分：重的种子、轻的无生命杂质，以及重力介于二者之间的部分。前两者可用目视，确定为种子还是无生命杂质，第三部分才需要一粒一粒地检验。

有一种特殊的风选机，专门针对草地早熟禾、粗茎早熟禾及鸭茅等三类种子，以特定的送风压力吹 3 分钟，将供试样品分为较重的种子及较轻的无生命杂质两部分。

进行净度检验的单位必须培养专精的人才，训练其锐利的眼力，足以区分微小的差异，才能顺利地执行本项工作。同时也要广泛地收集各种作物及杂草种子的样本与图鉴，以便对于特殊少见的种子能正确地鉴别。针对如何训练分析人员对于净度检验的可靠性，ISTA 准备有标准样品，该样品的净度已经正确地设计，检验者可以将检验结果与标准答案比对，以便找出自己的盲点。

配合机器视觉系统（machine vision system）的影像分析（image analysis），可用于种子方面的研究，已有 30 年的发展历史，不过至今尚未能被正式采用于 ISTA 种子检验规则中。此技术包含自动化种子输送设备、电子影像撷取设备、影像数位化转换系统、影像处理与分析系统，以及计算机化决策与判别系统等。机器影像分析可用于品种 DUS 检测、品种鉴定，乃至于种子发芽过程、种子活势检测、种子分级精选等。

第六节 品种检测及纯度检测

对种子供应者而言，若一批种子混有太多的其他品种种子，甚至由于标签的误贴而购买播种了非所要种的品种，可能会引起商业上的纠纷，皆应尽量避免。

同种作物不同品种的种子，由于外观相当接近，经常无法用肉眼挑出。购买到一批种子，除了发芽率之外，买者关切的问题之一在于是否买对了作物与品种，其次是这批种子有没有掺杂其他品种的种子。前者是品种的正确性，需要进行品种鉴定来确定，后者则是品种的纯度，要经过净度分析，取得同一物种的纯净种子样品后，进一步进行纯度检测，调查含有其他品种种子的重量百分比。用 1 减掉异品种重量百分比，即是该批种子的品种纯度。

育种者通常可以轻易地维持品种纯度，然而由育种者到农人手中，需要多次的繁殖，这个过程难免产生混杂。甚至育种者所保存的种子，若因储存不当或自行繁殖时成熟种子太慢采收，皆可能导致种子轻微的劣变，而使原来的品种退化，产生走型的植株。种或者品种检测的工作就是为了确保商业用种子的品种的正确性以及品种的纯度，一方面维持育种者的信誉，另一方面也是保障农人的权益。

就室内的种子检验而言，纯度检测的目的在于测验一批报验样品所含的种子是否属于标签上所注明的种或品种，或者正确地说，属于标签上所注明的种及品种的程度，以百分比来表示。纯度检测的前提是种子供试者需要在样品上注明种或品种的名称，而且检验单位有该种或品种的标准样品材料以资比对。

纯度检测所采用的方法比净度分析更加复杂，以材料而言，可分为植株鉴定、幼苗鉴定以及种子鉴定，以方法而言可以分为外观鉴定与分子鉴定。外观鉴定通常会把所有的品种分成若干大类，每一大类会容纳相当多的品种，因此"解析度"低，有很高的机会区分不出异品种。不过由于方法较简单，因此若大致确定采种时只可能受到某另一品种种子的混杂，此时就可以用能够区分两个品种的外观鉴定法来进行（Ulvinen *et al.*，1973）。

一、外观鉴定

（一）植株与幼苗鉴定

报验的种子样品送到以后，就可以取样做田间种植，以便进行植株鉴定。每个样品至少种两个重复，而且需种于不同位置以防意外，标准样品可以种在旁边的试验区。试验区、行株距的大小因作物而异，以能提供足够的空间（比通行的栽培法略宽）来让各单株的特性充分生长发展，以及足够的植株数来满足鉴定精确度为原则。

例如 99.9% 的纯度表示每 1,000 株中允许一株走型或其他品种，要精确地估计，则需要约 10,000 株，以水稻为例，每个试验区最少要 6 m × 6 m。不过限于人力物力，实际鉴定时常降低标准，以 1,000 株来进行。

整个生长期间要定期查验，关键时期若需要得每天下田。查验的项目包括生长习性、叶片角度、抽穗开花日期等。各种作物更有其重要的特征需要观察，如水稻的穗长、柱头或稃尖的颜色，玉米幼苗的叶鞘色、穗叶叶鞘的毛等。

由于田间环境因素无法掌控，因此也可以在温室或生长箱中进行纯度检测。控制的环境虽然提供较为均匀的生长条件，但是因为空间的限制，若掺杂的比率不高时较不适用，不过这种控制生长可以提供更多样的检验方式。

田间检测通常耗时较长，生长箱则可以提供某特殊品种最适宜的温度与日长，使得在最短的时间内完成开花，缩短检测期限，也可以轻易地进行抗除草剂、抗病性，或是对肥料缺乏所引起的症状等的检测。大豆、高粱、玉米及麦类等作物在缺乏磷素时，幼苗茎部容易形成红色的花青素，色素的深浅与样式可能因品种而异，因此提供品种检测的可能。除草剂若对不同品种在幼株产生不同的伤害，也可以运用此法检测。

在可控制的环境下进行幼苗鉴定所采用的播种密度相当高（Payne，1993a）。一般而言，如苜蓿、三叶草等行株距可各为 2.5 cm，播种深度 0.6 cm；麦类、玉米、高粱、莴苣行株距可分别为 4 cm 及 2 cm，播种深度 1 cm，大粒的大豆、菜豆等行株距可分别为 5 cm 及 2.5 cm，播种深度 2.5 cm。

　　洋葱种子若要鉴定的特性是叶色，则种在浅盘中，行株距可分别为 4 cm 及 2.5 cm，播种深度 1 cm。若要鉴定洋葱球茎或胡萝卜块根形状，则容器中土壤深度至少要 17 cm，而且要有足够的空间让地下部分充分生长。

　　生长温度一般以 25℃ 为宜，如大豆、菜豆、莴苣、玉米、高粱等，洋葱、胡萝卜可略低，约 20℃。生长箱的光照可用日光灯（33,000 lux）加上钨丝灯（3,000 lux），光照稍弱，则可能导致花青素无法完全显现，但此时或可将温度降低来加以补救。每天光照时间则因作物品种或其他因素而异。

　　植株或幼苗所进行的外观鉴定因其遗传特性而有不同的方式，若该外观是"质"的特性，则鉴定的特性因作物而异。以莴苣为例，播种后约 3 个星期，3～4 叶龄时，可以观察子叶宽或窄，下胚轴绿色或粉红，第一叶叶色红、粉红、浅绿或深绿，叶卷曲与否，以及叶缘形状等。像这类"质"的性状，每单株可以清楚地归于某一类时，鉴定的结果如下例：

　　莴苣下胚轴颜色鉴定，品种 A 的标准样品为 100% 粉红色。
　　供试样品 200 株中 94% 粉红色，6% 绿色。绿色者为走型。

　　若鉴定的特性属于"量"的性状，如株高、分蘖数等，无法确定地归成若干类时，鉴定的结果如下例：

　　三叶草植株高度鉴定，品种 A 的标准样品有 85%～95% 的植株超过 15 cm。
　　供试样品 B 的 196 株中有 87% 的植株超过 15 cm，符合品种 A。
　　供试样品 C 的 180 株中有 72% 的植株超过 15 cm，有部分的种子不是品种 A。

（二）种子外观鉴定

　　种子外观鉴定法可以分成形态、细胞学鉴定以及化学速测法两大类。种子用来进行纯度检测，没有空间上的问题，更因所进行的方法都是形态或化学的鉴定法，通常所需时间也较短。供试样品一般在 400～1,000 粒种子，每重复不得高于 100 粒，以便能达到 0.1% 的准确度。

1. 形态、细胞学鉴定

　　不同品种的种子可能在结构、大小或色泽上有所差异，而可以加以辨认。若是属于植物学上真正的种子，如红豆、甘蓝、西瓜等，差异可能较小，通常限于大小及颜色，豌豆品种在种脐的形状及种被皱缩上会有所不同。假如种子实际是植物学上的果实，如禾谷类、菊科等，种子外面附上母体结构，则可以供为辨识的特点较多。禾本科作物在种子形态鉴定上可供使用的特点颇多，如：玉米种子的大小、颜色以及种实顶端的凹陷；燕麦种子外颖颜色、小花轴纤毛的有无；稻种子稃尖或外颖的颜色。

当品种间有不同的染色体倍数时，可以先让种子发芽，当胚根长达 1~2 cm 时切根，用固定液如 0.05% 的 8-羟喹啉（8-hydroxyquinoline）溶液，在 5℃ 低温下固定分裂中的根尖细胞，水洗后即可马上或冷冻待来日鉴定。鉴定时切除根尖 1~2 mm 的长度，然后放在载玻片上，加 4% 的地衣红（orcein）或 2% 的胭脂红（carmine）染色剂，压片后在 400~1,000 倍的显微镜下检测该种子染色体的倍数。此方法常用于黑麦草、红三叶草、甜菜等作物。

2. 化学速测法

用化学速测法来鉴定品种的纯度，有其可取之处，例如便宜、不需复杂的仪器以及技术等。全世界的种子检验室大概使用 20 种的化学速测法，这些方法可以分成三大类：酚试法、碱试法以及荧光法等（Payne，1993b）。

酚试法是以酚溶液处理种子，让种子表面呈色，根据呈色结果来检测品种。本法最常用于小麦，稻种子及其他禾谷类种子也有若干尝试。就小麦而言，一般的操作法是将种子浸水 16 小时，然后将种子放入置有一张滤纸的培养皿内，加 1% 酚液后盖紧，4 小时后观察记录各粒种子表面呈色的类型。以下是某一检测结果的记录：

小麦种子酚试法，标准品种为 100% 深色。

供试样品 A，400 粒中 94% 为深色，6% 为浅色，浅色者视为走型。

碱试法也可以用在禾谷作物的种子上，如稻、高粱及小麦。某些品种在氢氧化钾溶液中会表现出颜色来。以黑（红）米为例，虽然有些品种连内外颖也是深紫色的，很容易在净度分析时由目测挑出，但有些品种则外壳是一般的土黄色，无法由外观分辨，此时可以尝试用此法。

检验时先将样品脱壳，然后观察黑米所占的比例。不过某些较晚熟的黑米品种，种子红色素的形成较栽培品种慢，因此在采种时所混杂的黑米品种种子可能不易确定。此时可将该谷粒（种子）放入小试管内，加两滴 2% 的氢氧化钾溶液，若真是黑米，在 3~10 分钟内碱液会呈现红色。

在印度的研究发现，水稻谷粒只要在室温下 5% 的氢氧化钾溶液中浸 3 小时，当地 85 个栽培品种中就有 15 个可以使碱液呈色，因此提供品种检测的基础。

燕麦、大麦有些品种的种子在紫外光照射下会释出特殊的荧光，可作为鉴定的依据。例如白燕麦与黄燕麦被颖壳包着而看不出来，但只要在黑暗中对谷实照 360～380 nm 的紫外光，黄品种会发亮且放出荧光，白品种不会。类似的方法也可以区分食用豌豆与饲用豌豆的种被。

种子检验室常用紫外光来检测黑麦草。意大利黑麦草种子置于白滤纸上发芽，根部充分长出后将滤纸放在紫外光下，其根部会释出荧光，但是大多数多年生黑麦草的种子不会。

其他的化学速测法尚有燕麦的盐酸法、蚕豆的香草醛（vanillin）试法、羽扇豆的生物碱试法，以及大豆种被的过氧化酶试法。美国的 AOSA 已在 1989 年正式将大豆的过氧化酶试法列在检验规则中。正式的程序是将各粒干种子的种被剥下，分别置于个别的小试管内，然后加入 0.5～1 ml 的 0.5% 的愈创木酚（guaiacol）溶液，10 分钟后注入 0.1 ml 的 0.1% 的双氧水，1 分钟后记录试管溶液是否呈红棕色。

二、分子鉴定

前述品种检测的化学速测法虽然快速简单，然而各种鉴定项目所能区分的品种非常有限，例如小麦的酚试法、水稻的碱试法以及大豆的过氧化酶试法皆只将各品种区分成两三组。这在纯度检验上有时是够用的，但是当异品种的来源多或不确定时，这些速测法就相当有限。此时可以用各种化学指纹法（Smith & Smith，1992; Cooke，1995）来做更有效的区分。

有多种化学分离术可供品种鉴定用，例如可以分离二次化合物的气液层析法（gas-liquid chromatography，GLC）、高效液层析法（high performance liquid chromatography，HPLC）、分离蛋白质的 HPLC 或各种电泳法如聚丙烯酰胺凝胶电泳（polyacrylamide gel electrophoresis，PAGE）等。DNA 的分离则有使用限制核酸酶（restriction enzyme）的限制片段长度多型性（restriction fragment length polymorphism，RFLP）与增幅片段长度多型性（amplified fragment length polymorphism，AFLP），以及使用聚合酶连锁反应（polymerase chain reaction，PCR）的随机扩增多型性脱氧核糖核酸（random amplified polymorphic DNA，RAPD）与简单重复序列（simple sequence repeats，SSR）等技术。

这些方法也在不断地改进中。有些方法准确度高，但是若要推广到一般种子检验室的例行检测，则需要能改进到操作相对地简单、快速、成本低，以及检验室间高重复性的结果。目前 ISTA 规则中明文规定的只有用于小麦、大麦的 PAGE，以及用于豌豆、黑麦草的 SDS-PAGE。规则中对于操作程序皆有详细的规定。

（一）二次化合物

二次化合物可用色层分析法分离，所形成的分离式样因品种而异，而有别于其他品种，因此可据以判别品种（Cooke，1995）。例如用 GLC 来分离种子的脂肪酸可区分不同的油菜品种，刘易斯和芬维克（Lewis & Fenwick，1987）曾用 GLC 做出抱子甘蓝 22 个品种的硫化葡萄糖苷（glucosinolate）图谱，用 HPLC 分析花青素（anthocyanin）及类黄酮也可作为花卉品种的区分。

（二）蛋白质

蛋白质是基因的表现，不过若要作为品种鉴定用，则需要使用具有多个分子形态，即所谓的多型性的蛋白质，该蛋白质存在的量要多，而且易于萃取。通常用的是种子的储藏性蛋白质及酶。分离方法可分为色层分析法及电泳法两大类。

一些 HPLC 技术可以将各种禾谷类种子的储存性蛋白质分离成具有品种特性的图谱，常用的是醇溶性蛋白质。由图谱上尖峰出现的位置（质）下所占的面积（量）的差异来作为品种的依据。大豆的水溶性蛋白质也可以用 HPLC 来分离并制作品种图谱。本方法的缺点在于设备昂贵，所需的技术较复杂，分离结果对一些操作上的细节相当敏感，而且无法同时进行多粒种子样品的分离。目前在发展的技术是加强定量的敏锐度，配合计算机软件的开发，使得多粒种子合并分析的同时可做品种鉴定以及纯度检测的工作。

电泳法分离储藏性蛋白质或酶来鉴定品种。种子蛋白质对应多个基因座，每个基因座可用电泳技术分离出若干条带。根据某一或某些特别条带（泳胶上的特定位置）出现与否来区分不同品种。一种同功异构酶对应一个基因座，若具有多型性，则可在泳胶上出现若干条带。

异交作物每个个体都有其特殊的遗传结构，由各种不同的同质结合与异质结合体组成，因此每个单株或每粒种子皆含有不同结构的蛋白质，不过经过多代的种子生产程序，一个异交作物品种的基因变异性已维持在平衡的状态，因此可以将种子多粒相混萃取蛋白质再做分离，以得知该品种的图谱，或者是由单粒种子同功异构酶条带的电泳式样所出现的频率来区分不同的品种。

自交作物（以及无性繁殖植物的植体）可由该等种子蛋白质条带显现于泳胶的形态来区分不同品种。禾谷作物特别是大麦、小麦这方面的研究最多，大多是做种子蛋白质的分离，但也有以同工酶来进行者。可使用的电泳法是 PAGE、加入十二烷基硫酸钠（sodium dodecyl sulfate）的 SDS-PAGE，或者等电集聚法（isoelectric focusing，IEF）。

甚至同一样品可以进行两次的分离，制作出双向的图谱，更可以用来区分遗传结构甚为接近的品种。当然此方法不论在技术上还是结果的解释上皆较复杂，因此比较不适用作为例行检验。根据 ISTA 的规则，大麦或小麦种子是使用 PAGE 在 pH3.2 下进行。种子 100 粒分别压碎、萃取后在泳胶下进行分离，经 1～2 天的染色后依照条带的位置或某些计算方程式来确定各条带的"命名"。

（三）核酸

核酸是区分品种最直接的手段，但是其分子量相当大，很难在分离化合物的介质中移动，因此要先用分子生物学的手段来做些特别的处理，才能有效地鉴定品种。核酸指纹法以 RFLP、AFLP、RAPD 及 SSR 最为盛行，虽仍未能进入 ISTA 的规则，但是其应用的潜力是很大的。

核酸是一条由四种核苷酸碱基依一定的次序组成的长链，不同品种，核苷酸碱基的排列或有少数不同之处，限制核酸酶就可以把不同之处切成不一样大小的片段，而可在泳胶中分离到不同的位置。然而由于片段的数量太多，当然很难在泳胶上挑出哪几个片段是不同的，因此要先制造一些带有放射性同位素的"探针"（probe），然后让探针与片段结合（所谓的杂交），洗去未被结合的片段后再用被结合的探针把底片曝光，就可以将这些片段进行定位。

用 RFLP 来进行品种鉴定是先将核酸切成小片段，再将小片段进行分离，由于各品种的值位分布状态不同，切割反应后可产生核酸片段长度多型性，因此可以由分离的特殊状况来指称某特殊品种。AFLP 是先用限制核酸酶切割核酸成片段，再利用分子技术设计核酸引子进行 PCR 选择性放大，然后用电泳分离这些被复制的片段，呈现片段长度多型性以资判断品种。

PCR 方法是利用核酸引子与耐高温的 DNA 聚合酶，在高温下让 DNA 分子进行双股分离（96℃）、黏合引子（55℃）、复制延长（72℃）等循环程序，每经过一个循环使 DNA 复制成两倍，经过 30 次以上，只需 2 小时就可大量复制 DNA 几十亿倍，达到可以检测的程度。其程序需要：（1）DNA 模板；（2）两段引子；（3）耐高温的特定 DNA 聚合酶；（4）四种脱氧核苷三磷酸（A，C，G，T）；（5）缓冲液体系，在可以调温度的自动化仪器中进行。

RAPD 是利用 8-12 核苷酸引子序列随机进行 PCR 反应，复制产物进行胶体电泳分析其片段多型，以资鉴定品种。简单重复序列（SSR）指的是基因组中由 1～6 个核苷酸组成的基本单位重复多次构成的一段 DNA，广泛分布于基因组的不同位置，长度一般在 200 bp 以下，又称为微卫星（microsatellite）DNA。微卫星中重复单位的数量存在高度变异，因而造成多个位点的多型性。不同品种有不一样的多型性，因此也可用来鉴定品种。

（四）化学指纹法的应用

化学指纹法不但在遗传学与育种学上的应用相当广泛，就是在种子生产以及质量的控制上好处也多。例如杂交种子的生产上最讲求的是 100% 的杂交率，假设部分种子是由自交得来，或者是由非父本的外来花粉所产生，则会降低种子的品种纯度，因此采种上需要去检测杂交成功率。过去常用的方法是由种子取样，种于田间直接观察所长出来的植株，现在则已可以使用酶或蛋白质的电泳技术来测量。这个方法目前已大量应用在十字花科蔬菜、番茄、棉花，特别是玉米杂交种的种子生产中。

在新品种权利上所申请的品种需要符合 DUS 的三项基本条件，其中区别性是指该品种需要具备一种以上的重要特性而能与其他已有的品种区分。由于电泳法可以区分出外观无法区分的品种，因此提供区别性检测的新方向。不过这个方法尚未被 UOPV 所认可，主要的理由是唯恐承认电泳结果的区别性后，会助长无关紧要的育种。也就是种子公司在既有的品种加入一个不一样但无助于品种优良特性的基因，即使种子公司可以拥有新品种权利，却无助于人类。不过不论 ISTA 还是 UPOV，目前都积极研究核酸品种鉴定技术，其中尤以 SSR 法最具潜力。

第七节　发芽检测

发芽检测是种子检验中最重要的项目，也是一般有关种子的实验中最基础的试验。一般的"发芽试验"，其目的常在于决定一批种子在某条件下的发芽百分率。根据 ISTA 规则的陈述，种子检验的"发芽检测"，其目的则在于决定一批种子最大的发芽潜力，该潜力可以用来比较不同批种子的质量，以及预期其田间的表现。两者的英文都是 germination test，但为了区分，中文可以分别用试验与检测表示。

种子检验的原则是结果的一致性。在规定的实验室条件下进行的试验结果，摒除试验者不当的技术误差后，其结果照理应是可以将最大的发芽潜力正确地表现出来。不过所谓发芽试验结果可以"预期其田间的表现"则是不可靠、不精确的描述，这点在"活势检测"一节中会进一步讨论。

一、种子材料

发芽检测的供试样品与其他试验一样，样品越大，所得的结果变异范围越窄，种子数量越多，人力的花费也越高。由于超过 400 粒以后，更多的粒数并不再缩小变异范围，因此 ISTA 标准的发芽检测以 400 粒为准。此 400 粒常分成四个重复，每重复 100 粒，若种子太大，或是为避免病害传染，也可以增加重复数，每重复可以是 50 粒或 25 粒种子。一般的种子生理试验常用 200 粒种子，种子数量少时还需要减少样品，代价当然是试验结果的准确度。

种子表面经常附有各种细菌、真菌等微生物，活种子在发芽试验中通常不会受到微生物的感染，但是死种子或衰弱的种子则会滋长微生物。ISTA 检验规则并没有规定种子在发芽检测前需先消毒，但是某些研究者事先用杀菌剂或次氯酸钠溶液来处理种子。

二、发芽介质与使用方法

种子发芽的适当条件通常是适当的水分、氧、温度，部分种子还需要光照。温度通常用可以控温的发芽箱、发芽室等来提供。良好的发芽介质则必须能同时供给适当的水分与溶氧，此外不易长菌以及不含毒性物质也是必要的条件。

发芽介质可用滤纸、纸巾、砂及土壤等，发芽的方法依介质分为纸床法与砂床法，其中纸床法又可分为纸上法和纸间法。纸床可以用滤纸或者一般擦手纸，但市售擦手纸可能含有漂白剂等化学物质，使用前应确定对种子无毒害。纸张用后即丢，砂或土壤用后加以清洗消毒，则可重复使用，不过由于土壤成分较复杂，不易标准化。不论使用何种介质，都要控制水的供给，介质含水过少，当然不利于发芽。水分太多时，会在种子四周形成水膜，阻碍氧气进入种子而可能降低发芽率，小种子特别容易发生此情形。

（一）砂床法

砂床法是用砂或者土壤作为介质，适用的介质是二氧化硅含量高于 99.5% 的建筑用砂，颗粒大小在 0.05 ~ 0.8 mm，而且不含有机质者。土壤以砂质土壤，具有保水力又不会太黏者为宜。介质重复使用前需用水淋洗，高温高压灭菌后需静置一个星期，以去除有机质经高温处理所产生的挥发性毒物。使用时将湿砂置于发芽皿（图 11-2 B）中，将种子埋于约 0.6 cm（如萝卜种子大小者）或约 1.5cm（如玉米种子大小者）的深度，然后置于发芽箱。

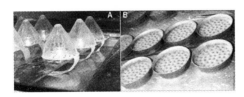

图 11-2　发芽率检测

A：纸上法　B：砂床法

（二）纸上法

细小种子可采用纸上法，略大者用纸间法。纸上法是以一层或数层滤纸平铺，种子置于纸上，全部放于有盖培养皿内，或者置于板上用钟形玻璃罩盖着（图 11-2 A）。玻璃罩之下吸水纸可以延长，浸于控温水槽中吸水。

（三）纸间法

种子略大者可用纸间法，将吸水纸平铺，上面放置供试种子，种子上再覆盖一张纸。纸间法可以在控温给水式发芽箱中进行，不过建议用特殊的方式，即卷纸法来进行发芽试验。

取适当数量的发芽纸整叠浸于蒸馏水中，全部吸水后捞起用手卷纸使水尽量流干，直到用手指压纸时不见水渗出纸面为止。然后三张发芽纸平铺，种子均匀放于纸上，但纸的一边约留 4 cm 勿放种子。

种子放妥后再取纸一张盖于种子上，由留边的地方上折，然后有如卷春卷似的用纸将种子卷成条状，内附标签注明编号。每若干卷放于塑料袋或盒内，并且封好勿使失水。卷条放于发芽箱时宜直立，上折处朝下，以防止种子掉落。定期检验水分是否足够，必要时加适量的水。供试种子若为吸水量大的大型豆类，发芽纸会很快干掉，可以多加纸张数，或者第 2 天酌量加水。

三、发芽环境

若是进行种子检测，则发芽温度以及是否需要变温与加光照都应参考 ISTA 的规定，不过该等规定只是为检验的重复性而设，实际上并不一定是各类种子的最适宜发芽温度，何况即使是同一批种子，随着储藏时间不同，其休眠状况也会有所变化，因此其最适宜温度可能改变，并非定值。发芽箱或发芽室宜有通风装置，使温度均匀。即使是有通风装置，箱内各地点的温度还是会有差异，特别是发芽检测样品太多而充满时，空气循环的效果极差。因此在进行比较的试验时需要采用生物统计上的方法，以便消除微小温度差异所造成的结果。

有些种子需要光照才能发芽，然而过度曝光有时会抑制发芽。一般种子虽然可以在黑暗下发芽，但会徒长或形成白苗，若加光照，则幼苗较健壮，有利于判断幼苗的状况。

四、发芽率的调查

发芽率的调查以能得到最高发芽率为原则。一般作物种子常在两个星期内发芽完毕，有些需时较长，有些棕榈科植物一批的种子发芽时间从第一粒到最后一粒前后长可达 200 天以上。即使一般的种子，若略有休眠，也会延迟发芽。活度低的种子虽可发芽，但是发芽所需的时间会较长。

然而发芽试验有其时限，无法等到所有可以发芽的种子全部发芽完毕，因此试验前要先决定试验的期限，期限一到，就进行计数发芽数。不过若等到最后期限才计数，有时早先发芽者由于根系的生长快，会纠缠成堆而不易计数。因此宜采用两次计数，在发芽时间过半时先行计算一次，将已判断为发芽的种子（即幼苗）先行移去，以利第二次的计数，将两次计数的结果相加即可。

由 ISTA 的规则所列举的发芽检测方法可以得到一些信息。农艺、园艺作物，包括谷类、牧草、蔬菜等 300 余种作物中，发芽期限短可到 5～6 天，极少数长可达 35～42 天，但以 14 天最多，约占 25%，其次是 10 天或 21 天，各约占 20%，7 天、28 天者各约占 11%。花卉、香料及药用植物种子约 350 种之中，发芽期限以 21 天为主，占 56%，10 天者占 27%，28 天者占 14%。林木、灌木种子的发芽期限则以 21 天或 28 天为主。

发芽试验结果的调查，需要将种子的发芽情况加以判断。胚根或胚茎突出包覆组织而可以目视者，种子生理试验常认定为已发芽的种子。不过死种子因胚根吸水产生物理性膨胀也可能突出表面，若将之算为发芽的种子则有所误差，因此试验者可自行认定一个胚根（茎）长度（例如 2 mm）作为发芽的标准，不足者不算是已发芽。

假如发芽试验的目的在于间接了解该样品将来成为新的植株的潜力，则生理发芽的标准较不适当，宜采用种子检验的标准。种子检验依 ISTA 的规定，将种子发芽检测的结果分为发芽和不发芽两大类，发芽者分为正常苗及异常苗两项，不发芽者则再分为硬粒 / 休眠种子、新鲜种子及死种子等三项。

死种子通常在发芽试验期限到时已经软化、变色或发霉。但若不发芽的种子仍坚硬与初吸水时无异，而且种子确实已充分吸水，则该种子可能是因环境不适或具休眠性而尚未发芽，因此可视为新鲜的休眠种子。若该种子确认为未能吸水，则可以视为硬粒种子。假如无法区分种子为死种子还是休眠种子，则宜进行活度生化检测（如 TEZ 染色）来确定。

五、正常苗与异常苗

发芽率检测在计数发芽种子时，需要判断幼苗正常与否（如图 11-3）。为了避免主观的影响，也由于种子种类众多，无法一一详列判断方法，因此 ISTA 系统性地规范了异常苗的判别准则。基本上先区分单子叶植物（1）与双子叶植物（2）两大类，然后依播种发芽后子叶的位置，即出土型（1）与入土型（2）作为次级的归类，下一层以幼苗各部位的特征再进行区分，以此方式将各物种纳入某一代号，每个代号都有其详细的判断准则，使用者可很方便地确定特定种子的判别准则。表 11-3 列举了若干代表性种子的代号。

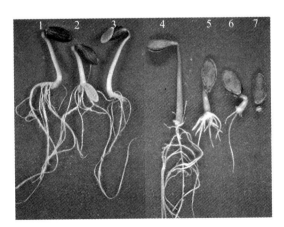

图 11-3 胡瓜幼苗与正常苗的判断图

1、2、4 有完整主根，3 主根生长受阻，但二次根足够，皆为正常苗　5、6、7 为异常苗

表 11-3　若干种子的正常苗准则

代号	发芽类型	茎叶	根（正常苗条件）	植物
1.1.1.1	出土型	顶芽包在子叶内	有主根，需正常	葱属
1.2.1.1	入土型	顶芽包在子叶内，上胚轴无明显伸长	有主根，需正常	香雪兰属
1.2.2.1	入土型	上胚轴伸长	有主根，需正常	芦笋
1.2.3.1	入土型	顶芽包在芽鞘内，上胚轴无明显伸长	有主根，需正常	狗牙根、稗子、黑麦草属
1.2.3.2	入土型	顶芽包在芽鞘内，上胚轴无明显伸长	有主根，二次根可以取代主根	稻、玉米、高粱
1.2.3.3	入土型	顶芽包在芽鞘内，上胚轴无明显伸长	种子根数条，至少两条正常	小麦、大麦、燕麦、黑麦
2.1.1.1	出土型	上胚轴不伸长	有主根，需正常	向日葵、莴苣、甘蓝、甜椒、苋菜、菠菜、胡萝卜、芫荽
2.1.1.2	出土型	上胚轴不伸长	有主根，二次根可以取代主根	胡瓜、西瓜、南瓜、棉花
2.1.2.2	出土型	上胚轴略伸长	有主根，二次根可以取代主根	落花生、菜豆、大豆
2.1.4.3	出土型	下胚轴肥大；子叶仅一片长出	种子根数条，至少两条正常	仙客来
2.2.2.2	入土型	上胚轴伸长	有主根，二次根可以取代主根	豌豆、蚕豆

*代号第一个数字中：1 为单子叶植物，2 为双子叶植物。第二个数字中：1 为出土型，2 为入土型。

六、休眠种子的处理

有些活的种子，因各种原因而在发芽试验时无法发芽。对这些具有休眠性的种子，依照试验的目的，以及不能发芽的原因而有不同的处理方式。就试验的目的而言，若仅在于了解或比较种子样品的可发芽粒数或百分比，则依照该种种子的一般发芽条件进行试验即可，种子检验或者种原库的发芽试验则需要进一步了解不发芽种子是死种子还是休眠种子。

由于后两者的目的皆是要调查样品中能发芽种子的确切数量，因此最保险的方法是先进行一般的发芽试验，计算在该条件下可发芽的种子数，试验期限后再针对不发芽的种子做进一步的处理，以正确地分别计算死种子及具休眠性种子的数量，而不宜在发芽试验前进行休眠解除/促进发芽处理。这是因为处理可能会伤害种子，致使原本可以发芽的种子反而死去而低估发芽潜力。

不过在 ISTA 规则中提到，若怀疑种子样品具有休眠性时，也可以在发芽检测之初进行处理。鉴于 ISTA 所规定的部分处理方法可能会伤害种子，因此依照其方法不见得能得到最准确的结果，不过由于 ISTA 又规定处理的方法与时间应列于报告，因此应不会危及 ISTA 的最终目标：检验结果的一致性。

　　促进发芽的方法很多，ISTA 所推荐者，若是硬粒种子，可以用预先浸水、割伤、酸蚀等；其他如剥壳干藏、预冷、预热、光照、硝酸钾溶液、激勃酸液或淋洗等，皆已在表中针对个别种子加以注明。这些方法中比较可能伤害种子的如割伤、酸蚀、预热等，在进行时需要特别小心。

七、其他

　　有时一个播种单位可能含有两个或以上的胚，例如具多胚特性的柑橘类植物，或者复式种子（即种子球）如甜菜，或芫荽两个种子合成一粒种实，在种子检验时可能由一个单位长出一个或两个或以上的胚，此时发芽率的计算依照试验的目的而有不同的标准。一般的情况下每个单位只要长出一个正常幼苗，就可算为该单位产生正常幼苗。不过若想进一步厘清发芽的状况，则依 ISTA 规则，供试者可以要求检验单位详细调查长出一株、两株或以上幼苗的百分比。通常这类种子在进行发芽检测时，会采用经折式发芽纸（pleated paper，图 11-4）。发芽纸按一定行数，连续左右折叠而成，犹如佛经的折法。经折纸加水置于器皿内，将一粒种子放到一个凹槽处，粒粒区分以方便将来计数发芽种子。

图 11-4　经折纸法

第八节　活度生化检测

　　种子检验进行的诸多项目中，除了净度、品种纯度、含水率等之外，种子活度的高低更是决定一批种子质量的重要指标。检测种子活度的传统方法便是进行发芽试验，将种子培养于适当温度下，进而了解某批种子的发芽状况。然而缺点是耗时较久，一般蔬菜及禾谷种子虽然只需要1~2个星期的时间便能得到结论，但采收后具有休眠特性的作物品种也不在少数，许多休眠中的乔木、灌木种子更需要数月至数年的时间才能发芽。在种子买卖频繁的现代，为了及早完成交易、掌握农时，种子活度速测法有其必要。

一、四唑检测法的原理

种子活度生化速测法以四唑检测法（简称 TEZ 法、TTC 法、TZ 法）使用最为广泛。其原理是让三苯基四唑（triphenyl tetrazolium，TEZ）溶液渗透到种子的细胞内，在活细胞内的去氢酶会将无色的 TEZ 还原为红色的三苯基甲臜（triphenyl formazan），甲臜无法通过细胞膜。死细胞内缺乏去氢酶，因此无法还原 TEZ，旁边活细胞内红色的甲臜又不会渗到死细胞中，因此活的以及死的细胞可以泾渭分明地呈现出来。四唑检测法整个检验过程在 24 小时内可以完成，虽非新技术，却仍是无可取代。

然而一粒种子的细胞千千万万，到底多少细胞不能染色才算种子没有生命力呢？答案是不一定。跟人一样，关键部位的细胞死了一些，就可能丧命，反之，较不重要的部位死了一大片，种子还是可能发芽。由于 TEZ 法需要针对种子全部的部位分析染色结果，因此此法也称为形貌四唑检测法（Topographical Tetrazolium Test）。有人把染过色的整粒种子磨碎，用分光仪测红色素的浓度来代表种子的活度，那是对 TEZ 法的误解。

二、四唑检测法的操作

（一）器材与药剂

本法需要若干简单的器材与药剂。

（1）工具：刀片、挑针与镊子（图 11-5）。

（2）设备：立体显微镜、恒温箱。

（3）药剂：

    a. 缓冲液：（a）9.0708 g 的 KH_2PO_4 溶于 1,000 ml 水中；（b）11.876 g 的 $Na_2HPO_4 \cdot 2H_2O$ 溶于 1,000ml 水中。两份（a）加上三份（b）即可调整为 pH7。

    b. TEZ 溶液：取 2,3,5-triphenyl tetrazolium chloride（2,3,5- 氯化三苯基四唑，TTC），以缓冲液配置 0.5% 的 TEZ 溶液，为避免光照，装于褐色瓶中备用。

图 11-5　TEZ 法用到的工具

（二）步骤

本法分三步，即前处理、染色与分析。

1. 前处理与染色

种子吸湿及前处理的目的是要使药剂容易渗入种子各部位的细胞。许多种子可以直接浸泡于水中以吸水，种子快速吸水容易受伤者如大豆、高粱等，则可以把种子置于湿纸巾上缓慢吸润。有些干燥种子较不易吸水，因此常要先经切割、去壳或真空处理，以利水分的渗透。吸水后至染色分析前，种子不得干燥失水，特别是在显微镜下观察时，需要经常给水以避免染色结果失真。切割方式甚多，不同种子各有适合的方式，可参考相关手册（如 ISTA 规则或 Moore，1993）选用。

成熟的胡瓜种子在胚外面仍残留一层外胚乳加内胚乳的半透性薄膜，将胚部完全包覆，无法让 TEZ 等有机物渗入（Ramakrishna & Amritphale，2005），需要先除去才能染色。方法是将种子浸于温水（37.5℃）中 1 小时后，用镊子轻压基部，以裂开种被并剥除之，然后再回浸 2 小时，即可撕去薄膜（宋戴炎译，1964）。

种子经前处理之后加入 TEZ 溶液，置于 37～47℃下进行染色。染色的速度因 TEZ 溶液浓度与温度的提升而加快，而设定处理条件的要点在于染色程度的恰当，红色不宜太深，能够进行分析即可。ISTA 的检验规则针对多种种子提供处理条件与分析准则，可以参考。

2. 分析

如何根据染色结果来判断种子的死活，是四唑检测法最难的地方。除了染色失败部位重要与否如何去决定外，还有不少的陷阱。有三类种子不适于使用本法：（1）受过病菌感染的种子，由于侵占胚的病菌本身也是活的，因此种子染色状况看起来即使正常，其实种子已无生命；（2）因遗传的关系种子本身衰弱，则虽是活种子但可能染色不佳；（3）胚部本身颜色深，则虽是死种子也可能被误认为活种子。

分析前先将胚部加以揭露，以利判断染色结果。首要是注意重要部位的染色结果（图 11-6、图 11-7），例如胚轴与子叶（或胚盘）连接处虽然不大，却是养分输送进入胚芽与胚根的重要通道，此处细胞若不具有生命，则种子无法长成幼苗。反之，胚部子叶呈叶状亚型者，子叶的末端细胞即使无生命的范围稍大，也不会影响到其余部位的养分分解输送到胚轴，因此该种子仍可判为具有生命。胚根的尖端若无法染色的部位不大，也不至于影响活度。ISTA 的检验规则通常指出，胚根尖端无法染色的部位若超过胚根长度的 1/3，才表示该种子不具有生命。

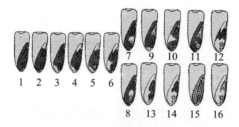

图 11-6　玉米胚切面染色形态

1～6：具活度种子。7～16：不具活度种子。

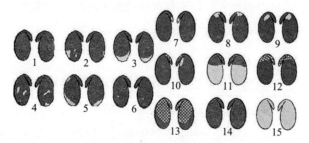

图 11-7　大豆胚切面染色形态

1～6：具活度种子　7～15：不具活度种子

有时染色时种被仅部分割伤，让 TEZ 渗到胚部，但由于种被其他部位与胚部结合紧密，因此溶液到不了深处，无法染色。此时必须确定不染色是因为细胞无生命，还是药剂未能进到细胞内。染色色泽也须注意，异常色泽如半透明状为死组织，染色深暗可能的原因，应区分是细胞受伤还是染色过度。

三、四唑检测法的自我训练

染色结果的分析在过去累积相当多的经验，ISTA 已将多类种子的判断准则记录在 TEZ 法技术手册中，然而尚有不少植物的资料仍未齐备，而 ISTA 的检验规则的分析准则仍然失之简略。对于新的物种或者新手而言，若无老手从旁指导，实在没有信心来区分活的与死的种子。以下提供 TEZ 法操作的自我训练方式。

　　了解该种子的胚部构造，是很重要的预备工作，认清胚与胚轴的位置，才能决定哪些范围是重要部位。其次在进行 TEZ 法的探讨前，需准备多批种子，各批种子的发芽率高低不一，但需要确定是完全无休眠的样品。若供试种子具有休眠性，则需要先进行后熟处理，确定休眠性消失后，再分成若干批进行不同程度的老化处理，来取得不同发芽率而且没有休眠性的样品。

　　接着要建立染色的程序。染色过程中主要的目的不外是使活的胚组织能在短时间内顺利地与 TEZ 试剂作用而呈色。一般常用割伤或局部割弃种被的方式来让 TEZ 溶液进入体内，有时还可以抽真空来辅助。新的物种可以参考类似物种而其染色程序已知者。

　　染色结果的分析准则可以采用平方根法来建立（Kuo *et al.*，1996）。首先拿前述不同发芽率的多个样品，例如 20 批，每批样品分两组种子，一组进行发芽试验，另一组进行 TEZ 检测，然后将所有 20 批种子的染色状况归纳成若干形态，例如说 12 种。每一个染色形态不是可以分析为活种子，就是死的种子，因此一共有 $2^{12}-1$ 种不同分析准则的组合（以最简单的例子来说明，假如染色形态只有三种——A、B 与 C，那么分析准则有 2^3-1 即 7 种组合，包括仅 A 为活种子、仅 B 为活种子、仅 C 为活种子，或 A 及 B、A 及 C、B 及 C 皆为活种子，或 A、B、C 皆为活种子等）。

　　最后是制定最正确的分析准则。把很清楚、有把握判断为死的或活的形态去除，剩下例如说 5 种形态不知如何决定，则剩下 2^5-1，31 种可能的组合。然后用每种组合去判断各批种子的染色结果，因此对每批种子而言有实测的发芽率以及 31 种染色所判断的存活率。所谓正确的分析准则就是用在这 20 批种子所判断出来的存活率能最接近实测发芽率的哪个分析组合。所谓"最接近"是指平方根（root mean square）最小的那一组合。

$$RMS = \sqrt{\frac{(G_1 - P_1)^2 + (G_2 - P_2)^2 + \ldots + (G_n - P_n)^2}{n}} \tag{6}$$

其中 n 为供试样品数，G 为各样品的发芽百分率，P 为各样品某一分析组合的预估活种子百分比。比较所有分析组合的 RMS，以 RMS 最低的那一组合作为分析标准。

　　四唑检测法虽然快速正确，但即使染色模式的界定再明确详细，因为每粒种子的染色状况各有不同，在判断上仍难免碰上模棱两可的情形，这时必须仰赖检验员主观的判断，在检验过程中也需要仔细耐心地从事烦琐的处理，因此可以说 TEZ 检测的正确性大部分是建立在检验员的处理技术及判断经验上的。

第九节 发芽能力有关的其他检测

由于种子的种类繁多，许多较特殊的状况需要加以考虑，因此除了发芽率与活度生化检测外，相关的检验方法还有如下的项目。

一、取胚活度检测

一般发芽检测都在两三个星期内完成，然而有些种子具有长休眠期，可能高达两个月甚至半年以上，若还是进行一般发芽试验，则不能赶上贸易或播种期的时机。这类种子以林木类居多，可以用取胚检测法迅速检测胚的活度，来取代发芽检测。经过取胚活度检测及格的种子批，依正当程序育苗，就可以在预定的时候得到预期的幼苗数。

目前 ISTA 针对若干温带树木类已提出取胚检测的方法指引，如松属、槭属、卫矛属、花楸属、梣属、椴树属、梅属、苹果属及梨属等。亚热带及热带树木也不乏深度休眠种子，宜赶快建立取胚检测程序。

本检测以 400 粒种子分 4 个或 8 个重复进行，视胚的大小而定。但是取样时宜多取 25～50 粒，以便在切取种子不小心伤及胚部时得以补充。检测时种子先浸水 1～3 天，视吸水速度而定，不能吸水者先用割痕法或酸蚀法处理。浸水温度宜低于 25℃，并且每日换水两次，以防止微生物滋长。此时开始到全程结束为止都要保持样品湿润，不得受到干燥。

完全吸水后取出种子以刀片小心切取胚，胚部因取胚受伤时要丢弃，另以备份供试。若所切到的种子不含胚，或所含的胚部严重受到病虫或机械清理的伤害，或是胚部畸形，则应当作供试样品的一部分，不得丢弃。检测结束时胚仍保持坚硬，或者显示生长情况者为活种子的胚，腐败者判定为死种子。

二、X 射线检测法

硬壳种子若壳重胚轻，则一般的清理方法无法将这类空种子剔除，充实饱满的种子若胚部严重龟裂，可能已无生命，这类种子更不易清除。完整的种子胚部遭受虫咬甚至产卵，也是无法用机械方式来清理，但是不清除而混在正常种子中播种，则有传播虫害之虞。这几类种子若需要剔除或者至少了解其成分的百分比时，可以采用非破坏性的软 X 射线作为检测方法（Willan，1985），来找出空种子、蛀虫种子或不正常胚种子（图 11-8）。

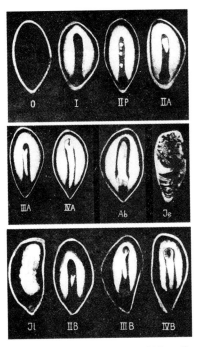

图11-8 针叶树种子的X射线照片

A：胚乳发育完整 B：胚乳发育不完整 Ⅰ：有胚乳无胚 J：蛀虫种子 O：空种子 ⅡP：胚乳及
一到数个极微小胚 ⅡA：胚乳及长度约半的胚 ⅢA：胚乳及长度过半的胚 ⅣA：胚乳及发育完全
胚 Ab：胚或胚乳发育不正常 Je：出现虫排泄物 JI：出现幼虫

X射线是以光速前进的电磁波，波长仅为可见光的1/10,000到1/100,000。波长较大的称软X射线，适用于人体及种子内部结构的检测。种子置于光源与底片之间，照光时因种子各部位吸收能力的差异而底片不均匀地曝光，曝光底片冲洗后就可以将种子内部的状况显露出来。

影响显像结果的因素大抵有四个，即射线管内的电位差、施于射线管的电流强度、曝光时间以及种子与底片的距离等。低电位差可以得到较好的解像度，高电位差得到的密度差较小。电流强度与曝光时间互补，同时降低电流强度与增加曝光时间可以得到相同的光量密度。种子与底片的距离越大，影像的效果越差。

第十节 种子活势检测

依照ISTA的规则，发芽检测的结果可以用来预测田间种植的表现，实际的情况是，当实验室发芽检测的结果较差时，种子在田间的表现也不好，但是发芽检测所得的发芽率相当高时，田间的表现可能好，也可能差（表 11-4）。发芽率相同的若干批种子，在同样的储藏条件下经过同样的时间后，发芽率可能有显著的差异。甚至于在出口前发芽率相同的种子，到国外后发芽率却非常不同。

表 11-4　发芽检测结果接近，其质量可能有差异

		种子批发芽、萌芽率（%）			
		1	2	3	4
田间播种：豌豆	实验室发芽率	93	92	95	97
	田间萌芽率	84	71	68	82
储藏：红三叶草	储藏前发芽率	90	90	90	90
	储藏 12 个月后发芽率	71	90	66	89
运输：草原雀麦	出口前发芽率	94	96	93	90
	到达后发芽率	87	19	74	53

因此可知，种子发芽率检测的结果即使有高的发芽率，也可能只是假象，实际上这批种子是在高质量的边缘，很容易就劣变了。这对于种子企业是很重要的，因为农民对于某公司种子质量的信赖，取决于种子在田间的表现，而非包装上的发芽试验结果。

田间的环境经常较不稳定，包括土壤水分过多或过少、温度过高或过低、土壤因雨后而变干硬等，与实验室的发芽条件差异颇大。种子可以储存的期限既然因不同批而有所差异，则哪几批需要先行出清，哪些可以略为延后，是种子最佳管理所必需的信息。进行种子的国际贸易时，特别需要知道的是这批合格的种子是否难储存、难运输。种子进行包衣、萌调等提升质量的处理之前，也需知道这批种子是否值得进行。针对以上需求，若要对种子的质量做进一步的确定，则可以进行种子活势检测。

发芽率的检测比较单纯，只要依照标准的程序执行，结果的重复性很高。活势所指的却是好几个不同的种子特性，包括田间萌芽率、耐储能力等，而田间的表现又受到各种环境条件的影响。因此活势的定义颇为复杂，在学界争论很久，ISTA 的活势委员会经过 27 年的研讨，才达成共识。

根据 ISTA 的定义，活势是种子多项特质的集合概念，这些特质会影响种子发芽及幼苗出土过程的表现，表现好的就称为高活势种子。这里所谓的表现，具体而言包括种子发芽与幼苗生长、出土的速率与整齐度、种子储藏或运输后的发芽能力等。

好的活势检测方法有一些基本的要件：（1）质量检测的敏感度比发芽检测还要高；（2）

对于不同的种子批的活势表现要能够加以分级；（3）具有重复性；（4）客观、快速、单纯、便宜。

其中所谓等级是指活势检测的结果只能告知某批种子属于若干等级中的某一级，而无法像发芽检测那样地给一个特定的"分数"。活势检测的结果无法告知某批种子在某次田间播种的出土率有多高，因为田间状况不同，同一批种子的出土率当然也不一样。不过分了等级后，对于该批种子将来在什么状况下会有怎样的表现就会有概括的了解。

种子活势检测方法可分为发芽法、生理生化法及复式检测等三大类。

发芽法是指直接在发芽试验时测量种子发芽速率、幼苗生长状况（如各种发芽指标的计算）、在特殊条件下测验种子的发芽表现（如砖砾法、冷试法），或者种子经处理后再进行发芽试验（如加速老化法、控制劣变法）。

生理生化法是直接测量种子样品的成分或作用，如电导度法、ATP 法、谷氨酸脱氢酶活性法（glutamic acid dehydrogenase activity，GADA）、呼吸活性法，或者需要染色如 TEZ 法。这几类方法的最大优点是快速。

复式检测基于活势乃是多重特性的总和的特点，把若干种检测方法全都用来试验一批种子，由各项结果综合分析出活势的状况。

一、砖砾法

早在 20 世纪初，希尔特纳（Hiltner）与同仁将受镰刀菌属真菌（*Fusarium* spp）感染的种子播在 3 cm 深的砖砾下，发现发芽突出了之后幼苗皆呈受伤状。其后的学者进一步发现，利用砖砾作为发芽床也可以将种子其他的缺陷暴露出来，如已发芽的干种子，或受热水烫伤、霜冻、化学伤害的种子等，因此在砖砾下发芽法可引用为种子活势检测的方法。

砖砾法（Hiltner brick grit test）主要的材料是直径 2 ~ 3 mm 的砖砾、粗砂或其他经鉴定可用的类似材料。砖砾在每次使用后皆需清洗灭菌方可再使用，使用前将砖砾充分浸水 1 小时之后再取出，平铺于 9.5 cm × 9.5 cm × 8 cm 塑料盒之内，砖砾高度 3 cm。然后将 100 粒纯净种子均匀置于砖砾之上，种子上再铺盖 3 ~ 4 cm 砖砾，盒子加盖后置于 20℃ 黑暗发芽箱中 14 天，然后取出进行幼苗评估。

计算已突出砖砾层的正常幼苗占（100 粒）种子的比例，作为种子活势的水平。以德国为例，该国种子法规定砖砾法所得到的正常幼苗在 85% 以上为高活势种子。

砖砾法可用于禾谷类、大粒型豆科种子、菠菜、甜菜等。使用于小种子时所盖的砖砾厚度要降低。本法的缺点是所需的时间较长、空间较大、清洗干燥砖砾较麻烦、结果的变异较大、有时与田间萌芽率的相关性不会高于正规的发芽检测等。

二、冷试法

温带国家常在早春播种玉米，此时土壤潮湿，加上土温较低，种子发芽速度较慢，因此容易遭受土壤微生物的侵袭，常导致实验室的发芽率检测结果与田间萌芽率之间的差异较大。冷试法（cold test）就是模拟田间较差的条件进行发芽试验，以期得到较符合采种田间表现的结果。目前仍以玉米使用最广，但高粱、大豆、豌豆、洋葱、胡萝卜等也皆有试验成功的例子。冷试法常用加土壤的卷纸法来进行，虽然有人倡议使用平铺法。

所使用的土壤相当重要，是试验结果重复性与不同实验室结果的比较性高不高的关键。土壤以一般种植供试作物的田土为宜，并力求来自同一地点，使用前用 5 mm 筛网过筛并保持湿润，也可以加入一至两倍的干净粗砂，以降低土壤的用量。

试验前先将滤纸充分吸水并冷却到 10℃，在 10℃ 之下将土壤薄薄地平铺于滤纸之上。种子单行（若纸张较宽，双行）置于土上，再覆盖一张滤纸如发芽检测中的卷纸法。然后将纸卷直立于塑料盒中加盖，迅速移入 10℃ 的黑暗培养箱中 7 天，再将整个塑料盒移入 25℃ 的黑暗发芽箱中 5 天，依照标准的发芽检测方法检验正常幼苗的百分比。

三、幼苗生长法

发芽检测虽然将发芽的种子分成正常苗和异常苗两大类，但是 ISTA 所认定的正常苗定义颇为宽松，不少的所谓正常苗实际上是长得有些缺陷的。另外，同在正常苗的部分内，发芽检测并没有将发芽速度快的幼苗与慢的进行区分，但是发芽的快慢却是活势高低的表现。作为种子活势检测的各式各样的幼苗生长法，大抵上皆是根据这两项缺失所进行的补救方法。

操作方法同发芽检测中的卷纸法，不过纸巾在蘸水前要先画一条线，以便将种子整齐地置于线上。每包卷纸所放的种子数量也缩减（如 25 粒）。发芽检测的时间到了，将卷纸摊开于桌上计算正常苗、异常苗与不发芽种子，然后移去不发芽种子及异常苗。另取一个透明片，片上每隔 1 cm 画一条线，把透明片放在幼苗上量幼苗的生长状况。

以幼苗平均长度（正常苗总长度／供试种子数）表示该批种子的活势状况，此法可用于禾本科种子。除了以长度为准外，也可以称量干重，将正常苗除去种子或子叶，将茎根幼叶在 80℃ 下烘干 1 天后称重，以正常苗平均干重的大小来表示活势的高低。幼苗生长测定所得到的数值的影响因素颇多，除了活势状况外，如温度、纸巾含水量、品种等皆是，试验时需小心。

另亦可用幼苗评鉴来进行豌豆或蚕豆种子的活势检测。方法同发芽检测中的卷纸法或砂床法，不过幼苗评鉴时将原来 ISTA 所规定的正常苗中再分出"强壮幼苗"来。这类幼苗的发育程度不能太慢，也只允许很小部分的轻微伤。若幼苗矮小、根系稀疏、初生叶受损等原还可列入正常苗者则视为活势不高。此法的缺点是幼苗的评鉴较为主观，操作稍不小心也会影响结果。

四、电导度检测

早在 1928 年，就有学者利用种子浸水时所释出的电解质来测验种子的活度，然而要等到 40 年后才有建议以浸出液电导度作为预测豌豆采种田间萌芽的例行活势检测法。目前除了英国外，欧美其他国家及新西兰、澳大利亚等皆使用电导度检测（electric conductivity test）豌豆种子。其他大粒型的豆类，如大豆、绿豆、菜豆、蚕豆等，蔬菜如甘蓝、番茄，禾谷类如水稻、小麦、玉米，以及棉花、一些禾草种子皆进行过研究。

种子劣变过程中，细胞膜的完整性首先逐渐受损，其时机还在畸形苗产生甚至发芽速度减缓之前，因此测量细胞膜完整性的方法按理应可以很灵敏地检测种子的活势。除了硬实外，干种子浸水时会将电解质渗到水中，这些电解质可能存在于种子表面或组织中的细胞壁、细胞间隙内（质外体），不过多数会来自细胞膜以内。因此测量浸润渗出液的电导度可望评估一批种子的活势。

电导度法主要有多粒法与单粒法两个方式，多粒法是供试样品分成若干重复，每重复所有种子整个浸水，单粒法则是用多电极的电导计测量各单粒种子的渗出电导度。不论哪种方法皆要留意一些细节，除了电导度计的准确度外，水溶液的温度有无固定或校正、浸种水液有无蒸发皆会影响电导度的读数，以及种子本身的含水率电解质的释放。

（一）标准程序：多粒法

根据 ISTA 活势检测手册的建议，多粒法用 50 粒种子为一重复，由每报验样品的洁净种子部分随机取四重复，并且称重。种子含水率要在 10%～14% 的范围内，否则必须加以调节。取 500 ml 的三角瓶准确地注入 250 ml 的去离子水或者 <5 μS/cm 的蒸馏水（20℃），将 50 粒种子倒入三角瓶后轻摇、封口，再静置于 20℃ 下，24 小时一到马上取出三角瓶轻摇 10～15 秒，再将电极插入瓶中测量电导度（20℃），电极金属片要完全浸入，但注意不要与种子接触。所得的电导度读数要扣除对照（仅装水者）。电导度的计算为：

渗漏电导度（μS/cm/g）= 各瓶的电导度（μS）/50 粒种子的重量（g）　　　　（7）

重复间最大与最小值相差达 5 μS/cm/g 时，该批报验样品需要重测。

渗漏电导度要能正确地加以分级，才能用来判断种子的活势。英国经过多年在豌豆上的测试，主要是电导度与采种田间萌芽率间的比较，已对豌豆的分级提出清楚、简单的说明供参考：

<25 μS/cm/g：该批种子在早春或不良环境下播种并无不可。

25～29 μS/cm/g：该批种子可能适于早春播种，不良环境下表现可能欠佳。

30～43 μS/cm/g：该批种子不适于早春播种，不良环境下更糟。

>43 μS/cm/g：该批种子不适于播种。

其他种子如大豆虽然也进行过许多的电导度研究，但多仅进行相关性分析，尚未能进一步做分级的努力。

多粒电导度法迄今只在豌豆种子上得到较可靠的结果，其他作物上则有不少的报告指出电导度与发芽率或田间萌芽率之间相关性不高。其原因尚未厘清，不过在水稻及木瓜上，若将初期渗漏液倒掉，用第 6～24 小时（水稻，郭华仁，1986）或第 2 天（木瓜，施佳宏、郭华仁，1996）的渗漏液来进行相关性计算，则相关的程度比标准方法要高。

（二）单粒种子法

使用单粒电导度法的理由是唯恐多粒法一批种子中若有少数几粒死种子释出大量的电解质，会使浸出液的电导度提升过高，因而可能低估了该批种子的活势。若能找出一个区分值，超过该值者视为死种子，低于该值者视为活（高活势）种子，并且测定出每粒种子的渗漏电导度，那么就可以更准确地计算该批种子的存活率。

出品多电导度计的公司已经提出多种作物的区分值，但是尚未被普遍地接受，实际上某些研究结果对此法仍有所保留。例如少数几粒渗漏量极大的种子，不论剔除与否，可能不影响整批种子的渗漏电导度（Kuo & Wang，1991）。

然而一粒种子若只有很重要部位的细胞发生劣变，虽然区域很小，电解质渗漏很少，但种子可能已无生命，反之，不重要的部位劣变，虽然造成高渗漏，然而种子或仍可以发芽。因此单粒法在理论上也不易成立，所谓的区分值实际上无法绝对地分出各粒种子是否具有发芽能力。

五、加速老化法

加速老化法（accelerated aging test）原本是用来预估商业种子的耐储性，后来被引用于多种作物种子活势的指标，据称其结果常与田间萌芽率具有相关性。在美国许多实验室已将许多变因加以了解与标准化，因此 AOSA 也推荐加速老化法作为活势检测的方法，而且在该地区广泛地使用。

将种子置于高温高湿的环境下数天，活势高的种子尚可以忍受而保持较高的发芽能力，而低活势种子的发芽能力可能已经降低。这是加速老化法作为种子活势检测方法的基本方式。其原理则可以用种子的"活度旅程"来说明。

同品种的两批种子 A 与 B 在标准发芽试检下都呈现高发芽率，实际上起始活度可能是不同的，让这两批种子在相同的温度与含水率的条件下经过一段时间，则起始活度较差的 B 的发芽率已有大幅度的下降，但 A 的活度可能才"走"到就要开始快速下降之前。例如依照图 6-3，a、a' 种子起始活度分别是 3.6、3.2；两者的发芽百分率分别为 99.98%、99.93%，两者相差有限，发芽检测时会落在信赖界线内而被视为相同。经过同样的储藏旅程，a、a' 的活度概率值分别降到 0.4、0，但是用百分率来表示，分别为 65.54%、50%，发芽检测结果已显著不同。

加速老化的方法就是使用高温（41 ~ 45℃，因作物而异）、高湿的严格控制条件来储藏种子，种子在短短的 2 ~ 3 日内走过相等的活度旅程，让处理后种子发芽率的高低显现出两者活势的不同。

根据 ISTA 的建议，以规格化的器材来进行加速老化检测。取 11 cm × 11 cm × 3.5 cm 的加盖塑料盒，盒内放入加短脚架的不锈钢筛网，长宽各 10 cm。器材先用 15% 的过氯酸钠消毒后干燥待用。测种子含水率，需要调到 10% ~ 14%。使用时将 40 ml 的蒸馏水注入塑料盒中，再覆上干筛网，筛网不得沾到水。取 220 粒种子置于筛网上，加盖密闭。将塑料盒放于可调到 40 ~ 45℃、误差 ±0.3℃ 的培养箱处理。处理过程中不得打开培养箱。处理时间一到，立刻取出塑料盒，并且立刻取 20 粒种子测含水率，并在 1 小时内进行标准发芽检测。若含水率不在标准范围内，该样品需要重做。

经过标准的加速老化处理后，再进行发芽检测所得到的数值，若与原本的发芽检测相似，则表示该批种子的活势高，反之若发芽率显著地降低，表示该批种子的活势为中度或低度。

加速老化法直接将种子放在高温高湿的容器内进行加速老化处理，因此在短短的 2 ~ 3 天之内，种子会不断地从空气中吸收水分，种子的水分含量一直上升。由于种被渗透性不同，品种间或相同品种而不同批种子含水率的上升速度也可能有所不同。由于种子含水率是控制种子寿命的两大因素之一，因此若含水率的上升速度不同，可能不能很准确地反映种子活势的程度。

举一例说明，两批活势程度相同的大豆种子，若有一批种子较不易吸水，则在加速老化之后，不易吸水者可能还具有较高的发芽能力，而较易吸水者其发芽率可能较低。在这种情况之下加速老化法或可以作为预测种子在密封下的储藏能力，但似乎不宜作为检测前种子活势的指标。

　　比起发芽检测，加速老化法所得到的结果与田间发芽率相关程度较高。除了大豆之外，也有一些作物已试出可行的处理条件（表 11-5）。

表 11-5　各作物种子加速老化法的处理方式

作物	盒内[1]		培养箱		种子含水率（%）[3]
	种子重量	数量[2]	老化温度（℃）	老化时间（h）	
大豆[4]	42	2	41	72	27 ~ 30
豌豆	30	2	41	72	31 ~ 32
油菜	1	1	41	72	39 ~ 44
玉米	40	2	45	72	26 ~ 29
甜玉米	24	1	41	72	31 ~ 35
莴苣	0.5	1	41	72	38 ~ 41
绿豆	40	1	45	96	27 ~ 32
洋葱	1	1	41	72	40 ~ 45
甜椒类	2	1	41	72	40 ~ 45
黑麦草	1	1	41	48	36 ~ 38
高粱	15	1	43	72	28 ~ 30
番茄	1	1	41	72	44 ~ 46
小麦	20	1	41	72	28 ~ 30

1. 加盖塑料盒，底部加 40 ml 水，种子重量 g。
2. 种子较大的品种，每盒重量及盒数可能要调高。
3. 老化处理后的含水率。
4. 仅大豆为推荐使用，其余作为参考。

六、控制劣变法

　　控制劣变法（controlled deterioration test）的原理与加速老化法类似，都是让种子在短期内度过"活度旅程"。所不同者，加速老化法中种子在处理过程含水率是变动的，不断在上升。控制劣变法则是在低温（10℃）下先将种子含水率调高到 20% ~ 24%，然后装入铝箔袋密封，在固定的含水率下放于 40 ~ 45℃ 的高温进行老化处理 1 ~ 2 天。处理时间结束后也是进行发芽检测。

　　这个方法最先用来筛检小型的蔬菜种子，如莴苣、洋葱、甘蓝等在田间表现不佳的种子批。此法经过少数几个实验室测试认为可用，但也有相反的结论。不过至少在含有吸水较慢的种子时，这个方法可能更能准确地评估种子活势。

本法的缺点则是需调高种子的含水率，操作上较麻烦。若用吸湿气的方法，可能需要4~6天才可以达到所定的含水率，若用加固定水量的方法，一来种子直接接触水分有其潜在的危险，再者对小种子，所加的水量很小，容易因加水量的略多或略少而影响到含水率的精确控制。

第十一节 种子健康检测

种子带有真菌、细菌、病毒等微生物，因此植物病害会经由种子而扩散、蔓延，称为种传病害，种传病害的控制是作物病虫害管理上相当重要的工作，其中减少种子带病菌是重要的预防措施。种子健康检验是指检测种子所带病原微生物的种类与数量，以推知一批种子的健康状况与价值。种子上面有多种微生物，但只有数量达到临界点，该病害才会由种子传染到所长出的植株。精确地测定种子上某病菌或病毒的数量，可以有效地作为是否进行种子消毒处理的依据。种子健康检验也有助于种子国际贸易，许多国家都有进口产品的检疫规定，进口时会需要种子的健康检验数据。

检测种传病原的方法很多，包括一般检测法、培养检测法、抗体检测法，以及核酸检测法，可根据不同的病原与检验的目标，以及各种检测法的灵敏度、专一性、检测速度和所需劳动力、空间与经费等因素加以选择使用。国际贸易上可能需要依照 ISTA 的规定进行。

一、一般检测法

较传统的种子健康检测例如（1）田间检视、（2）直接目测、（3）浸润镜检、（4）冲洗镜检、（5）生长检测等方法。

田间检视法是在采种田例行的田间检验时确认患病植株的病原，此病原将来可能会出现在种子上。此法的好处是可以同时发现不同的病害，也有助于决定是否进一步进行室内检测，不过植株出现病害，不见得会感染到种子。

直接目测法是观察种子外观或者内部组织，检视是否出现病症。带病原种子的色泽、大小、形状可能发生改变，有时种子外面也会掺杂线虫的肿瘤等，这些可以直接用目测或放大镜、实体显微镜检测。不过直接目测法灵敏度不高，经常无法检测出来。

浸润镜检法是用水或氢氧化钠溶液浸润种子，然后分离胚部在显微镜下观察菌丝体出现与否。胚部分离后也可以用乳酚（lactophenol）溶液处理，以利菌丝体的显现。本法的灵敏度较高，但较费工，能检验出的病菌种类也不多。

冲洗镜检法是将种子用含有清洁剂的水冲洗，洗出附着于种被的孢子，然后离心洗出液，在显微镜下检验液体中孢子。本法较简单，但难以检测到出现于包覆组织内的病原。

生长检测法是将种子播种于田间或温室，幼苗长出后观察种传病症。播种前确定土壤不含病株残体与媒介昆虫，生长条件也应适合病原的滋长。变通的方法是将供测种子以水萃取病原，然后接种于健康的幼苗。本法需要较多的劳动力与时间，不过操作得当时可以较准确地预估一批种子播种长成后的患病率，但前提是病症明显、易于判断。由于不是每种病原皆会传递到幼苗，因此本法检测种子病原的敏感度也偏低。

二、培养检测法

直接培养种子所带微生物，然后检验病原繁殖菌丛的出现，称为培养检测法。培养之前通常进行种子表面的消毒，以减少一般微生物的干扰。其次将种子置于湿润吸水纸，或萃取种子所带微生物，取萃取液画线于特定培养基上，然后将吸水纸或培养基培养在特定的温度、湿度、光照与时间环境下。通常经过 2～7 天后，确认菌丛的颜色、质地、子实体与生长速率等，再于显微镜下检验子实体的种类、大小或结构。

针对不同的细菌或者真菌，目前已开发出多种高选择性的培养基，对于细菌的检测相当有用。所培养出的菌丛若有非目标微生物干扰之虞，可以进行继代培养，然后将纯株菌种用生化、血清或 DNA 法来鉴定菌种。

若选对培养基，本法检测细菌或真菌病原的灵敏度可以说相当高，不过若种子严重附着腐生菌，可能会降低其灵敏度。通过不同的表面消毒程序，本法也可以察觉病原是附生于种子表面、内部还是两者皆有。

三、抗体检测法

将高纯度的单一病原注入动物作为抗原，待动物产生抗体与之结合，然后由其血清或者脾脏细胞分离出抗体。此抗体就可以用来结合所要检测的病原，但需要先确定其专一性，避免其他微生物的干扰。兼具灵敏度与专一性的抗血清检测法已经广泛使用，若能精确地测定和定量抗体—病原复合体，则可以提升本法的灵敏度。

此复合体的测定可以简单地使用凝集（agglutination）法，将带有病原的溶液加入装有特定抗体的试管中充分混合，若目标病原存在，就会凝集产生沉淀。常用的方法是胶体沉淀（agar gel precipitation）法。单向胶体沉淀法是备制含特定抗体的胶体平板，在胶体上等距打洞，待测抗原加入洞内，抗原会自然扩散进入胶体内，扩散至欲测抗原与抗体呈适当比例时可看见明显的环状沉淀，沉淀环直径的平方与抗原浓度成正比。双向胶体沉淀法则制备不含抗体的胶板，在胶面上打两个洞，在各洞内分别加入抗体和抗原，抗原与抗体各自向外扩散，抗原与抗体接触点会出现沉淀线。

酶联结免疫吸附法（enzyme-linked immunosorbent assay，ELISA）是将信号放大后再测定的方法，通常设计成 96 个穴盘，每穴底部将抗体分子固定，这个抗体连接有某种酶，待测抗原加入后若产生抗原抗体反应，则为所欲检测的病原。将未被结合的其他抗原清洗出去后，再加上酶的受质，依其呈色的量来估计待测抗原。

ELISA 的灵敏度有赖于样品中抗原（蛋白质）的含量与质量、所使用抗体的专一性，以及所使用的信号放大的化学方法。用 ELISA 来检测病原与其他分析方法一样，会有两种不确定性，即伪正率与伪负率。伪正率是测验结果指出欲检测病原的出现，但事实上不存在。伪负率是测验结果指出欲检测病原不存在，但事实上是有的。伪正率低代表分析方法的专一度高，而伪负率高则表示抗体粘附性不足，因此灵敏度差。灵敏度水平的建立需要考虑混合种子数量的大小和种子种类的不同。

还有其他类似的方法，如结合抗体与 RT-PCR 之免疫捕捉聚合酶连锁反应（immunocapture-RT-PCR，IC-RT-PCR）等（张清安，2005）。

四、核酸检测法

病原与其他生命一样，都含有最重要的大分子，即 DNA。将特定病原 DNA 的特定序列加以放大，也可以检测其存在，在病原出现量极少时，需要使用 PCR 技术放大 DNA。

其他方法包括免疫吸附−聚合酶链反应（immunomagnetic separation-polymerase chain reaction，IMS-PCR）法等。本法结合血清学与 PCR 检测法，应用专一性的血清配合磁珠（magnetic beads），将较为完整的细菌体先行捕捉并浓缩，再以 PCR 方法进行检测，可去除样本中的干扰物质，以增加反应的灵敏度与准确度（黄秀珍等，2013）。

第十二节　基因改造种子检测

基因改造作物从 1996 年开始大规模种植，到了 2014 年全球已达 1.815 亿公顷，超过全球耕地面积的一成。不过种植后因基因污染造成农民损失的事件不断发生（如郭华仁、周桂田，2004），导致农民或者基因改造公司的损失不小。因此基因改造作物的种植如何能与一般作物或有机作物的种植共存，乃是重要的课题。

含基因改造成分的食物皆须标示，若一批非基因改造种子不经意地混杂了基因改造种子，会让农民无法以有机的名义出售较高价的产品，或者原本不须标示成分的非基因改造产品需要额外负担检验、标示的费用，而导致经济上的损失。因此种子商在生产、买卖一般种子时，皆须确保无基因改造的污染。一般种子混杂基因改造种子的检测就成为近年来种子检验的新项目。

基因改造种子的检测技术如同前述的病原检测，分为信号放大如 ELISA，与目标放大如 PCR 两大类别。任何方法都要考虑其灵敏度与专一性，会有两种不确定性，即伪正率与伪负率。伪正率低代表分析方法的专一度高，因此选择方法之前应详加了解，而整个检测过程中，样本皆可能被标示错误、污染或处理不当，操作过程应严格遵照标准程序小心进行，避免造成分析系统的误差。

由于基因改造种子的检测费用相当昂贵，而其结果的经济效应也很大，特别需要在考量成本之下讲求其效，因此统计方法（Remund *et al.*，2001）就显出其重要性，其重点在取样策略，所测的样品需要多少粒种子，而样品内所能容许的、不被接受的或异常的种子又为多少粒。该等数量多少的决定取决于：

（1）质量容许标（lower quality limit，LQL）：消费者所能接受种子批纯度的最低水平。种子批的纯度若高于 LQL，则可被接受，因此 LQL 通常称为纯度（或未达纯度）的门槛。

（2）质量低标（acceptable quality level，AQL）：一个种子批在现行采种方式下，所能达到的最低纯度。种子生产者希望达到或高于此水平的种子批，被接受的概率高。

（3）生产者风险：拒绝一个实际上达到 AQL 种子批的概率。简单地说，就是拒绝一个达到近似"纯"的种子批。检测系统若伪正率高，则会提高生产者的风险。

（4）消费者风险：接受一个实际上纯度在 LQL 的种子批。也就是说接受一个不"纯"种子批的概率。伪负率低，消费者的风险也较低。

取样策略可以用操作特性曲线（operating characteristic curve，OCC）来辅助。图 11-9 以三条 OCC 作为说明，横轴表示一批种子实际的异（基因改造）种子出现百分比，纵轴则表示在各特定的异种子率下，一批种子被接受（及格）的概率值。理想的 OCC 是当实际的异种子率小于 LQL 时拒绝一批种子的概率为零，而当实际的异种子率大于 LQL 时拒绝一批种子的概率为 100%；这只有当一批种子内的全部种子皆被检测时才有可能达到。图中的粗线为精确的 OCC，当种子纯度高达 LQL，被接受的概率高（即生产者风险只有 5%），当异种子率高达 LQL 时，接受概率则低（即消费者风险只有 5%），但这只能在供测单粒种子数量大，且异种子门槛数恰当时才为可能。

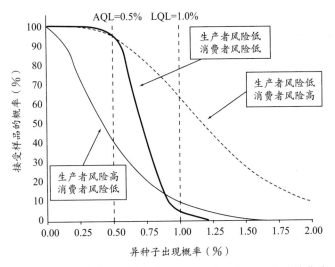

图 11-9 考虑生产者风险与消费者风险的三取样操作特性曲线

AQL：质量低标 LQL：质量容许标。粗线 N=3,000，C=21；细线 N=400，C=1；
虚线 N=400，C=4。N 为供测单粒种子数，C 为异种子门槛数，超过即不接受

在供试单粒种子数较低（400 粒），细线的 OCC 在异种子门槛数为 1 时，即使种子纯度高达 LQL，被接受的概率仍然不高，生产者风险高达 40%，不过若异种子率高达 LQL 时，接受概率（即消费者风险）仍然低，约只 10%。若为虚线的 OCC，异种子门槛数为 4 时，种子纯度若高达 LQL，仍可维持高的被接受概率，生产者风险仅 5%，不过若异种子率高达 LQL 时，接受概率仍高于 60%，消费者买到不合格的种子风险相当大。同为 400 粒的受测单粒种子，若异种子门槛数设为 2，则生产者与消费者的风险分别为 32% 与 24%；若为 800 粒的受测单粒种子，而异种子门槛数设为 5，则生产者与消费者的风险分别为 21% 与 19%；若为 1,600 粒的受测单粒种子，而异种子门槛数设为 11，则生产者与消费者的风险分别为 11% 与 13%。

利用单粒种子来测定基因改造特性存在与否，其花费相当大，以混合种子替代单粒种子，通常可以节省资源，例如，400 粒个别种子可以以 10 粒分成 40 份，每份混合种子可以磨成均质粉粒混合物再测，分析时所需的花费可减少 90%。但是混合种子只能做定性检测（即存在与否），若需要混杂的百分比，还是得进行单粒检测。

仿效逐次检测法（sequential testing）的精神，采用双阶段检测也可以降低检验系统的花费，特别是当预期污染的情况不严重时为然。第一阶段检测较少的种子，可以省下抽样和测定的数量（详见第 12 章）。第一阶段检测可能有三种结论：（1）接受一批种子；（2）拒绝一批种子；（3）无法下定论。结果落在前两者，即可节省费用，若为第三者则再进行第二阶段重新取样测定，并结合第一和第二阶段结果，以决定接受或拒绝（基因改造种子超标）此批种子。

第 **12** 章 种原库的种子技术

　　农民生产首先需要播种。长久以来农民习惯在田间选种、留种自用，或者与其他农民交换播种。年年重复选种播种的过程，所选出的种子得以逐渐适应当地环境，出现良好的变异株时，也可能经由此方式保留下来，形成特殊的地方品种。这些地方品种可提供作为育种材料，可以说是人类珍贵的资产。然而由于科学的发展，品种育成由农民转到公共研究机构与私人种苗公司的育种专家，所培育出的新品种逐渐取代地方品种，这些珍贵的种子因此迅速消失。

　　种原库设置的目的就在于针对遗传资源进行保育工作，包括种子与营养器官或活体。种原保存的目标是针对某一批种原，经常维持一定数量及一定存活率的材料，如种子或活的植株，而这些材料所包含的遗传组成应该与首次采集时没有两样。种原管理的效率则是指运用最低的成本来保存最大的种原批数，而且保存的方式及结果达到标准。不论是目的有否达成，还是工作效率的高低，皆与工作人员的技术有莫大的关系。囿于篇幅，本书的讨论仅限于种子材料。

　　种子技术不论是种子生产、种子清理、种子调制、种子检验还是种子储存，在近年来进步都相当大，而由于穴盘育苗的兴起，对种子质量的要求更高，因此种子质量提升的方法更加发达。在这样的条件下，种原库所需要的种子技术，除了部分问题尚未解决外，大致可以说已经相当成熟。有关种原库的种子技术，已出版有相当详细的手册可供参考（Ellis *et al.*，1985a，b; Hanson，1985; Rao *et al.*，2006）。

第一节　植物种原保育

一、公立机构

　　鉴于农民地方品种的急遽消失，20世纪中期，在洛克菲勒基金会、福特基金会赞助下，联合国粮农组织（Food and Agriculture Organization，FAO）成立了国际农业研究咨询组（Consultative

Group on International Agricultural Research，CGIAR），在作物遗传资源丰富的第三世界国家成立 13 所国际农业研究中心，更在 1973 年于罗马设置国际植物遗传资源委员会（International Board for Plant Genetic Resources，IBPGR），后来改制成为国际植物遗传资源学院（International Plant Genetic Resources Institute，IPGRI），即目前的国际生物多样性组织（Biodiversity International，BI）。此机构针对各作物研究中心关于种原采集保育各项工作的规划、技术、信息以及人员培训等，加以统筹、发展并提供帮助，积极收集各地方农民的地方品系，然后将这些种子长期存放于这些国际农业研究中心的种原库，进行种原的保育工作。到 2012 年年底，国际种原库所保存的种原共计 751,717 批，分赠各界的材料累计已达 1,720,161 包。

挪威政府斥资于北极斯瓦尔巴（Svalbard）群岛的冰山底下建造斯瓦尔巴全球种子库（Svalbard Global Seed Vault），该处地壳板块不会移动，又属于永久冻土层，一时缺电温度也不会升高超过 0℃，因此极适合种子的长期保存。该种原库于 2008 年开始运营，免费提供各国种原库进行备份的储存，但不提供种子给使用者。由于材料的所有权仍属于各提供者，因此仍须向原提供者索取。种子经四层包装，储藏于 –18℃ 的环境。斯瓦尔巴种原库的运营经费由挪威政府与全球农作物多样性信托基金（Global Crop Diversity Trust）提供，工作业务由北欧遗传资源中心（Nordic Genetic Resource Center）负责执行。在 2012 年 7 月，所保存的材料已达到 75 万批。

由于每批种原带有相当多的信息，除了特性调查资料、储存数量、检疫状况外，还有身份资料（passport data，一批种子采集时所获得的资料，包括采集者姓名和机构等信息、采集地点与地理位置信息、采集植株数量、品系类别与名称等），而且种原库保存的批数又相当多，因此为了提高申请者迅速检索掌握所需要的特定种原，种原库会设计中央计算机系统加以处理，以方便索取。例如 FAO 国际种原体制就设置了信息入口网站 GENESYS，整合全球作物种原库的资料，使用者可以直接搜寻各种原库所保存种原的信息。美国国家种原系统设有遗传资源信息网（Germplasm Resources Information Network，GRIN），进行资料整合。

在野生植物方面，英国皇家植物园邱园从 2000 年开始进行全球规模最大的野生植物种子的采集保存计划，在 2012 年年底从 135 个国家收集到约 341 科 30,000 种植物的种子，达到陆生种子植物 10% 的目标。

二、农民保种

种原库的长期保存只是种原保育的两大支柱之一，另一个同等重要的工作就是农民的保种。国家种原库的种原保育目标在于所收集的种原经长期保存后，种原的遗传组成尽可能维持不变。实际上农地环境是逐年变动的，农民年复一年的选种留种，长久之后可以确保随着环境的变迁，作物能够有新的遗传组成来适应新的环境，提供为新遗传组成的来源。因此农民留种也是作物种原保育重要的一环，与国家种原库的工作可相辅佐。

农民留种都于自家农场进行，面积通常有限，因此只能选留少数作物与品种。许多国家的民间组织都积极提倡农民留种的工作，保种组织除了本身有较大农场，可以保留数量较多的作物与品种外，更会举办种子交换活动，邀请各地农民参加，达到扩充整体保种能力的目标。美国民间组织保种交流会（Seed Savers Exchange，SSE）于 1975 年开始运作，其 23 英亩的农场以有机栽培方式永久性保存的老品种超过 25,000 个，1900 年以前的苹果树品种就有 700 个。此外法国的 Association Kokopelli、澳大利亚的 Seed Savers' Network、加拿大的 Seeds of Diversity、印度的九种基金会（Navdanya Foundation）等都致力于农民留种的推广。

第二节　种原库作业

依照地点的不同，种原保育分为原场（in situ）保育和移地（ex situ）保育两类。原场保育是在种原自生的栖息地进行，也常需要以种子技术作为基础；移地保育则是将种原材料在原栖息地以外的地区进行繁殖并且保存。植物园将种原直接栽培于室外田间，种原库以种子或组织培养的形态来进行室内种原保育，都是移地保育的范畴。

植物种原保育是跨领域的工作，需要多方面的协调方能完成。首先，由于植物物种以及作物野生种、近缘种、地方品系等数量庞大，因此需要先拟定收集保存的先后次序。其次，要通过信息的收集或实地查访以了解保育对象的分布状况。再者，派遣相关专家实地采集，或者由其他种原库、私人保存等处寻求提供材料。当外国种原材料抵达，需要通过检疫处理，方能进一步送种原单位处理。

种原库的保育对象分为室内的种子、无性繁殖组织，以及种植于室外园圃的植株。正储型种子以种子的方式保存成本最低，中间型种子的储藏期限较短，但通常也是采用种子。异储型植物无法用种子保存，可用组织培养或种植于园圃的方式来进行。种子的储藏类别可以由邱园的数据库 Seed Information Database 查阅（http://data.kew.org/sid/sidsearch.html）。无法确定者可以根据以下流程判断（图 12-1）：

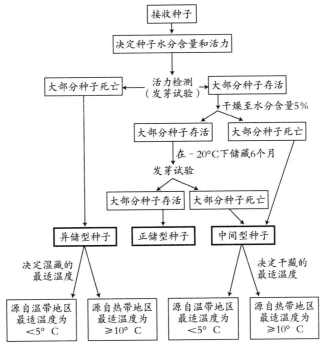

图 12-1　决定种子储藏形态的测试流程

一、种子操作概观

就正储型种子而言，其储藏分为长程与中程两大类。长程储存是将种子样品干燥到 5% 含水率，然后密封保存在 –18℃ 的冷冻库。这种保存方式是用在基本收藏（basic collection），非必要时不取出。中程储存的条件通常是温度约为 5℃，在这种条件下保存的种子称为作用收藏（active collection），这些样品数量较多，可能在几年内供特性检查或再生时播种用，或者提供其他单位索取，因此保存的时期不会太长，不需很低的温度，以节省储存成本。就长程储存而言，若为遗传同质性高者每批 3,000 ~ 4,000 粒即可，若为异交品种，则以 4,000 ~ 12,000 粒为宜。

种原库的种子工作以批（accession）为基本单位，在定义上有别于种子检查的一批（lot）。种子检查的"一批"，是指可资识别及检查的一群特定数量的种子，而种原库的"一批"，则是能代表某品种、某育种系或是某野外采集到的种子样品，而该样品的大小必须足够反映所代表的族群本身的遗传变异，并且足够提供作为发芽率测定及分送其他单位使用。

种子材料送到种原库，首先需要进行登录（图 12-2），将来确定保存时也须进行编号。材料先经清理、测定其含水率，然后干燥并测定发芽率。种子发芽率高、种子数量足够者可包装储藏，发芽率低或数量不够者需要采种再生。储藏过程可能会将材料分送索取单位，也需要监测种子发芽率；当种子数量减少至一定程度，也需要进行采种再生，以便充实该批种子的储藏数量。采种时可以顺便调查植株各项性状，以了解其可以提供应用的可能。所有的工作皆需详细登录，并送到中央计算机系统进行数字化管理。

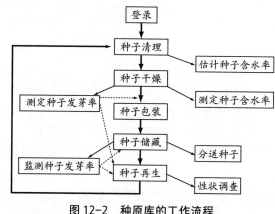

图 12-2　种原库的工作流程

二、种子的采集

　　长久以来农民年复一年地选种、留种以自用，在各地创造出许多具有特色的地方品系，田野中也可能出现作物的野生种。这些都是育种珍贵的材料，是野外采集种原的重要对象。

　　进行野外采集种原的工作需要事先经过周详的计划，也需要携带足够的材料工具。这方面的信息可以参考弗兰克和贝内特（Frankel & Bennett，1970）、瓜里诺等（Guarino *et al.*，1995）、史密斯等（Smith *et al.*，2003）的书籍。

　　就种子技术而言，理想的状况是种子在活势最旺盛的成熟期一次全部采集。不过野外采种很难在最恰当的时间到场，野生型的植物经常脱粒性相当高，更是无法一次全部采收。通常需要判断整个族群种子成熟度的百分比，在能够采到最大量高活势种子时进行采集，所采集的种子当然难免有些过熟，部分尚未完全成熟。

　　根据果实或种子的颜色可判断种子成熟度。通常浆果类的果实由绿完全转成其他颜色后，就表示种子已成熟，转色不足则种子尚未完全成熟，转色过深表示种子活势可能已开始下降。十字花科蔬菜、豆类植物等也是如此。果实成熟即将散播种子，表示种子已充分成熟，若时间允许，可以在开始散播之前先行套袋，过几天再采收，以避免过多种子的损失。这表示同一个小族群样品的地区，采集者可能会造访 2~3 次，因此有必要借重地理定位器材确定植株的位置，并且适当地加以标记，以免失误。

浆果类果实可整粒采收装于透气容器带回，异储型种子的果实不宜取种，而要直接将果实送达种原库处理。种子需要后熟者，或者是种子小而多如奇异果、草莓者，避免立刻收取种子。一般如番茄、胡瓜类者，取出种子在水中清洗，平铺报纸上阴干。在外采集计划若属于短期，也可以直接带回种原库处理。

其他干果类果实或种实可装入纸袋或者尼龙网袋中携回营地，或者到旅馆后再剥取种子。野采种子通常含水率高，容易劣变或者感染微生物，温度高时也容易发酵产生热量，都会降低种子活度。在潮湿的地区，野外环境不利于种子的干燥，若气温又高，种子的质量便下降得更快。在旅馆可以整天打开空调以干燥种子。若种子已略干，可进一步将种子与具活性的干燥剂如蓝色硅胶分层同装于密闭罐中，种子与硅胶的比例由 1∶1 到 3∶2 不等。若无硅胶，则将种子置于透气纸袋、棉袋中。种子材料运送到种原库的途中应避免时间过长、温度与湿度过高，以及种子受损。

种原库种子工作流程中几乎每个步骤都隐藏一个或一些应该注意的要点，若忽视了这些要点，种原管理工作的效率会下降，甚至种原保存的目标会因而无法达成。种原库种子操作技术，与一般种子企业所讲求的种子操作技术有相同的地方，但是也有一些差异之处。种子企业由于成本的考虑，种子不能库存太久，反之，种原库力求在较低的成本下得到最长程的储藏效果。其次，对种子公司而言，种子的纯度要求虽然也很高，在考虑到生产成本下，仍然会允许低程度地混杂其他种子，但是种原库的要求则近乎零污染。尽管如此，种原库的种子技术与种子企业的种子技术一样，都还是基于共同的科学基础，分别是种子寿命及种子休眠。

三、种子登录

种原库接收到种子之后，首先要检查种子样品与所附的身份资料清单是否一致，若发现问题，应加以厘清修正。其次要检查该样品是否与已保存者重复，重复者建档，但种子不予入库。未重复者检视种子状况，状况良好者可以指定批号予以登记，并进行入库作业。种子样品的量最好能足够 3 次繁殖之所需，以免繁殖失败而导致样品消失。若种子量不足，则用临时编号，等数量足够后再正式登录批号。

种原库接收到一批种子样品，为了与其他样品区分，都会用唯一的鉴定号码作为批号加以登录，从而能精确处理该批样品的信息，来进行正确的保育、分送等种原库工作。

一批样品需要符合最低要求，才能进行登录。首先，样品需要由采集者、其他种原库或其他来源，通过适当的、合法的程序取得，具备检疫证件，并且要附有样品身份资料。由采集计划提供者，其身份资料包括学名、采集日期与地点（与国家）、采集编号、所采集植株数与当地物候学（phenology）资料。由其他种原库来的，其身份资料包括学名、批号、来源信息与物候学资料，若是育种材料则要提供谱系信息。

其次要确定样品种子良好，可用实体显微镜观察种子外观，确定没有受到菌类与昆虫的侵袭。再者是要求发芽率高，数量足够。可先移除受损种子，若有昆虫入侵之虞，可将样品密封置于冷冻柜中数天，杀死昆虫或虫卵。种原库可以购置软质 X-光仪器来检测种子内有无昆虫或虫卵，有者剔除。

一般栽培作物种子发芽率宜高于 85%，野生种子宜高于 75%，每批种子数量宜足够进行 3 次的再生种植。例如某批种子发芽率 95%，田间萌芽成功率 90%，该作物每次繁殖至少需要 100 株，则样品最低种子数量为 351 粒［（3×100）/（0.95×0.9）］。若质量或数量不足，可以先进行繁殖。

种原库经手的种原批数甚多，而每一批都需要经过一连串的调制、含水率及发芽率测定以及包装等耗时的过程，许多样品皆要等待一些时间才能开始处理，所以种子采收后进入种子库以前所经过的时间可能不短。这段时间对种子而言也是经历一段储存的过程，这个过程若为时太长、温度太高以及（或）种子含水率太高，则种子入库开始储存时的起始活度可能已降低了不少，也就是说已经过了一大段的活度旅程，这会大大地缩短库存的时间。因此在入库前种子放置的准备室应尽量维持低温及低湿度，例如 15℃ 及 40% RH。在这种环境下种子若放在纸袋内，在等待处理过程中含水率仍会缓慢地下降。纯净的种子就可以加以干燥，以便包装、储存。

四、种子的干燥与包装

由于一般正储型种子在入库前需要干燥到预定的程度，这需要正确的含水率来加以估算，因此必须进行种子含水率的测定。测定种子含水率可依种子检查（第 11 章）的标准方法进行。

种原库干燥种子不宜采用烘干法，因为高温的历程会缩短种子的储藏寿命，因此尽量在低温下降低空气相对湿度来进行干燥的工作。确定干样品要干燥到何等含水率后，即可计算出将种子干燥到预设的水平时，样品的鲜重量剩下多少，即：

$$W_f = W_i (100 - MC_i) / (100 - MC_f) \tag{1}$$

其中 W 为种子样品鲜重，MC 为样品的含水率（湿基），f 为调整后，i 为调整前。

调整前样品的含水率与鲜重若已知，则可以计算出干燥到哪个程度后，样品的鲜重会降到多少。种子置于相对湿度约 15% 的干燥环境，然后监测种子鲜重的变化，当重量降低到 MC_f

时，即可以结束干燥的工作。

干燥的同时也需要进行发芽率检测，发芽率若小于 85%，表示该批种子活度已降到种子细胞 DNA 突变开始要急遽上升的地步，因此该样品不宜立即进库，应该先加以繁殖，取得新种子后再进行储藏。有关该批种子的各项数据，包括种子含水率、种子数量以及存活率等，皆要输入数据库。

五、种子的繁殖再生

种原管理工作的过程有一些地方需要小心，以免种子的遗传组成改变。最严重的是在室内操作或是在田间繁殖的过程中，因为疏忽而致使样品标签丢失或调换，使得种原材料无法取得其真正的信息，徒增利用上的困扰。田间种植时很容易因异花粉或异种子的污染，使得采收样品的遗传组成发生严重改变，不能代表原来的一批种原。储存过程中伴随着种子发芽率的下降，也可能发生遗传形质的变异而导致遗传组成的变动。

种子储存经过一段时间后需要监测存活率是否降低，储存过程可能会拿来进行种原特性调查、分赠到其他单位等，这都会降低储存量。若因为这些工作消耗种子，种子库存量不足规定，则该批种子应暂时停止赠送，先进行繁殖以再生种子，这些重新繁殖的种子又从种子清理的步骤开始，进行种原库的例行工作。

种原繁殖再生各项工作要点可参考第 9 章采种田管理所述，而用更严谨的方式进行，特别要避免品种的混杂以及遗传组成的改变。

六、种子活度的监测

种原库的目标既然是长久保存原来种子的遗传特征，因此在保存的过程需要监测其活度，在发芽开始迅速下降前重新种植，予以再生种子。不过种子发芽率的监测相当浪费种子，加上种原工作过程也有许多地方容易过度使用种子，因此会提高再生繁殖的次数，而再生繁殖若不小心，也可能导致遗传组成改变。

发芽率监测次数若太少，虽然可以节省种子，但可能无法及早查知种子质量的下降，导致遗传质改变，即使再生也无法挽回。在此两难之下，种原库的种子活度监测可以采取逐次检测法。逐次检测法是第二次世界大战中美国为了对昂贵的枪械做非破坏性质量检查所发展出来的节省样品的取样方法。

（一）种子活度逐次检测法

一般的取样检查是取用固定的样品大小，以种原库为例，种原的更新标准是发芽率 85%，一次发芽试验需要 400 粒种子。当试验显示发芽能力高于 85% 时，该批种原可以继续储存，若低于 85%，则应该拿出来繁殖种子。然而试验结果经常有误判可能，即本来应该进行更新的，检查出来的发芽率可能高于 85%，反之的可能也有。不过一批新种子刚进入低温种原库时，活度都很高，发芽率几乎达 100%，与 85% 有相当大的差距。因此即使使用少量的种子进行发芽试验，所得到的发芽率纵然信赖界线不小，仍明显地高于 85%。此时显然不需要用到 400 粒种子进行发芽试验，是可以节省种子用量的最佳时机。

以表 12-1 为例，设若更新标准为发芽率 85%，每组以 50 粒种子供发芽试验用，则第一次拿 50 粒种子做发芽试验，若可发芽的种子数为 49 粒或以上，则该批种原的发芽能力高于 85% 的概率有 95%，因此可以继续库存。可发芽的种子数若为 38 粒或以下，则该批种原的发芽能力低于 85% 的概率有 95%，因此需要尽快予以更新。设若种子数在 39 ~ 48，则无法做可靠的分析，可再另拿 50 粒种子试验，把结果累计起来对照。这样的检测策略使得发芽率还相当高的样品只需要用掉 100 粒甚或 50 粒的种子，而非标准的 400 粒，就足以确定不用更新。

逐次检测法设定每次检测后唯有三个结果：更新、继续储存或不确定。当然理论上是有可能永远不确定，不过此时该批种原的发芽能力离更新标准也不会太远，因此在检查总数达 400 粒后尚不确定时，就中止检测，视该批为需要更新。个别种原库可就本身的考虑来决定更新标准、每组粒数或取舍概率，然后对照适当的表（Ellis *et al.*，1985a）来设计逐次检测的流程。

表 12-1　发芽率的逐次检测程序 *

检查组数	受检种子累积数 **	发芽种子累积数小（等）于本栏则需更新	发芽种子累积数在本栏之间则再测另一组	发芽种子累积数大（等）于本栏则继续储存
1	50（43）	38	39 ~ 48	49
2	100（85）	82	83 ~ 92	93
3	150（128）	126	127 ~ 136	137
4	200（170）	170	171 ~ 180	181
5	250（213）	214	215 ~ 224	225
6	300（255）	257	258 ~ 267	268
7	350（298）	301	302 ~ 311	312
8	400（340）	345	346 ~ 355	356

1. * 设定更新标准为发芽率 85%，每组以 50 粒种子供发芽试验用。
2. ** 括号中数字为种子数量的 85%。

（二）种子活度监测时机

除了以逐次检测法来节省种子外，何时取种子进行发芽试验也需要考虑，避免过度集中于高活度期间，或者错过高活度期间。在此种子活度方程式具有很高的应用价值（详见第 6 章）。利用 Excel 所编的种子活度运算程序 "SAMP"（王裕文、郭华仁，1990），可以在经过两次取样进行发芽率试验后，代入 SAMP，预估其发芽率下降的趋势，然后选择下一次取样的恰当时机（图 12-3）。

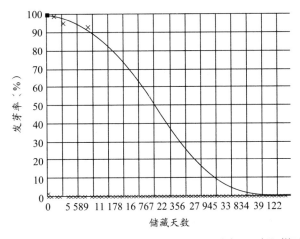

图 12-3　用种子活度运算程序 "SAMP" 可预测下一次取样时机

（三）种子休眠之克服

监测种子活度的发芽试验可能面临休眠性的困扰。许多作物的野生种或杂草种具有休眠性，若没有有效的对策，会因发芽试验的结果低估了种子样品的存活率，而导致需要繁殖的误判。因此在发芽试验结束时，若还有未能发芽者，须确定是否为休眠种子，或者是已死种子，方能准确测定该批种子的活度。

虽然解除休眠／促进发芽的方法很多，但是种原库所采用者与商业用途者有所不同。种子公司的采种讲求的是效率与成本，因此只要整体的发芽率提高到可接受的程度即可。如一批绿肥作物种子的活度高达 95%，但因硬实的关系，发芽率只有 45%，可用磨皮机处理种被，让50% 的硬粒种子都可以发芽，但同时也可能有 15% 的种子受伤不能发芽，处理后总发芽率达80%。这是种子公司可以接受的，但不适用于种原库。种原库所采用的促进发芽方法不得有损任何种子的发芽能力，从而能测出所有具有生命力的种子百分比。

种原库可能面临一些野生的种子，其休眠解除方法并未有恰当的研究。针对此可能，英国皇家植物园邱园提供了尝试性的流程可供参考（Ellis *et al.*，1985a）。

1. 菊科种子

（1）取 3 个样品，分别在恒温 11℃、16℃ 和 26℃，每天照光 12 小时下进行发芽试验。

（2）试验结果若发芽率不完全，则：若发芽率在 11℃ 下最高，另取 1 个样品在 6℃ 下进行试验；若在 16℃ 或 26℃ 时最高，另取 1 个样品在 21℃ 下进行试验。

（3）若发芽率仍不完全，则：若 6℃ 时最高，另取 1 个样品在 23/9℃ 变温下试验（照光 12 小时）。若 6℃ 时并非最高，另取 2 个样品分别在 23/9℃ 及 33/19℃ 变温下试验。

（4）试验结果若发芽率仍不完全，则另取 1 个样品在 2~6℃ 之下做冷层积处理，然后在前述已知最适宜条件下进行发芽试验。

（5）结果若发芽率仍不完全，则另取 3 个样品，将种被割伤，然后分别在 3×10^{-4}、7×10^{-4} 及 2.6×10^{-4}M 的 GA_3 溶液下处理后，依前述得到最高发芽率的方法进行发芽试验。

（6）试验结果若发芽率仍不完全，则以 TEZ 法检测存活率。若结果显示前述最佳方法之下未能发芽的种子，其活度已丧失，则以该方法作为标准试验程序。若证实有休眠性存在，则宜进一步研究休眠解除方法。

2. 禾本科种子

（1）先在恒温下进行发芽试验。源于温带的种子以 16℃ 和 21℃，热带者以 21℃ 和 26℃ 分别进行两组试验。若不知起源，则分 3 组在 16℃、21℃ 和 26℃ 下进行；每天光照 12 小时。结果若发芽率不高但有明显的趋势，则再试以另一极端的恒温，例如若 26℃ 之下的发芽率较 21℃ 之下为高，则另行在 31℃ 恒温下进行试验。

（2）若恒温下发芽率皆不高，则另取样品在 33/19℃（热带）或 23/9℃（温带）的变温下（日夜各 12 小时）进行发芽试验；若不知起源，则两种变温皆试。

（3）若发芽率仍不佳，则选前述方法中发芽率最佳者，另加入 10^{-3}M 的硝酸钾溶液，进行发芽试验。

（4）若发芽率仍不高，则取新样品，去除或切割外壳后，以前述方法中最佳的条件进行发芽试验。切割前种子宜浸润吸水。若种子太小，可以在胚以外的胚乳部位用针刺伤。处理应避免伤及胚部。

（5）试验结果若发芽率仍不够高，则在 2~6℃ 下预冷 8 个星期，然后以前述方法中最佳者的发芽条件进行发芽试验。若需要处理种壳，则处理后再预冷。

（6）本方法若无法达到最高发芽率，则用 TEZ 法来测种子活度。

3. 草本蔷薇科种子

（1）取 3 个样品分别在 16℃、21℃ 和 26℃ 恒温下进行发芽试验，每天光照 12 小时。若发芽率不佳，则再依情况增加恒温处理如 6℃ 或 11℃。

（2）若发芽率仍不佳，则另取样品，在 23/9℃ 变温（日夜各 12 小时）下进行发芽试验。

（3）若发芽率仍未达到最高，则以 TEZ 法测验种子活度。

4. 木本蔷薇科种子

（1）取足够的样品三批在 2～6℃ 之下各预冷 8 个星期、12 个星期和 24 个星期，然后在 16℃ 和 21℃ 下进行发芽试验，每天光照 12 小时。

（2）若发芽率不高，则另取 2 个样品，一者剥去种被，一者割伤种被，然后在前述方法发芽率最高的试验条件下进行发芽试验。

（3）若发芽率仍不高，则以 TEZ 法测验种子活度。

引用文献

一、中日文献

大矢庄吉:《台北お中心とする花卉园芸の発达》(一),载《热带园芸》,1937(07):35—46。

山田金治:《さうしじゆ(相思树)种子ノ发芽促进试验》,载《台湾总督府"中央"研究所林业部报告》,1932(12):27—40。

王文龙:《台湾产植物种子油之性状》,载《食品工业》,1983,15(2):24—30。

王世彬、林赞标、简庆德:《林木种子储藏性质的分类》,载《林业试验所研究报告》,1995(10):255—276。

王仕贤、谢明宪、王仁晃、林栋梁:《平地甘蓝亲本采种技术》,载《台南区农业专讯》,2003(45):5—9。

王裕文、郭华仁:《种子分析巨集程式》,台北:台湾大学农艺学系,1990。

四方治五郎:《ジベレリンによる大麦アミラーゼの生成:回想と总说》,载《植物の化学调节》,1976(11):3—8。

朱钧、郭华仁、邱淑芬:《一、二期水稻发育中谷粒干物质之蓄积与充实特性》,载《科学发展月刊》,1980(08):414—427。

李勇毅、E. C. Yeung、李晔、钟美珠:《台湾蝴蝶兰的胚发育》,载《"中央"研究院植物学汇刊》,2008(49):139—146。(英文)

米仓贤一:《有机水稻育苗(プール&陆苗)の栽培要点(はやわかり育苗マニュアル)改订版》,静冈:日本有机稻作研究所,2008。

余宣颖:《小花蔓泽兰种子发芽生态学之研究》。台北:台湾大学农艺学系硕士论文,2003。

宋戴炎(译):《种子生活力之速测法》。台北:台湾行政主管部门农业复兴委员会,1964。

沈书甄:《流苏与吕宋荚蒾之种子休眠与其果实与种子发育过程中形态形成之研究》。台北:台湾大学植物学研究所硕士论文,2002。

何丽敏、宋妤、张武男:《促进苦瓜种子发芽之技术》,载《兴大园艺》,2004(29):27—42。

辛金霞、戎郁萍:《化学杂交剂在植物育种中的应用现状》,载《草业科学》,2010(27):124—131。

和田富吉、前田英三:《イネ科植物子实の背部维管束、珠心突起および转送细胞に关する比较形态学的研究》,载《日本作物学会纪事》,1981(50):199—209。

林赞标：《数种壳斗科植物种子之储藏性质——赤皮、青刚栎、森氏栎与高山栎》，载《林业试验所研究报告》，1995（10）：9—13。

林赞标、简庆德：《六种桢楠属植物种子之不耐旱特性》，载《林业试验所研究报告》，1995（10）：217—226。

近藤万太郎：《日本农林种子学》，东京：养贤堂，1933。

周玲勤、张喜宁：《台湾金线莲、彩叶兰及其F1杂交种之种子发芽》，载《"中央"研究院植物学汇刊》，2004（45）：143—147。（英文）

姚美吉：《植物防疫检疫重要积谷害虫简介》，见路光晖（主编），《植物重要防疫检疫害虫诊断鉴定研习会专刊》（四），台北：台湾行政主管部门农业委员会动植物防疫检疫局，2004，63—95页。

姚美吉：《积谷害虫防治手册》，台中：台湾行政主管部门农业委员会农业试验所，2005。

施佳宏、郭华仁：《木瓜种子的电导度测验》，载《台大农学院研究报告》，1996（36）：247—258。

张清安：《种传病毒之特性、检测与管理》，载《植物病理学会刊》，2005（14）：77—88。

笠原安夫：《走查电子显微镜で见た雑草种实の造形》，东京：养贤堂，1976。

许建昌：《台湾的禾草》，台北：台湾省教育会，1975。

郭华仁：《种子的寿命与其预测》，载《科学农业》，1984（32）：361—369。

郭华仁：《充实期间环境因素与成熟种子发芽能力》，载《科学农业》，1985（33）：9—13。

郭华仁：《预测水稻种子活力的改良电导度法》，载《中华农学会报》（新），1986（136）：1—5。

郭华仁：《提高种子质量的研究策略》，见林俊义、陈培昌（主编），《园艺种苗产销技术研讨会专刊》，台中：台湾行政主管部门农业委员会种苗改良繁殖场，1988，147—158页。

郭华仁：《观赏植物种子休眠的解除方法》，载《种苗通讯》，1990（03）：3。

郭华仁：《甜瓜种子储藏寿命的预估》，载《台大农学院研究报告》，1991（31）：22—29。

郭华仁：《荠（Capsella bursa-pastoris）种子在变温条件下的发芽》，载《台大农学院研究报告》，1994（34）：9—20。

郭华仁：《野花种子：英国的经验》，载《种苗通讯》，1995（22）：3—5。

郭华仁：《种子生态与杂草管理》，载《"中华民国"杂草学会会刊》，2004a（25）：53—68。

郭华仁：《专利与植物育种家权的接轨及其问题》，载《植物种苗》，2004b（06）：1—10。

郭华仁：《遗传资源的取得与利益分享》，台北：台湾大学农艺学系，2005，40页。

郭华仁：《植物遗传资源取得的国际规范》，见张哲玮、杨儒民、张淑芬（编），《热带及亚热带果树种原保存利用研讨会专刊》。台中：台湾行政主管部门农业委员会农业试验所，2011。

郭华仁、朱钧：《种子休眠的机制：磷酸五碳糖路线（戊糖磷酸途径）假说》，载《科学农业》，1979（27）：71—77。

郭华仁、朱钧：《种子渗调法》，载《科学农业》，1981（29）：381—383。

郭华仁、朱钧：《水稻谷粒休眠性与catalase无关之证据》，载《农学会报》（新），1983（123）：13—20。

郭华仁、朱钧：《浸润脱水处理对水稻种子储藏特性的延长效果：处理的条件》，载《中华农学会报》（新），1986（133）：16—23。

郭华仁、江敏、应绍舜：《三宅勉、是石巩"台湾杂草种子型态查"修订》，载《杂草学会会刊》，1997（18）：60—98。

郭华仁、沈明来、曾美仓：《温度与种子水分含量对蜀黍种子储藏寿命的影响》，载《中华农学会报》（新），1990（149）：32—41。

郭华仁、周桂田：《基改作物的全球经验》，见郭华仁、牛惠之（编），《基因改造议题讲座：从纷争到展望》，台北：台湾行政主管部门农业委员会动植物防疫检疫局，2004，120—157页。

郭华仁、陈博惠：《黄野百合与南美猪屎豆硬实种子解除方法对种子发芽及渗透性的影响》，载《台大农学院研究报告》，1992（32）：346—357。

郭华仁、陈博惠：《水田土中鸭舌草种子数量的季节性变化》，载《杂草学会会刊》，2003（24）：1—8。

郭华仁、郑兴陆：《种籽保典：农民留种手册》，台北：财团法人浩然基金会编印，2013。

郭华仁、蔡元卿：《栽培植物的命名》，载《台湾之种苗》，2006（85）：15—19。

郭华仁、蔡新举：《土中荠菜种子发芽能力的周年变迁》，载《杂草学会会刊》，1997（18）：19—28。

郭华仁、谢铭洋、黄钰婷：《美国植物专利保护法制及植物品种专利核准案件解析》，专利法保护植物品种之法制趋势研讨会，台北：台湾大学农艺学系，2002。

郭华仁、谢铭洋、陈怡臻、刘东和、黄钰婷、卢军杰：《植物育种家权利解读》，台北：台湾大学农艺学系，2000，36页。

陈哲民：《植物油抑制植物病原真菌胞子发芽之效果》，载《花莲区研究汇报》，1996（12）：71—90。

陈博惠：《鸭舌草种子发芽与休眠之生理生态学研究》，台北：台湾大学农艺学系硕士论文，1995。

陈舜英、陈昶谚、黄俊扬、简庆德：《千金榆种子的发芽与休眠》，载《台湾林业》，2008，34（6）：16—19。

冯丁树：《稻种调制与质量关系》，台北：台湾大学生物机电工程学系课程讲义，2004。（http://www.bime.ntu.edu.tw/~dsfon/graindrying/riceconditioning.pdf）

黄秀珍、胡仲祺、张瑞璋、邱安隆、曾国钦：《建立符合国际规范之瓜类种子传播果斑病菌检测技术平台》，载《植物种苗生技》，2013（33）：26—31。

黄钰婷、郭华仁：《植物的名称与商标》，见邱阿昌（编），《农友种苗30年》，高雄：农友种苗公司，1998，89—94页。

杨正钏、郭幸荣、李琼美：《兰屿木姜子、毛柿与兰屿肉豆蔻种子的发芽与储藏性质》，载《中华林学季刊》，2008a（41）：309—321。

杨正钏、郭幸荣、李琼美：《鹿皮斑木姜子种子的发芽与储藏性质》，载《台湾林业科学》，2008b（23）：309—321。

杨轩昂：《类地毯草及两耳草种子的发芽生态学》，台北：台湾大学农艺学系硕士论文，2001。

杨胜任、陈心怡：《台湾具翅散殖体植物分类研究》，载《中华林学季刊》，2004（37）：1—28。

杨胜任、薛雅文：《台湾具翅种子形态之研究》，载《中华林学季刊》，2002（35）：221—242。

刘宝玮、扈伯尔：《休眠性及发芽性水稻种子中再生细胞核 DNA 含量》，载《"中央"研究院植物学汇刊》，1980（21）：15—23。（英文）

简万能：《台湾芦竹受精前胚囊之微细构造》，载 *Taiwania*，1992（37）：85—103。（英文）

简万能：《台湾芦竹胚乳发育之微细构造：从分化至成熟过程》，载《"中央"研究院植物学汇刊》，2004（45）：69—85。（英文）

简庆德：《林木种子技术》，见台湾行政主管部门农业委员会台湾农家要览策划委员会编著，《台湾农家要览・林业篇》（增修订三版），台北：丰年社，2005。

简庆德、杨正钏、林赞标：《香叶树、大香叶树、台湾雅楠、红叶树与山龙眼种子的储藏性质》，载《台湾林业科学》，2004（19）：119—31。

简庆德、杨佳如、钟永立、林赞标：《暖温和低温之组合层积促进台湾红豆杉种子的发芽》，载《林业试验所研究报告》，1995（10）：331—336。

严新富：《台湾外来种植物的引种与利用》，见侯福分、郭华仁、杨宏瑛、张圣贤（编），《台湾植物资源之多样性发展研讨会专刊》，花莲：花莲区农业改良场，2005，43—61 页。

苏育萩：《水稻田用早苗蓼作为绿肥之研究》，台北：台湾大学农化学系博士论文，1995。

苏育萩、钟仁赐、黄振增、郭华仁、林鸿淇：《早苗蓼在浸水土壤中的矿化作用》，载《中国农业化学会志》，1999（37）：215—224。

二、欧美文献

Achinewhu, S. C., C. C. Ogbonna and A. D. Hart. Chemical composition of indigenous wild herbs, spices, fruits, nuts and leafy vegetables used as food. *Plant Foods for Human Nutrition*, 1995, 48: 341-348.

Aldridge, C. D., and R. J. Probert. Seed development, the accumulation of abscisic acid and desiccation tolerance in the aquatic grasses *Porteresia coarctata* (Roxb.) Tateoka and *Oryza sativa* L. *Seed Science Research*, 1993, 3: 97-103.

Amen, R. D. A model of seed dormancy. *The Botanical Review*, 1968, 34: 1-31.

Ara, H., U. Jaiswal and V. S. Jaiswal. Synthetic seed: Prospects and limitations. *Current Science*, 2000, 78: 1438-1443.

Arditti, J. and A. K. A. Ghani. Numerical and physical properties of orchid seeds and their biological implications. *New Phytologist*, 2000, 145: 367-421.

Ashraf, M. and M. R. Foolad. Pre-sowing seed treatment—a shotgun approach to improve germination, plant growth, and crop yield under saline and non-saline conditions. *Advances in Agronomy*, 2005, 88: 223-271.

Ball, D. A. and D. Miller. A comparison of techniques for estimation of arable soil seed banks and their relationship to weed flora. *Weed Research*, 1989, 29: 365-373.

Ball, S. G., M. H. B. J. van de Wal and R. G. F. Visser. Progress in understanding the biosynthesis of amylase. *Trends in Plant Science*, 1998, 3: 462-467.

Barker, D., B. Freese and G. Kimbrell. *Seed Giants vs. U.S. Farmers: A Report by the Center for Food Safety & Save Our Seeds*. Washington, DC: Center for Food Safety, 2013.

Barkworth, M. E. Embryological characters and the taxonomy of the *Stipeae* (Gramineae). *Taxon*, 1982, 31: 233-243.

Baskin, C. C. and J. M. Baskin. Germination ecophysiology of herbaceous plant species in a temperate region. *American Journal of Botany*, 1988, 75: 286-305.

Baskin, C. C. and J. M. Baskin. *Seeds—Ecology, Biogeography, and Evolution of Dormancy and Germination* (2nd ed.). San Diego: Academic Press, 2014.

Baskin, J. M. and C. C. Baskin. Role of temperature in regulating timing of germination in soil seed reserves of *Labium purpureum*. *Weed Research*, 1984, 24: 341-349.

Baskin, J. M. and C. C. Baskin. Does seed dormancy play a role in the germination ecophysiology of *Rumex crispus*? *Weed Science*, 1985a, 33: 340-344.

Baskin, J. M. and C. C. Baskin. Seed germination ecophysiology of the woodland spring geophyte Erythronium albidum. *Botanical Gazette*, 1985b, 146: 130-136.

Baskin, J. M. and C. C. Baskin. Physiology of dormancy and germination in relation to seed bank ecology. In M. A. Leck, V. T. Parker and R. L. Simpson (eds.), *Ecology of Soil Seed Banks*. San Diego: Academic Press, 1989a, pp. 53-66.

Baskin, J. M. and C. C. Baskin. Germination responses of buried seeds of *Capsella bursa-pastoris* exposed to seasonal temperature changed. *Weed Research*, 1989b, 29: 205-212.

Baskin, J. M. and C. C. Baskin. The role of light and alternating temperatures on germination of *Polygonum aviculare* seeds exhumed on various dates. *Weed Research*, 1990, 30: 397-402.

Baskin, J. M. and C. C. Baskin. A classification system for seed dormancy. *Seed Science Research*, 2004, 14: 1-16.

Basu, R. N. Seed treatment for vigour, viability and productivity. *Indian Farming*, 1977, 27: 27-28.

Bayer, C. and O. Appel. Occurrence and taxonomic significance of ruminate endosperm. *Botanical Review*, 1996, 62: 301-310.

Bekendam, J. and R. Grob. *Handbook for Seedling Evaluation* (2nd ed.). Zurich: ISTA, 1979.

Bennett J. O., H. K. Krishnan, W. J. Wiebold and H. B. Krishnan. Positional effect on protein and oil content and composition of soybeans. *Journal of Agricultural and Food Chemistry*, 2003, 51: 6882-6886.

Berggren, G. Is the ovule type of importance for the water absorption of the ripe seeds? *Svensk Botanisk Tidskrift*, 1963, 57: 377-395.

Berjak, P. and N. W. Pammenter. From *Avicennia* to *Zizania*: Seed recalcitrance in perspective. *Annals of Botany*, 2008, 101: 213-228.

Berjak, P. and T. A. Villiers. Ageing in plant embryos. II. Age-induced damage and its repair during early germination. *New Phytologist*, 1972, 71: 135-144.

Berjak, P., M. Dini and N. W. Pammenter. Possible mechanisms underlying the differing dehydration responses in recalcitrant and orthodox seeds: Desiccation-associated subcellular changes in propagules of *Avicennia marina*. *Seed Science and Technology*, 1984, 12: 365-384.

Bett-Garber, K. L., E. T. Champagne, A. M. McClung, K. A. Moldenhauer, S. D. Linscombe and K. S. McKenzie. Categorizing rice cultivars based on cluster analysis of amylose content, protein content and sensory attributes. *Cereal Chemistry*, 2001, 78: 551-558.

Bewley, J. D. and M. Black. *Physiology and Biochemistry of Seeds in Relation to Germination, Vol. 1, Development, Germination, and Growth*. Berlin: Springer-Verlag, 1978.

Bewley, J. D. and M. Black. *Seeds: Physiology of Development and Germination* (2nd ed.). New York and London: Plenum Press, 1994.

Bewley, J. D., D. W. M. Leung and F. B. Ouellette. The cooperative role of endo-β-mannanase, β-mannosidase and α-galactosidase in the mobilization of endosperm cell wall hemicelluloses of germinated lettuce seed. *Recent Advances in Phytochemistry*, 1983, 17: 137-152.

Bewley, J. D., K. J. Bradford, H. W. M. Hilhorst and H. Nonogaki. *Seeds: Physiology of Development, Germination and Dormancy* (3rd ed.). Berlin: Springer-Verlag, 2012.

Bhatnagar, S. P. and B. M. Johri. Development of angiosperm seeds. In T. T. Kozlowski (ed.), *Seed Biology*, Vol. 1. New York: Academic Press, 1972, pp. 77-149.

Bicknella, R. A. and A. M. Koltunow. Understanding apomixis: Recent advances and remaining conundrums. *The Plant Cell*, 2004, 16: S228-S245 (Supplement).

Biddle, A. J. Harvesting damage in pea seed and its influence on vigour. *Acta Horticulturae*, 1981, 111: 243-248.

Bierhuizen, J. F. and W. A. Wagenvoort. Some aspects of seed germination in vegetables. I. The determination and application of heat sums and minimum temperature for germination. *Scientia Horticulturae*, 1974, 2: 213-219.

Black, M., J. D. Bewley and P. Halmer (eds.). *The Encyclopedia of Seeds: Science, Thchnology and Uses*. Wallingford, Oxfordshire, UK: CABI Publishing, 2006.

Blakeney, M. *Intellectual Property Rights and Food Security*. Wallingford, Oxfordshire, UK: CABI Publishing, 2009.

Boesewinkel, F. D. and F. Bouman. The seed: Structure. In B. M. Johri (ed.), *Embryology of Angiosperms*. Berlin: Springer-Verlag, 1984, pp. 567-610.

Bohart, G. E. and T. W. Koerber. Insects and seed production. In T. T. Kozlowwski (ed.), *Seed Biology*, Vol. 3. New York: Academic Press, 1972, pp. 1-50.

Borthwick, H. A., S. B. Hendricks, M. W. Parker, E. H. Toole and V. K. Toole. A reversible photoreaction controlling seed germination. *Proceedings of the National Academy of Sciences U.S.A.*, 1952, 38: 662-666.

Boswell, J. G. The biological decomposition of cellulose. *New Phytologist*, 1941, 40: 20-33.

Bould, A. *Handbook on Seed Sampling*. Zurich: ISTA, 1986.

Bouwmeester, H. J. and C. M. Karssen. The dual role of temperature in the regulation of the seasonal changes in dormancy and germination of seeds of *Polygonum persicaria* L. *Oecologia*, 1992, 90: 88-94.

Bradford, K. and H. Nonogaki（eds.）. *Seed Development, Dormancy, and Germination*. Oxford and Iowa: Blackwell Publishing, 2007.

Bridges, D. C. and R. H. Walker. Influence of weed management and cropping system on sicklepod（*Cassia obtusifolia*）seed in soil. *Weed Science*, 1985, 33: 800-804.

Brocklehurst, P. A. Factors controlling grain weight in wheat. *Nature*, 1977, 266: 348-349.

Brown, R. F. and D. G. Mayer. Representing cumulative germination. 2. The use of the Weibull function and other empirically derived curves. *Annals of Botany*, 1988, 61: 127-138.

Brown, R. J. Wildflower seed mixtures: Supply and demand in the horticultural insudtry. In G. P. Buckley（ed.）, *Biological Habitat Reconstruction*. London: Belhaven Press, 1989, pp. 201-220.

Buitink, J. and O. Leprince. Glass formation in plant anhydrobiotes: Survival in the dry state. *Cryobiology*, 2004, 48: 215-228.

Burger, W. C. The question of cotyledon homology in angiosperms. *The Botanical Review*, 1998, 64: 356-371.

Buttenschoen, H. Problems in maintaining and seed production of modern vegetable varieties of different fitness. *Zeitschrift für Pflanzenzuechtung*, 1978, 81: 188-202.

Casal, J. J., A. N. Candia and R. Sellaro. Light perception and signalling by phytochrome A. *Journal of Experimental Botany*, 2013, doi:10.1093/jxb/ert379.

Cavers, P. B. and M. G. Steel. Patterns of change in seed weight over time on individual plants. *American Naturalist*, 1984, 124: 324-335.

Chang, T. T. Findings from a 28-yr seed viability experiment. *International Rice Research Newsletter*, 1991, 16: 5-6.

Chapman, J. M. and H. V. Davies. Control of the breakdown of food reserves in germinating dicotyledonous seeds—A reassessment. *Annals of Botany*, 1983, 52: 593-595.

Chaudhury, R. and K. S. P. Chandel. Germination studies and cryopreservation of seeds of black pepper（*Piper nigrum* L.）—a recalcitrant species. *CryoLetters*, 1994, 15: 145-150.

Chen, P. H. and W. H. J. Kuo. Germination conditions for the non-dormant seeds of *Monochoria vaginalis*. *Taiwania*, 1995, 40: 419-432.

Chen, P. H. and W. H. J. Kuo. Seasonal changes in the germination of the buried seeds of *Monochoria vaginalis*. *Weed Research*, 1999, 39: 107-115.

Chen, S. S. C. and J. L. L. Chang. Does gibberellic acid stimulates seed germination via amylase synthesis? *Plant Physiology*, 1972, 49: 441-442.

Cheng, J., L. Wang, W. Du, Y. Lai, X. Huang, Z. Wang and H. Zhang. Dynamic quantitative trait locus analysis of seed dormancy at three development stages in rice. *Molecular Breeding*, 2014, 1-10. doi 10.1007/s11032-014-0053-z.

Chick, J. H., R. J. Cosgriff and L. S. Gittinger. Fish as potential dispersal agents for floodplain plants: First evidence in North America. *Canadian Journal of Fisheries and Aquatic Sciences*, 2003, 60: 1437-1439.

Chien, C. T. and S. Y. Chen. Seed storage behaviour of *Phoenix hanceana* (Arecaceae). *Seed Science and Technology*, 2008, 36: 780-786.

Chien, C. T. and T. P. Lin. Mechanism of hydrogen peroxide in improving the germination of *Cinnamomum camphora* seed. *Seed Science and Technology*, 1994, 22: 231-236.

Chien, C. T., J. M. Baskin, C. C. Baskin and S. Y. Chen. Germination and storage behaviour of seeds of the subtropical evergreen tree *Daphniphyllum glaucescens* (Daphniphyllaceae). *Australian Journal of Botany*, 2010, 58: 294-299.

Chien, C. T., L. L. Kuo-Huang and T. P. Lin. Changes in ultrastructure and abscisic acid level, and response to applied gibberellins in *Taxus mairei* seeds treated with warm and cold stratification. *Annals of Botany*, 1998, 81: 41-47.

Chin, H. F. and E. H. Roberts (eds.). *Recalcitrant Crop Seeds*. Kuala Lumpur: Tropical Press SDN. BHD, 1980.

Ching, T. M.. Metabolism of germinating seeds. In T. T. Kozlowski (ed.), *Seed Biology*, Vol. 2. New York: Academic Press, 1972, pp. 103-218.

Ching, T. M., J. M. Crane and D. L. Stamp. Adenylate energy pool and energy charge in maturing rape seeds. *Plant Physiology*, 1974, 54: 748-751.

Chiwocha, S. and P. von Aderkas. Endogenous levels of free and conjugated forms of auxin, cytokinins and abscisic acid during seed development in Douglas fir. *Plant Growth Regulation*, 2002, 36: 191-200.

Chojecki, A. J. S., M. W. Bayliss and M. D. Gale. Cell production and DNA accumulation in the wheat endosperm, and their association with grain weight. *Annals of Botany*, 1986, 58: 809-817.

Chrispeels, M. J. and J. E. Varner. Hormonal control of enzyme synthesis: On the mode of action of gibberellic acid and abscisin in aleurone layers of barley. *Plant Physiology*, 1976, 42: 1008-1016.

Cochrane, M. P. Endosperm cell number in cultivars of barley differing in grain weight. *Annals of Applied Biology*, 1983, 102: 177-181.

Côme, D. and T. Tlssaoul. Interrelated effects of imbibition, temperature and oxygen on seed germination. In W. Heydecker (ed.), *Seed Ecology*. University Park, Pennsylvania: The Pennsylvania State University Press, 1973, pp. 157-168.

Commuri, P. D. and R. J. Jones. High temperatures during endosperm cell division in maize: A genotypic comparison under *in vitro* and field conditions. *Crop Science*, 2001, 41: 1130-1136.

Cone, J. W., P. A. P. M. Jaspers and R. E. Kendrick. Biphasic fluence-response curves for light induced germination of *Arabidopsis thaliana* seeds. *Plant, Cell and Environment*, 1985, 8: 605-612.

Contreras, S., M. A. Bennett, J. D. Metzger and D. Tay. Maternal light environment during seed development affects lettuce seed weight, germinability, and storability. *Hortscience*, 2008, 43: 845-852.

Copeland, L. O. and M. B. McDonald. *Production: Principles and Practice* (4th ed.). New York: Chapman and Hall, 2001.

Corbineau, F. and D. Côme. Control of seed germination and dormancy by the gaseous environment. In J. Kigel and A. Galili (eds.), *Seed Development and Germination*. New York: Marcel Dekker, 1995, pp. 397-424.

Corner, E. J. H. *The Seeds of Dicotyledon*, Vol. 1-2. London: Cambridge University Press, 1976.

Courtney, A. D. Seed dormancy and field emergence in *Polygonum aviculare*. *Journal of Applied Ecology*, 1968, 5: 675-684.

Covell, S., R. H. Ellis, E. H. Roberts and R. J. Summerfield. The influence of temperature on seed germination rate in grain legumes. I. A comparison of chickpea, lentil, soybean and cowpea at constant temperatures. *Journal of Experimental Botany*, 1986, 37: 705-715.

Cresswell, E. G. and J. P. Grime. Induction of a light requirement during seed development and its ecological consequences. *Nature*, 1981, 291: 583-585.

Cyr, D. R. Seed substitutes from the laboratory. In M. Black and J. D. Bewley (eds.), *Seed Technology and Its Biological Basis*. Sheffield: Academic Press, 2000, pp. 326-372.

Czaja, A. Th. Structure of starch grains and the classification of vascular plant families. *Taxon*, 1978, 27: 463-470.

Dahal, P. and K. J. Bradford. Hydrothermal time analysis of tomato seed germination at suboptimal temperature and reduced water potential. *Seed Science Research*, 1994, 4: 71-80.

Dalling, J. W. The fate of seed banks: Factors influencing seed survival for light-demanding species in moist tropical forests. In P. M. Forget, J. E. Lambert, P. E. Hulme and S. B. Vander Wall (eds.), *Seed Fate: Predation, Dispersal, and Seedling Establishment*. Wallingford, UK: CABI Publishing, 2005, pp. 31-44.

Davey, J. E. and J. van Staden. Cytokinin activity in *Lupinus albus* L. IV. Distribution in seeds. *Plant Physiology*, 1979, 63: 873-877.

Davis, G. L. *Systematic Embryology of the Angiosperms*. New York: Wiley, 1966.

Daws, M. I., N. C. Garwood and H. W. Pritchard. Prediction of desiccation sensitivity in seeds of woody species: A probabilistic model based on two seed traits and 104 species. *Annals of Botany*, 2005, 97: 667-674.

Deleuran, L. C., M. H. Olesen and B. Boelt. Spinach seed quality: Potential for combining seed size grading and chlorophyll fluorescence sorting. *Seed Science Research*, 2013, 23: 271-278.

Demir, I. and R. H. Ellis. Changes in seed quality during seed development and maturation in tomato. *Seed Science Research*, 1992a, 2: 81-87.

Demir, I. and R. H. Ellis. Development of pepper (*Capsicum annuum*) seed quality. *Annals of Applied*

Biology, 1992b, 121: 385-399.

Demir, I. and R. H. Ellis. Changes in potential seed longevity and seedling growth during seed development and maturation in marrow. *Seed Science Research*, 1993, 3: 247-257.

Denardin, C. C. and L. P. da Silva. Estrutura dos grânulos de amido e sua relação com propriedades físico-químicas. *Ciência Rural*, 2009, 39: 945-954.

Desai, B. B. *Seeds Handbook: Biology, Production, Processing, and Storage*. New York: Marcel Dekker, 2004.

Dickie, J. B. and H. W. Pritchard. Systematic and evolutionary aspects of desiccation tolerance in seeds. In M. Black and H. W. Pritchard (eds.), *Desiccation and Survival in Plants: Drying Without Dying*. Wallingford, UK: CAB International, 2002, pp. 239-259.

Dickie, J. B., R. H. Ellis, H. L. Kraak, K. Ryder and P. B. Tompsett. Temperature and seed storage longevity. *Annals of Botany*, 1990, 65: 97-204.

Doneen, L. D. and J. II. MacGillivray. Germination (emergence) of vegetable seed as affected by different soil moisture conditions. *Plant Physiology*, 1943, 18: 524-529.

Douglas, J. E. P. (ed.). *Successful Seed Programs: A Planning and Management Guide*. Boulder, Colorado: Westview Press, 1980.

Dure III, L., S. Greenway and G. A. Galau. Developmental biochemistry of cotton seed embryogenesis and germination XIV. Changing mRNA populations as shown in vitro and in vivo protein synthesis. *Biochemistry*, 1981, 20: 4162-4168.

Edwards, P. J., J. Kollmann and K. Fleischmann. Life history evolution in *Lodoicea maldivica* (Arecaceae). *Nordic Journal of Botany*, 2002, 22: 227-238.

Egley, G. H. and R. D. Williams. Decline of weed seeds and seeding emergence over five years as affected by soil disturbances. *Weed Science*, 1990, 38: 504-510.

Egli, D. B. Species differences in seed growth characteristics. *Field Crops Research*, 1981, 4: 1-12.

Egli, D. B. and D. M. TeKrony. Species differences in seed water status during seed maturation and germination. *Seed Science Research*, 1997, 7: 3-12.

Elias, S. G., L. O. Copeland, M. B. McDonald and R. Z. Baalbaki. *Seed Testing: Principles and Practices*. East Lansing: Michigan State University Press, 2012.

Eliasson, A. C. and M. Gudmundsson. Starch: Physicochemical and functional aspects. In A. C. Eliasson (ed.), *Carbohydrates in Food*. New York: Marcel Dekker, 1996, pp. 391-469.

Ellis, R. H. The longevity of seeds. *HortScience*, 1991, 26: 1119-1125.

Ellis, R. H. and C. Pieta Filho. The development of seed quality in spring and winter cultivars of barley and wheat. *Seed Science Research*, 1992, 2: 9-15.

Ellis, R. H. and T. D. Hong. Desiccation tolerance and potential longevity of developing seeds of rice (*Oryza sativa* L.). *Annals of Botany*, 1994, 73: 501-506.

Ellis, R. H. and T. D. Hong. Temperature sensitivity of the low-moisture-content limit to negative seed longevity—moisture content relationships in hermetic storage. *Annals of Botany*, 2006, 97: 785-791.

Ellis, R. H. and E. H. Roberts. Improved equations for the prediction of seed longevity. *Annals of Botany*, 1980, 45: 13-30.

Ellis, R. H. and E. H. Roberts. The quantification of aging and survival in orthodox seeds. *Seed Science and Technology*, 1981, 9: 373-409.

Ellis, R. H., T. D. Hong and E. H. Roberts. *Handbook of Seed Technology for Genebanks, Vol. 1, Principles and Methodology*. Rome: International Board for Plant Genetic Resources, 1985a.

Ellis, R. H., T. D. Hong and E. H. Roberts. *Handbook of Seed Technology for Genebanks, Vol. 2, Compendium of Specific Germination Information and Test Recommendations*. Rome: International Board for Plant Genetic Resources, 1985b.

Ellis, R. H., T. D. Hong and E. H. Roberts. A comparison of the low-moisture-content limit to the logarithmic relation between seed moisture and longevity in twelve species. *Annals of Botany*, 1989a, 63: 601-611.

Ellis, R. H., T. D. Hong and E. H. Roberts. Response of seed germination in three genera of compositae to white light of varying photon flux density and photoperiod. *Journal of Experimental Botany*, 1989b, 40: 13-22.

Ellis. R. H., T. D. Hong and E. H. Roberts. An intermediate category of seed storage behaviour? I. Coffee. *Journal of Experimental Botany*, 1990, 41: 1167-1174.

Ellis, R. H., T. D. Hong and E. H. Roberts. The low-moisture-content limit to the negative logarithmic relation between and longevity and moisture content in the three subspecies of rice. *Annals of Botany*, 1992, 69: 53-58.

Ellis, R. H., T. D. Hong and M. T. Jackson. Seed production environment, time of harvest, and the potential longevity of seeds of three cultivars of rice (*Oryza sativa* L.). *Annals of Botany*, 1993, 72: 583-590.

Ellis, R. H., T. D. Hong, E. H. Roberts and K. L. Tao. Low moisture content limits to relations between seed longevity and moisture. *Annals of Botany*, 1990, 65: 493-504.

Emery, N. and C. Atkins. Cytokinins and seed development. In A. S. Basra (ed.), *Handbook of Seed Science and Technology*. New York: Food Products Press, 2006, pp. 63-93.

Enoch, I. C. Morphology of germination. In H. F. Chin and E. H. Roberts (eds.), *Recalcitrant Crop Seeds*. Kuala Lumpur: Tropical Press SDN. BHD, 1980, pp. 6-37.

ETC Group. *Putting the Cartel before the Horse…and Farm, Seeds, Soil, Peasants. Who Will Control Agricultural Inputs?* Action Group on Erosion, Technology and Concentration. Communiqué No. 111, 2013.

Etzler, M. E. Plant lectins: Molecular and biological aspects. *Annual Review of Plant Physiology*, 1985, 36: 209-234.

Evangelista, D., S. Hotton and J. Dumais. The mechanics of explosive dispersal and self-burial in the seeds of the filaree, *Erodium cicutarium* (Geraniaceae). *Journal of Experimental Biology*, 2011, 214: 521-529.

Evenari, M. Light and seed dormancy. In W. Ruhland（ed.）, *Encyclopedia of Plant Physiology* , Vol.15, Part2. Berlin: Springer-Verlag, 1965, pp. 804-847.

Fahn, A. and E. Werker. Anatomical mechanisms of seed dispersal. In T. T. Kozlowski（ed.）, *Seed Biology*, Vol. 1. New York: Academic Press, 1972, pp. 151-221.

Faria, J. M. R., J. Buitink, A. A. M. van Lammeren and H. W. M. Hilhorst. Changes in DNA and microtubules during loss and re-establishment of desiccation tolerance in germinating *Medicago truncutula* seeds. *Journal of Experimental Botany*, 2005, 56: 2119-2130.

Farrant, J. M., N. W. Pammenter and P. Berjak. The increasing desiccation sensitivity of recalcitrant *Avicennia marina* seeds with storage time. *Physiologia Plantarum*, 1986, 67: 291-298.

Farrant, J. M., N. W. Pammenter and P. Berjak. Recalcitrance: A current assessment. *Seed Science and Technology*, 1988, 16: 155-166.

Felfoldi, E. M. *Handbook of Pure Seed Definitions*（2nd. ed.）. Zurich: ISTA, 1987.

Fenner, M. Environmental influences on seed size and composition. *Horticultural Review*, 1992, 13: 183-213.

Filner, P. and J. E. Varner. A test of de novo synthesis of enzymes: Density labeling with H2O18 of barley α-amylase induced by gibberellic acid. *Proceedings of the National Academy of Sciences U. S. A.*, 1967, 58: 1520-1526

Finch-Savage, W. E., S. K. Pramanik and J. D. Bewley. The expression of dehydrin protein in desiccation-sensitive（recalcitrant）seeds of temperate trees. *Planta*, 1994, 193: 478-485.

Flint, L. H. Light in relation to dormancy and germination in lettuce seed. *Science*, 1934, 80: 38-40.

Flint, L. H. and E. D. McAlister. Wavelengths of radiation in the visible spectrum inhibiting the germination of light-sensitive lettuce seed. *Smithsonian Miscellaneous Collections*, 1935, 94（5）: 1-11.

Flint, L. H. and E. D. McAlister. Wavelengths of radiation in the visible spectrum promoting the germination of light-sensitive lettuce seed. *Smithsonian Miscellaneous Collections*, 1937, 96（2）: 1-8.

Foley, M. E. Pre-harvest sprouting, genetics. In J. D. Bewley, M. Black and P. Halmer（eds.）, *The Encyclopedia of Seeds: Science, Technology and Uses*. Wallingford, UK: CABI Publishing, 2006, pp. 528-531.

Forcella, F., K. Eradat-Oskoui and S. W. Wagner. Application of weed seedbank ecology to low-input crop management. *Ecological Applications*, 1993, 3: 74-83.

Franke, A. C., L. A. P. Lotz, W. J. van der Burg and L. van Overbeek. The role of arable weed seeds for agroecosystem functioning. *Weed Research*, 2008, 49: 131-141.

Frankel, O. H. and E. Bennett（eds.）. *Genetic Resources in Plants: Their Exploration and Conservation*. Oxford and Edinburgh: Blackwell, 1970.

Friedman, W. E. Double fertilization in *Ephedra*, a nonflowering seed plant: Its bearing on the origin of Angiosperms. *Science*, 1990, 247: 951-954.

Garcia de Castro, M. F. and C. J. Martinez-Honduvilla. Ultrastructural changes in naturally aged *Pinus pinea* seeds. *Physiologia Plantarum*, 1984, 62: 581-588.

Gardner, G. and W. R. Briggs. Some properties of phototransformation of rye phytochrome in vitro. *Photochemistry and Photobiology*, 1974, 19: 367-377.

Gates, R. R. Epigeal germination in the Leguminosae. *Botanical Gazette*, 1951, 113: 151-157.

Gee, O. H., R. J. Probert and S. A. Coomber. "Dehydrin-like" proteins and desiccation tolerance in seeds. *Seed Science Research*, 1994, 4: 135-141.

Gerhardson, B. Biological substitutes for pesticides. *Trends in Biotechnology*, 2002, 20: 338-343.

Goedert, C. O. and E. H. Roberts. Characterization of alternating-temperature regimes that remove seed dormancy in seeds of *Brachiaria humidicola* (Rendle) Schweickerdt. *Plant, Cell and Environment*, 1986, 9: 521-525.

Gomes, M. P. and Q. S. Garcia. Reactive oxygen species and seed germination. *Biologia*, 2013, 68: 351-357.

Gorial, B. Y. and J. R. O'Callaghan. Aerodynamic properties of grain/straw materials. *Journal of Agricultural Engineering Research*, 1990, 46: 275-290.

Graeber, K., K. Nakabayashi, E. Miatton, G. Leubner-Metzger and W. J. J. Soppe. Molecular mechanisms of seed dormancy. *Plant, Cell and Environment*, 2012, 35: 1769-1786.

Gray, D., J. R. A. Steckel and J. A. Ward. The effect of plant density, harvest date and method on the yield of seed and components of yield of parsnip (*Pastinaca sativa*). *Annals of Applied Biology*, 1985, 107: 547-558.

Grear, J. W. and N. G. Dengler. The seed appendage of *Eriosema* (Fabaceae). *Brittonia*, 1976, 28: 281-288.

Griffin, A. R., C. Y. Wong, R. Wickneswari and E. Chia. Mass production of hybrid seed of *Acacia mangium* x *Acacia auriculiformis* in biclonal seed orchards. In *Breeding Technologies for Tropical Acacias*. ACIAR-Proceedings, No. 37, 1992, pp. 70-75. Proceeding of an International Workshop, Tawau, Sabah, Malaysia, 1-4 July 1991.

Grime, J. P. Seed banks in ecological perspective. In M. A. Leck, V. T. Parker and R. L. Simpson (eds.), *Ecology of Soil Seed Banks*. San Diego: Academic Press, 1989, pp. xv-xxii.

Groot, S. P. C., R. W. van den Bulk, W. J. van der Burg, H. Jalink, C. J. Langerak and J. M. van der Wolf. Production of organic seeds: Status, challenges and prospects. *Seed Info Official Newsletter of the WANA Seed Network*, 2005, 28.

Groot, S. P. C., B. Kieliszewska-Rokicka, E. Vermeer and C. M. Karssen. Gibberellin-induced hydrolysis of endosperm cell walls in gibberellin-deficient tomato seeds prior to radicle protrusion. *Planta*, 1988, 174: 500-504.

Groot, S. P. C., J. M. van der Wolf, H. Jalink, C. J. Langerak and R. W. van den Bulk. Challenges for the production of high quality organic seeds. *Seed Testing International*, 2004, 127: 12-15.

Groot, S. P. C., Y. Birnbaum, N. Rop, H. Jalink, G. Forsberg, C. Kromphardt, S. Werner and E. Koch. Effect of seed maturity on sensitivity of seeds towards physical sanitation treatments. *Seed Science and Technology*, 2006, 34: 403-413.

Guarino, L., V. R. Rao and R. Reid. *Collecting Plant Genetic Diversity: Technical Guidelines*. Wallingford, UK: CAB International, 1995.

Gueguen, J. and P. Cerletti. Proteins of some legume seeds: Soybean, bean, pea, fababean and lupin. In B. J. F. Hudson (ed.), *New and Developing Sources of Food Proteins*. London: Chapman and Hall, 1994, pp. 145-193.

Gummerson, R. J. The effect of constant temperatures and osmotic potentials on the germination of sugar beet. *Journal of Experimental Botany*, 1986, 179: 729-741.

Gunn, C. R. and L. Lasota. Automated identification of true and surrogate seeds. *Biosystematics in Agriculture*, 1978, 2: 241-257.

Hampton, J. G. and D. M. Tekrony (eds.). *Handbook of Vigour Test Methods* (3rd ed.). Zurich: ISTA, 1995.

Hanson, J. *Procedures for Handling Seeds in Genebanks*. Rome: IBPGR, 1985.

Harper, J. L. *Population Biology of Plants*. London: Academic Press, 1977.

Harper, J. L., P. H. Lovell and K. G. Moore. The Shapes and sizes of seeds. *Annual Review of Ecology and Systematics*, 1970, 1: 327-356.

Harrington, J. F. Seed storage and longevity. In T. T. Kozlowski (ed.), *Seed Biology*, Vol. 3. New York: Academic Press, 1972, pp. 145-245.

Harrison, B. J. Seed deterioration in relation to storage conditions and its influence upon germination, chromosomal damage and plant performance. *Journal of the National Institute of Agricultural Botany*, 1966, 10: 644-663.

Hartmann, H. T., D. E. Kester, F. T. Davies and R. L. Geneve. Techniques of seed production and handling. In H. T. Hartmann and D. E. Kester (eds.), *Plant Propagation: Principles and Practices* (6th ed.). New Jersey: Prentice Hall International, Inc, 1997, pp. 162-199.

Hay, E. R., R. Probert, J. Marro and M. Dawson. Towards the *ex situ* conservation of aquatic angiosperms: A review of seed storage behaviour. In M. Black, K. J. Bradford and J. Vázquez-Ramos (eds.), *Seed Biology: Advances and Application*. Wallingford, UK: CAB International, 2000, pp. 161-177.

Hebblethwaite, P. D. (ed.). *Seed Production*. London: Butterworths, 1980.

Henry, A. G., H. F. Hudson and D. R. Piperno. Changes in starch grain morphologies from cooking. *Journal of Archaeological Science*, 2009, 36: 915-922.

Herman, E. M. and B. A. Larkins. Protein storage bodies and vacuoles. *The Plant Cell*, 1999, 11: 601-613.

Hilhorst, H. W. M. and C. M. Karssen. Seed dormancy and germination: The role of abscisic acid and gibberellins and the importance of hormone mutants. *Plant Growth Regulation*, 1992, 11: 225-238.

Hill, A. W. The morphology and seedling structure of the geophilous species of *Peperomia*, together with some views on the origin of Monocotyledons. *Annals of Botany*, 1906, 20: 395-427.

Hill, J. P., W. Edwards and P. J. Franks. Size is not everything for desiccation-sensitive seeds. *Journal of Ecology*, 2012, 100: 1131-1140.

Hodgkison, R., S. T. Balding, A. Zubaid and T. H. Kunz. Fruit bats (*Chiroptera*: *Pteropodidae*) as seed dispersers and pollinators in a lowland Malaysian rain forest. *Biotropica*, 2003, 35: 491-502.

Hofmann, F., M. Otto, W. Wosniok and T. I. E. M. Ökologiebüro. Maize pollen deposition in relation to distance from the nearest pollen source under common cultivation-results of 10 years of monitoring (2001 to 2010). *Environmental Sciences Europe*, 2014, 26: 1-24.

Holt, B. F. and G. W. Rothwell. Is *Ginkgo biloba* (Ginkgoaceae) really an oviparous plant? *American Journal of Botany*, 1997, 84: 870-872.

Honek, A., Z. Martinkova and V. Jarosik. Ground beetles (*Carabidae*) as seed predators. *European Journal of Entomology*, 2003, 100: 531-544.

Hong, T. D. and R. H. Ellis. *A Protocol to Determine Seed Storage Behaviour.* Rome, Italy: International Plant Genetic Resources Institute, 1996.

Hong, T. D., S. Linington and R. H. Ellis. *Compendium of Information on Seed Storage Behaviour*, Vol. 1 & 2. Kew, Richmond, UK: Royal Botanic Gardens, 1998.

Hori, K., K. Sugimoto, Y. Nonoue, Y. Ono, K. Matsubara, U. Yamanouchi, A. Abe, Y. Takeuchi and M. Yano. Detection of quantitative trait loci controlling pre-harvest sprouting resistance by using backcrossed populations of japonica rice cultivars. *Theoretical and Applied Genetics*, 2010, 120: 1547-1557.

Howard, P. H.. Visualizing consolidation in the global seed industry: 1996-2008. *Sustainability*, 2009, 1: 1266-1287.

Hsu, F. H., C. J. Nelson and A. G. Matches. Temperature effects on germination of perennial warm-season forage grasses. *Crop Science*, 1985, 25: 215-220.

Hyde, E. O. C. The function of the hilum in some Papilionaceae in relation to the ripening of the seed and the permeability of the testa. *Annals of Botany*, 1954, 18: 241-256.

Ichihara, M., S. Uchida, S. Fujii, M. Yamashita, H. Sawada and H. Inagaki. Weed seedling herbivory by field cricket *Teleogryllus emma,* Orthoptera: Gryllidae) in relation to the depth of seedling emergence. *Weed Biology and Management*, 2014, 14: 99-105.

Ingrouille, M. and B. Eddie. *Plants: Evolution and Diversity.* Cambridge, UK and New York: Cambridge University Press, 2006.

Irving, D. W. Anatomy and histochemistry of *Echinochloa turnerana* (channel millet) spikelet. *Cereal Chemistry*, 1983, 60: 155-160.

Ishimaru, T., T. Matsuda, R. Ohsugi and T. Yamagishi. Morphological development of rice caryopses located at the different positions in a panicle from early to middle stage of grain filling. *Functional Plant Biology*, 2003, 30: 1139-1149.

Itoh, J., K. Nonomura, K. Ikeda, S. Yamaki, Y. Inukai, H. Yamagishi, H. Kitano and Y. Nagato. Rice plant development: from zygote to spikelet. *Plant and Cell Physiology*, 2005, 46: 23-47.

Jackson, M. B. and C. Parker. Induction of germination by a strigol analogue requires ethylene action in

Striga hermonthica but not in *S. forbesii. Journal of Plant Physiology*, 1991, 138: 383-386.

Jacobsen, J. V. The Seed: Germination. In B. M. Johri（ed.）, *Embryology of Angiosperms*. Berlin: Springer-Verlag, 1984, pp. 611-646.

James, M. G., K. Denyer and A. M. Myers. Starch synthesis in the cereal endosperm. *Current Opinion in Plant Biology*, 2003, 6: 215-222.

Jenner, C. F. Grain-filling in wheat plants shaded for brief periods after anthesis. *Australian Journal of Plant Physiology*, 1979, 6: 629-641.

Johri, B. M.（ed.）. *Embryology of Angiosperms*. Berlin: Springer-Verlag, 1984.

Jordan, N. Weed demography and population dynamics: Implications for threshold management. *Weed Technology*, 1992, 6: 184-190.

Juliano, B. O. and J. E. Varner. Enzymic degradation of starch granules in the cotyledons of germinating peas. *Plant Physiology*, 1969, 44: 886-892.

Justice, O. L. and L. N. Bass. *Principles and Practices of Seed Storage*. USDA Agricultural Handbook no. 506, 1978.

Kameswara Rao, N., S. Appa Rao, M. H. Mengesha and E. H. Ellis. Longevity of pearl millet（*Pennisetum glaucum* R. Br.）seeds harvested at different stages of maturity. *Annals of Applied Biology*, 1991, 119: 97-103.

Karssen, C. M. and E. Laçka. A revision of the hormone balance theory of seed dormancy: Studies on gibberellin and/or abscisic acid-deficient mutants of *Arabidopsis thaliana*. In M. Bopp（ed.）, *Plant Growth Substances 1985*. Berlin: Springer-Verlag, 1986, pp. 315-323.

Karssen, C. M., D. L. C. Brinkhorst-van der Swan, A. E. Breekland and M. Koornneef. Induction of dormancy during seed development by endogenous abscisic acid: Studies on abscisic acid deficient genotypes of *Arabidopsis thaliana*（L.）Heynh. *Planta*, 1983, 157: 158-165.

Karssen, C. M., S. Zagorski, J. Kepczynski and S. P. C. Groot. Key role for endogenous gibberellins in the control of seed germination. *Annals of Botany*, 1989, 63: 71-80.

Kelly, A. F. *Seed Production of Agricultural Crops*. Harlow, UK: Longman Scientific & Technical, 1988.

Kelly, A. F. *Seed Planning and Policy for Agricultural Production*. Chichester, New York, Weinheim, Brisbane, Singapore and Toronto: John Wiley & Sons, 1989.

Kelly, A. F. and R. A. T. George. *Encyclopaedia of Seed Production of World Crops*. Chichester, New York, Weinheim, Brisbane, Singapore and Toronto: John Wiley & Sons, 1998.

Khan, A. A.. Primary, preventive and permissive roles of hormones in plant systems. *Botanical Review*, 1975, 41: 391-420.

Kieffer, M. and M. P. Fuller. *In vitro* propagation of cauliflower using curd microexplants. *Methods in Molecular Biology*, 2013, 994: 329-339.

Kim, S. J. Networks, scale, and transnational corporations: The case of the South Korean seed industry.

Economic Geography, 2006, 82: 317-338.

Kim, Y. C., M. Nakajima, A. Nakayama and I. Yamaguchi. Contribution of gibberellins to the formation of *Arabidopsis* seed coat through starch degradation. *Plant Cell Physiology*, 2005, 46: 1317-1325.

Kleczkowski, K., J. Schell and R. Bandur. Phytohormone conjugates: Nature and Function. *Critical Reviews in Plant Sciences*, 1995, 14: 283-298.

Kloppenburg, J. R. *First the Seed: The Political Economy of Plant Biotechnology, 1492-2000*（2nd ed.）. Cambridge: Cambridge University Press, 2004.

Koornneef, M., G. Reuling and C. M. Karssen. The isolation and characterization of abscisic acid-insensitive mutants of *Arabidopsis thaliana*. *Physiological Plantarum*, 1984, 61: 377-383.

Kraak, H. L. and J. Vos. Seed viability constants for lettuce. *Annals of Botany*, 1987, 59: 343-349.

Kranner, I., H. Chen, H. W. Pritchard, S. R. Pearce and S. Birtić. Inter-nucleosomal DNA fragmentation and loss of RNA integrity during seed ageing. *Plant Growth Regulation*, 2011, 63: 63-72.

Kuo, W. H. J. Delayed-permeability of soybean seeds: characteristics and screening methodology. *Seed Science and Technology*, 1989, 17: 131-142.

Kuo, W. H. J. Seed germination of *Cyrtococcum patens* under alternating temperature regimes. *Seed Science and Technology*, 1994, 22: 43-50.

Kuo, W. H. J. and A. W. Y. Tarn. The pathway of water absorption of mungbean seeds. *Seed Science and Technology*, 1988, 16: 139-144.

Kuo, W. H. J. and C. Chu. Prophylactic role of hull peroxidase in the dormancy mechanism of rice grain. *Botanical Bulletin of Academia Sinica*, 1985, 26: 59-66.

Kuo, W. H. J. and Y. W. Wang. Changes of the population parameters of electrolyte conductivities during imbibition of soybean seeds. *Chinese Agronomy Journal*, 1991, 1: 57-68.

Kuo, W. H. J., A. C. Yan and N. Leist. Tetrazolium test for the seeds of *Salvia splendens* and *S. farinacea*. *Seed Science and Technology*, 1996, 24: 17-21.

Lakshmanan, K. K. and K. B. Ambegaokar. Polyembryo. In B. M. Johri（ed.）, *Embryology of Angiosperms*. Berlin: Springer-Verlag, 1984, pp. 445-474.

Lammerts van Bueren, E. T., R. Ranganathan and N. Sorensen（eds.）. *Challenges and Opportunities for Organic Agriculture and the Seed Industry*. FAO, Rome: Proceedings of First World Conference on Organic Seed, 2004.

Langkamp, P. J.（ed.）. *Germination of Australian Native Plant Seed*. Melbourne, Sydney: Inkata Press, 1987.

Leck, M. A. Seed-bank and vegetation development in a created tidal freshwater wetland on the Delaware River, Trenton, New Jersey, USA. *Wetlands*, 2003, 23: 310-343.

Leck, M. A., V. T. Parker and R. L.Simpson（eds.）. *Ecology of Soil Seed Banks*. San Diego: Academic Press, 1989.

Lengyel S., A. D. Gove, A. M. Latimer, J. D. Majer and R. R. Dunn. Convergent evolution of seed dispersal by ants, and phylogeny and biogeography in flowering plants: A global survey. *Perspectives in Plant Ecology Evolution and Systematics*, 2010, 12: 43-55.

Leo-Kloosterziel, K. M., G. A. van de Bunt, J. A. D. Zeevaart and M. Koornneef. *Arabidopsis* mutants with a reduced seed dormancy. *Plant Physiology*, 1996, 110: 233-240.

Lewis, J. A. and G. R. Fenwick. Glucosinolate content of brassica vegetables: Analysis of twenty-four cultivars of calabrese (green sprouting broccoli, *Brassica oleracea* L. var. *botrytis* subvar. *cymosa* Lam.). *Food Chemistry*, 1987, 25: 259-268.

Lin, T. P. A method of breaking the deep dormancy of Sassafras randaiense (Hay.) Rehd. seed. In S. C. Huang, S. C. Hsieh and D. J. Liu (eds.), *The Impact of Biological Research on Agricultural Productivity: Proceedings of the Society for the Advancement of Breeding Research in Asian and Oceania International Symposium*. Changhua: Society for the Advancement of Breeding Research in Asian and Oceania, 1992.

Lin, T. P. and M. H. Chen. Biochemical characteristics associated with the development of the desiccation-sensitive seeds of *Machilus thunbergii* Sieb. & Zucc. *Annals of Botany*, 1995, 76: 381-387.

Linkies, A. and G. Leubner-Metzger. Beyond gibberellins and abscisic acid: how ethylene and jasmonates control seed germination. *Plant Cell Reports*, 2012, 31: 253-270.

Linkies, A., K. Graeber, C. Knight and G. Leubner-Metzger. The evolution of seeds. *New Phytologist*, 2012, 186: 817-831.

López-Fernández, M. P. and S. Maldonado. Programmed cell death during quinoa perisperm development. *Journal of Experimental Botany*, 2013, 64: 3313-3325.

Lorenzi, R., A. Bennici, P. G. Cionini, A. Alpi and F. D'Amato. Embryo-suspensor relations in *Phaseolus coccineus*: Cytokinins during seed development. *Planta*, 1978, 143: 59-62.

Lott, J. N. A. Protein bodies in seeds. *Nordic Journal of Botany*, 1981, 1: 421-432.

Madsen, E. and N. E. Langkilde (eds.). *Handbook for Cleaning Agricultural and Horticultural Seeds on Small-Scale Machines*, Part 1. Zurich: ISTA, 1987.

Mall, U. and G. S. Singh. Soil seed bank dynamics: History and ecological significance in sustainability of different ecosystems. In M. K. Fulekar, B. Pathak and R. K. Kale (eds.), *Environment and sustainable development*. India: Springer, 2014, pp. 31-46.

Marinos, N. G. Embryogenesis of the pea (*Pisum sativum*) I. The cytological environment of the developing embryo. *Protoplasma*, 1970, 70: 261-279.

Marks, M. K. and A. C. Nwachuku. Seed-bank characteristics in a group of tropical weeds. *Weed Research*, 1986, 26: 151-157.

Martin, A. C. The comparative internal morphology of seeds. *The American Midland Naturalist*, 1946, 36: 513-660.

Matthews, J. F. and P. A. Levins. The systematic significance of seed morphology in *Portulaca* (Portulacaceae) under scanning electron microscopy. *Systematic Botany*, 1986, 11: 302-308.

Maxwell, C. D., A. Zobel and D. Woodfine. Somatic polymorphism in the achenes of *Tragopogon dubius*. *Canadian Journal of Botany*, 1994, 72: 1282-1288.

McDonald, M. B. and F. Y. Kwong (eds.). *Flower Seeds: Biology and Technology*. Wallingford, UK: CABI Publishing, 2004.

Mckay, W. Factor interaction in *Citrullus*: Seed-coat color, fruit shape and markings show evidence of Mendelian inheritance in watermelon crosses. *Journal of Heredity*, 1936, 27: 110-112.

Meerow, A. W. *Palm Seed Germination*. Institute of Food and Agricultural Sciences, University of Florida Cooperative Extension Service Bulletin 274, 1991.

Mendes, A. J. T. Cytological observations in *Coffea*. VI. Embryo and endosperm development in *Coffea arabica* L. *American Journal of Botany*, 1941, 28: 784-789.

Meyer, D. J. L. Seed development and structure in floral crops. In M. B. McDonald and F. Y. Kwong (eds.), *Flower Seeds: Biology and Technology*. Wallingford, UK: CABI Publishing, 2005, pp. 117-144.

Mikulíková D., Š. Masár and J. Kraic. Biodiversity of legume health-promoting starch. *Starch/Stärke*, 2008, 60: 426-432.

Milberg, P. What is the maximum longevity of seeds? *Svensk Botanisk Tidskrift*, 1990, 84: 323-352.

Milcu, A., J. Schumacher and S. Scheu. Earthworms (*Lumbricus terrestris*) affect plant seedling recruitment and microhabitat heterogeneity. *Functional Ecology*, 2006, 20: 261-268.

Miller, S. A. and M. L. L. Ivey. Hot water treatment of vegetable seeds to eradicate bacterial plant pathogens in organic production systems. *Ohio State University Extension Fact Sheet*, 2005, HYG-3086-05.

Mishkind, M., N. V. Raikhel, B. A. Palevitz and K. Keegstra. Immunocytochemical localization of wheat germ agglutinin in wheat. *The Journal of Cell Biology*, 1982, 92: 753-764.

Mng'omba, S. A., E. S. du Toit and F. K. Akinnifesi. Germination characteristics of tree seeds: spotlight on Southern African tree species. *Tree and Forestry Science and Biotechnology*, 2007, 1: 81-88.

Montague, D. *Farming, Food and Politics: The Merchant's Tale*. Dublin: IAWS Group Plc, 2000, pp. 271-272.

Moore, R. P. *Handbook of Tetrazolium Testing* (2nd ed.). Zurich: ISTA, 1993.

Morita, S., J. I. Yonemaru and J. I. Takanashi. Grain growth and endosperm cell size under high night temperatures in rice (*Oryza sativa* L.). *Annals of Botany*, 2005, 95: 695-701.

Morpeth D. R. and A. M. Hall. Microbial enhancement of seed germination in *Rosa corymbifera* 'Laxa'. *Seed Science Research*, 2000, 10: 489-494.

Mossé, J., J. C. Huet and J. Baudet. The amino acid composition of rice grain as a function of nitrogen content as compared with other cereals: A reappraisal of rice chemical scores. *Journal of Cereal Science*, 1988, 8: 165-175.

Murdoch, A. J., E. H. Roberts and C. O. Goedert. A model for germination responses to alternating temperatures. *Annals of Botany*, 1989, 63: 97-111.

Murdock, L. and R. E. Shade. Lectins and protease inhibitors as plant defenses against insects. *Journal of Agricultural and Food Chemistry*, 2002, 50: 6605-6611.

Nambara, E., M. Okamoto, K. Tatematsu, R. Yano, M. Seo and Y. Kamiya. Abscisic acid and the control of seed dormancy and germination. *Seed Science Research*, 2010, 20: 55-67.

Natesh, S. and M. A. Rau. The embryo. In B. M. Johri（ed.）, *Embryology of Angiosperms*. Berlin: Springer-Verlag, 1984, pp. 377-443.

Navarro, S. The use of modified and controlled atmospheres for the disinfestation of stored products. *Journal of Pest Science*, 2012, 85: 301-322.

Nieves, N., Y. Zambrano, R. Tapia, M. Cid, D. Pina and R. Castillo. Field performance of artificial seed derived sugarcane plants. *Plant Cell, Tissue and Organ Culture*, 2003, 75: 279-282.

Nikolaeva, M. G. Patterns of seed dormancy and germination as related to plant phylogeny and ecological and geographical conditions of their habitats. *Russian Journal of Plant Physiology*, 1999, 46: 369-373.

Nonogaki, H. Seed dormancy and germination—emerging mechanisms and new hypotheses. *Frontiers in Plant Science*, 2014, 5: 233. doi: 10.3389/fpls.2014.00233.

Nonogaki, H., G. W. Bassel and J. D. Bewley. Germination—still a mystery. *Plant Science*, 2010, 179: 574-581.

Ohlgart, S. M. The terminator gene: Intellectual property rights vs. the farmers' common law right to save seed. *Drake Journal of Agricultural Law*, 2002, 7: 473-492.

Ohlrogge, J. B. and J. G. Jaworski. Regulation of fatty acid synthesis. *Annual Review of Plant Physiology and Plant Molecular Biology*, 1997, 48: 109-136.

Ohlrogge, J. B. and T. P. Kernan. Oxygen-Dependent Aging of Seeds. *Plant Physiology*, 1982, 70: 791-794.

Okamoto, K., T. Murai, G. Eguchi, M. Okamoto and T. Akazawa. Enzymic mechanism of starch breakdown in germinating rice seeds 11. Ultrastructural changes in scutellar epithelium. *Plant Physiology*, 1982, 70: 905-911.

Oliveira, D. M. T. and E. A. S. Paiva. Anatomy and ontogeny of *Pterodon emarginatus*（Fabaceae: Faboideae）seed. *Brazilian Journal of Biology*, 2005, 65: 483-494.

Olsen, O. A.. Endosperm development: Cellularization and cell fate specification. *Annual Review of Plant Physiology and Plant Molecular Biology*, 2001, 52: 233-267.

Orozco-Segovia A., J. Márquez-Guzmán, M. E. Sánchez-Coronado, A. Gamboa De Buen, J. M. Baskin and C. C. Baskin. Seed anatomy and water uptake in relation to seed dormancy in *Opuntia tomentosa*（Cactaceae, Opuntioideae）. *Annals of Botany*, 2007, 99: 581-592.

Osborne, T. B. *Vegetable Proteins*（2nd ed.）. New York: Longmans, Green, 1924.

Ozudogru, E. A., E. Kaya and M. Lambardi. *In vitro* propagation of peanut（*Arachis hypogaea* L.）by shoot tip culture. *Methods in Molecular Biology*, 2013, 994: 77-87.

Parker, M. L. A. R. Kirby and V. J. Morris. *In situ* imaging of pea starch in seeds. *Food Biophysics*, 2008, 3: 66-76.

Pascoe, F. Using soil seed banks to bring plant communities into classroom. *The American Biology Teacher*, 1994, 7: 429-432.

Payne, R. C. （ed.）. *Handbook of Variety Testing: Growth chamber—Greenhouse Testing Provedures*. Zuirch: ISTA, 1993a.

Payne, R. C. （ed.）. *Handbook of Variety Testing: Rapid Chemical Identification Techniques*. Zurich: ISTA, 1993b.

Peleg, Z., M. Reguera, E. Tumimbang, H. Walia and E. Blumwald. Cytokinin-mediated source/sink modifications improve drought tolerance and increase grain yield in rice under water-stress. *Plant Biotech Journal*, 2011, 9: 747-758.

Pemberton, R. W. and D. W. Irving. Elaiosomes on weed seeds and the potential for myrmecochory in naturalized plants. *Weed Science*, 1990, 38: 615-619.

Philomena, P. A. and C. K. Shah. Unusual germination and seedling development in two monocotyledonous dicotyledons. *Proceedings of the Indian Academy of Science*（Plant Science）, 1985, 95: 221-225.

Pijl, van der L. *Principles of Dispersal in Higher Plants*. Berlin: Springer, 1982.

Pill, W. G. Low water potential and presowing germination treatments to improve seed quality. In A. S. Basra （ed.）, *Seed Quality: Basic Mechanisms and Agricultural Implications*. Binghanton, New York: Food Product Press, 1994, pp. 319-359.

Probert, R. J. The role of temperature in germination ecophysiology. In M. Fenner（ed.）, *Seeds: The Ecology of Regeneration in Plant Communities*（2nd ed.）. Wallingford, UK: CAB International, 2001, pp. 261-292.

Ramakrishna, P. and D. Amritphale. The perisperm-endosperm envelope in *Cucumis*: Structure, proton diffusion and cell wall hydrolyzing activity. *Annals of Botany*, 2005, 96: 769-778.

Rao, N. K., J. Hanson, M. E. Dulloo, K. Ghosh, D. Nowell and M. Larinde. *Manual of Seed Handling in Genebanks. Handbooks for Genebanks* No. 8. Rome: Bioversity International, 2006.

Reeder, J. R. The embryo in grass systematics. *American Journal of Botany*, 1957, 44: 756-768.

Reid, J. S. G. and J. D. Bewley. A dual role for the endosperm and its galactomannan reserves in the germinative physiology of fenugreek（*Trigonella foenum-graecum* L.）and endospermic leguminous seed. *Planta*, 1979, 147: 145-150.

Remund, K. M., D. A. Dixon, D. L. Wright and L. R. Holden. Statistical considerations in seed purity testing for transgenic traits. *Seed Science Research*, 2001, 11: 101-119.

Richardson, M. J. *An Annotated List of Seedborne Diseases*（4th ed.）. Zurich: ISTA, 1990.

Roberts H. A. and J. E. Neilson. Changes in the soil seed bank of four long-term crop/herbicide experiments. *Journal of Applied Ecology*, 1981, 18: 661-668.

Roberts, E. H. The viability of rice seed in relation to temperature, moisture content, and gaseous environment. *Annals of Botany*, 1961, 25: 381-390.

Roberts, E. H.（ed.）. *Viability of Seeds.* London: Chapman and Hall, 1972.

Roberts, E. H. Predicting the storage life of seeds. *Seed Science and Technology*, 1973a, 1: 499-514.

Roberts, E. H. Oxidative processes and the control of seed germination. In W. Heydecker（ed.）, *Seed Ecology*. London: Butterworth, 1973b, pp. 189-231.

Roberts, E. H. and F. H. Abdalla. The influence of temperature, moisture, and oxygen on period of seed viability in barley, broad beans, and peas. *Annals of Botany*, 1968, 32: 97-117.

Roberts, E. H. and R. H. Ellis. Water and seed survival. *Annals of Botany*, 1989, 63: 39-52.

Roberts, E. H., F. H. Abdalla and R. J. Owen. Nuclear damage and the ageing of seeds, with a model for seed survival curves. *Symposia of the Society for Experimental Biology*, 1967, 21: 65-99.

Roberts, H. A. and P. A. Dawkins. Effect of cultivation on the numbers of viable weed seeds in soil. *Weed Research*, 1967, 7: 290-301.

Roberts, H. A. and P. M. Feast. Changes in the numbers of viable weed seeds in soil under different regimes. *Weed Research*, 1973, 13: 298-303.

Roberts, H. A. and F. G. Stokes. Studies on the weeds of vegetable crops. V, Final observations on an experiment with different primary cultivations. *Journal of Applied Ecology*, 1965, 2: 307-315.

Robichaud, C. S., J. Wong and I. M. Sussex. Control of viviparous embryo mutants of maize by abscisic acid. *Developmental Genetics*, 1979, 1: 325-330.

Rolston, M. P. Water impermeable seed dormancy. *The Botanical Review*, 1978, 44: 365-396.

Rowse, H. R. Drum priming—A non-osmotic method of priming seeds. *Seed Science and Technology*, 1996, 24: 281-294.

Rowse, H. R., J. M. T. Mckee and W. E. Finch-Savage. Membrane priming—A method for small samples of high value seeds. *Seed Science and Technology*, 2001, 29: 587-597.

Rugenstein, S. R. and N. R. Lersteny. Stomata on seeds and fruits of *Bauhinia*（Leguminosae: Caesalpinioideae）. *American Journal of Botany*, 1981, 68: 873-876.

Sacks, E. J. and D. A. St. Clair. Cryogenic storage of tomato pollen: Effect on fecundity. *Hortscience*, 1996, 31: 447-448.

Sallon, S., E. Solowey, Y. Cohen, R. Korchinsky, M. Egli, I. Woodhatch, O. Simchoni and M. Kislev. Germination, genetics, and growth of an ancient date seed. *Science*, 2008, 320: 1464.

Sánchez-Coronado, M. E., J. Márquez-Guzmán, J. Rosas-Moreno, G. Vidal-Gaona, M. Villegas, S. Espinosa-Matías, Y. Olvera-Carrillo and A. Orozco-Segovia. Mycoflora in exhumed seeds of *Opuntia tomentosa* and its possible role in seed germination. *Applied and Environmental Soil Science*, 2011, doi: 10.1155/2011/107159.

Schmid, R. On Cornerian and other terminology of angiospermous and gymnospermous seed coats: Historical perspective and terminological recommendations. *Taxon*, 1986, 35: 476-491.

Schmitt, A., T. Amein, F. Tinivella, J. V. D. Wolf, S. Roberts, S. Groot, M. L. Gullino, S. Wright and E. Knch. Control of seed-borne pathogens on vegetable by microbial and other alternative seed treatments. In E. T. Lammerts van Bueren, R. Ranganathan and N. Sorensen (eds.), *Challenges and Opportunities for Organic Agriculture and the Seed Industry*. FAO, Rome: Proceedings of First World Conference on Organic Seed, 2004, pp. 120-123.

Schroeder, M., J. Deli, E. D. Schall and G. F. Warren. Seed composition of 66 weed and crop species. *Weed Science*, 1974, 22: 345-348.

Schweizer, E. E. and R. J. Zimdahl. Weed seed decline in irrigated soil after six years of continuous corn (*Zea mays*) and herbicides. *Weed Science*, 1984a, 32: 76-83.

Schweizer, E. E. and R. J. Zimdahl. Weed seed decline in irrigated soil after rotation of crops and herbicides. *Weed Science*, 1984b, 32: 84-89.

Scopel, A. L., C. L. Ballare and S. R. Radosevich. Photostimulation of seed germination during soil tillage. *New Phytologist*, 1994, 126: 145-152.

Seo, M., E. Nambara, G. Choi and S. Yamaguchi. Interaction of light and hormone signals in germinating seeds. *Plant Molecular Biology*, 2009, 69: 463-472.

Shen-Miller, J. Sacred lotus, the long-living fruits of China antique. *Seed Science Research*, 2002, 12: 131-143.

Singh, B. K. Association between concentration of organic nutrients in the grain, endosperm cell number and grain dry weight within the ear of wheat. *Australian Journal of Plant Physiology*, 1982, 9: 83-95.

Singh, H. and B. M. Johri. Development of gymnosperm seeds. In T. T. Kozlowski (ed.), *Seed Biology*, Vol. 1. New York: Academic Press, 1972, pp. 21-75.

Smith, H. *Phytochrome and Photomorphogenesis: An Introduction to the Photocontrol of Plant Development*. London: McGraw-Hill Inc, 1975.

Smith, R. D., J. B. Dickie, S. H. Linington, H. W. Pritchard and R. J. Probert (eds.). *Seed Conservation: Turning Science into Practice*. Kew, UK: Royal Botanic Gardens, 2003.

Sofield, I., L. T. Evans, M. G. Cook and I. F. Wardlaw. Factors influencing the rate and duration of grain filling in wheat. *Australian Journal of Plant Physiology*, 1977, 4: 785-797.

Sondheimer E, E. C. Galson, E. Tinelli and D. C. Walton. The metabolism of hormones during seed germination and dormancy. *Plant Physiology*, 1974, 54: 803-808.

Sparg, S. G., M. E. Light and J. van Staden. Biological activities and distribution of plant saponins. *Journal of Ethnopharmacology*, 2004, 94: 219-243.

Splittstoesser, W. E. *Vegetable Growing Handbook: Organic and Traditional Methods*. New York: Van Nostrand Reinhold, 1990.

Standifer, L. C. A technique for estimating weed seed populations in cultivated soil. *Weed Science*, 1980, 28: 134-138.

Steiner, A. M. and M. Kruse. History of seed testing: Centennial—The 1st international conference for seed testing 1906 in Hamburg, Germany. *Seed Testing International*（ISTA）, 2006, 132: 19-21.（http://www.ista-cologne2010.de/the-congress/history-of-seed-testing/）

Stoffberg, E. Morphological and ontogenetic studies on southern African podocarps. Initiation of the seed scale complex and early development of integument, nucellus and epimatium. *Botanical Journal of the Linnean Society*, 1991, 105: 21-35.

Swain, S. M., J. B. Reid and Y. Kamiya. Gibberellins are required for embryo growth and seed development in pea. *Plant Journal*, 1997, 12: 1329-1338.

Takaki, M. New proposal of classification of seeds based on forms of phytochrome instead of photoblastism. *Revista Brasileira de Fisiologia Vegetal*, 2001, 13: 104-108.

Tateoka, T. Notes on some grasses. XVI. Embryo structure of the genus *Oryza* in relation to the systematics. *American Journal of Botany*, 1964, 51: 539-543.

Taylorson, R. B. Response of weed seeds to ethylene and related hydrocarbons. *Weed Science*, 1979, 27: 7-10.

Taylorson, R. B. and S. B. Hendricks. Overcoming dormancy in seeds with ethanol and other anesthetics. *Planta*, 1979, 145: 507-510.

Teekachunhatean, S., N. Hanprasertpong and T. Teekachunhatean. Factors affecting isoflavone content in soybean seeds grown in Thailand. *International Journal of Agronomy*, Article ID 163573, 11 pages, 2013.

Telewski, F. W. and J. A. D. Zeevaart. The 120-yr period for Dr. Beal's seed viability experiment. *American Journal of Botany*, 2002, 89: 1285-1288.

Thompson P. A. Effects of fluctuating temperatures on germination. *Journal of Experimental Botany*, 1974, 25: 164-175.

Thompson, K. and J. P. Grime. Seasonal variation in the seed banks of herbaceous species in ten contrasting habitats. *Journal of Ecology*, 1979, 67: 893-921.

Thompson, K., S. R. Band and J. G. Hodgson. Seed size and shape predict persistence in soil. *Functional Ecology*, 1993, 7: 236-241.

Thomson, J. R. *An Introduction to Seed Technology*. London: Leonard Hill, 1979.

Tillich, H. R. Seedling diversity and the homologies of seedling organs in the Order Poales（Monocotyledons）. *Annals of Botany*, 2007, 100: 1413-1429.

Toole, E. H. The effect of light and other variables on the control of seed germination. *Proceedings of the International Seed Testing Association*, 1961, 26: 659-673.

Totterdell, S. and E. H. Roberts. Effects of low temperatures on the loss of innate dormancy and the development of induced dormancy in seeds of *Rumex obtusifolius* L. and *Rumex crispus* L. *Plant, Cell and Environment*, 1979, 2: 131-137.

Tsuyuzaki, S. Rapid seed extraction from soils by a flotation method. *Weed Research*, 1994, 34: 433-436.

Tunnacliffe, A., and M. J. Wise. The continuing conundrum of the LEA proteins. *Naturwissenschaften*, 2007, 94: 791-812.

Turcotte, E. L. and C. V. Feaster. Semigamy in Pima cotton. *Journal of Heredity*, 1967, 58: 54-57.

Turnbull, L. A., L. Santamaria, T. Martorell, J. Rallo and A. Hector. Seed-size variability: From carob to carats. *Biology Letters*, 2006, 22: 397-400.

Tweddle, J. C., J. B. Dickie, C. C. Baskin and J. M. Baskin. Ecological aspects of seed desiccation sensitivity. *Journal of Ecology*, 2003, 91: 294-304.

Ulvinen, O., A. Voss, H. C. Baekgaard, and P. E. Terning. *Testing for Genuineness of Cultivars*. Zurich: ISTA, 1973.

Upadhyaya, H. D. Geographical patterns of variation for morphological and agronomic characteristics in the chickpea germplasm collection. *Euphytica*, 2003, 132: 343-352.

Valk, A. G. van der and R. L. Pederson. Seed banks and the management and restoration of natural vegetation. In M. A. Leck, V. T. Parker and R. L. Simpson (eds.), *Ecology of Soil Seed Banks*. San Diego: Academic Press, 1989, pp. 329-346.

Varier, A., A. K. Vari and M. Dadlani. The subcellular basis of seed priming. *Current Science*, 2010, 99: 450-456.

Vázquez-Ramos, J. M. and M. de la Paz Sánchez. The cell cycle and seed germination. *Seed Science Research*, 2003, 13: 113-130.

Vertucci, C. W. and E. E. Roos. Theoretical basis of protocols for seed storage. *Plant Physiology*, 1990, 94: 1019-1023.

Vertucci, C. W. and E. E. Roos. Theoretical basis of protocols for seed storage II. The influence of temperature on optimal moisture levels. *Seed Science Research*, 1993, 3: 201-213.

Vijayaraghavan, M. R. and K. Prabhakar. The endosperm. In B. M. Johri (ed.), *Embryology of Angiosperms*. Berlin: Springer-Verlag, 1984, pp. 319-376.

Villiers, T. A. Seed aging: chromosome stability and extended viability of seeds stored fully imbibed. *Plant Physiology*, 1973, 53: 875-878.

Villiers, T. A. Genetic Maintenance of seeds in imbibed storage. In O. H. Frankel and J. G. Hawkws (eds.), *Crop Genetic Resources for Today and Tomorrow*. Cambridge: Cambridge University Press, 1975, pp. 297-315.

Werker, E. *Seed Anatomy.* Berlin and Stuttgart: Borntraeger, 1997.

Wester, H. V. Further evidence on age of ancient viable lotus seeds from Pulantien deposit, Manchuria. *HortScience*, 1973, 8: 371-377.

Wieser, H. Chemistry of gluten proteins. *Food Microbiology*, 2007, 24: 115-119.

Willan, R. L. *A Guide to Forest Seed Handling*. FAO, Rome: FAO Forestry Paper 20/2, 1985.

Xu, N. and J. D. Bewley. Contrasting pattern of somatic and zygotic embryo development in alfalfa (*Medicago sativa* L.) as revealed by scanning electron microscopy. *Plant Cell Reports*, 1992, 11: 279-284.

Yaklich, R. W. β-Conglycinin and glycinin in high-protein soybean seeds. *Journal of Agricultural and Food Chemistry*, 2001, 49: 729-735.

Yam, T. W., E. C. Yeung, X. L. Ye, S. Y. Zee and J. Arditti. Orchid embryos. In T. Kull and J. Arditti（eds.）, *Orchid Biology: Reviews and Persectives*（8th ed.）. Dordrecht: Kluwer, 2002, pp. 287-385.

Yang, J., J. Zhang, Z. Huang, Z. Wang, Q. Zhu and L. Liu. Correlation of cytokinin levels in the endosperms and roots with cell number and cell division activity during endosperm development in rice. *Annals of Botany*, 2002, 90: 369-377.

Zanakis, G. N., R. H. Ellis and R. J. Summerfield. A comparison of changes in vigour among three genotypes of soyabean（*Glycine max*）during seed development and maturation in three temperature regimes. *Experimental Agriculture*, 1994, 30: 157-170.

缩略词

ABA	abscisic acid，abscisin 脱落酸
ABS	Access and benefit-sharing 取得与利益分享
ACP	acyl carrier protein 酰基载体蛋白质
ADP	adenosine 5'-diphosphate 二磷酸腺苷酸
AOSA	Association of Official Seed Analysts 公共部门种子检验师协会
APSA	Asia Pacific Seed Association 亚太种子协会
AQL	acceptable quality level 质量低标
ASSINSEL	Association Internationale des Sélectionneurs pour la Protection de Obentions Végétales 国际植物品种保护植物育种家协会
ASTA	American Seed Trade Association 美国种子商协会
AVRDC	Asian Vegetable Research and Development Center 亚洲蔬菜研究与发展中心
BI	Biodiversity International 国际生物多样性组织
CBD	Convention on Biological Diversity 生物多样性公约
CF	chlorophyll fluorescence 叶绿素荧光

CGIAR	Consultative Group on International Agricultural Research 国际农业研究咨询组
CK	cytokinin 细胞分裂素
CMS	cytoplasmic male sterility 细胞质雄不稔
CSSAAC	Commercial Seed Analysts Association of Canada 加拿大商业种子技师协会
CUG	coefficient of uniformity of germination 发芽整齐度系数
DNA	deoxyribonucleic acid 脱氧核糖核酸
DNase	deoxyribonuclease 脱氧核糖核酸酶
EDV	Essentially Derived Variety 实质衍生品种
ELISA	enzyme-linked immunosorbent assay 酶联结免疫吸附法
FAO	Food and Agriculture Organization 联合国粮农组织
FAS	fatty acid synthetase 脂肪酸合成酶
FIS	Fédération Internationale du Commerce des Semences 国际种子贸易联合会
GA	gibberellic acid，gibberellin 赤霉素
GADA	glutamic acid dehydrogenase activity 谷氨酸脱氢酶活性法
GLC	gas-liquid chromatography 气液层析法
GMO	genetically modified organism 基因改造生物
GRI	germination rate index 发芽速率指数

GRIN	Germplasm Resources Information Network（USA） 遗传资源信息网
HIR	high irradiance responses 高照射反应
HPLC	high performance liquid chromatography 高效液层析法
IAA	indole-3-acetic acid，auxin 生长素
IBPGR	International Board for Plant Genetic Resources 国际植物遗传资源委员会
ICNCP	International Code of Nomenclature for Cultivated Plants 国际栽培植物命名法规
ICRISAT	The International Crops Research Institute for the Semi-Arid Tropics 国际热带半干旱地区作物研究所
IEF	isoelectric focusing 等电集聚法
IMS–PCR	immunomagnetic separation-polymerase chain reaction 免疫吸附–聚合酶链反应
IPGRI	International Plant Genetic Resources Institute 国际植物遗传资源学院
IPPC	International Plant Protection Convention 国际植物保护公约
ISF	International Seed Federation 国际种子联合会
ISPMs	International Standards for Phytosanitary Measures 国际植物防疫检疫措施标准
ITPGRFA	International Treaty on Plant Genetic Resources for Food and Agriculture 粮食和农业植物遗传资源国际条约
LEA	late embryogenesis abundant protein 胚形成后期丰存蛋白质
LFR	low fluence responses 低照射反应
LMO	living modified organism 基因改造活体生物

LQL	lower quality limit 质量容许标
MAT	mutually agreed terms 相互共识条款
MGP	mean germination period 平均发芽时间
MGR	mean germination rate 平均发芽速率
NMS	nuclear male sterility 核雄不稔
OCC	operating characteristic curve 操作特性曲线
OECD	Organisation for Economic Co-operation and Development 经济合作与发展组织
PAGE	polyacrylamide gel electrophoresis 聚丙烯酰氨凝胶电泳
PBR	Plant Breeders' Right 植物育种家权
PCR	polymerase chain reaction 聚合酶连锁反应
PEG	polyethylene glycol 聚乙二醇
PIC	prior informed consent 事先告知同意
PPP	pentose phosphate pathway 戊糖磷酸途径
PVR	Plant Variety Right 植物品种权
QTL	quantitative trait locus 数量性状基因座
RAPD	random amplified polymorphic DNA 随机扩增多型性脱氧核糖核酸
RER	rough endoplasmic reticulum 粗内质网

RFLP	restriction fragment length polymorphism 限制片段长度多型性
RNase	ribonuclease 核糖核酸酶
ROS	Reactive oxygen species 活性氧化物
SCST	Society of Commercial Seed Technologists 商业种子技师协会
SEM	scanning electron microscope 扫描式电子显微镜
SSE	Seed Savers Exchange 保种交流会
SSR	simple sequence repeats 简单重复序列
TAG	triacylglyceride 三酰甘油
TCA	tricarboxylic acid 三羧酸
TEZ	triphenyl tetrazolium 三苯基四唑
TRIPs	Agreement on Trade Related Aspects of Intellectual Property Rights 与贸易相关的知识产权协定
UDP	uridine diphosphate 尿苷二磷酸
UPOV	Union Internationale pour la Protection des Obtentions Végétales 植物新品种保护国际联盟
VCU	Value for cultivation and use 种植利用价值
VLFR	very low fluence responses 超低照射反应
WVC	World Vegetable Center 世界蔬菜中心

植物名称

（以拉丁文学名排序）

Aesculus chinensis	七叶树	*Alisma plantago*	欧泽泻
Abelmoschus esculentus	黄秋葵	*Alisma plantago-aquatica*	泽泻
Abrus	鸡母珠属	*Allium*	葱属
Abrus precatorius	鸡母珠	*Allium ampeloprasum Porrum Group*	韭葱
Abutilon theophrasti	苘麻		
Acacia	金合欢属	*Allium cepa*	洋葱
Acanthephippium splendidum	亮丽坛花兰		
Acer	槭属	*Allium cepa var. aggregatum*	红葱头
Acer buergerianum var. formosanum	台湾三角槭	*Allium fistulosum*	葱（大葱、青葱）
Acer japonicum	团扇槭	*Allium ursinum*	熊葱
Acer platanoides	挪威槭	*Allium victorialis*	茖葱
Acer pseudoplatanus	岩枫	*Alnus formosana*	台湾赤杨
Acer saccharum	糖槭	*Alopecurus myosuroides*	大穗看麦娘
Acorus	菖蒲属	*Alpinia chinensis*	山姜
Actinidia deliciosa	奇异果	*Alpinia zerumbet*	月桃
Adansonia digitata	猴面包树	*Alsomitra macrocarpa*	翅葫芦
Adenanthera	孔雀豆属	*Amaranthus*	苋属
Aegle	木橘属	*Amaranthus albus*	白苋
Aframomum melegueta	马拉盖椒蔻姜	*Amaranthus caudatus*	尾穗苋
Agrostemma	麦仙翁属	*Amaranthus retroflexus*	反枝苋
Agropyron repen	匍匐冰草	*Ambrosia trifida*	三裂叶豚草
Agrostis tenuis	细弱剪股颖	*Amomum xanthioides*	缩砂
Aleurites fordii	油桐	*Amygdalus communis*	扁桃
Aleurites moluccana	石栗	*Anacardium occidentale*	腰果
		Anemone coronaria	欧洲银莲花

Angelica	当归属	*Asphodelus tenuifolius*	狭叶日影兰
Anguloa	郁金香兰属	*Astragalus spinosus*	多刺黄芪
Anneslea crassipes	粗根茶梨	*Atalantia racemosa*	总花乌柑
Annona squamosa	番荔枝	*Atriplex rosea*	红滨藜
Anodendron benthamianum	台湾鳝藤	*Avena*	燕麦属
Anoectochilus formosanus	台湾金线莲	*Avena fatua*	野燕麦
Anoectochilus imitans	金线莲	*Avena sativa*	燕麦
Anthriscus sylvestris	峨参	*Averrhoa carambola*	杨桃
Apium graveolens	旱芹	*Avicennia marina*	海茄苳
Aporosa	银柴属	*Axonopus affinis*	类地毯草
Arabidopsis thaliana	阿拉伯芥	*Baccaurea*	木奶果属
Arachis hypogaea	落花生	*Bambusa vulgaris*	泰山竹
Aralia elata	辽东楤木	*Baptisia tinctoria*	野靛草
Araucaria	南洋杉属	*Barringtonia asiatica*	棋盘脚
Araucaria araucana	智利南洋杉	*Barringtonia racemosa*	水茄苳
Araucaria bidwillii	广叶南洋杉	*Bauhinia*	羊蹄甲属
Araucaria columnaris	库氏南洋杉	*Bauhinia purpurea*	紫花羊蹄甲
Araucaria cunninghamii	肯氏南洋杉	*Begonia taiwaniana*	台湾秋海棠
Araucaria hunsteinii	亮叶南洋杉	*Bertholletia excelsa*	巴西栗
Archontophoenix alexandrae	亚历山大椰	*Beta vulgare*	甜菜
Arenaria serpyllifolia	鹅不食草	*Biden pilosa var. pilosa*	白花鬼针
Aristida	三芒草属	*Bidens bipinnata*	鬼针
Aristolochia kaempferi	马兜铃	*Billbergia pyramidalis*	水塔花
Arrhenatherum	燕麦草属	*Bischofia javanica*	茄冬
Artemisia japonica	牡蒿	*Bletilla striata*	白及
Artocarpus	波罗蜜属	*Bouteloua barbata*	芒刺格拉马草
Artocarpus altilis	面包树	*Brachiaria*	臂形草属
Artocarpus heterophyllus	波罗蜜	*Brachiaria mutica*	巴拉草
Arundinella berteroniana	伯氏野古草	*Brassica*	芸薹属
Arundo formosana	台湾芦竹	*Brassica juncea*	芥菜
Asclepias syriaca	叙利亚马利筋	*Brassica napus*	油菜（芥花籽）
Asparagus officinalis	芦笋	*Brassica nigra*	黑芥
		Brassica oleracea	甘蓝

Brassica oleracea L. Botrytis Group	花椰菜	*Cassia*	决明属
Brassica oleracea L. Capitata Group	甘蓝	*Cassia multijuga*	小叶黄槐
		Castanea sativa	欧洲栗
Brassica oleracea L. Gemmifera Group	抱子甘蓝	*Catapodium rigidum*	硬绳柄草
		Cattleya aurantiaca	橙红嘉德丽亚兰
Brassica oleracea L. Italica Group	青花菜	*Cenchrus*	蒺藜草属
		Centella asiatica	雷公根
Brassica rapa	芜菁	*Centrolobium robustum*	粗刺片豆
Bulbophyllum mysorense	高止卷瓣兰	*Ceratonia siliqua*	长角豆
Calla palustris	水芋	*Cerbera manghas*	海杧果
Calliandra	朱缨花属	*Chamaerops humilis*	丛榈
Calligonum comosum	毛沙拐枣	*Champereia manillana*	山柚
Calophyllum inophyllum	琼崖海棠	*Chenopodium album*	白藜
Camelina sativa	亚麻荠	*Chenopodium bonus-henricus*	欧野藜
Camellia japonica	茶花		
Camellia oleifera	苦茶	*Chenopodium quinoa*	藜麦
Camellia sinensis	茶	*Chenopodium rubrum*	红叶藜
Canavalia ensiformis	白凤豆（刀豆）	*Chionanthus retusus*	流苏
Canavalia lineata	肥猪豆	*Chloris*	虎尾草属
Canna	美人蕉属	*Chloris barbata*	孟仁草
Canna flaccida	黄花美人蕉	*Chrysanthemum*	菊属
Cannabis sativa	大麻	*Chrysophyllum cainito*	星苹果
Capsella bursa-pastoris	荠菜	*Chrysopogon aciculatus*	竹节草
Capsicum annum	辣椒（番椒）	*Cicer arietinum*	鹰嘴豆
Capsicum annuum	甜椒（番椒）	*Cichorium endiva*	苦苣
Capsicum frutescens	辣椒（番椒）	*Cinchona officinalis*	金鸡纳树
Cardiospermum halicacabum	倒地铃	*Cinnamomum camphora*	樟
		Cinnamomum osmophloeum	土肉桂
Carex	薹草属		
Carica papaya	木瓜	*Cinnamomum subavenium*	香桂
Carpinus kawakamii	阿里山千金榆	*Cinnamomum zeylanicum*	锡兰肉桂
Carthamus tinctorius	红花	*Citrullus lanatus*	西瓜
		Citrus	柑橘属

Citrus aurantifolia	莱姆	*Cyclobalanopsis gilva*	赤皮
Citrus aurantium	酸橙	*Cyclobalanopsis glauca*	青刚栎
Citrus grandis	柚子	*Cyclobalanopsis morii*	森氏栎
Citrus limon	柠檬	*Cycnoches chlorochilon*	绿天鹅兰
Citrus microcarpa	金橘	*Cymbidium bicolor*	硬叶兰
Citrus reticulata	橘	*Cynodon dactylon*	狗牙根
Citrus sinensis	橙	*Cyperus*	莎草属
Clarkia unguiculata	山字草 （爪蕊粉妆花）	*Cyrtococcum patens*	弓果黍
		Cysticapnos vesicaria	气囊南非堇
Clerodendron cyrtophyllum	大青	*Dactylis*	鸭茅属
Cocos nucifera	椰子	*Dactylis glomerata*	鸭茅
Coffea arabica	小果咖啡	*Dactyloctenium*	龙爪茅属
Coffea canephora	中果咖啡	*Daphniphyllum glaucescens* *ssp. Oldhamii*	奥氏虎皮楠
Coffea congensis	刚果咖啡		
Coffea dewevrei	高产咖啡	*Datura alba*	曼陀罗
Cola nitida	光亮可乐果	*Daucus carota*	胡萝卜
Cooperia	夜星花属	*Dendrobium*	石斛兰属
Coriandrum sativum	芫荽	*Dendrobium insigne*	华丽石斛兰
Corydalis cava	空心紫堇	*Derris microphylla*	小叶鱼藤
Corylus	榛属	*Desmodium paniculatum*	锥花山蚂蝗
Crataegus	山楂属	*Desmodium pulchellum*	排钱树
Crepis capillaris	绒毛还阳参	*Dianthus*	石竹属
Crinum asiaticum	文殊兰	*Dictyosperma album*	网实椰子
Crotalaria	黄野百合属	*Digitalis purpurea*	毛地黄
Croton tiglium	巴豆	*Dioscorea*	薯蓣属
Cucumis sativus	胡瓜	*Diospyros blancoi*	毛柿
Cucurbita maxima	笋瓜	*Diospyros ferrea*	象牙树
Cucurbita pepo	角瓜	*Diploglottis diphyllostegia*	双遮叶类酸豆木
Curcurbita moschata	南瓜	*Dipsacus fullonum*	起绒草
Cuscuta	菟丝子属	*Dipterocarpus kunstleri*	坤氏龙脑香
Cyamopsis psoraloides	瓜尔豆	*Durio zibethinus*	榴梿
Cycad	苏铁属	*Dypsis lutescens*	黄椰子
Cyclamen persicum	仙客来	*Ecballium elaterium*	喷瓜

Echinochloa	稗属	*Fraxinus griffithii*	光蜡树
Echinochloa crus-galli	稗子	*Fraxinus nigra*	黑梣木
Ekebergia capensis	好望角类岑楝	*Freesia*	香雪兰属
Elaeis guineensis	油棕	*Galanthus nivalis*	雪花莲
Elaeocarpus serratus	锡兰橄榄	*Galeola*	山珊瑚属
Eleusine	䅟属	*Garcinia gummi-gutta*	藤黄果
Elytriga repens	偃麦草	*Garcinia mangostana*	山竹
Ephedra	麻黄属	*Gastrodia*	天麻属
Epidendrum secundum	树兰	*Geranium*	天竺葵属
Epipogium aphyllum	裂唇虎舌兰	*Geranium pratense*	草原老鹳草
Eragrostis curvala	弯叶画眉草	*Ginkgo biloba*	银杏
Eremochloa	蜈蚣草属	*Gleditsia*	皂荚属
Erodium cicutarium	芹叶牻牛儿苗	*Glyceria*	甜茅属
Erythonium	猪牙花属	*Glycine max*	大豆
Erythrina	刺桐属	*Gnetum*	买麻藤属
Erythrina caffra	火炬刺桐	*Gnetum gnemon*	显轴买麻藤
Eucalyptus	桉属	*Gossypium*	棉花属
Eucalyptus dunnii	邓恩桉	*Gossypium barbadense*	海岛棉
Eugenia	番樱桃属	*Halophila ovalis*	卵叶盐藻
Euonymus	卫矛属	*Helianthus annus*	向日葵
Euphorbia lathyris	续随子	*Helicia cochinchinensis*	红叶树
Fagopyrum esculentum	荞麦	*Helicia formosana*	山龙眼
Fagus sylvatica	欧洲水青冈	*Heracleum sphondylium*	椎独活
Festuca	羊茅属	*Heritiera littoralis*	银叶树
Festuca arundinacea	高羊茅	*Hernandia sonora*	莲叶桐
Ficus	榕属	*Heteropogon contortus*	黄茅
Firmiana simplex	梧桐	*Hevea brasiliensis*	橡胶树
Forestiera acuminata	沼地类女贞	*Holcus*	绒毛草属
Fortunella	金柑属	*Holcus lanatus*	绒毛草
Fragaria x ananassa	草莓	*Hopea*	坡垒属
Fraxinus	梣属	*Hordeum murinum*	鼠大麦
Fraxinus americana	美国白蜡树	*Hordeum vulgare*	大麦
Fraxinus excelsior	欧洲白蜡树	*Hura crepitans*	沙匣树

Hyoscyamus niger	莨菪	*Limnodea arkansana*	阿肯色泥草
Hyptis suavelens	山香	*Lindera communis*	香叶树
Iberis	屈曲花属	*Lindera megaphylla*	大叶钓樟
Ilex opaca	美国冬青	*Linum*	亚麻属
Impatiens	凤仙花属	*Linum usitatissimum*	亚麻
Impatiens devolii	隶慕华凤仙花	*Liriodendron*	鹅掌楸属
Impatiens glandulifera	具腺凤仙花	*Litchi chinensis*	荔枝
Imperata cylindrica	白茅	*Litsea garciae*	兰屿木姜子
Inga vera	印加甜豆	*Livistona chinensis*	蒲葵
Ipomoea aquatica	蕹菜	*Lobelia*	半边莲属
Iris	鸢尾属	*Lobelia erinus*	翠蝶花（六倍利）
Ixeris	苦荬菜属	*Lodoicea maldivica*	海椰子
Jatropha curcas	麻风树	*Lolium*	黑麦草属
Juglans	胡桃属	*Lolium multiflorum*	意大利黑麦草
Juncus	灯芯草属	*Lophatherum gracile*	澹竹叶
Juncus prismatocarpus	笄石菖	*Lotus corniculatus*	百脉根
Kalanchoe blossfeldiana	长寿花	*Lupinus*	羽扇豆属
Kandelia candel	秋茄树	*Lupinus albus*	羽扇豆
Kingiodendrum pinnatum	斐济豆	*Lupinus arboreus*	丛羽扇豆
Koelreuteria henryi	台湾栾树	*Lycopus europaeus*	欧洲地笋
Lachnanthes	红根属	*Macadamia ternifolia*	澳大利亚核桃
Lactuca sativa	莴苣	*Machilus*	桢楠属
Lamium amplexicaule	宝盖草	*Machilus thunbergii*	红楠
Lamium purpureum	圆齿野芝麻	*Magnolia*	木兰属
Lansium	榔色木属	*Malus*	苹果属
Leersia hexandra	李氏禾	*Malva rotundifolia*	圆叶锦葵
Leersia oryzoides	蓉草	*Mangifera indica*	杧果
Lens culinaris	扁豆	*Mansonia altissima*	曼森梧桐
Lepidium virginicum	北美独行菜	*Medicago lupulina*	天蓝苜蓿
Leptaspis formosana	囊颖竹	*Medicago sativa*	苜蓿
Lepturus repens	细穗草	*Medicago truncatula*	蒺藜苜蓿
Lilium formosanum	台湾百合	*Melandrium*	女娄草属
Limnanthes	沼沫花属	*Melandrium rubrum*	红女娄菜

Melia azedarach	苦楝	*Opuntia*	仙人掌属
Melilotus indicus	印度草木樨	*Opuntia dillenii*	仙人掌
Mikania micrantha	小花曼泽兰	*Orobanche*	列当属
Mimosa	含羞草属	*Oryza*	稻属
Momordica charantia	苦瓜	*Oryza sativa*	稻／水稻
Monochoria vaginalis	鸭舌草	*Oryzopsis*	落芒草属
Monotropa uniflora	水晶兰	*Oxyspora paniculata*	尖子木
Morus indica	印度桑	*Pachira aquatica*	马拉巴栗
Morus rubra	红桑	*Pachyrhizus erosu*	豆薯
Mucuna sloanei	史隆血藤	*Paeonia*	牡丹属
Murraya paniculata	月橘	*Palaquium formosanum*	大叶山榄
Musa	芭蕉属	*Panicum maximum*	大黍
Myristica cagayanensis	兰屿肉豆蔻	*Panicum miliaceum*	稷
Myristica fragrans	肉豆蔻	*Papaver*	罂粟属
Najas flexilis	折叶茨藻	*Papaver somniferum*	罂粟
Nelumbo nucifera	莲（荷花）	*Paspalum conjugatum*	两耳草
Nemophila insignis	大幌菊	*Paspalum dilatatum*	毛花雀稗
Nemophila menziesii	粉蝶花	*Paspalum vaginatum*	海雀稗
Neoalsomitra integrifoliola	穿山龙	*Passiflora edulis*	百香果
Neolitsea aciculata var. variabillima	变叶新木姜子	*Pastinaca sativa*	欧防风
Neolitsea parvigemma	小芽新木姜子	*Paulownia x taiwaniana*	台湾泡桐
Nephelium lappaceum	红毛丹	*Pennisetum*	狼尾草属
Nicotiana tabacum	烟草	*Pennisetum glaucum*	珍珠粟
Nigella damascena	黑种草	*Pennisetum purpureum*	象草
Nigella sativa	瘤果黑种草	*Peperomia*	草胡椒属
Nymphaea	睡莲属	*Perilla frutescens*	紫苏
Ocimum basilicum	九层塔	*Persea americana*	鳄梨
Oenothera	月见草属	*Petroselinum crispum*	香芹
Oenothera biennis	月见草	*Petunia*	矮牵牛属
Oldenlandia corymbosa	水线草	*Phacelia tanacetifolia*	艾菊叶法色草
Ononis	芒柄花属	*Phalaenopsis amabilis var. formosa*	台湾蝴蝶兰
Oplismenus compositus	竹叶草	*Phaseolus angularis*	红豆

Phaseolus coccineus	红花菜豆	*Polygonum aviculare*	萹蓄
Phaseolus lunatus	棉豆	*Polygonum convolvulus*	卷茎蓼
Phaseolus multiflorus	多花菜豆	*Polygonum lappathifolium*	旱苗蓼
Phaseolus vulgaris	菜豆（敏豆）	*Polygonum persicaria*	春蓼
Philydrum lanuginosum	田葱	*Poncirus*	枳壳属
Phoebe formosana	台湾雅楠	*Poncirus trifoliata*	枳
Phoenix hanceana	刺葵	*Porteresia coarctata*	丛集野稻
Phonix dactylifera	枣椰	*Portulaca oleracea*	马齿苋
Phragmites karka	开卡芦	*Primula*	报春花属
Phytelephas macrocarpa	象牙果	*Primula auricula*	耳状报春花
Phytolacca americana	美洲商陆	*Primula vialii*	高穗报春
Picea abies	欧洲云杉	*Prunus*	梅属
Picea mariana	黑云杉	*Prunus amygdalus var. amara*	苦扁桃
Pimpinella anisum	茴芹		
Pinus	松属	*Prunus dulcis*	杏
Pinus densiflora	赤松	*Prunus persica*	桃
Pinus lambertiana	糖松	*Pseudotsuga menziesii*	花旗松
Pinus maximartinezii	大籽果松	*Psoralea corylifolia*	补骨脂
Pinus morrisonicola	台湾五叶松	*Ptelea trifoliata*	三叶椒
Pinus pinea	石松	*Pterodon emarginatus*	无缘翅齿豆
Pinus ponderosa	西黄松	*Pyrus*	梨属
Pinus strobus	白松	*Quercus*	栎属
Pinus sylvestris	欧洲赤松	*Quercus alba*	白栎
Piper guineense	几内亚胡椒	*Quercus nigra*	水栎
Piper nigrum	胡椒	*Quercus robur*	夏栎
Pisum sativum	豌豆（田豌豆）	*Quercus rubra*	红栎树
Plantago	车前草属	*Quercus spinosa*	高山栎
Poa annua	早熟禾	*Raphanus sativus*	萝卜
Poa pratensis	草地早熟禾	*Ravenala madagascariensis*	旅人蕉
Poa trivialis	粗茎早熟禾	*Rhizophora mangle*	美洲红树
Podocarpus	罗汉松属	*Ricinus communis*	蓖麻
Podocarpus henkelii	垂叶罗汉松	*Rosa corymbifera*	伞房蔷薇
Polygonum	蓼属	*Roystonea regia*	大王椰子

Rudbeckia laciniata	重瓣金光菊	*Sorghum sudanense*	苏丹草
Rumex crispus	皱叶酸模	*Spinacia oleracea*	菠菜
Rumex obtusifolius	钝叶酸模	*Spinifex littoreus*	滨刺草
Saccharum officinarum	甘蔗	*Sporobolus*	鼠尾粟属
Saccharum spontaneum	甜根子草	*Sporobolus virginicus*	盐地鼠尾粟
Salix alba	白柳	*Stellaria media*	繁缕
Salix matsudana	旱柳	*Stipa*	针茅属
Salix warburgii	水柳	*Striga asiatica*	独脚金
Salsola	猪毛菜属	*Striga lutea*	黄独脚金
Salvia hispanica	芡欧鼠尾草	*Symphoricarpos racemosus*	聚总毛核木
Salvia splendens	一串红	*Syzygium*	蒲桃属
Sassafras randaiense	台湾檫树	*Taraxacum officinale*	西洋蒲公英
Schefflera octophylla	鹅掌柴	*Taxus baccata*	欧洲红豆杉
Secale cereale	黑麦	*Taxus mairei*	台湾红豆杉
Senecio vulgaris	欧洲千里光	*Taxus sumatran*	南洋红豆杉
Sequoia sempervirens	美洲红杉 （世界爷）	*Terminalia calamansanai*	马尼拉榄仁
		Terminalia catappa	榄仁
Setaria italica	小米	*Terminalia myriocarpa*	千果榄仁
Shorea	娑罗双属	*Thalia dealbata*	水竹芋
Simmondsia chinensis	荷荷芭	*Thaumastochloa*	假蛇尾草属
Sinapis	芥属	*Themeda caudata*	苞子草
Sinapis alba	白芥	*Theobroma cacao*	可可树
Sinapis arvensis	野田芥	*Thevetia peruviana*	黄花夹竹桃
Sisymbrium altissimum	大蒜芥	*Thlaspi*	菥蓂属
Solanum lycopersicum	番茄	*Thuarea involuta*	刍蕾草
Solanum melongena	茄子	*Thymus vulgaris*	百里香
Solanum rostratum	黄花刺茄	*Thysanolaena maxima*	粽叶芦
Solanum sarrachoides	毛龙葵	*Tilia*	椴树属
Solanum tuberosum	马铃薯	*Tillaea aquatica*	东爪草
Soliva anthemifolia	假吐金菊	*Tradescantia*	紫露草属
Sorbus	花楸属	*Tradescantia paludosa*	沼泽紫露草
Sorghum bicolor	高粱	*Tragopogon dubius*	长喙婆罗门参
Sorghum halepense	石茅	*Trapa natans*	菱角

Trema cannabina	光叶山黄麻	*Viburnum*	荚蒾属
Trifolium	三叶草属	*Viburnum luzonicum*	吕宋荚蒾
Trifolium hybridium	瑞典三叶草	*Vicia faba*	蚕豆
Trifolium incarnatum	绛三叶	*Vicia sativa*	野豌豆
Trifolium pratense	红三叶草	*Vigna radiata*	绿豆
Trifolium repens	白三叶草	*Vigna unguiculata*	豇豆
Trifolium subterraneum	地三叶	*Viscum album*	白果槲寄生
Trigonella foenum-gracecum	葫芦巴豆	*Vitis vinifera*	葡萄
Trillium undulatum	波叶延龄草	*Wasabia japonica*	山葵
Trilliun	延龄草属	*Washingtonia robusta*	大丝葵
Tripsacum fasciculatum	危地马拉草	*Wittrockia superba*	积水凤梨
Triticum aestivum	小麦	*Xanthium pensylvanicum*	宾州苍耳
Triticum durum	硬粒小麦	*Xanthium struarium*	苍耳（羊带来）
Tulipa gesneriana	郁金香	*Yucca*	丝兰属
Typha latifolia	水蜡烛	*Zea mays*	玉米
Ulmus americana	美洲榆树	*Zelkova serrata*	榉树
Vanilla planifolia	扁叶香荚兰	*Zephyranthes*	葱兰属
Vepris elliotti	艾氏铁荆	*Zeuxine sulcata*	细叶线柱兰
Verbascum	毛蕊花属	*Zizania aquatica*	水菰
Verbascum blattaria	毛瓣毛蕊花	*Zizania latifolia*	茭白
Verbascum thapsus	北非毛蕊花	*Zizania palustris*	沼菰
Verbena	马鞭草属	*Ziziphus mauritiana*	滇刺枣
Veronica	婆婆纳属	*Zoysia matrella*	沟叶结缕草

图表出处

第 1 章

图 1-1　改自 Wikipedia。

图 1-3　杨胜任、陈心怡，2004。杨胜任授权。

图 1-5　仿自 Martin，1946。

图 1-6　近藤万太郎，1933，下册。

图 1-7　Boesewinkel & Bouman，1984. Springer 授权。

图 1-8　彭淑贞授权。

图 1-9　B 之左图：彭淑贞授权。

图 1-10　近藤万太郎，1933，下册。

图 1-11　杨胜任、薛雅文，2002。杨胜任授权。

图 1-12　Boesewinkel & Bouman，1984. Springer 授权。

图 1-13　Open Access Biomedical Image Search Engine.

图 1-14　左图：彭淑贞授权。右图：陈函君绘。

图 1-16　李勇毅等，2008。《"中央"研究院植物学汇刊》授权。

图 1-17　彭淑贞授权。

第 2 章

图 2-2　C 图：Denardin & da Silva，2009. Cristiane Casagrande Denardin 授权。

图 2-3　Parker *et al.*，2008. Springer 授权。

图 2-4　左图：http://www.cermav.cnrs.fr/lessons/starch/page.php.21.html。

图 2-6　National Human Genome Research Institute.

图 2-7　简万能，2004。《"中央"研究院植物学汇刊》授权。

图 2-9　简万能，2004。《"中央"研究院植物学汇刊》授权。

表 2-1　编自 Schroeder *et al.*，1974。

表 2-2　食品工业研究所。

表 2-3　Bewley & Black，1978。

表 2-4　编自 Bewley & Black，1978；与 Gueguen & Cerletti，1994。

表 2-6　主要来自 Etzler，1985。

表 2-7　Bewley & Black，1978。

表 2-8　王文龙整理自加福均三等人在 1932—1938 年陆续发表的《台湾产植物种子油の研究》，发表于《食品工业》，15（2）：24—30，1983。

表 2-9　主要取自 Bewley & Black，1978。

表 2-10　Roberts，1972.

表 2-13　Gorial & O'Callaghan，1990.

第 3 章

图 3-1　Marinos，1970. Springer 授权。

图 3-2　Xu & Bewley，1992. Springer 授权。

图 3-3　取自 Itoh *et al.*，2005. Oxford University Press 授权。

图 3-4　http://www.dtpfs.org.uk/phd_project/post-anthesis-heat-stress-in-wheat-is-the-reduction-in-grain-size-a-consequence-of-premature-maturation-of-the-outer-layers-of-the-grain/.

表 3-1　Egli，1981.

表 3-2　Singh，1982.

第 4 章

图 4-4　Willan，1985.

图 4-6　修改自 http://agritech.tnau.ac.in/horticulture/Comparison_of_Early_and_Late_Germination.jpg。

图 4-7　高桥秀幸，http://iss.jaxa.jp/shuttle/flight/sts95/pict/sts95_takahashi_exp2.jpg。

图 4-8　改自 http://www.seedbiology.de/structure.asp。承 Professor Gerhard Leubner 授权。

图 4-9　彭淑贞授权。

图 4-10　周玲勤、张喜宁，2004。《"中央"研究院植物学汇刊》授权。

图 4-11　Chen & Kuo，1995.

图 4-12　绘自 Chen & Kuo，1995。

图 4-13　Kuo & Tarn，1988.

图 4-14　Okamoto *et al.*，1982. American Society of Plant Biologists 授权。

表 4-1　Splittstoesser，1990.

表 4-2　Doneen *et al.*，1943.

表 4-3　节自 Corbineau & Côme，1995。

表 4-4　主要来自 Bewley *et al.*，2012，ch.5。

第 5 章

图 5-1　彭淑贞授权。

图 5-2　沈书甄，2002。黄玲珑授权。

图 5-5　数据来自陈博惠，1995。

图 5-6　Kuo，1994.

图 5-7　Thompson，1974. Oxford University Press 授权。

图 5-8　Flint & McAlister，1937.

图 5-9　Borthwick *et al.*，1952.

图 5-11　Gardner & Briggs，1974. John Wiley and Sons 授权。

图 5-12　Cone *et al.*，1985. John Wiley and Sons 授权。

图 5-13　改自 http://www.photobiology.info/Chalker-Scott.html。Dr. Linda Chalker-Scott 授权。

图 5-14　Cresswell & Grime，1981. Nature Publishing Group 授权。

图 5-15　Anwar Khan，1975.

表 5-2　Borthwick *et al.*，1952.

表 5-3　Smith，1975.

表 5-4　Smith，1975.

第 6 章

图 6-4　Roberts *et al.*，1967. Society for Experimental Biology 授权。

图 6-5　Kranner *et al.*，2011. Springer 授权。

图 6-6　Hong & Ellis，1996.

表 6-1　摘自 Tweddle *et al.*，2003.

表 6-2 摘自 Tweddle *et al.*，2003.

表 6-3 甜瓜（郭华仁，1991）、高粱（郭华仁等，1990），以外见 Hong *et al.*，1998。

第 7 章

图 7-1 陈函君绘。

图 7-2 摄于马来西亚沙巴 kinabalu 国家公园内的植物园。

图 7-3 Chen & Kuo，1999.

图 7-5 Probert，2001. CAB International 授权。

图 7-6 重绘自杨轩昂，2001。

表 7-1 郭华仁，2004a。

表 7-2 郭华仁，2004a。

第 8 章

图 8-1 数据来自 ISF 网站。

表 8-1 数据来自 ISF 网站。

表 8-2 数据来自 ISF 网站。

表 8-3 ETC Group，2013.

第 9 章

图 9-2 陈函君绘。

图 9-3 Ms Wendy Shu，https://www.icmag.com/ic/showthread.php?t=90236.

第 10 章

图 10-1 Westrup 出品，实验室型号 LA-H。

图 10-2 美国专利 4,991,721。

图 10-3 Madsen & Langkilde，1987.

图 10-5 Westrup 出品，实验室型号 LA-K。

图 10-6 台湾大学种子研究室陈荣坤制作，1998。

图 10-8 美国专利 5,992,091。

图 10-10 冯丁树，2004。冯丁树授权。

第 11 章

图 11-4　Ellis *et al.*,1985a.

图 11-6　宋戴炎，1964。

图 11-7　宋戴炎，1964。

图 11-8　Willan，1985.

图 11-9　Remund *et al.*，2001. Cambridge University Press 授权。

表 11-3　Bekendam & Grob，1979.

表 11-4　Hampton & TeKrony，1995.

表 11-5　Hampton & TeKrony，1995.

第 12 章

表 12-1　Ellis *et al.*，1985a.

图书在版编目（CIP）数据

种子学 / 郭华仁著. -- 北京 : 北京联合出版公司，
2019.11

ISBN 978-7-5596-3428-3

Ⅰ.①种… Ⅱ.①郭… Ⅲ.①作物—种子—研究

Ⅳ.①S330

中国版本图书馆CIP数据核字(2019)第142535号

本书简体中文版由台湾大学出版中心授权银杏树下（北京）图书有限责任公司出版

种子学

著　　者：郭华仁
选题策划：后浪出版公司
出版统筹：吴兴元
编辑统筹：郝明慧
责任编辑：昝亚会　夏应鹏
特约编辑：张　杰
营销推广：ONEBOOK
装帧制造：墨白空间·张静涵

北京联合出版公司出版
（北京市西城区德外大街83号楼9层　100088）
北京飞达印刷有限责任公司印刷　新华书店经销
字数432千字　787毫米×1092毫米　1/16　22.5印张
2019年11月第1版　2019年11月第1次印刷
ISBN 978-7-5596-3428-3
定价：68.00元